Diagnose in mechatronischen
Fahrzeugsystemen XI

Bernard Bäker, Andreas Unger (Hrsg.)
und 61 Mitautoren

TUDpress

Diagnose in mechatronischen Fahrzeugsystemen XI

Neue Verfahren für Test, Prüfung und Diagnose von E/E-Systemen im Kfz

Prof. Dr.-Ing. Bernard Bäker
Dipl.-Ing. Andreas Unger (Hrsg.)
und 61 Mitautoren

TUD*press*
2017

Bibliografische Information der Deutschen Nationalbibliothek
Die Deutsche Nationalbibliothek verzeichnet diese Publikation in der Deutschen Nationalbibliografie; detaillierte bibliografische Daten sind im Internet über http://dnb.d-nb.de abrufbar.

Bibliographic information published by the Deutsche Nationalbibliothek
The Deutsche Nationalbibliothek lists this publication in the Deutsche Nationalbibliografie; detailed bibliographic data are available in the Internet at http://dnb.d-nb.de.

ISBN 978-3-95908-099-6

Universitätsverlag & Buchhandel
GmbH &Co KG
Bergstr. 70 | D-01069 Dresden
Tel.: 0351/47 96 97 20 | Fax: 0351/47 96 08 19
http://www.tudpress.de

TUDpress ist ein Imprint von Thelem

Printed in Germany.

Vorwort

Die Diagnoseinfrastruktur ist heute gekennzeichnet durch immer bessere Integration der standardisierten Technologien und etablierten Analysemethoden. Dazu gehören neben Diagnosedaten (ODX), Transportprotokollen (ISOTP, DoIP) und Diagnoseabläufen (OTX) ebenso Diagnosemethoden sowohl Onboard wie auch in der Werkstatt mit verschiedenen Test- und Prüfersystemen.

Moderne Fahrzeuge, insbesondere vor dem Hintergrund von hochautomatisiertem Fahren und Internet of Things sind nicht mehr als losgelöste Funktionseinheiten zu sehen, sondern gliedern sich zukünftig mit ihren neuen Assistenzfunktionen in eine weltweit vernetzte Funktionslandschaft ein.

Eine wichtige Fragestellung hierbei ist: Reichen die etablierten Technologien noch aus oder muss die Diagnoseinfrastruktur mit neuen Technologien erweitert werden. Spannende Ansätze hierbei sind Remotediagnose, „End to End"-Diagnose im domänenübergreifenden System und wissensbasierte Verfahren bis hin zur künstlichen Intelligenz sowie neuen Fehlererkennungsmechanismen in Steuergeräten.

Welche Herausforderungen sind hierbei zu lösen und wie wird sich dies auf die Diagnoselandschaft auswirken?

Dieses Buch entstand anlässlich der 11. Tagung „Diagnose in mechatronischen Fahrzeugsystemen" in Dresden und wendet sich gleichermaßen an Entwickler, Konstrukteure und Personen aus den Bereichen: Forschung, Entwicklung, Produktvalidierung, Qualitätsmanagement, Produktion und After Sales.

Anhand aktueller Entwicklungsberichte, Systemvorstellungen und Praxisbeiträgen wird der aktuelle Stand und die Trends für Forschung und Entwicklung im Themenfeld Diagnose, Test und Prüfung vorgestellt. Neue innovative Technologien und Konzepte von zukünftig denkbaren Systemlösungen runden die Darstellungen ab.

Ein besonderer Dank gilt allen Autoren und Referenten, die mit ihren aktuellen und interessanten Beiträgen dieses Buch ermöglicht haben. Ein weiterer Dank geht an Frau Bock und Frau Wrenczycki von der CMD Congress Management GmbH in Dresden die gute Zusammenarbeit.

Dresden, im Mai 2017

Andreas Unger

Bernard Bäker

Inhaltsverzeichnis

1 „Die Elektronikarchitektur in und außerhalb des Fahrzeugs – Porsche im digitalen Ökosystem“

Dr. Rolf Zöller, Dr. Ing. h.c. F. Porsche AG, Stuttgart
Dr. Oliver Manicke, Dr. Ing. h.c. F. Porsche AG, Stuttgart

Abstract

Future cars are going to host revolutionary functions.

Besides the upcoming megatrends e-mobility, autonomous driving and connected car the necessity of an interconnection of the vehicle with its environment is becoming more and more a crucial factor for future architectures.

Applications such as remote update and diagnose, car2infrastructure, big data and car-for-life will become more and more important in order to depict modern functions and to keep the vehicle up-to-date for the client, just as his consumer electronics devices.

Considering these facts, approaches are aiming an open, modular architecture framework based on a holistic end-to-end architecture with the vehicle backend being an integral component.

Apart from technology challenges such as high performance central processors, high-speed networking, new concepts for diagnose and appropriate security concepts, the consideration of the adaption/change of associated development processes and cooperation models is in the center of attention.

The trend of moving functions from the vehicle into the vehicle backend is supported by a continuous and service oriented software architecture, in- and outside of the vehicle. This insures a cross-domain interoperability of services as well as a seamless usability of powerful off-board cloud services. The vehicle integrates itself through the end-to-end electronics architecture into an overall ecosystem, which will provide the client of the future with maximum function, comfort and mobility.

Kurzfassung

Die Fahrzeuge der Zukunft werden revolutionäre Funktionen aufweisen.

Neben den anstehenden Megatrends Elektromobilität, autonomes Fahren und Connected Car wird die Notwendigkeit zur Vernetzung des Fahrzeugs mit der Umwelt immer stärker in den Fokus zukünftiger Architekturen treten.

Anwendungen wie Remote-Update und -Diagnose, Car2Infrastructure, Big-Data-Anwendungen und Car-for-life werden zukünftig eine immer größere Rolle spielen, um benötigte moderne Funktionen darzustellen und das Fahrzeug für den Kunden äquivalent seiner Geräte aus der Consumer-Elektronik aktuell zu halten.

Vor diesem Hintergrund zielen entsprechende Lösungsansätze in die Richtung von offenen modularen Architekturframeworks auf Basis eines ganzheitlichen Ansatzes einer End-to-End Architektur mit einem Vehicle-Backend als integralen Bestandteil.

Dies stellt neben den neuen Anforderungen an die Technik, wie z.B. hochperformante zentrale Recheneinheiten, high-speed Vernetzung, neue Diagnosekonzepte und adäquate Security-Konzepte, auch die Berücksichtigung entsprechender Adaptionen/Veränderungen im Umfeld zugehöriger Entwicklungsprozesse und Kooperationsmodelle in den Mittelpunkt.

Dem Trend der Funktionsverschiebung aus dem Fahrzeug in das Vehicle Backend wird durch eine durchgängige und serviceorientierten Softwarearchitektur auch außerhalb des Fahrzeugs begegnet. Diese stellt die domänenübergreifende Interoperabilität der Dienste sowie die nahtlose Nutzbarkeit von leistungsstarken off-board Cloud-Diensten sicher. Das Fahrzeug integriert sich mittels der End2End-Elektronikarchitektur in ein Gesamtökosystem, das dem Kunden der Zukunft zur maximalen Funktion, Komfort und Mobilität verhelfen wird.

2 Kundenorientierte Selbstoptimierung des OTA-Updateprozesses vernetzter Kraftfahrzeuge

M. Sc. Roland Herberth, **Dr. Markus Koch**, Dr. Ing. h.c. F. Porsche AG, Weissach
Prof. Dr. rer. nat. Frank Gauterin, Institut für Fahrzeugsystemtechnik, Karlsruhe

Abstract

New services and functionalities of digital transformation within automotive industry will have a major impact on customer loyalty and experience. At the same time, they represent a unique selling point within automotive sector compared to competitors. Both Over-the-Air Diagnostics (OTA-Diagnostics) and Over-the-Air Updates (OTA-Updates) are part of this digital transformation. While OTA-Diagnostics are used for vehicle condition detection and data collection, an OTA-Update allows to transfer new software and functionality into the vehicle. The introduction of the OTA-Update technology, in addition to the effects on existing after sales processes, has a relevant influence on the driver's side user experience. Accordingly the task is to generate an intuitive and optimized process to transform the experience of an OTA-Update into an additional benefit. Therefore in this article appropriate approaches and concepts to achieve this goals are presented and discussed.

Kurzfassung

Neue Dienste und Funktionalitäten der digitalen Transformation innerhalb der Automobilbranche haben große Auswirkungen auf die Kundenbindung und beeinflussen maßgeblich das zukünftige Nutzererlebnis. Gleichzeitig stellen sie im Automobilsektor einen Mehrwert beziehungsweise ein Alleinstellungsmerkmal gegenüber Mitwettbewerbern dar. Sowohl *Over-the-Air Diagnose* (OTA-Diagnose) als auch *Over-the-Air Updates* (OTA-Update) sind Teil dieser digitalen Transformation. Während die OTA-Diagnose zur Fahrzeugzustandserfassung und Datenerhebung dient, ermöglicht das OTA-Update die Übertragung neuer Software und somit Funktionalität. Speziell die Einführung der OTA-Updatetechnologie hat neben den Auswirkungen auf bestehende After-Sales-Prozesse, ausschlaggebenden Einfluss auf das fahrerseitige Nutzererlebnis. Dementsprechend muss die Prämisse in der Umsetzung von OTA-Softwareupdates in

Kraftfahrzeugen in der Steigerung der Nutzerakzeptanz, Minimierung der Mobilitätseinschränkung und Erhöhung der Kosteneffizienz liegen. Aufgabe ist es somit, durch einen intuitiven und optimierten Prozess die Erfahrung eines OTA-Updates in einen kundenspürbaren Mehrwert zu transformieren. Entsprechende Lösungsansätze und Konzepte zur Erreichung dieser Zielsetzungen werden in diesem Beitrag diskutiert.

1. Motivation und Zielsetzung

Bereits heute übersteigen die Softwareumfänge eines modernen Kraftfahrzeugs der Mittelklasse die Größenordnung eines handelsüblichen Computer-Betriebssystems [1]. Zudem lässt der aktuelle Trend zu Vernetzung und Digitalisierung den Softwareanteil im Automobil auch zukünftig weiter ansteigen. Diese Entwicklung weckt den Bedarf an verkürzten und dynamischen Intervallen zu Aktualisierung und Wartung der Softwarekomponenten mehr denn je. Speziell im Bereich sich stetig optimierender Fahrerassistenzsysteme bis hin zum autonomen Fahren ist eine kontinuierliche Funktionsoptimierung und -pflege unerlässlich. Diese bedarfsgerechten Updatezyklen können durch die heute üblichen zeit- oder kilometerabhängigen Serviceintervalle nicht mehr zufriedenstellend abgedeckt werden. Abhilfe schaffen OTA-Updates, bei denen das Fahrzeug die benötigten Daten über eine Internetkonnektivität bezieht. Durch die Integration eines solchen Systems in das Kraftfahrzeug wird die Installation kontinuierlicher Softwareupdates ortsunabhängig und situationsgerecht ermöglicht.
Das Aufspielen heutiger Softwareupdates findet üblicherweise in der Werkstatt und somit unter gesicherten Randbedingungen durch geschultes Fachpersonal statt. Oftmals erfolgen diese Aktualisierungen, ohne dass sich der Fahrzeughalter dessen bewusst ist. Durch die OTA-Technologie wird der Updateprozess zukünftig in eine undefinierte Umgebung direkt vor Kunde verlagert. Während Softwareupdates im Bereich der Consumer-Elektronik als alltäglicher Usus aufgefasst werden, ist die Erfahrung im Automobilsektor für den Fahrzeugbesitzer eine weitestgehend neue. Gleichzeitig resultiert aus den gewohnten Mechanismen der Consumer-Elektronik beim Softwareupdate eine hohe Erwartungshaltung bezüglich Zuverlässigkeit und intuitiver Benutzerfreundlichkeit.

Somit ergeben sich durch OTA-Updates im Automobilbereich gleichermaßen neue Chancen und Herausforderungen bezüglich Fahrzeugverfügbarkeit, Kundeninteraktion, Nutzerakzeptanz und Prozesssicherheit. Es wird beispielsweise die Verfügbarkeit des Fahrzeugs durch den für Softwareupdates entfallenden Werkstattaufenthalt grundsätzlich erhöht. Gleichzeitig führt der Installationsprozess neuer Software zu einer Mobilitätseinschränkung, da die Fahrzeugfunktionen währenddessen nicht vollumfänglich oder gar nicht zur Verfügung stehen.

Auf Basis dieser Erkenntnisse identifiziert der vorliegende Beitrag im ersten Schritt Potentiale und Herausforderungen, die im Zusammenhang mit der Einführung von OTA-Updates in der Automobilindustrie entstehen. In einem zweiten Schritt werden kundenorientierte Maßnahmen zur Bewältigung der Herausforderungen und Sicherstellung der Potentiale systematisch abgeleitet. Diese Maßnahmen wiederum werden als konkrete Konzeptvorschläge präsentiert. Folglich steht die kundenorientierte Optimierung des ganzheitlichen OTA-Updateprozesses selbst und nicht die technische Realisierung eines Systems für OTA-Updates im Fokus des Beitrags.

2. Abgrenzung OTA-Diagnose und OTA-Update

Durch die Vernetzung mit dem Internet wird das Automobil Teil des *Internet of Things* (IoT). Das *Connected Car* ist die Grundvoraussetzung zur Realisierung einer Vielzahl neuer Online-Funktionen. Dabei sind einige dieser Dienste für den Fahrzeughalter direkt erlebbar (Bunte Dienste), während andere lediglich unterbewusst wahrzunehmen sind (Graue Dienste). Die Fahrzeugdiagnose gehört überwiegend zu letzteren.
Beispielsweise kann die Gewinnung von Fahrzeuginformationen per Fernzugriff zur Vorhersage des zukünftigen Verschleißverhaltens (Predictive Maintenance) herangezogen werden. Ebenso ist es möglich, den Istzustand des Fahrzeugs abzuleiten, um Abweichungen zu einem Sollzustand (Realtime Service) festzustellen. Daraus lässt sich wiederum ein aktuelles Fehlverhalten von Funktionen oder Systemkomponenten erschließen. Auswertung und Verarbeitung der ausgelesenen Informationen können in beiden Fällen im Fahrzeug selbst oder bei komplexeren Rechenoperationen in einem IT-Backend durchgeführt werden. Der wesentliche Vorteil durch den Internetzugriff liegt dabei in der Aggregation von Informationen im IT-Backend, da sich ähnliche Fehlermuster über die lokalen Fahrzeuggrenzen hinaus zu einem fahrzeugübergreifenden Gesamtbild zusammenführen lassen.
Des Weiteren kann das aufgetretene Fehlerbild im Falle einer Fahrzeugpanne mittels direktem Mobilfunkzugriff (Live Diagnose) analysiert und in eine oder mehrere geeignete Handlungsempfehlungen überführt werden. Die Handlungsempfehlung kann je nach Fehlerfall zu einer Sofortmaßnahme führen, wie zum Beispiel ein Steuergeräteneustart, oder zur Übermittlung des Zustandsbilds des Pannenfahrzeugs für die Vorbereitung der zuständigen Werkstatt.

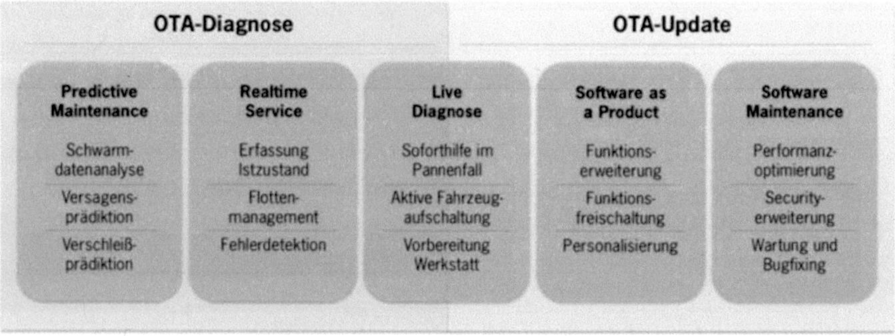

Abbildung 2.1: Abgrenzung OTA-Diagnose und OTA-Update

Durch ein Softwaredownload werden sowohl das Nachladen von neuen Fahrzeugfunktionen (Software as a Product) als auch die Pflege aller Softwarebestandteile (Software Maintenance) ermöglicht. Während ersteres auf eine Personalisierung des Fahrzeugs durch kundenindividuelle Funktionserweiterungen abzielt, gilt letzteres der Aktualisierung und Wartung bestehender Softwarekomponenten. Beispielhafte Funktionserweiterungen können dabei effizienzsteigernde Betriebsmodi oder temporäre Leistungssteigerung sein.

Klassifizieren lassen sich die hier beschriebenen Online-Funktionen in die beiden Begriffe *OTA-Diagnose* und *OTA-Update*, wodurch entsprechende Anwendungsfälle für die jeweilige Klasse entstehen. Die jeweilige Zuordnung wird in Abbildung 2.1 verdeutlicht.

Simplifiziert entspricht die OTA-Diagnose einem lesenden Zugriff auf steuergeräteinterne Informationen und umfasst daher die beiden Anwendungsfälle *Predictive Maintenance* und *Realtime Service*. Im Gegensatz dazu handelt es sich bei einem OTA-Update um einen schreibenden Eingriff, weshalb sowohl die Anwendungsfälle *Software as a Product* als auch *Software Maintenance* zugeordnet sind. Im Falle der *Live Diagnose* sind grundsätzlich lesende und schreibende Zugriffe denkbar. Folgerichtig ist sie beiden Klassen untergeordnet.

Aus den hier aufgezählten Funktionsbeschreibungen der Anwendungsfälle des OTA-Updates lassen sich unterschiedliche Updatecharakteristika extrahieren. Von Bedeutung sind dabei Merkmale wie *Umfang betroffener Zielsteuergeräte, Reaktionszeit, Priorität, Inhalt* und *durchschnittliche Installationsdauer* die in Tabelle 2.1 in Abhängigkeit ihrer Anwendungsfälle aufgezeigt werden.

	Live Diagnose	Software as a Product	Software Maintenance
Steuergeräte-umfang	Steuergerät	Steuergeräte-verbund	Alle Steuergeräte
Reaktionszeit	Sofort	24 Stunden	24 - 168 Stunden
Priorität	Hoch	Mittel	Niedrig - Hoch
Inhalt	Basissoftware	Funktion	Basissoftware und Konfiguration
Installations-dauer	Minuten	Minuten	Stunden

Tabelle 2.1: Spektrum der Updatecharakteristika des Softwareupdates in Abhängigkeit der Anwendungsfälle

Abschließend ist anzumerken, dass bei der OTA-Diagnose das Thema Datenschutz im Vordergrund gängiger Diskussionen steht, während beim OTA-Update vor allem der Sicherheitsaspekt durch mögliche Manipulation von Fahrzeugkomponenten Schwerpunkt ist.

3. Herleitung von Zielgrößen des OTA-Updateprozesses

OTA-Updates haben in der Automobilindustrie einen gravierenden Einfluss auf den heutigen After-Sales-Prozess. Die damit einhergehenden und aus Kundensicht wahrnehmbaren Auswirkungen und Konsequenzen werden nachfolgend näher erläutert. Als Konsequenz lassen sich daraus Herausforderungen und Potentiale des OTA-Updateprozesses ableiten, die abschließend in Parameter für Optimierungsmaßnahmen umgewandelt werden können.

3.1 Identifizierung der Potentiale und Herausforderungen durch OTA-Updates

Softwareanpassungen im Fahrzeug finden heute üblicherweise in routinemäßigen Inspektionsintervallen oder im Ausnahmefall durch gesondert einberufene Rückrufaktionen statt. In beiden Fällen durchläuft das Fahrzeug beim Fahrzeughändler einen definierten Prozess, der sich durch Terminvereinbarung, Fahrzeugübergabe, Wartung und Instandsetzung sowie die Rückgabe des Fahrzeugs auszeichnet. Neue Software wird hierbei, oftmals ohne bewusste Wahrnehmung durch den Fahrzeughalter, per Diagnosetester über den Diagnosezugang in die im Fahrzeug verbauten Steuergeräte aufgespielt.

Im Falle einer Softwareanpassung wird dieser bereits existierende Prozess in Zukunft durch die OTA-Updatetechnologie erweitert. Dabei erfolgt eine Verlagerung des Updateprozesses vom Fahrzeughändler in die Garage des Fahrzeughalters, wodurch der Kunde zukünftig direkt in den Updatevorgang integriert ist. In Abbildung 3.1 sind die wesentlichen Unterschiede des After-Sales-Prozesses und des OTA-Updateprozesses gegenübergestellt. Durch die aufgezeigten Prozessunterschiede ergeben sich zum einen neue *Potentiale* für Fahrzeughalter und -hersteller, zum anderen neue *Herausforderungen*, die lediglich für den Fahrzeughersteller gelten.

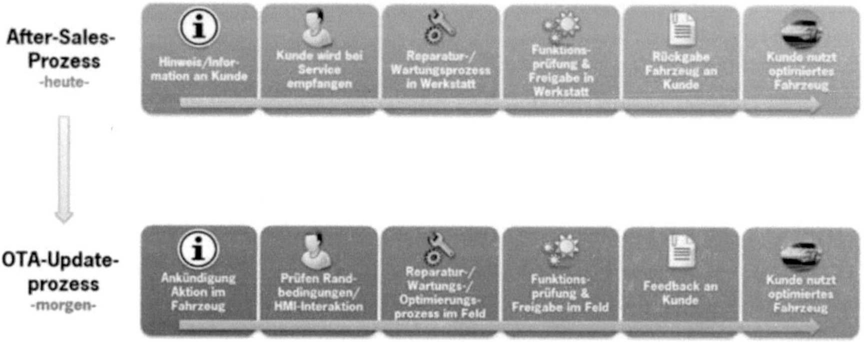

Abbildung 3.1: Gegenüberstellung klassischer After-Sales-Prozess und OTA-Updateprozess

Der offensichtlichste und zugleich entscheidendste Aspekt der Over-the-Air Technologie ist die durch Ortsunabhängigkeit hinzugewonnene Flexibilität. Diese Flexibilität wirkt sich auf mehrere Aspekte positiv aus. Sowohl Terminvereinbarung als auch beidseitige Fahrzeugüberführung entfallen. Lediglich eine Aktionsankündigung per Human Machine Interface (HMI) deutet zukünftig eine zur Verfügung stehende Aktualisierung an. Dies bietet ein neues Maß an Flexibilität und Komfort bei der Einplanung softwarebedingter Aktualisierungen. Auch höherfrequente Updateintervalle werden hierdurch ermöglicht, ohne dass sich diese sofort negativ auf die Fahrzeugverfügbarkeit auswirken. Kostenreduzierungen dank Zeitersparnis und geringeren Aufwendungen, wie zum Beispiel automatisierte IT-Backendprozesse, tragen ebenfalls zum positiven Effekt bei.

Dennoch entstehen gleichzeitig auch Nachteile und Einschränkungen im Vergleich zum bestehenden After-Sales-Prozess, die sich als Herausforderungen für den jeweiligen Fahrzeughersteller zeigen. Während heute ein direkter zwischenmenschlicher Dialog bei Abgabe und Abholung des Fahrzeugs stattfindet, muss dieser fortan auf eine HMI-Interaktion reduziert werden. Folglich wird ein entsprechend intuitives Bedienkonzept benötigt, das mindestens den Ansprüchen der heutigen Consumer-Elektronik gerecht wird. Durch die Verlagerung des Installationsvorgangs fernab der Werkstatt ergeben sich zudem variierende und undefinierte Randbedingungen, die es zu erfassen gilt. So entfällt die externe Spannungsversorgung, die in der Werkstatt zur Stützung der Fahrzeugbatterie genutzt wird. Bei Elektrofahrzeugen kann dies durch die höhere Kapazität oder das Laden der Hochvolt-Batterie kompensiert werden. Zu berücksichtigen ist aber auch, dass die Hochvolt-Batterie beim Updatevorgang einer Hochvolt-Komponente nicht zur Verfügung steht. Daraus resultiert wiederum die vorher beschriebene Problemstellung. Des Weiteren müssen Funktionsprüfungen und -freigaben nach erfolgtem OTA-Updatevorgang künftig automatisiert werden. Entsprechende Prüfeinschränkungen ergeben sich durch den Wegfall des Fachpersonals. Sowohl variierende Randbedingungen als auch automatisierte Funktionsprüfungen haben somit Auswirkungen auf die Prozesssicherheit. Diese ist essentiell, da im Worst-Case-Szenario ein fehlgeschlagenes Softwareupdate zum Liegenbleiben eines Fahrzeugs führen kann. Zu berücksichtigen ist auch, dass durch die Softwareinstallation, trotz gewonnener Fahrzeugverfügbarkeit, eine Mobilitätseinschränkung erfolgt, da die Fahrzeugfunktionen während der Softwareinstallation nur bedingt oder gar nicht zu Verfügung stehen.

	Potentiale	**Herausforderungen**
Ortsdifferenziert	- Höhere Fahrzeugverfügbarkeit - Wegfall Fahrzeugüberführungen - Kostenreduzierung	- Undefinierte und variierende Randbedingungen - Begrenzte Möglichkeiten zur Funktionsprüfung - Minimierung der Einflussgrößen in komplexer Prozesskette
Interaktionsdifferenziert	- Neues Nutzererlebnis generieren - Faszination durch neue Technologie	- Limitierte Kommunikation und Dialog über HMI - Beschränkte Möglichkeiten zur Einweisung in neue Funktionen - Intuitives Bedienkonzept
Planungsdifferenziert	- Höhere Flexibilität bezüglich Update-Einplanung - Geringerer Abstimmungs-Aufwand bezüglich Kunde - Höherfrequente Aktionsangebote und Vertriebsmöglichkeiten	- Optimierung der Mobilitätseinschränkung aufgrund der Installationsdauer - Fehlertoleranter Prozessablauf und Maßnahmenergreifung im Ausnahmefall

Tabelle 3.1: Potentiale und Herausforderungen beim OTA-Softwareupdate gegenüber dem bisherigen After-Sales-Prozess

Die grundlegende Funktionalität, Konzeption und Integration eines technischen Systems für OTA-Updates, ebenso wie die Absicherung durch Security-Mechanismen, sind ebenfalls als Herausforderung für den Fahrzeughersteller aufzufassen. Jedoch sind beide Aspekte gewissermaßen Grundvoraussetzung für den OTA-Updateprozess. Sie wurden bereits in anderen Abhandlungen mehrfach untersucht und ausgelegt [2, 3, 4, 5]. Im Vordergrund dieses Beitrags stehen daher die kundenorientierten Optimierungen des OTA-Updateprozesses selbst und nicht die technische Realisierung eines Systems sowie die Einführung von Security-Mechanismen.
Abschließend lassen sich die hier beschriebenen Potentiale und Herausforderungen den drei Unterscheidungsmerkmalen *planungsdifferenziert*, *interaktionsdifferenziert* und *ortsdifferenziert* zuordnen. Tabelle 3.1 gibt hierzu ergänzend eine Übersicht.
Es versteht sich von selbst, dass die hier beschriebenen Sachverhalte nur im Falle von Softwareupdates zutreffen. Bei mechanischen oder hardwarebedingten Wartungen und Defekten erfolgt nach wie vor der gewohnte After-Sales-Prozess.

3.2 Ableitung von Optimierungsparametern und Anforderungen

Die Ergebnisse aus Kapitel 3.1 haben gezeigt, dass durch die Einführung von OTA-Updates eine Erweiterung des After-Sales-Prozess in Bezug auf Softwareupdates erfolgt. Dennoch müssen bestehende hohe Erwartungshaltungen bezüglich Qualität und Kundenservice beibehalten werden. Aufgabe ist es daher aus den identifizierten Herausforderungen Zielgrößen abzuleiten, um daraus Parameter zur Optimierung des OTA-Updateprozess zu ermitteln. Sie dienen gleichermaßen zur Bewältigung der Herausforderungen als auch der Sicherstellung der Potentiale, die mit Einführung der OTA-Updatetechnologie einhergehen.

Zur Verbesserung der Mobilität kann ein fahrzeugindividueller *Installationszeitpunkt* unter Berücksichtigung der relevanten Randbedingungen erfasst und kundenspezifisch über die HMI vorgeschlagen werden. Neben dem Installationszeitpunkt wirken sich auch *Installationsdauer* und *-häufigkeit* maßgeblich auf die Mobilität aus. In diesem Zusammenhang spielt auch der *Ressourcenbedarf* eine nennenswerte Rolle, der sich vom Energieverbrauch durch das Wachhalten des Fahrzeugs bis hin zur Auslastung der fahrzeugseitigen Bussysteme erstreckt.
Die Folgen eines fehlgeschlagenen Updates haben gravierende Auswirkungen auf das nutzerseitige Vertrauen in die Fahrzeugqualität. Dieser Sachverhalt ist vergleichbar mit den Empfindungen bei einer Fahrzeugpanne. Folglich muss der *Prozesssicherheit* ein hohes Maß an Aufmerksamkeit geschenkt werden. Geeignete Rollbackstrategien sind daher gezielt auszuarbeiten. Schlussendlich ist die Einflussnahme aller äußeren *Randbedingungen*, die Auswirkungen auf den OTA-Updateprozess haben, zu identifizieren

und einzubeziehen. Diese Randbedingungen können sich von fahrzeugspezifischen Zuständen wie Status der Parkbremse und Position des Wählhebels bis hin zu umgebungsbedingten Einflüssen wie Verfügbarkeit der Mobilfunkkonnektivität und Abdeckung der Ladeinfrastruktur erstrecken.
Abbildung 3.2 zeigt die aufgezählten Optimierungsparameter in Abhängigkeit der zu erfüllenden kundenorientierten Prämissen. Dabei wird veranschaulicht welcher Optimierungsparameter Einfluss auf welche Prämisse hat.

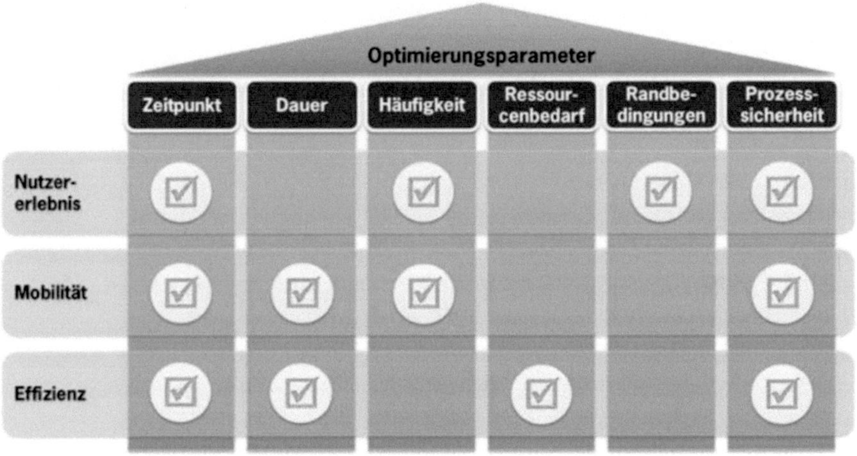

Abbildung 3.2: Identifizierte Optimierungsparameter für den OTA-Updateprozess in Abhängigkeit der kundenorientierten Prämissen

Bei genauerer Betrachtung ist zu erkennen, dass einige Optimierungsparameter im direkten Konflikt mit oder in Abhängigkeit zu einem anderen Parameter stehen. So hängt beispielsweise der *Zeitpunkt* im Wesentlichen von der *Dauer* und den *Randbedingungen* ab, ebenso wie der *Ressourcenbedarf* von der *Häufigkeit* und der *Dauer* abhängig ist. Die Reduzierung der *Dauer* steht wiederum im direkten Kontrast zur Reduzierung der *Häufigkeit*.
Die Zielvorgabe einer ganzheitlichen Optimierungsstrategie sieht vor, dass die Optimierungsparameter abschließend in Anforderungen überführt werden. Die Zielgrößen zur Optimierung des OTA-Updateprozess lassen sich aus Abbildung 3.2 entnehmen und in Form von konkreten Anforderungen wie folgt formulieren:

- Die *Häufigkeit* der OTA-Updates muss minimal gehalten werden
- Die *Dauer* des OTA-Updates muss so gering wie möglich sein
- Der *Ressourcenbedarf* von OTA-Updates muss minimiert werden
- Der *Zeitpunkt* des OTA-Updates muss kundenindividuell bestimmt werden
- Die *Prozesssicherheit* bei einem OTA-Update muss gewährleistet sein
- Die *Randbedingungen* für ein OTA-Update müssen berücksichtigt werden

4. Konzepte zur Optimierung des OTA-Updateprozesses

Zur Umsetzung der in Kapitel 3.2 aufgestellten Anforderungen werden nachfolgend geeignete Maßnahmen zu deren Erfüllung abgeleitet und in Form von spezifischen Konzeptvorschlägen präsentiert. Konkret werden die drei Optimierungsparameter *Zeitpunkt, Dauer* und *Prozesssicherheit* vertieft behandelt.

4.1 Ermittlung des optimalen Update-Installationszeitpunktes

Der OTA-Updateprozess kann vereinfacht in drei Phasen eingeteilt werden: Datenübertragung mittels drahtloser Internetkonnektivität (Softwaredownload), Aufspielen sowie Konfiguration der neuen Software (Softwareinstallation) und Systemprüfung inklusive Rückdokumentation (Funktionsprüfung). Der *Softwaredownload* erfolgt dabei ohne Einschränkung der Fahrzeugfunktionen und stellt lediglich die im Fahrzeug zur Installation benötigten Daten zur Verfügung. Dieser Teilschritt kann somit auch während der Fahrzeugnutzung erfolgen. Große Datenmengen sollten Vorzugsweise über eine WLAN-Verbindung oder im Falle eines Elektrofahrzeugs über die Power Line Communication (PLC) der Ladeinfrastruktur bezogen werden. Im Gegensatz zum Softwaredownload bedeuten *Softwareinstallation* und *Funktionsprüfung* eine Restriktion der Fahrzeugfunktionen. Folglich resultiert aus der Dauer beider Schritte eine Mobilitätseinschränkung für den Fahrzeughalter.

Motiviert durch die Fragestellung *wann* ein OTA-Update installiert werden soll und um gleichzeitig dem beschriebenen Mobilitätsproblem entgegenzuwirken, wird ein Verfahren entwickelt, das den kundenindividuell optimalen Installationszeitpunkt ermittelt. Ein konkreter Ansatz steckt in der fahrzeugspezifischen Analyse des Nutzungsverhaltens. Mit Hilfe eines Lernverfahrens wird dabei kontinuierlich das Fahrzeugbewegungsprofil erfasst. Sich wiederholende Muster wann das Fahrzeug wo und wie lange steht, geben Rückschlüsse auf ein zukünftiges Verhalten. Dabei sind für die Einplanung von Softwareupdates wiederkehrende Zeiträume mit längeren Standzeiten von hohem Interesse.

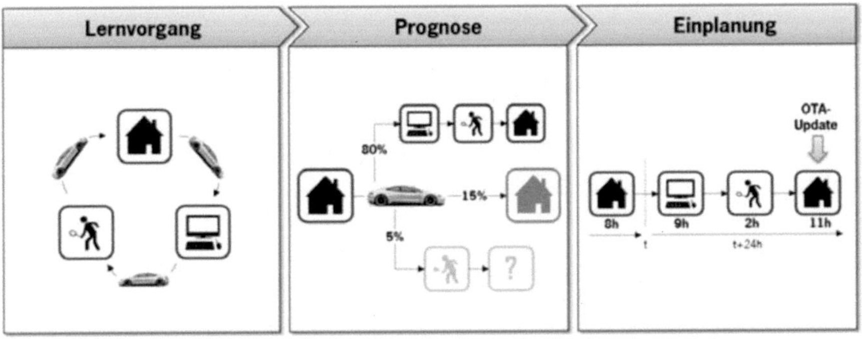

Abbildung 4.1: Konzept zur bedarfsgerechten Einplanung von OTA-Updates

Bei der Ermittlung des optimalen Installationszeitpunktes stellt die Mobilitätseinschränkung jedoch nicht das einzige Kriterium dar. Ebenso können Randbedingungen, die sich durch die örtlichen Gegebenheiten erschließen, berücksichtigt werden. Dadurch kann nicht nur eine zeit- sondern auch ortsgerechte Einplanung erfolgen. Bezüglich der Randbedingungen fallen im wesentlichen Aspekte der Prozesssicherheit ins Gewicht. So kann ein Installationsort mit bestehender Internetkonnektivität im Falle eines fehlgeschlagenen Updatevorgangs das Nachladen von Daten zur Fehlerbehebung ermöglichen. Gleiches gilt für das Vorhandensein einer Ladestation bei Elektrofahrzeugen, da hierdurch ein nicht einkalkulierter Energiebedarf abgesichert werden kann. Demnach ist eine Attribution der Örtlichkeit anhand updaterelevanter Kriterien, wie Mobilfunkkonnektivität oder Ladeinfrastruktur in der Verfahrensbildung ebenfalls denkbar. Das Schema zum Vorgehen der bedarfsgerechten und fahrzeugspezifischen Einplanung von OTA-Updates zeigt Abbildung 4.1. Zu erkennen sind drei Teilschritte, die sich wie folgt auszeichnen:

(1) Zum Anlernen des Fahrzeugnutzungsverhaltens müssen Fahrt- und Umgebungsdaten wie GPS-Koordinaten, Tag, Uhrzeit oder Internetkonnektivität zyklisch erfasst und in ein geeignetes Lernverfahren überführt werden.
(2) Aus der erfolgten statistischen Datenerhebung und -aggregation lässt sich das zukünftige Nutzungsverhalten prognostizieren.
(3) Unter Berücksichtigung der jeweiligen Updateeigenschaften, wobei die Dauer der Softwareinstallation besonders relevant ist, kann die Einplanung der Installation des OTA-Updates aus der getroffenen Prognose erfolgen. Für den Fahrzeughalter resultiert daraus ein konkreter Vorschlag zum Installationszeitpunkt mit Datum und Uhrzeit der über die HMI kommuniziert wird.

Die wesentliche Schwierigkeit dieses Konzepts liegt in der Verfahrensentwicklung zur Erfassung und Prognostizierung des Fahrzeugnutzungsprofils. Konkrete Ansätze bedienen sich der Methoden aus dem Bereich des Machine Learning. Um aussagekräftige Vorhersagen treffen zu können, ist das Vorhandensein von wiederkehrenden Mustern im Nutzungsprofil ausschlaggebend. Auch liegt es in der Natur des menschlichen Verhaltens, sporadische und vom Muster abweichende Entscheidungen zu treffen. Durch dieses stochastische Verhalten muss die getroffene Prognose nicht zwangsläufig zutreffen. Die Option zur selbstbestimmten Einplanung eines OTA-Updates muss daher weiterhin bestehen. Durch den Verbleib der gewonnenen Informationen im Fahrzeug ist die Umsetzung einer solchen Funktion datenschutztechnisch vertretbar.
Folglich kann mit Hilfe eines angelernten Nutzerprofils und der Berücksichtigung relevanter Randbedingungen eine fahrzeugindividuelle, auf die Kundenbedürfnisse abgestimmte, sowie prozesssicherere Einplanung von OTA-Updates erfolgen. Dem Nutzer wird bei der Entscheidung zur Einplanung eines Softwareupdates geholfen. Durch den automatisierten und individuell vorgeschlagenen Zeitpunkt ergibt sich für den Fahrzeughalter ein unterbewusst wahrnehmbarer Mehrwert, ohne dass für ihn ein Mehraufwand entsteht.
Ein positiver Nebeneffekt eines angelernten Fahrzeugnutzungsprofils ist die Adaptierbarkeit bezüglich anderweitiger Anwendungsfälle. Beispielsweise kann das angelernte Fahrzeugnutzungsprofil in Ladestrategien für Elektrofahrzeuge mit einbezogen oder zur automatisierten Vorkonditionierung des Innenraums genutzt werden. Die grundlegende Methodik zum Anlernen und Prognostizieren ist somit auch außerhalb des Umfelds von OTA-Updates einsetzbar.

4.2 Reduzierung der Update-Installationsdauer

Durch eine hohe Installationsdauer (Flashzeit) der Steuergerätesoftware entstehen bereits heute nicht zu vernachlässigende Kosten in den Bereichen Entwicklung, Produktion und After-Sales. Durch die Einführung der OTA-Updatetechnologie wirkt sich diese Installationsdauer zukünftig für den Kunden spürbar aus. Wie bereits in Kapitel 3.2 beschrieben hat die Optimierung der Dauer neben Kostenvorteilen auch einen wesentlichen Einfluss auf die Fahrzeugverfügbarkeit. Daraus resultiert, dass neben der Ermittlung des optimalen Installationszeitpunktes auch die Reduzierung der eigentlichen Installationsdauer die Mobilität fördert. Ein Ansatz liegt in der *Parallelisierung der Updateinstallation* aller zu aktualisierenden Steuergeräte. Dabei werden mehrere Steuergeräte oder ein Steuergeräteverbund innerhalb eines Fahrzeugs gleichzeitig geflasht [7]. Ein weiteres Konzept liegt in der *Partitionierung der Updateumfänge*. Hierbei wird nicht die komplette Steuergerätesoftware neu installiert, sondern lediglich der sich differenzierende Anteil. Im Fokus der folgenden Betrachtung soll die Partitionierung der Updateumfänge liegen.

Ein simpler aber effizienter Weg zur Reduzierung der Dauer führt über die Minimierung des Updateumfangs. Die Minimierung hat sowohl positive Auswirkungen auf den Softwaredownload, durch die geringere zu übertragende Datenmenge, als auch die Dauer der Softwareinstallation. Diese Methodik darf jedoch nicht mit einer Reduktion des inhaltlichen und damit funktionalen Umfangs vor Kunde verwechselt werden. Es sinkt lediglich der Anteil der Umfänge, die neu zu installieren sind. Das Konzept an sich ist dabei nicht neu und wird unter dem Begriff *Delta-Update* bereits praktiziert [6]. Dies ist ein Verfahren bei dem nur der zur Vorversion geänderte Codeanteil erneuert wird.
Neu hingegen ist die Ausrichtung der Partitionierungsumfänge in Bezug auf Delta-Updates. Durch den Zuwachs und Trend zur Funktionsorientierung und bunten Diensten erfolgt ein Paradigmenwechsel, was die Anzahl dateibasierter Steuergeräte in modernen E/E-Architekturen ansteigen lässt. Diese Steuergeräte basieren meist auf einem Linux-Betriebssystem und verfügen über verhältnismäßig hohe Rechenleistungen sowie Speicherkapazitäten. Die damit einhergehende steuergerätespezifische Softwarearchitektur wird in Abbildung 4.2 vereinfacht dargestellt.

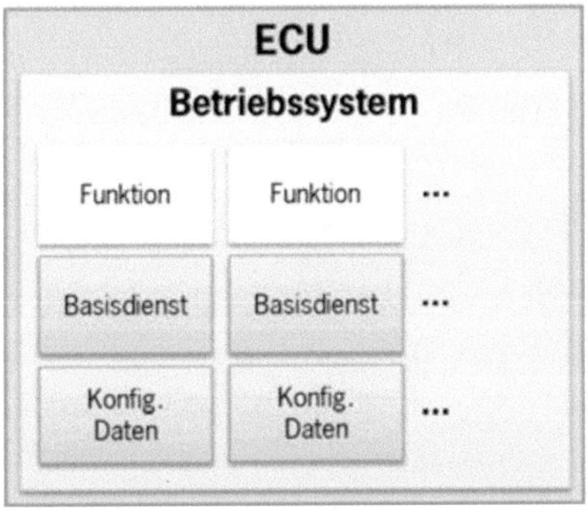

Abbildung 4.2: Abstrahierte Softwarearchitektur dateibasierter Steuergeräte

Während die Softwarekomponenten speicherbasierter Steuergeräte im Wesentlichen durch Bootloader, Applikationssoftware und Applikationsdaten auszeichnen, sind dateibasierte Systeme vereinfacht in Betriebssystem, Funktionen, Basisdienste und Konfigurationsdaten unterteilt. Zukünftige Updateprozesse müssen folglich neben dem speicherbasierten Flashen auch eine dateibasierte Installation ermöglichen. Hinsichtlich Delta-Updates besteht die Aufgabe wiederum in einer sinnvollen Segmentierung der Softwarekomponenten.

Die logische Segmentierung eines speicherbasierten Delta-Updates erfolgt üblicherweise auf Block- beziehungsweise Byteebene. Typischerweise sind dabei Applikationen oder Daten als Speicherblock definiert. Beim dateibasierten System muss die Installation oder Aktualisierung in sich geschlossener Funktionen, ebenso wie der Austausch von Konfigurationsdateien möglich sein. Die Segmentierung muss daher auf Funktions- oder Dateiebene vollzogen werden. Die möglichen Abstufungen zur Segmentierung der Delta-Updateumfänge zeigt Abbildung 4.3.

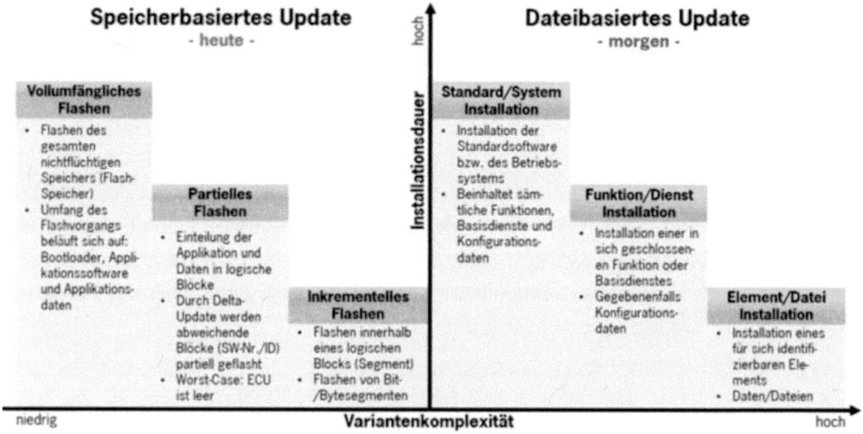

Abbildung 4.3: Gegenüberstellung speicher- und dateibasierter Delta-Updates

In Abbildung 4.3 ist auch zu erkennen, dass zwar durch eine feingranularere Segmentierung die durchschnittliche Installationsdauer sinkt, aber gleichzeitig die Variantenkomplexität durch Delta-Updates ansteigt. Existieren unterschiedliche Vorgängerversionen, zum Beispiel durch das Auslassen eines Updates, müssen die Differenzen individuell ermittelt und ein geeigneter Updatecontainer generiert werden. Die Alternative bestünde darin, alle Vorgängerversionen vor Installation des Delta-Updates auf eine einheitliche Version anzugleichen.
Ausblickend ist zu erwähnen, dass auch eine Kombination aus Delta- und Parallelisierungskonzept zur Reduzierung der Installationsdauer denkbar ist.

4.3 Gewährleistung der Update-Prozesssicherheit

Die Gewährleistung der Prozesssicherheit kann durch zwei grundlegende Strategien verfolgt werden. Ziel der *Fehlervermeidung* ist, alle existierenden Fehler und deren Quellen zu identifizieren und zu eliminieren. Ausschlaggebend ist hierbei die Behebung der Ursache, so dass nach Möglichkeit keine Abweichung vom Sollverhalten aufkommt. Bedingt durch eine hohe Fahrzeugsystemkomplexität und den Versionsabhängigkeiten der Teilsysteme ist das Testen aller möglichen Kombinationen trotz etablierter Qualitätssicherungen nicht möglich. Somit kann ein Null-Fehlersystem nicht hundertprozentig garantiert werden. Dies gilt speziell in Bezug auf einen komplexen und unter variierenden Randbedingungen stehenden OTA-Updateprozess. Daher muss eine Rückfallebene zur *Fehlermaßnahmenableitung* entworfen werden. Diese muss im Falle eines unvorhergesehenen Fehlerfalls abhängig von Art und Ursache des eingetretenen Verhaltens geeignete Handlungsmöglichkeiten erkennen und anwenden.

Abhilfe schafft die Implementierung einer automatisierten Maßnahmeneinleitung. Die Automatisierung wird dabei mit Hilfe einer Entscheidungslogik abgebildet, die das aufgetretene Fehlerbild analysiert. Auf Basis dieser Logik wird somit die geeignetste Maßnahme ermittelt und eingeleitet.
Am Beispiel der Softwareinstallation, als Teil des OTA-Updateprozesses, soll das Vorgehen näher erläutert werden. Die Entscheidungslogik bildet sich hierbei aus dem entstandenen Fehlerbild plus hinterlegten Zusatzinformationen. Daraus ergeben sich die drei Prüfkategorien wie folgt:

(1) Ergebnis Flashprozess:
- Flashprozess startet nicht (Bsp.: Flashdata not found)
- Flashprozess bricht währenddessen ab (Bsp.: Connection loss)
- Flashprozess schlägt am Ende fehl (Bsp.: Incorrect result)

(2) Klassifizierung Komponente:
- Sicherheitsrelevant
- Mobilitätsrelevant
- Hochvolt-Relevant

(3) Relevante Randbedingungen:
- Restenergiebudget
- Internetkonnektivität
- Installationsdauer

Kategorie (1) liefert über das Ergebnis des Flashprozesses die eigentliche Ursache des Abbruchs, während Kategorie (2) Zusatzinformationen zum momentan zu aktualisierenden Steuergerät gibt. Kategorie (3) stellt alle benötigten Randbedingungen sicher, die zur Entscheidungsfindung relevant sind. Die hier innerhalb der Kategorien aufgezählten Kriterien entsprechen lediglich einer beispielhaften Auflistung und können beliebig ergänzt werden.

Als geeignete Maßnahmen bei einer fehlgeschlagenen Softwareinstallation kann zwischen einem *Rollback* und einem *Retry* unterschieden werden. Ein Rollback bedeutet die Wiederherstellung des Ausgangszustandes. Notwendig ist hierbei der Vorhalt aller Daten der Ausgangsversion. Liegen diese nicht mehr vor, müssen sie gegebenenfalls nachgeladen werden. Verfügt das betroffene Steuergerät wiederum über ein redundantes Speicherkonzept, kann ein Rollback auch durch einen Neustart in die alte noch funktionsfähige Partition erfolgen. Beim Retry hingegen wird die fehlgeschlagene Installation mit der neuen Softwareversion wiederholt angestoßen. Entscheidend ist hierbei die Anzahl der Versuche, sowie die damit zusammenhängende Dauer und benötigte Energiemenge. Dabei ist ein Kompromiss zwischen dem Zustand des zu aktualisierenden Steuergeräts und dem Gesamtzustand des Fahrzeugs anzustreben.
Je nach eingetretenem Fehlerbild wird durch die Verknüpfungen innerhalb der Entscheidungslogik eine der beiden genannten Maßnahmen eingeleitet. Handelt es sich beispielsweise beim Flashprozess um ein Incorrect Result und reichen sowohl Restenergiebudget als auch eingeplanter Installationszeitraum aus, können ein oder mehrere Retries durchgeführt werden. Sind im Gegenzug Restenergiebudget gering und die Flashdaten fehlerhaft oder nicht konsistent, sollte ein sofortiger Rollback erfolgen. Mobilitäts- oder sicherheitsrelevante Kriterien überstimmen dabei niederpriore Kriterien wie Installationsdauer, da im Zweifel die Mobilitätsherstellung wichtiger als eine mögliche Zeitüberschreitung ist. Abbildung 4.4 veranschaulicht das hier beschriebene Konzept.

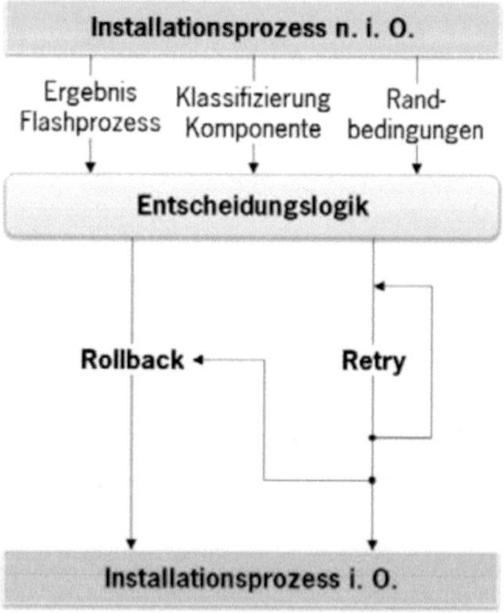

Abbildung 4.4: Automatisierte Maßnahmenableitung im Falle eines fehlgeschlagenen Flashprozesses

Der generische Ansatz des Konzepts ermöglicht auch zukünftig weitere Entscheidungskriterien oder Maßnahmen dynamisch hinzuzufügen. Lediglich die Kombination der hinzugekommenen Kriterien gilt es den Maßnahmen neu zuzuordnen.

5. Schlussbemerkung und Ausblick

OTA-Updates in der Automobilbranche ermöglichen sowohl aus Sicht des Fahrzeugherstellers als auch der des Fahrzeughalters einen bedeutenden funktionalen Mehrwert. Dieser Mehrwert erstreckt sich über Kosteneinsparungen durch neue Vertriebsstrategien nach Fahrzeugverkauf, verhinderte Rückrufaktionen, Individualisierung des Fahrzeugs und Fahrzeugoptimierungen nach Auslieferung.

Gleichzeitig entstehen durch die Einführung einer solchen Technologie neue Problemstellungen. Über die in diesem Beitrag identifizierten Herausforderungen und Potentiale, die mit der Etablierung von OTA-Updates in der Automobilbranche einhergehen, wurden die grundlegenden Auswirkungen der OTA-Updatetechnologie aufgezeigt. Die daraus abgeleiteten Optimierungsparameter spannen ein Themenfeld auf, das eine Vielfallt an Möglichkeiten zur automatisierten Optimierung des OTA-Updateprozesses bereitstellt.

Kommende Aufgaben bestehen in der Detailierung, Implementierung und Verifikation der hier vorgestellten Konzeptvorschläge. Neben den bereits vorgestellten Methoden zur *Zeitpunktermittlung*, Reduktion der *Installationsdauer* und Gewährleistung der *Prozesssicherheit* sind die drei weiteren Parameter Reduktion der *Häufigkeit*, des *Ressourcenbedarfs* und Berücksichtigung der *Randbedingungen* vertiefend zu analysieren. Des Weiteren muss aus den bisher einzeln betrachteten Optimierungsparametern eine ganzheitliche und parameterübergreifende Auslegung erfolgen. So sollten beispielsweise erst alle Maßnahmen zur Reduktion der Installationsdauer getroffen werden, um anschließend die bedarfsgerechte und kundenindividuelle Zeitpunktermittlung durchzuführen. Nur dadurch kann gewährleistet werden, dass der gesamte OTA-Updateprozess in einer Ende-zu-Ende-Betrachtung optimal ausgelegt wird.

Literatur

[1] McCandless, David (2015): *Codebases – Millions of Lines of Code*. Information is beautiful. Online verfügbar unter http://www.informationisbeautiful.net/visualizations/million-lines-of-code/, zuletzt geprüft am 01.03.2017.

[2] Revfi, Marcel; Eberspächer, Michael; Zoppelt, Gerald; Reuss, Hans-Christian (2016): *Ganzheitliche Modularchitektur zur remote Diagnostizierung vernetzter Kraftfahrzeuge.* In: Bernard Bäker und Andreas Unger (Hg.): Diagnose in mechatronischen Fahrzeugsystemen X, Bd. 10. Dresden, Germany, 2016-05. IAD Germany: TUDpress, S. 64–80.

[3] Eberspächer, Michael; Revfi, Marcel; Grimm, Michael; Reuss, Hans-Christian (2016): *Fortschritte und Chancen im Bereich der Remote-Diagnose von Kraftfahrzeugen durch flexible Schnittstellen und zentralisierte Diagnoselaufzeitsysteme.* In: Bernard Bäker und Andreas Unger (Hg.): Diagnose in mechatronischen Fahrzeugsystemen X. Dresden, Germany, 2016-05. IAD Germany: TUDpress, S. 81–94.

[4] Unger, Andreas; Menzel, Georg; Häberlein, Georg; Gothan, Tim; Bäker, Bernard (2015): *Backendbasierte Diagnosekonzepte – Herausforderungen und Potentiale.* In: Bernard Bäker und Andreas Unger (Hg.): Diagnose in mechatronischen Fahrzeugsystemen IX. Dresden, Germany, 2015-05. IAD: TUDpress (9), S. 61–80.

[5] Nilsson, Dennis K.; Larson, Ulf E. (2008): Secure Firmware Updates over the Air in Intelligent Vehicles. In: IEEE International Conference on Communications Workshops (ICC), 2008-06.

[6] Bogdan, Daniel; Bogdan, Razvan; Popa, Mircea (2016): *Delta Flashing of an ECU in the Automotive Industry.* In: IEEE 11th International Symposium on Applied Computational Intelligence and Informatics (SACI), Romania, 2016-05.

[7] Lee, Young Seo et al. (2015): *A Parallel Re-programming Method for In-vehicle Gateway to save software update time.* In: IEEE International Conference on Information and Automation (ICIA), China, 2015-08.

3 Szenarien der Remote Diagnose auf Basis standardisierter Software-Komponenten und VCIs

Dipl.-Ing. (FH) Markus Steffelbauer, **Dr.-Ing. (FH) Martin Sirch**, Softing Automotive Electronics GmbH, Haar

Abstract

Remote Diagnostics becomes more and more important in practice. It depends on the specific use case, how the actual implementation is realized: fault memory operations, flash programming or measurement reading have complete different requirements with respect to the necessary infrastructure and performance. The layout of the software modules of a modern, on standards based diagnostic system between frontend, cloud and vehicle is also an important aspect. Furthermore the security requirements could be different depending on the use cases for engineering or after sales services.

The new VCIs of Softing's VIN|ING family are an example how the different use cases could be applied with corresponding scalability of the software.

Kurzfassung

Remote Diagnose gewinnt inzwischen auch in der praktischen Anwendung stark an Bedeutung. Wie die konkrete Implementierung aussieht, ist dabei erheblich vom jeweiligen Anwendungsfall abhängig: Fehlerspeicher-Operationen, Flash-Programmierung oder Messwerterfassung haben völlig andere Anforderungen bezüglich notwendiger Infrastruktur und Performance. Die Aufteilung der Software-Module eines modernen, auf Standards basierenden Diagnosesystems zwischen Frontend, Cloud und Fahrzeug ist ebenfalls ein wichtiger Aspekt. Darüber hinaus können sich die Security-Anforderungen je nach Anwendungsgebiet in Entwicklung oder After Sales unterscheiden.

Die neuen Softing-VCIs der VIN|ING-Serie sind ein Beispiel, wie die unterschiedlichsten Use Cases durch eine entsprechende Skalierbarkeit der Software abgebildet werden können.

1 Herausforderung Sicherheit

1.1 Trend zur Vernetzung

Waren Kraftfahrzeuge bis vor wenigen Jahren noch mehr oder weniger geschlossene Systeme, so haben sie sich in den letzten Jahren zunehmend zur Umgebung geöffnet. Im Grunde genommen war die Einführung des OBD-Anschlusses bereits die Initialzündung zur Öffnung des Gesamtsystems. Dadurch wurde erstmals ein Zugang zum „Innenleben" des Fahrzeugs möglich mittels VCI (Vehicle Communication Interface) ermöglicht. Ein Zugriff auf Informationen konnte also erst nach dem bewussten Vorgang des Einsteckens eines solchen VCIs durchgeführt werden.

Neue Anforderungen öffnen nun das Fahrzeug noch viel weitergehender. Ab März 2018 ist innerhalb der europäischen Union beispielsweise für alle neuen Fahrzeuge die Integration des eCall-Systems verpflichtend, durch das nach einem Unfall automatisch die Notrufnummer 112 gewählt wird und parallel GPS-Daten übermittelt werden. Neue Fahrzeuge sind somit immer über eine Telefonverbindung – und damit Remote – erreichbar. Für neue Anwendungen im gesamten Umfeld Car2x wird zudem eine dauerhafte Verbindung in die Fahrzeugumgebung benötigt, teilweise bidirektional. Das einzelne Fahrzeug sendet dabei selbstständig Informationen nach außen und wird im Gegenzug von anderen Fahrzeugen oder aus dem Backend um Informationen gebeten.

Schließlich öffnet auch die Forderung, Fahrzeuge über die Luftschnittstelle mit Software-Aktualisierungen versehen zu können (Software over the air, SOTA), das Fahrzeug nach außen. Das Verfahren bietet sowohl Halter als auch Hersteller enorme Vorteile. Der Halter muss für regelmäßig notwendige Updates von Steuergeräte-Software nicht mehr in die Werkstatt fahren, was einen erheblichen Zeitgewinn darstellt. Der Hersteller kann hingegen schnell und zeitgleich eine große Anzahl an Fahrzeugen auf den neuesten Stand bringen was im Idealfall teure und zeitaufwändige Rückrufaktionen vermeiden wird.. Allerdings ist der schreibende Zugriff auf das Fahrzeug und die dazu notwendige Absicherung auch eine erhebliche Herausforderung – und dies gilt gleichermaßen für jede Form der Öffnung des Fahrzeugs gegen seine Umwelt.

1.2 Überblick zu Diagnose 4.0/Remote Diagnose

Um das teils unterschiedliche Verständnis des Begriffs Remote Diagnose zu umgehen, wollen wir im Folgenden alle räumlich getrennten schreibenden und lesenden Zugriffe auf das Diagnosesystem eines Fahrzeugs als Remote Diagnose bezeichnen. Der reine Ersatz des Kabels zwischen Tester und VCI durch eine BlueTooth oder WLAN-Schnittstelle fällt explizit nicht darunter, da dieser naturgemäß zwar die Beweglichkeit am Fahrzeug erhöht, aber die meisten Vorteile durch Remote Diagnose nicht ermöglicht. Generell soll zwischen drei verschiedenen Formen der Diagnose unterschieden werden:

- Vor-Ort-Diagnose mit dem Testwerkzeug am Fahrzeug
- Remote Diagnose durch einen Fachmann von einem räumlich getrennten Ort an einem Fahrzeug
- Cloud Diagnose durch eine Applikation in der Cloud anhand vorgegebener Ausführungsanweisungen

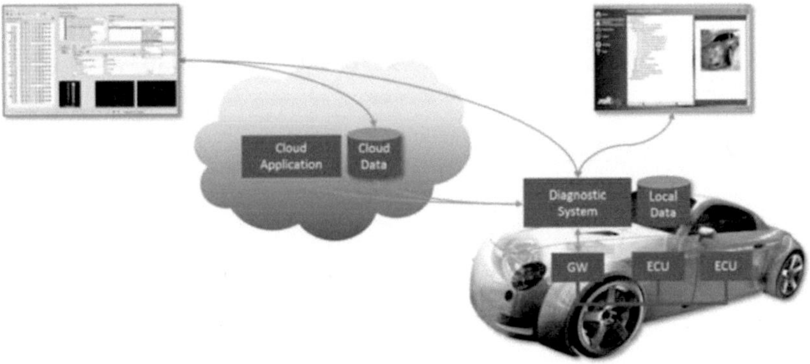

Abbildung 1: Diagnose 4.0 – Remote und Cloud

Remote Diagnose entspricht hierbei im Wesentlichen der heutigen Diagnose, bei der die Verbindung über ein (sehr) langes Kabel durchgeführt wird: dem Netzwerk. Dies ergibt zahlreiche Effizienzvorteile, etwa wenn weniger Diagnosespezialisten die Testfahrer begleiten müssen oder sich mehrere Steuergeräteverantwortliche einen Brettaufbau teilen können und nicht für jeden Test zum Aufbau laufen müssen. Cloud Diagnose dagegen ermöglicht den automatischen Zugriff auf mehrere Fahrzeuge einer Flotte und die Speicherung der gewonnenen Informationen in der Cloud. Dadurch sind gänzlich neue Diagnoseansätze möglich, die insgesamt die Diagnosequalität erhöhen. Beide neuen Ansätze können unter dem Begriff Diagnose 4.0 zusammengefasst werden.

Es sollte unbedingt beachtet werden, dass die bisherige (Vor-Ort-) Diagnose durch die neuen Ansätze keineswegs obsolet wird. Alle mechanischen Arbeiten, wie etwa Reparaturen in der Werkstatt, müssen natürlich auch in Zukunft am Fahrzeug durchgeführt werden. Die Prüfung, ob eine Arbeit korrekt durchgeführt wurde, erfolgt dann konsequenterweise ebenfalls wie heute über einen Tester am Fahrzeug.

1.3 Risiken im Umfeld Diagnose 4.0

Generell stellt die Öffnung des Fahrzeugs nach außen ein Sicherheitsrisiko dar, dem sich die gesamte Fahrzeugindustrie stellen muss. Zugriffe auf Fahrzeuge sind heute über verschiedenste drahtlose Zugänge dokumentiert und müssen selbstverständlich abgesichert werden. Allerdings sind diese Zugänge zum Fahrzeug zunächst nur ein Eindringen, was dann anschließend gemacht werden kann, hängt stark vom betroffenen System ab. Bei einem Zugriff von außen auf das Diagnosesystem stellt sich die Situation grundsätzlich anders dar, weil man mit der Diagnose per Definition auf alle Funktionen des Fahrzeugs zugreifen will. Wenn man eine Bremse reparieren will und die Reparatur anschließend mit dem Tester verifiziert wird, dann steht entsprechend ein Diagnosebefehl zur Verfügung. Wenn dieser Befehl aber von einem Hacker in einem Remote-Szenario verwendet wird, ist das Schadensrisiko entsprechend hoch.

Generell müssen drei verschiedene Risiken unterschieden werden:

- Es muss sichergestellt werden, dass nur berechtigte Personen oder Tools Zugriff auf Diagnosefunktionen haben. Andernfalls kann ein Missbrauch zu Sach- und Personenschäden führen.
- Es darf keine Manipulation von Daten möglich sein. Eine Änderung z.B. zu Tuningzwecken kann zu Bauteilschäden und gegebenenfalls erheblichen Gewährleistungsfällen führen.
- Es darf nicht möglich sein personalisierte Daten auszulesen. Das Auslesen und der unzureichende Schutz personalisierter Daten unterliegen erheblichen Strafandrohungen und bergen eine nicht geringe Gefahr für das Firmenimage.

In allen Fällen geht das Schadenspotenzial – unabhängig von der Gefahr für Menschenleben – schnell in mehrstellige Millionenbeträge. Eine Absicherung ist also in jedem Fall nötig und wichtig.

1.4 Angriffspunkte bei Diagnose 4.0

Um sinnvoll eine Absicherung für Szenarien Diagnose 4.0 durchführen zu können, ist die Kenntnis der möglichen Angriffspunkte eine notwendige Voraussetzung. Die größte Herausforderung stellt dabei sicher das Fahrzeug selbst inklusiver der OBD-Buchse da, weil die heutigen Systeme nicht für den Schutz gegen Eindringen gestaltet wurden. Dies beginnt mit den Diagnoseprotokollen, die keine Kanalsicherung implementieren und dadurch unbemerkt auch mehreren Tester parallel zulassen, und endet sicher nicht mit Security Algorithmen, die nach heutigen Maßstäben nicht als sicher bezeichnet werden können. Die Hauptaufgaben liegen hier in der Standardisierung und bei den OEMs, und sollen daher zunächst nicht näher betrachtet werden. Die folgende Abbildung erlaubt einen Überblick über mögliche Angriffspunkte:

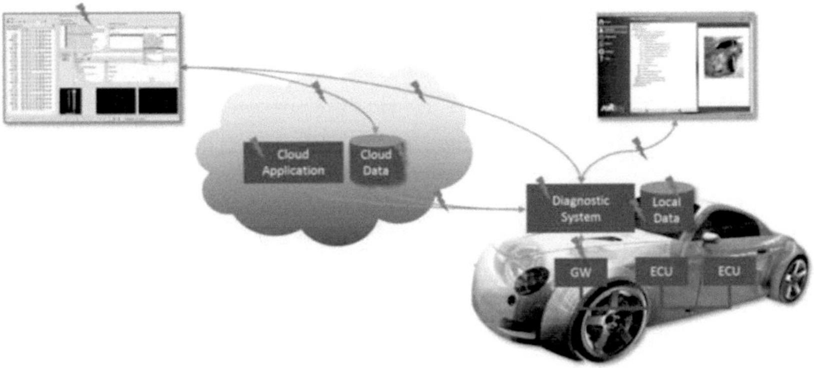

Abbildung 2: Angriffspunkte Diagnose 4.0

Grundsätzlich können drei verschiedene Angriffspunkte unterschieden werden:

- Daten
- Datenverbindungen
- Applikationen

Daten müssen gegen unerlaubtes Auslesen geschützt sein. Sie enthalten entweder Firmen-Know-How, das keinen Dritten zugänglich werden soll, oder kundenspezifische Informationen, die fallweise sogar gesetzlich geschützt sind. In der Regel kommen dafür Datenverschlüsselungen zum Einsatz.

Datenverbindungen müssen gegen unerlaubte Verwendung und Abhören gesichert sein. Es soll also niemandem ohne Autorisierung möglich sein Informationen, die auf einer Datenverbindung übertragen werden, mitzulesen. Genauso wenig darf es möglich sein eine Datenverbindung unerlaubt zu verwenden, um damit auf Diagnosefunktionen im Fahrzeug zuzugreifen. In der Regel kommen daher verschlüsselte Übertragungsprotokolle zum Einsatz.

Applikationen müssen gegen unerlaubte Verwendung geschützt sein, da sie in der Regel die oben genannten Sicherungsmechanismen implementieren. Kann jemand ohne Autorisierung ein Tool verwenden, greifen die genannten Mechanismen nicht mehr. Dazu sind bereits einige kommerzielle Lösungen verfügbar, sodass hier nicht näher darauf eingegangen werden soll.

1.5 Lösungsansätze zur Absicherung

Wenn Absicherungsmethoden für Diagnose 4.0 entworfen werden, ist ein Blick in aktuell bereits im Einsatz befindliche Methoden sicher ein vernünftiger Ansatz. Insbesondere im Internet haben sich in den letzten Jahren einige zum Teil bereits schon vor etlichen Jahren entwickelte Verfahren durchgesetzt. Die Basis der meisten Verfahren sind zwei Verschlüsselungstechnologien:

Bei der symmetrischen Verschlüsselung kennen sowohl Sender ‚S' als auch Empfänger ‚R' ein gemeinsames Geheimnis, das sowohl zum Verschlüsseln als auch zum Entschlüsseln verwendet wird. Bei der Übertragung kann niemand eine Nachricht lesen.

Abbildung 3: Symmetrische Verschlüsselung

Der Vorteil des Verfahrens ist, dass die gängigen Algorithmen relativ schnell sind und für eine – nach heutigem Stand – sichere Verschlüsselung Schlüssellängen von 256 Bit ausreichend sind. Der Nachteil des Verfahrens ist, dass das Geheimnis sicher übertragen werden muss, was im Extremfall nur beim persönlichen Kontakt geht. Andernfalls kann ein Dritter den Schlüssel abgreifen und die Nachrichten bei der Übertragung entschlüsseln.

Bei der asymmetrischen Verschlüsselung veröffentlicht ein Empfänger einen öffentlichen Schlüssel (public key, Pub(R)), den der Sender ‚S' zum Verschlüsseln verwendet. Der Empfänger ‚R' verwendet zum Entschlüsseln seinen passenden privaten Schlüssel (private key, Priv(R)). Die beiden Schlüssel können nicht ineinander umgerechnet werden.

Abbildung 4: Asymmetrische Verschlüsselung

Vorteil dieses Verfahrens ist, dass kein Geheimnis übertragen werden muss. Allerdings muss dafür in Kauf genommen werden, dass aktuelle Algorithmen verhältnismäßig langsam sind. Darüber hinaus werden in der Literatur für sichere Verfahren Schlüssellängen von 4096Bit empfohlen.

In der Praxis werden meist hybride Verfahren verwendet, um die Vor- und Nachteile beider Verfahren auszubalancieren. Dabei wird das gemeinsame Geheimnis mit Hilfe der asymmetrischen Verschlüsselung übertragen und anschließend auf der Basis dieses Geheimnisses symmetrisch verschlüsselt. Auf diese Weise arbeiten beispielsweise Übertragungsprotokolle wie TLS (Transport Layer Security), das für HTTPS verwendet wird, oder Signierverfahren wie RSA (benannt nach den Erfindern

Rivest, Shamir und Adleman). Von entscheidender Bedeutung ist, dass der öffentliche Schlüssel aus einer vertrauenswürdigen Quelle bezogen wird, da andernfalls die Übertragung mit einem Schlüssel gesichert wird, den der eigentliche Empfänger nicht entschlüsseln kann, wohl aber ein Dritter, der den Schlüssel veröffentlicht hat.

Im Rahmen der Anwendung im Umfeld der Diagnose 4.0 muss man beachten, dass die beschriebenen Verfahren mit den meisten Steuergeräten kaum praktikabel sind: die Rechenleistung müsste erheblich erhöht werden. Der Datenoverhead und technologiespezifische Gründe sprechen ebenfalls gegen den Einsatz im Fahrzeug. Sehr wohl einsetzbar sind die Verfahren jedoch vom Tester zu einem Hochleistungssteuergerät, das dann die Absicherung zum Fahrzeug hin übernimmt, beispielsweise dem zentralen Gateway. Gleichermaßen kann die Implementierung über ein entsprechend leistungsfähiges VCI erfolgen.

2 Diagnose 4.0 mithilfe eines leistungsfähigen VCIs

2.1 Tester Technologie

Ein modernes, auf Standards basierendes Diagnosesystem besteht im Wesentlichen aus einem Vehicle Communication Interface (VCI), einem Diagnose-Server, optional einer OTX Runtime und einer Applikation. Dabei können fünf Hauptaufgaben identifiziert werden.

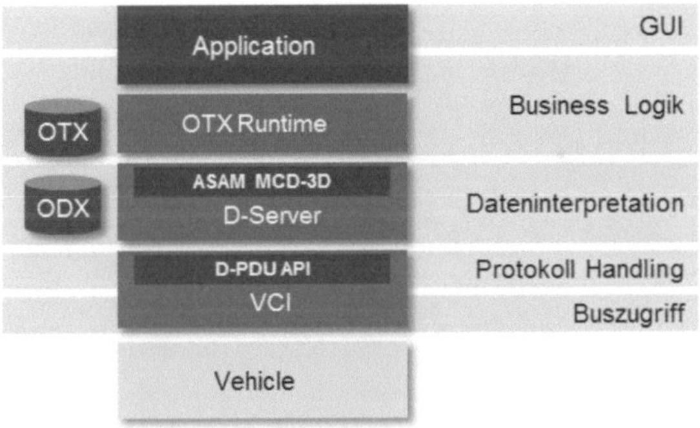

Abbildung 5: Überblick Diagnosesystem

Das **grafische Benutzerinterface** (GUI) zum Anzeigen der Diagnoseergebnisse und der Interaktion mit dem Anwender wird durch die Applikation abgedeckt. In einer **Business Logik** werden zum einen Daten für die Anzeige aufbereitet und ggf. mit anderen Systemen ausgetauscht, was typischerweise auch durch die Applikation erfolgt. Zum anderen werden der Business Logik das Erfassen und die Berechnung von Daten zugeordnet sowie gegebenenfalls das Bündeln von Diagnosediensten zu komplexeren Abläufen. Dies kann z.B. durch das Ausführen von Diagnose-Sequenzen in einem OTX Runtime erfolgen. Die **Dateninterpretation** übernimmt der Diagnose-Server durch die Verarbeitung von ODX-Daten, mit denen alle für eine ECU definierten Diagnoseservices beschrieben sind. Es erfolgt die Interpretation von physikalischen Größen in hexadezimale Werte und umgekehrt. An der standardisierten ASAM MCD-3D Schnittstelle (ISO 22900-3) werden die Diagnoseinformation zur Verfügung gestellt, die durch die Business Logik weiterverarbeitet werden. Das für die jeweiligen Fahrzeugbussysteme spezifische und mittlerweile meist standardisierte **Protokoll Handling** (Datensegmentierung, Timings, Flow Control etc.) wird zum Teil durch die Software unterhalb der D-PDU API oder durch die Firmware auf dem VCI ausgeführt. Für den **Buszugriff** hat das VCI die erforderliche Hardware und Firmware, um alle relevanten Parameter wie Signalpegel, Bit-Timing, Kollisionserkennung, etc. umzusetzen.

In einem derart strukturierten Software-System ist das Auftrennen für einen Remote-Zugriff auf unterschiedlicher Ebene denkbar. Obwohl der Schnitt auch innerhalb eines Layers erfolgen kann, ist es in der Regel sinnvoller, vorhandene APIs zu nutzen und dort zu trennen.

Betrachten wir die Trennlinie zwischen VCI und Fahrzeug, so treffen wir auf Bussysteme wie CAN, K-Leitung und Ethernet, die alle sehr unterschiedliche Timings, Echtzeit-Anforderungen und Bandbreiten aufweisen. Ein Schnitt auf dieser Ebene würde eine auf das Bussystem zugeschnittene Implementierung bedeuten und wäre nur für spezifische Anwendungsfälle zu empfehlen.

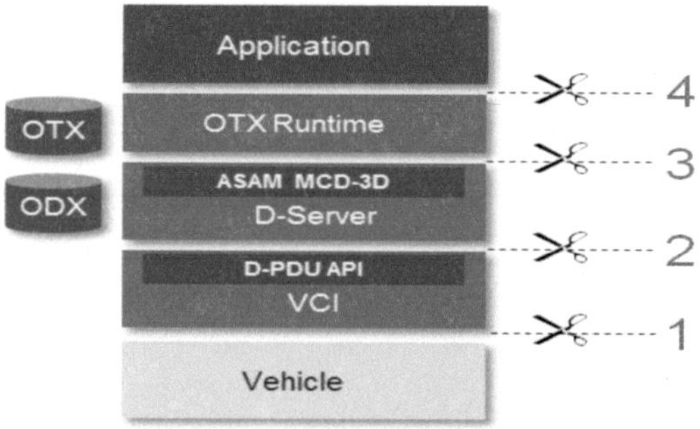

Abbildung 6: Schnitt für Remote-Diagnose?

Erfolgt der Schnitt an der standardisierten D-PDU API, ist man zwar unabhängig vom Diagnoseprotokoll, es sind jedoch je nach Diagnosefunktion und Use-Case meist eine relativ hohe Anzahl an Funktionsaufrufen erforderlich. Dies würde aufgrund der vielen Request/Response-Zyklen z.B. auf Fehlerspeicher-Operationen zutreffen und bei einer Übertragung über eine netzwerkgestützte Remote-Schnittstelle typischerweise zu großen Latenzzeiten und Unzuverlässigkeit führen. Es könnten jedoch Lösungen für die Flash-

Programmierung über DoIP umgesetzt werden, da es sich hier um einen meist unidirektionalen und in größeren Datenpaketen stattfindenden Datenstrom handelt.

Ein Schnitt an der objektorientierten und mit sehr vielen Zugriffsmethoden charakteristischen MCD-3D-API des D-Servers würde ähnliche Randbedingungen wie ein Schnitt an der D-PDU API bedeuten. Die Anzahl der Request/Response-Zyklen wäre vergleichbar, da nicht nur Nachrichten sondern auch physikalische Werte übertragen werden.

Ein für viele Diagnoseanwendungen vorteilhafter Schnitt wäre an der nicht standardisierten API der OTX Runtime. Hier können ganze Diagnose-Abläufe und Testsequenzen mit wenigen Aufrufen angestoßen werden und die Ergebnisse gebündelt übertragen werden.

2.2 Use Case VCI für DoIP

Ein Anwendungsbeispiel mit Schnitt 1 unterhalb des Protokoll Handlings ist eine Lösung mit einer drahtlosen Kommunikation zum Fahrzeug über DoIP (Diagnostic Communication over Internet Protocol). Die Diagnoseapplikation wird in diesem Fall auf einem Smart Phone ausgeführt, auf dem der D-Server die bereitgestellten ODX-Daten verarbeitet. Weiterhin wird die D-PDU API für iOS und Android zur Verfügung gestellt und das Protokoll Handling für DoIP ausgeführt.

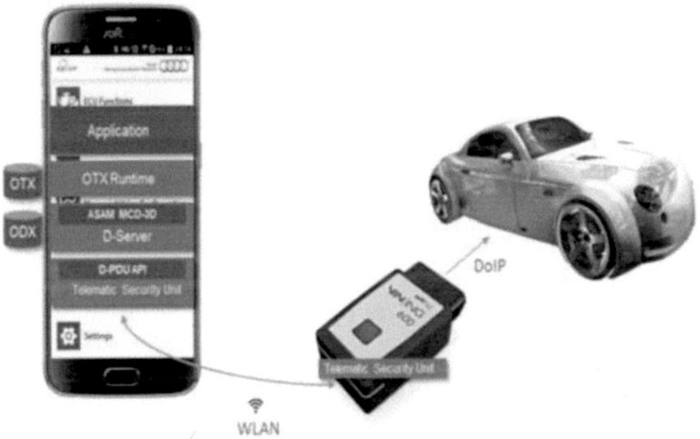

Abbildung 7: Diagnose App mit VCI für DoIP

Über das als WLAN-to-Ethernet-Bridge fungierende VCI (VIN|ING 600) mit integriertem Diagnosestecker kann in einem WLAN-Netzwerk mobil mit einem Anwendungsrechner kommuniziert werden. Die Applikation führt Diagnosedienste und OBD-Funktionen aus, kann jedoch auch dank der leistungsfähigen Ethernet-WLAN-Schnittstelle Messdaten in großem Umfang einlesen und im Rahmen der Möglichkeiten eines Smart Phones darstellen. Für tiefergehende Analysen können die Daten durch geeignete Analyse-Werkzeuge auf einem Anwendungsrechner ausgewertet und dargestellt werden.

Durch Implementierung von Telematik- und Security-Modulen auf dem Anwendungsrechner und im VCI lässt sich mit diesem Ansatz auch relativ einfach und mit verfügbaren Komponenten eine vernetzte Lösung in einem WAN (Wide Area Network) für Softwareupdates von ECUs darstellen (SOTA, Software Over The Air). Unter Berücksichtigung der in diesem Beitrag aufgezeigten Sicherheitsaspekte ist somit eine Ende-zu-Ende-Verschlüsselung von der Anwendung zu einem VCI als essentielle Voraussetzung für die Programmierung von Steuergeräten umsetzbar.

2.3 Use Case D-Server auf VCI

In einem Szenario mit Schnitt 4 oberhalb der OTX Runtime wird der MVCI Diagnose-Server, der die dort bereitgehaltenen ODX-Daten verarbeitet, auf einem VCI ausgeführt. Dies wird durch hochintegrierte und leistungsfähige Komponenten des neu entwickelten VIN|ING 2000 und eine modulare Software-Architektur ermöglicht.

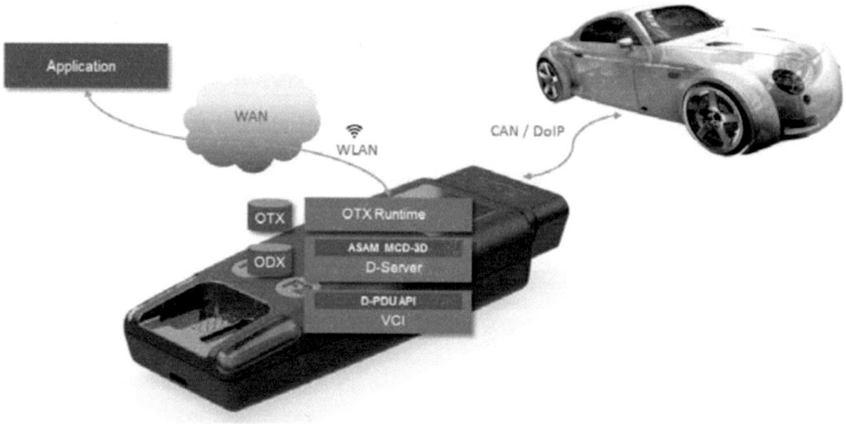

Abbildung 8: VCI mit MVCI Diagnose-Server

Durch die kompakte Bauart und WLAN, LAN und USB als Schnittstellen zum Host-System sowie CAN, K-Leitung und Ethernet zum Fahrzeug eignet sich VIN|ING 2000 besonders für zukunftssichere Produktions- und Serviceanwendungen. Weiterhin können durch OTX-Abläufe auf dem VCI ganze Diagnoseaufgaben eigenständig und ohne Verbindung zu einem Host-System abgearbeitet werden. Damit sind einfach und kostengünstig Anwendungen wie z.B. autarke Programmier-Lösungen, Stellglied-Diagnose und sonstige Steuerungsaufgaben realisierbar.

Diese leistungsfähige VCI-Plattform ist die Basis für unterschiedlichste Remote-Szenarien. Es kann in bewährter Art und Weise eine Applikation mit Nutzung des D-Servers auf dem Anwendungsrechner über WLAN oder USB auf das VCI zugreifen. Alternativ kann wie in der Abbildung dargestellt, das komplette Diagnoseablaufsystem bestehend aus OTX Runtime, D-Server und Protokollverarbeitung auf dem VCI ausgeführt werden. Über eine je nach Anwendungsfall gestaltete Business Logik kann die Anwendung über ein wie auch immer geartetes Netzwerk remote auf die OTX Runtime und/oder den Diagnose-Server zugreifen. Es können sowohl auf dem Anwendungsrechner als auch auf dem VCI die in der Netzwerktechnologie vorhandenen Sicherheitskonzepte angewandt werden. Weiterhin lässt sich auch sogeannate Cloud-Diagnose mit unabhängigen Applikationen auf einem Cloud-Server und typischerweise Zugriff auf mehrere Fahrzeuge abbilden.

4 Remote Diagnose - Von der Entwicklung bis zum After Sales

Dipl.-Ing. Kai Sieckmann, Dr.-Ing. Thorsten Schröder, IAV GmbH, Gifhorn

Abstract

Within the automotive industry progressive digitization offers a chance to unite customer satisfaction with new business models.

There, digitization in the area of vehicle diagnostics offers possibilities to support customers in a day-to-day situation better than ever before.

Customer's mobile terminals will be connected to the vehicle to enable new services via an IT backend system.

At the same time diagnotics leaves the workshop through digitization and is smoothly integrated into mobile life. This way diagnostic is possible anytime and anywhere.

The challenge to make complexity easy and manageable for users as well as service lies within the digital world.

Kurzfassung

Die fortschreitende Digitalisierung in der Automobilindustrie bietet Chancen, die Kundenzufriedenheit mit neuen Geschäftsmodellen zu vereinen. Die Digitalisierung im Bereich der Fahrzeugdiagnose bietet dabei Möglichkeiten, den Kunden in alltäglichen Situationen besser zu unterstützen als bisher. Dabei werden mobile Endgeräte des Kunden über ein IT-Backendsystem mit dem Fahrzeug verbunden, um neue Dienste zu ermöglichen.

Gleichzeitig verlässt die Diagnose durch die Digitalisierung die Werkstatt und integriert sich nahtlos in das Mobile Life. Damit ist Diagnose immer und überall möglich.

Die Herausforderung der digitalen Welt liegt darin, die Komplexität sowohl für den Anwender, als auch für den Service einfach und beherrschbar zu machen.

1 Remote Diagnose – Neue Chancen für den After Sales

Die Entwicklung neuer Diagnosetechnologien und -konzepte war in der Vergangenheit darauf fokussiert, Entwicklungs- und Serviceprozesse für den OEM, seine Zulieferer und die After Sales bzw. Werkstattorganisation zu optimieren. Typische Beispiele aus der Historie sind die Einführung standardisierter Diagnoseprotokolle (ISO14229 / UDS) oder SW-Komponenten für die Offboard Diagnose (ISO22900 / MVCI), die keine sichtbare Auswirkung für den Endkunden mit sich gebracht haben.

Eine direkte Bereitstellung von Diagnoseinformationen für den Endkunden war mit Ausnahme der im Kombiinstrument vorhandenen Warnlampen und -meldungen bisher nicht möglich und auf das Fahrzeug selbst beschränkt. Im Fall eines technischen Problems war die Kommunikation zwischen dem Endkunden und dem Service Mitarbeiter auf einen telefonischen Kontakt beschränkt, genauere Informationen zum Fehlerbild standen dem Servicepersonal nicht zur Verfügung.

Mit der bereits begonnenen Einführung der „Remote Diagnose" in vielen aktuellen Fahrzeugmodellen unterschiedlicher OEM tun sich völlig neue Möglichkeiten zur Interaktion mit dem Fahrzeugführer auf, die zu einem erlebbaren Mehrwert für den Kunden führen.

Dabei ist das Potential riesig. So geht die US-Analysefirma Gartner laut einer Pressemitteilung der Automobilwoche [1] davon aus, dass in 2020 weltweit 61 Mio. vernetzte Fahrzeuge gebaut werden. Die grundsätzlich erforderliche Konnektivität ist damit in einer breiten Basis vorhanden und kann um Remote Diagnose-Dienste angereichert werden.

Bevor wir uns den Chancen und Möglichkeiten der Remote Diagnose widmen, ist es an der Zeit zu klären, was die Remote Diagnose im Kontext eines Automobils eigentlich ist. Da uns hierzu bisher keine allgemeingültige Sichtweise innerhalb der Automobilbranche bekannt ist, wollen wir uns an eine Begriffsdefinition wagen:

1.1 Begriffsklärung Remote Diagnose

Gemäß Abbildung 1 setzt sich ein typisches Fahrzeugdiagnosesystem von „unten nach oben" aus den folgenden Komponenten zusammen:

- Diagnoseclients bzw. Steuergeräte des Fahrzeugs
- Diagnose- oder Vehicle Communication – Interface (VCI) an der OBD-Schnittstelle des Fahrzeugs
- D-PDU API
- MVCI-Server inkl. Fahrzeugdiagnosedaten (ODX)
- Diagnose-Applikation

Die drei letztgenannten Komponenten werden dabei üblicherweise auf einem Diagnosegerät auf MS Windows Basis betrieben. Die Schnittstelle zwischen dem Diagnosegerät und dem VCI basiert dabei üblicherweise auf einer USB-, Ethernet-, Bluetooth- oder WLAN-Verbindung.

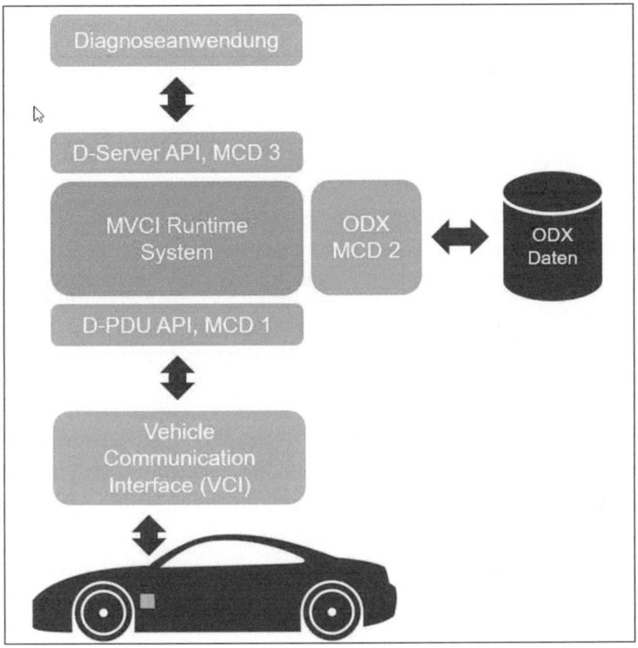

Abbildung 1: Klassisches Diagnosesystem

Der offensichtlichste Ansatz, um aus einem klassischen Diagnosesystem ein „Remote“ Diagnosesystem abzuleiten, besteht darin, die Funktionen des VCI in ein Steuergerät des Fahrzeugs zu verlagern, dass im einfachsten Fall auch noch die Connectivity über eine Mobilfunk- und/oder WLAN-Schnittstelle zur Verfügung stellt. Damit eine entfernte Verbindung zwischen Diagnosegerät und Fahrzeug zustande kommen kann, wird zusätzlich ein geeignetes IT-Backend benötigt, dass die Informationen zwischen Diagnosegerät und Fahrzeug routet.

Bei diesem einfachen Lösungsansatz besteht der „Remote“-Aspekt des Diagnosesystems lediglich darin, dass einzelne Diagnoserequests nicht mehr über eine meist örtlich gebundene Verbindung und die elektrische Standardschnittstelle (OBD) des Fahrzeugs gesendet und beantwortet werden, sondern stattdessen in der Regel eine Mobilfunkverbindung nutzen werden.

Ein wesentlich größeres Anwendungspotential ergibt sich aber erst, wenn man den Gedanken der Remote Diagnose weiter fasst, als bisher beschrieben. Bevor wir hierauf genauer eingehen, wollen wir im nächsten Abschnitt zunächst betrachten, welcher Systemkontext zukünftig für die Diagnose betrachtet werden muss.

1.2 Diagnose im Kontext vernetzter Fahrzeuge

Mit der Einführung mobiler Onlinedienste im Fahrzeug sind die Herausforderungen für die Diagnose der kundenerlebbaren Funktionen eines Fahrzeuges nochmals deutlich gewachsen.

Während in der Vergangenheit die Ursache für ein vom Kunden erlebtes Fehlverhalten einer Fahrzeugfunktion praktisch immer auf das Fahrzeug selbst begrenzt gewesen ist, verteilen sich Fahrzeugfunktionen insbesondere in Bezug auf mobile Onlinedienste heute auch auf weitere Systemkomponenten, wie ein IT-Backend, die Mobilfunk- und/oder WLAN-Übertragungsstrecken, Web-Portale oder dienstbezogene Apps.

Somit stellt sich die Herausforderung, nicht mehr nur das Fahrzeug an sich in der Kundendienstwerkstatt zu diagnostizieren, sondern auch noch die gesamte Infrastruktur mit zu betrachten. Dabei muss berücksichtigt werden, dass Fehler im Fahrzeug in vielen Fällen reproduzierbar sind, während beispielsweise eine Störung in einem Backendsystem nur temporär auftritt und durch die Kundendienstwerkstatt zu Diagnosezwecken nicht nachgestellt werden kann. Nochmals komplizierter wird es in dem Moment, wo Fahrzeuge untereinander und mit der Verkehrsinfrastruktur (z.B. Ampeln) durch Car2X-Dienste vernetzt sind. Hierbei können sich Fehlfunktionen in einzelnen Fahrzeugmodellen oder Infrastrukturkomponenten beispielsweise in Form von fehlerhaften Warnmeldungen auf andere Fahrzeuge fortpflanzen. Der Diagnosezugriff auf diese Fahrzeugnetzwerkkomponenten fällt aber nochmals schwerer, als bei einem herstellereigenen Onlinedienst und macht herstellerübergreifende Lösungsansätze für die Systemdiagnose erforderlich.

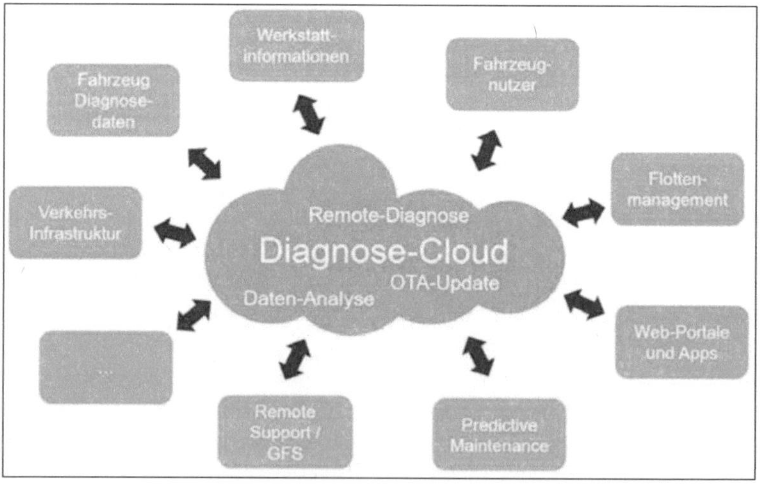

Abbildung 2: Diagnose-Cloud

Ein Lösungsansatz kann dabei eine „Diagnose-Cloud“ (vgl. Abb. 2) sein, die diagnoserelevante Informationen von allen beteiligten Systemkomponenten sammelt, problemspezifisch aufbereitet und der Kundendienstwerkstatt für die Fehleranalyse zentral zur Verfügung stellt.

Auf dieser Basis kann eine End2End-Diagnose der gesamten Wirkkette einer kundenerlebbaren Funktion sichergestellt werden.

1.3 Neue Serviceprozesse und Diagnose-Usecases auf Basis einer „Diagnose-Cloud“

Wie in Abbildung 2 dargestellt, sammelt die Diagnose-Cloud die diagnoserelevanten Informationen von allen beteiligten Systemkomponenten ein. Dabei ist es zunächst unerheblich, ob die Diagnosekommunikation auf Basis eines weitergedachten, klassischen Diagnosesystems gemäß Abbildung 2 erfolgt, oder ob die eigentlichen Diagnosefunktionen beispielsweise dadurch abgebildet werden, dass im Fahrzeug ein „Diagnosetester“ realisiert wird, der die erforderlichen Informationen wie z.B. Ereignisspeichereinträge oder ausgewählte Messwerte im Fahrzeug sammelt, aggregiert und dann über die Mobilfunkschnittstelle überträgt.

Wesentlich wichtiger sind die Möglichkeiten, die sich durch ein derart gestaltetes Diagnosesystem ergeben. An dieser Stelle sollen nur zwei exemplarische Anwendungsfälle skizziert werden:

1.3.1 Vom Customer Care zur Remote Geführten Fehlersuche

Vor der Verfügbarkeit einer Remote Diagnose war der Kundendienst auf die mündliche Problembeschreibung des Fahrzeugführers angewiesen. Aufgrund des oft fehlenden, technischen Sachverstandes des Fahrers, stellt dies eine recht unsichere Basis für einen telefonischen Support zur Verfügung.

Durch die Übertragung von Diagnoseinformationen verbessert sich die Situation zunächst grundsätzlich, weil technisch fundierte Informationen zum Status des Fahrzeugs zur Verfügung stehen. Allerdings bedeutet dies auch, dass die Call Center-Agenten eine tiefergehende Qualifikation zur differenzierten Bewertung des Fehlerbildes benötigen. Noch besser wäre ein Lösungsansatz, bei dem die verfügbaren Daten in der Diagnose-Cloud analysiert, mit dem Verhalten der restlichen Fahrzeugflotte abgeglichen und darauf aufbauend dem Call Center-Mitarbeiter ein passender Lösungsvorschlag bzw. eine passende Handlungsempfehlung angeboten wird.

Dieser Lösungsvorschlag kann dann auch so weit gehen, dass man dem Kunden in geeigneten Fällen eine Hilfe zur Selbsthilfe, quasi eine Remote Geführte Fehlersuche anbietet. Angeleitet über das HMI des Fahrzeugs und/oder eine geeignete App kann der Fahrer bei der Suche nach einfachen Fehlerursachen, wie z.B. einer defekten Sicherung unterstützt werden, ohne dass hierzu ein Servicemitarbeiter vor Ort sein muss. Wenn dadurch die Mobilität des Kunden sofort wiederhergestellt werden kann oder dem Kunden belastbar vermittelt werden kann, dass das Fahrzeug mit Einschränkungen weiterhin bewegt werden kann, wird dies die Kundenzufriedenheit sicherlich steigern.

Über eine weitere Beobachtung des Fahrzeugs in der Cloud kann bewertet werden, ob das Fahrzeug noch in der Werkstatt vorgeführt werden sollte.

1.3.2 Predictive Maintenance

Bereits seit vielen Jahren sammelt wohl jeder Fahrzeughersteller Informationen über den Zustand und das Verhalten seiner Fahrzeugflotte. In der Vergangenheit war man dabei im Wesentlichen von den Informationen abhängig, die man über die eigene Werkstattinfrastruktur in Form von Diagnose-, Reparatur-, Ersatzteil- und Abrechnungsdaten eingesammelt hat. Damit war es möglich, ein gutes Bild über das Verhalten z.B. eines bestimmten Fahrzeugmodells oder einer bestimmten Motorvariante in Summe zu sammeln und im Falle eines auffälligen Verhaltens geeignete Gegenmaßnahmen bis hin zu einem Rückruf einzuleiten. Da allerdings in der Regel keine aktuellen Informationen zu einzelnen Fahrzeugen vorliegen, musste man dabei im Zweifelsfall auch Fahrzeuge berücksichtigen, die von einem Fehlerbild ggf. noch nicht oder überhaupt nicht betroffen gewesen sind.

Sobald aktuelle Diagnoseinformationen zu jedem individuellen Fahrzeug in der Cloud vorliegen, kann hier wesentlich differenzierter vorgegangen werden. Außerdem ermöglicht ein permanentes Data-Mining eine frühzeitige Erkennung von einzelnen, auffälligen Fahrzeugen und die Einleitung geeigneter Gegenmaßnahmen, wie z.B. einer tiefergehenden, technischen Analyse der Ursachen. Auch hierbei kann die Remote Diagnose unterstützen, indem über die Diagnose-Cloud detailliertere Daten (hier wären z.B. auch Bustraces denkbar) aus den auffälligen Fahrzeugen erhoben werden, um Fehlerursachen gezielter einzugrenzen, noch bevor der Kunde das veränderte Fahrzeugverhalten selbst wahrnimmt.

Diese Vorgehensweise ist natürlich nicht nur für unerwartete Auffälligkeiten in der Flotte anwendbar, sondern genauso kann auf der breiten Datenbasis einer Diagnose-Cloud der Zustand typischer Verschleißteile vorhergesagt werden. Damit eröffnet sich dem Kundendienst die Möglichkeit, dem Kunden maßgeschneiderte Serviceangebote zu unterbreiten.

Die beschriebenen Lösungsansätze machen deutlich, dass zukünftig der fahrzeugtechnische Sachverstand allein nicht mehr ausreichen wird, um eine E2E-Diagnose mit all ihren Chancen und Herausforderungen realisieren zu können. Viel mehr als bisher werden Skills aus den Bereichen IT und Data-Analytics erforderlich sein, um auch zukünftig eine zielorientierte Fehlerdiagnose gewährleisten und neue Potentiale heben zu können. Dann ist man auch für die Diagnose autonomer Fahrzeuge der Stufen 4 und 5 gerüstet.

Nachdem wir uns bisher den Chancen und Herausforderungen der Remote Diagnose aus Sicht des After Sales gewidmet haben, wollen wir im nächsten Schritt das Thema Remote Diagnose aus Sicht der Fahrzeugentwicklung betrachten.

2 Remote Diagnose aus Sicht der Fahrzeugentwicklung

Dem After Sales und dem Fahrzeugnutzer öffnen sich wie oben dargestellt viele neue Möglichkeiten und Perspektiven.

Daraus leiten sich neue Herausforderungen an die technische Entwicklung ab.

War die Diagnose in der Vergangenheit eher isoliert zu betrachten, wird sie zukünftig mehr und mehr Teil einer vernetzten Welt. Das bedeutet zu aller erst, dass neue Schnittstellen, sowohl technologisch, als auch im Entwicklungsprozess entstehen.

Technologisch sind neben der drahtlosen Anbindung an eine Diagnose-Cloud, auch die Querschnittsthemen Sicherheit und Verlässlichkeit zu nennen.

Daher stellt dieser Artikel einige Herausforderungen dar, die sich aus Sicht der technischen Entwicklung ergeben. Dabei spannt sich ein Bogen über Themen der Sicherheit und Verfügbarkeit von Diensten über den Product Life Cycle des Fahrzeugs hin zu einer funktionalen Sicht der Diagnose.

2.1 Sicherheit und Verfügbarkeit im Product Life Cycle

Gerade das Thema Sicherheit gewinnt zunehmend an Bedeutung, da die Diagnose kritische Funktionen, wie das Softwareupdate im Fahrzeug umfasst.

Wir verlassen gedanklich das Fahrzeug und richten unseren Blick auf andere technische Geräte aus dem Consumerbereich. Dabei werden neben den Chancen auch die Risiken durch die neuen Technologien deutlich.

Produkte, die schon seit einigen Jahren den Weg in die Connectivity gefunden hat, sind die Spielkonsolen diverser Hersteller. Waren Spielekonsolen früher isolierte Geräte, an denen bestenfalls 2 bis 4 Personen gleichzeitig spielen konnten, so kann man heute mit Personen über den ganzen Globus spielen. Die Konsolen sind Teil des World Wide Webs geworden und ermöglichen ganz neue Spielerlebnisse und Konzepte.

Ein anderes Beispiel sind Smart-TVs. Diese Geräte sind massiven Angriffen über die Web-Schnittstelle ausgesetzt und wurden auch schon zu Spionagezwecken manipuliert [2].

Was bedeutet das für das Thema Sicherheit? Was können wir aus der Erfahrung der Unterhaltungsindustrie lernen?

Zum einen, dass die Systeme spätestens nach Markteinführung, oft auch schon davor(!), gehackt worden sind. Zum anderen ist die Häufigkeit von Softwareupdates rasant gestiegen.

Niemand wird abstreiten wollen, dass ein Fahrzeug ein weit komplexeres System als eine Spielkonsole oder ein Smart-TV ist und dass die aktive Nutzungsdauer von Spielkonsolen nicht mit den bis zu 20 Jahren eines Fahrzeugs [3] vergleichbar ist. Daher sind die Anforderungen beim Fahrzeug bezüglich der Sicherheit über einen langen Nutzungszeitraum wesentlich höher.

Um dem Thema Sicherheit entgegenzutreten, wird vermehrt auf das Konzept der Hardware (HW) Ent- und Verschlüsselung gesetzt. Die Verschlüsselung und Signatur von Daten und Zugriffen soll dabei sicherstellen, dass nur berechtigte Personen Zugriff auf sicherheitskritische Bereiche und Informationen im Fahrzeug haben.

Eine Software-seitige Umsetzung erfordert auf den ersten Blick hohe Kosten hinsichtlich der Prozessorleistung der betroffenen Steuergeräte. Daher wird häufig auf HW-Lösungen gesetzt, diese bestehen aus ICs, die die Verschlüsselungsalgorithmen implementiert haben.

Dies birgt Risiken mit Blick auf die oben genannte Laufzeit der Fahrzeuge. Es besteht immer das Risiko, dass sich aufgrund einer unsauberen Implementierung oder einer beabsichtigten Hintertür Möglichkeiten ergeben, um das Fahrzeug zu kompromittieren. Reden wir bei einer Spielekonsole über einen Wert von ca. 600 EUR Anschaffungskosten, so ist der Schaden, der an einem Fahrzeug entsteht, ungleich höher, wenn dieses unbrauchbar gemacht wird.

Es besteht das Risiko, dass eine Sicherheitslücke unter Umständen im Feld nicht mehr mit vertretbarem Aufwand geschlossen werden kann, da die Algorithmen in HW vorliegen. Zwar bieten einige HW-Implementierungen die Möglichkeit, Microcode auszutauschen, allerdings ist dies ungleich aufwändiger zu realisieren, als ein reines SW-Update im Programmspeicher des Steuergeräts. Einschränkend kommt noch hinzu, dass dort kaum Ressourcen (Speicher) für umfangreichere Erweiterungen vorgehalten werden.

Kommt es nun zu einer Sicherheitslücke, so gibt es nicht viele Möglichkeiten zu reagieren. Ein Szenario ist es, die Konnektivität des Fahrzeugs zu deaktivieren und damit wesentliche kundenerlebbare Funktionen abzuschalten. Aus Sicht der Kundenzufriedenheit ein unter allen Umständen zu vermeidendes Szenario.

Der fatalste Fall ist allerdings der oben genannte Zustand, dass ein Fahrzeug aus Kommunikationssicht und/oder funktional durch unautorisierte Manipulation defacto defekt ist.

Wie könnte ein Lösungsansatz aussehen? Als erstes kann man die Kosten aus Sicht des Total Cost of Ownership bewerten. Dabei muss man einen Zeitraum von mehr als 10 Jahren berücksichtigen. Dies ist die Basis für Entscheidungen zur Implementierung von Sicherheitskonzepten.

Parallel braucht es Konzepte der Fahrzeugdiagnose, die das Fahrzeug aus sicherheitstechnischer Sicht überwachen und diagnostizieren können, um frühzeitig Angriffe und Manipulationen zu erkennen. Dies ist allerdings nicht nur auf das Fahrzeug begrenzt, sondern muss die Vernetzung zu einer Cloud und anderen Kommunikationsteilnehmern im Internet oder via Car2Car und Car2X berücksichtigen.

Ziel ist es, zu erkennen, dass Teile der Flotte manipuliert worden sind.

Wie man schon an diesen Beispielen erkennen kann, gibt es viele Ebenen, auf denen technische Lösungen zu entwickeln sind.

Zusammenfassend kann man sagen, dass die Diagnose Teil des Sicherheitsrisikos ist und gleichzeitig einen wichtigen Beitrag zur Sicherheit des Fahrzeugs leisten muss.

Neben der Sicherheit ist die Verfügbarkeit von Diensten im und am Fahrzeug über die gesamte Spanne des Produktlebenszyklus ein weiterer wichtiger Faktor.

Ein Beispiel im Bereich Infotainment ist das digitale Radio DAB. Der Standard wurde durch den DAB+ abgelöst. Erste Staaten planen bereits die Abschaltung des analogen UKW-Radios [4]. Das bedeutet, dass bestehende Empfänger und Funktionen des Fahrzeugs nicht mehr nutzbar sind.

Ist es beim Radio und im Infotainmentbereich noch ein quasi isoliertes Thema, so bedeutet dies bei zunehmend verteilten und vernetzten Funktionen wie der Diagnose ein nicht unerhebliches Risiko.

Es ist nicht auszuschließen, dass es zukünftig Veränderungen hinsichtlich der Mobilfunkfrequenzen und Übertragungsstandards analog dem oben genannten Beispiel mit dem Radio gibt [5]. Je tiefer die Übertragungstechnik in das Fahrzeug integriert ist, umso anfälliger wird es in der Zukunft. Um beim Beispiel Radio zu bleiben. Man kann bei einem älteren Fahrzeug aus den 90er Jahren des letzten Jahrhunderts noch relativ einfach das Radio gegen ein aktuelles Gerät mit DAB+ Empfänger austauschen, da es genormte Schächte und elektrische Schnittstellen gibt. Dies ist bei heutigen Fahrzeuggenerationen nicht ohne weiteres möglich.

Das gleiche gilt analog für Connectivity Units im Fahrzeug und alle Technologien, auf die der Hersteller der Fahrzeuge keinen Einfluss hat. Selbst Entwicklungsumgebungen für Updates sind unter Umständen nicht mehr auf aktueller Hardware lauffähig.

Fernab der technologischen Verfügbarkeit von Diensten und Services, sollten auch nicht die Human Resources aus den Augen gelassen werden. Wer kann z.B. Sicherheits-Patches für Systeme erstellen, die über 10 Jahre im Markt sind? Der schnelle Wandel und die Entwicklung der Technologien haben bei allen Vorteilen hier auch eine Schattenseite: Der schnelle Verlust von Know-how im Bereich der Entwicklung. Gibt es zukünftig das Fachgebiet des Historical Engineering?

Kommen wir von den Herausforderungen aus den Bereichen Sicherheit und Verfügbarkeit zu einem weiteren hochaktuellen Thema.

2.2 Das Fahrzeug als Sammlung von Funktionen

Die Entwicklung des Fahrzeugs wandelt sich. Im zunehmenden Maße ist ein Trend in Richtung agiler Entwicklungs- und Produktentstehungsprozesse erkennbar. Begleitet durch die Paradigmen der virtuellen Entwicklung.

Ein wesentlicher Teilaspekt ist die Wandlung von der Steuergerätesicht zu einer Sicht auf Funktionen des Fahrzeugs.

Die zunehmende Verteilung von Funktionen im Fahrzeug und der Weg in Richtung hin zu Domänensteuergeräte-Architekturen ermöglicht eine durchgängige Sichtweise auf das Fahrzeug als Sammlung von Funktionen. Das beginnt bei den Anforderungen des Marketings bereits in der Konzeptphase und geht über die Entwicklung der Funktionen bis hin zum Kundendienst und dem Endkunden, der schließlich Funktionen und nicht Steuergeräte nutzt.

Dabei tritt die physikalische Verortung der Funktion zunehmend aus dem Fokus. Funktionen und Teile von Funktionen können dabei auch das Fahrzeug verlassen und sich in ein Backend oder in die Cloud verlagern. Hier stellt sich die Frage, wie man diese Entwicklung diagnoseseitig berücksichtigen kann und welche Konsequenzen dies für die Diagnose hat.

Es eröffnen sich dadurch viele neue Möglichkeiten, um Mehrwert und Kundenzufriedenheit zu generieren, wie eingangs im Artikel schon dargestellt.

Aus Sicht der Entwicklung bedeutet dies, dass wir das Konzept der klassischen Steuergeräte-ID verlassen werden. Zukünftig werden wir auch in der Diagnose eine Funktionssicht haben, das heißt, wir identifizieren eine Funktion über eine Funktions-ID.

Aus Sicht der Diagnosearchitektur stellt dies eine Herausforderung dar.

Was die Sache noch anspruchsvoller macht, sind verteilte Funktionen und die Tatsache, dass Teilfunktionen dynamisch an verschiedenen Orten lokalisiert sein können.

Wer sammelt oder wie sammelt man die Teilinformationen und stellt diese zentral bereit? Auch hier gibt es prinzipiell wieder zwei Ansätze. Zum einen ist das Fahrzeug intelligent genug und kann die Teilinformationen zu einer Funktionssicht aggregieren oder die Teilinformationen werden erst in der Diagnose-Cloud ausgewertet und zusammengeführt.

Woher weiß eine Teilfunktion, dass sie Informationen liefern muss? Man stelle sich vor, eine Abfrage würde mit Funktions-ID als Broadcast erfolgen. In diesem Fall muss die Teilfunktion wissen, zu welcher Funktion sie gehört, und ihre Informationen entsprechend senden.

Alternativ weiß das Backend, in welchem Steuergerät eine Teilfunktion liegt und adressiert das entsprechende Steuergerät. Die Funktionssicht entsteht hierbei erst in der Cloud.

Diese Gedankenspiele enden nicht mit der Architekturfrage, sondern sind auch Teil des gesamten Entwicklungsprozesses. Bestehende IT-Systeme in Entwicklung, Produktion und After Sales sind heute in der Regel nicht dafür ausgelegt, die funktionsorientierte Sichtweise abzubilden.

Der Schalter wird bei den klassischen OEM nicht über Nacht von der Steuergeräte-Sicht auf die funktionale Sicht umzulegen sein.

2.3 Absicherung der zukünftigen Diagnosefunktionen

Die oben genannten Veränderungen und Entwicklungen haben eines gemeinsam: Die neuen Diagnosefunktionen und Architekturen müssen abgesichert werden.

War bisher noch eine einfache Absicherung einzelner, losgelöster Komponenten möglich, in dem man beispielsweise eine Restbussimulation eingesetzt hat, so wird das Ganze mit zunehmender Verschlüsselung und Signatur der Kommunikation weitaus schwieriger. Das Mitlesen von Bus-Informationen ist nicht mehr ohne weiteres möglich. Es wird also notwendig, in einem Sicherheitskonzept auch das Thema Absicherung zu berücksichtigen, ohne dabei neue Sicherheitslücken zu generieren. Dazu kommt, dass sich die Kommunikation zwischen Funktionen oder Komponenten zunehmend in Richtung Interprozesskommunikation innerhalb der Domänensteuergeräte verschiebt. Damit wandeln sich auch die Anforderungen an den Testingenieur und die Testsysteme.

Durch verschlüsselte und komplexe Übertragungswege gewinnt auch das Thema End2End-Absicherung zunehmend an Bedeutung. Es kann nicht mehr jedes kleine Teilsystem freigeschnitten werden. Was natürlich eine extreme Herausforderung für die Fehlerfindung und das Bugfixing im Entwicklungsprozess bedeutet. Wie identifiziere ich den eigentlichen Ort des Fehlers zwischen zwei Endpunkten, z.B. Fahrzeug und einem Service in der Cloud?

Virtual Engineering ist ein weiterer Trend. Dies beinhaltet das Testen von Modellen und Simulationen von Funktionen vor der eigentlichen Implementierung auf einer Zielhardware. Die Motivation hierbei ist die Reduktion von Prototypen-Teilen und Fahrzeugen im frühen Entwicklungsprozess. Ein Fahrzeug weitgehend virtuell entwickelt und abgesichert, um erst möglichst spät im Produktentstehungsprozess reale Hardware zu verwenden und dadurch Kosten zu reduzieren. Hier wächst eine neue Disziplin heran, die für alle Beteiligten der Diagnose-Entwicklung und -Absicherung neue Herausforderungen bietet.

3 Fazit

Der vorliegende Artikel hat einen Überblick über verschiedene Facetten der Remote Diagnose im Kontext von der Entwicklung bis zum After Sales aufgezeigt. Hierbei wurden Aspekte der funktionsorientierten Diagnose von verteilten Systemen in Entwicklung, Absicherung und After Sales aufgezeigt. Auf Herausforderungen in Bezug auf zukünftige Sicherheitskonzepte und die langfristige Verfügbarkeit von Funktionen in

Zeiten schneller, technologischer Veränderungen wurde genauso eingegangen, wie auf Chancen die die neuen Technologien bieten.

Diese Übersicht erhebt keinen Anspruch auf Vollständigkeit. Die Autoren freuen sich, wenn Denkimpulse beim Leser angeregt wurden, die die Diskussion über die Chancen und Herausforderungen der zukünftigen Remote Diagnose in Bewegung halten.

Literatur

[1] „Fünfmal mehr vernetzte Fahrzeuge bis 2020“, www.automobilwoche.de, 2016

[2] Christoph Fröhlich, „Und plötzlich glotzt der Hacker ins Wohnzimmer“, www.stern.de, 2015

[3] „Typische Lebensdauer von Autos in Deutschland nach Automarken (Stand: 2014*; in Jahren)“, www.statista.com, 2014

[4] Martin Holland, „Digitalradio: Norwegen beginnt mit Abschaltung von UKW-Stationen“, www.heise.de, 2017

[5] Urs Mansmann, „Die Deutsche Telekom und die UMTS-Abschaltung“, www.heise.de, 2017

5 Secure Diagnostics – Maßnahmen zur Absicherung der Fahrzeugdiagnose

M.Sc. Manuel Henle, M.Sc. Dennis Artz, B.Eng. Daniel Thomer, Dipl.-Ing. Bernd Gottschalk, Dipl.-Ing. Peter Haller, Daimler AG, Böblingen

Abstract

The connection of the vehicles to their environment will increase, driven by the vehicle manufacturers, by devices on the OBD-II diagnostic connector and hardware installations by third-party suppliers. To expand the existing security measures, proven techniques from IT security can be adapted to use in vehicles.

This article provides an overview over different security principles, to be used in vehicle diagnostics, and to standardize in the various standardization committees. The main idea is to establish a rights management combined with an authentication solution with an underlying secure diagnostic communication.

Kurzfassung

Die Vernetzung der Fahrzeuge nimmt zukünftig sowohl durch die Fahrzeughersteller, als auch durch Geräte auf der OBD-II Diagnoseschnittstelle und Hardwareeinbauten von Drittanbietern weiter zu. Zur Weiterführung bestehender Sicherheitsmaßnahmen können bewährte Techniken aus der IT-Security für den Einsatz in Fahrzeugen adaptiert werden.

Dieser Beitrag bietet eine Übersicht über verschiedene Security-Prinzipien, für den Einsatz in der Fahrzeugdiagnose und zur Standardisierung in den verschiedenen herstellerübergreifenden Gremien. Als Grundidee werden dabei ein Rechtemanagement kombiniert mit einer Authentifizierungslösung sowie die sichere Diagnosekommunikation dargestellt.

1 Motivation und Einführung

Für moderne Fahrzeugarchitekturen gibt es, insbesondere auch durch die immer weiter steigende Vernetzung innerhalb und außerhalb des Fahrzeugs, ein steigendes Angriffspotential durch unberechtigte Dritte. Die Diagnose, einerseits als Mittel zur Erkennung von Problemen im Fahrzeug, andererseits als Möglichkeit zur Konfiguration und Kontrolle verschiedener Steuergerätefunktionen, stellt hierbei ein mögliches Ziel dar.

Es gibt aktuell nur wenige standardisierte Maßnahmen, um Diagnosedienste und -inhalte zu schützen. Dies führte dazu, dass bisher zusätzlich herstellerindividuelle Maßnahmen ergriffen wurden.

Verschiedene Regularien tragen zudem dazu bei, dass es für Fahrzeughersteller schwer bis unmöglich ist, die gesamte Diagnosefunktionalität für unbefugte Dritte komplett zu schließen. Neben den Vertragswerkstätten müssen beispielsweise auch freie Werkstätten und unabhängige Prüfinstanzen die Möglichkeit besitzen, Diagnose nutzen zu können.

2 Möglichkeiten zur Absicherung der Fahrzeugdiagnose

Ein mögliches Gesamtkonzept sieht eine Ende-zu-Ende Absicherung vor, deren Kern ein Rechtemanagement bildet, das dem Nutzer auf Basis seiner Gruppenzugehörigkeit den Zugriff auf die ihm zustehenden Diagnosedienste und -daten vergibt oder verweigert. Dazu notwendig ist eine Authentifizierung, die beispielsweise zertifikatsbasiert ablaufen kann. Darüber hinaus sinnvoll ist eine abgesicherte Kommunikation mit dem Steuergerät. Bereits etablierte Mechanismen wie die Absicherung von Software oder Parametrisierung werden hier nicht weiter behandelt.

In Abbildung 1 werden die vier wesentlichen Teile des Ende-zu-Ende-Konzeptes dargestellt:

1. Noch bevor ein Zugriff per Diagnose stattfinden kann, muss sich der Nutzer gegenüber einem Backend anmelden und ein Zertifikat beziehen. Jeder Nutzer wird bei seiner Registrierung einer Nutzergruppe zugeordnet, welche im Zertifikat dokumentiert wird.
2. Mit dem erhaltenen Zertifikat weist sich der Nutzer mit seinem Tester gegenüber dem Steuergerät aus, mit dem er Diagnose betreiben möchte. Über das Zertifikat teilt er dem Steuergerät außerdem seine Gruppenzugehörigkeit mit.
3. Das Steuergerät weiß nun, mit wem es spricht und welche Zugriffsrechte dem Nutzer zustehen. Das Steuergerät vergibt dem Tester die passenden Zugriffsrechte auf Diagnosedienste und -daten.
4. Damit die freigeschalteten Rechte nicht von unberechtigten Personen (Man-in-the-middle) übernommen werden können, sollte darüber hinaus die Kommunikation zwischen Tester und Steuergerät geschützt werden.

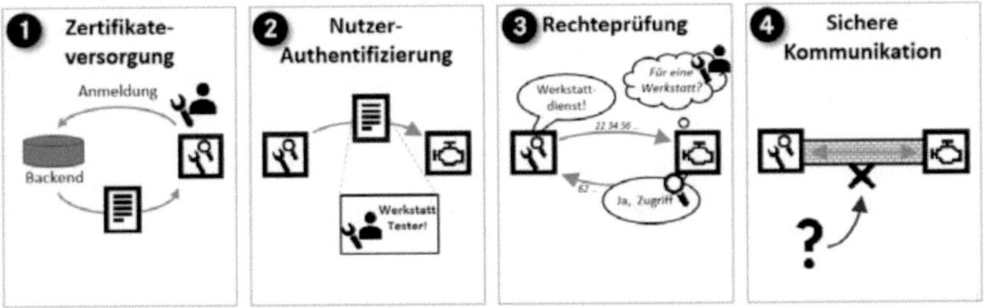

Abbildung 1: Säulen der sicheren Diagnose

2.1 Rechtemanagement

Das Ziel des Rechtemanagements ist ein feingranularer und anwendungsfallbezogener Zugang zur Diagnose. Der heutige SecurityAccess nach ISO 14229-1 kann weiterhin als zusätzliche Absicherung eingesetzt werden.

Als Grundvoraussetzung für das Rechtemanagement ist zu unterscheiden, welche Diagnoseanwender bzw. -anwendungsfälle es gibt. Diese Fälle werden zu Gruppen gebündelt und enthalten entsprechend ihren Bedürfnissen Zugriff nur auf die benötigten Diagnosedienste. Für jeden Diagnosedienst, den ein Nutzer anfragt, wird vor der Ausführung geprüft, ob der Dienst der zugehörigen Gruppe zur Verfügung steht oder nicht. Dazu werden alle Diagnosedienste sogenannten Rechtegruppen zugeordnet. Auf deren Basis ist den Steuergeräten die Steuerung der Zugriffsrechte möglich. Seine Rechtegruppe übermittelt der Nutzer dabei mithilfe eines Diagnosezertifikats, mit welchem er sich zuvor am Steuergerät anmelden muss.

Ein großer Vorteil der Nutzung von Zertifikaten besteht darin, dass eine servergestützte Rechtevergabe ermöglicht wird, ohne dabei auf einen Online-Zwang zum Zeitpunkt der Diagnosesitzung selbst zu bestehen. Durch entsprechende Zertifikatslaufzeiten sind eine zeitliche Entkopplung der Zertifikatserstellung/-zuteilung und deren Einsatz am Fahrzeug möglich.

In Abbildung 2 sind Rechtegruppen exemplarisch dargestellt. Je nach Gruppe gibt es unterschiedliche Berechtigungen, entsprechend der mit der Gruppe verbundenen Anwendungsfälle. Die einzelnen Diagnosedienste können dabei in nur einer oder auch in mehreren Gruppen verortet werden. So können beispielsweise Basisfeatures wie das Auslesen von Identifikationsdaten durch jede Gruppe ausgeführt werden, wohingegen spezielle Anwendungsfälle nur wenigen spezifischen Gruppen vorbehalten sind.

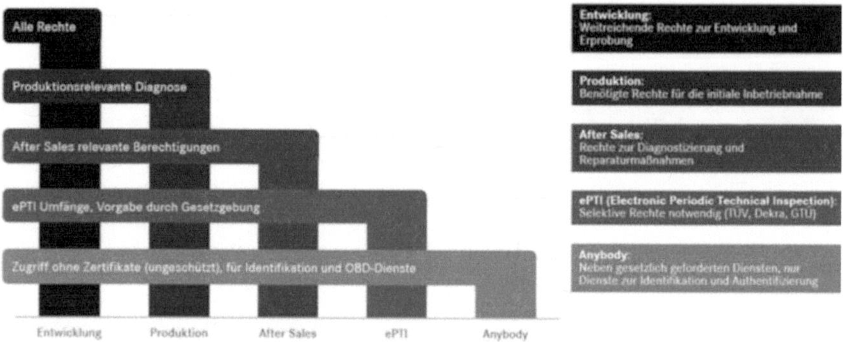

Abbildung 2: Rechtegruppen exemplarisch dargestellt

Zusätzlich ist über die Gültigkeitsdauer der Zertifikate eine zeitliche Begrenzung möglich. Beispielsweise kann man einem Nutzer unkritische, lesende Rechte für einen langen Zeitraum erteilen, erweiterte Änderungsrechte jedoch nur eine kurze Zeit. So können je nach Anwendungsfall und Berechtigung verschiedene Laufzeiten für die Zugriffe von wenigen Stunden oder Tagen bis mehreren Wochen oder mehr gewährt werden.

2.2 Authentifizierung auf Basis von Zertifikaten

Damit einem Nutzer im Steuergerät die passenden Rechte zugewiesen werden können, benötigt es die Information, welcher Gruppe er zugeordnet ist. Diese Information kann wie oben beschrieben im Zertifikat enthalten sein, mit dem sich der Nutzer gegenüber dem Steuergerät authentifiziert. Ein aktuelles Diagnosezertifikat erhält der Nutzer nach Anmeldung an einem Backend.

Die Authentifizierung erfolgt wie in Abbildung 3 dargestellt in vier Schritten. Zunächst wird das Zertifikat vom Nutzer bzw. Tester dem Steuergerät zur Prüfung zur Verfügung gestellt. Konnte Integrität und Authentizität des Zertifikats verifiziert werden, erzeugt das Steuergerät eine Zufallszahl (Challenge) und sendet diese zurück zum Tester. Der Tester berechnet mithilfe des zum Zertifikat gehörenden privaten Schlüssels eine Signatur über die Zufallszahl und sendet diese anschließend zurück. Da der private Schlüssel nur dem wahren Besitzer des Zertifikats bekannt ist, lässt sich hierdurch der Besitz des Zertifikats nachweisen ("Proof of Ownership"). Das Steuergerät wiederum prüft die Signatur anhand des öffentlichen Schlüssels aus dem Zertifikat und informiert bei Erfolg den Nutzer über die Freischaltung der Zugriffsrechte.

Ab diesem Moment ist das Steuergerät in der Lage Zugriffsrechte für den angemeldeten Nutzer zu prüfen.

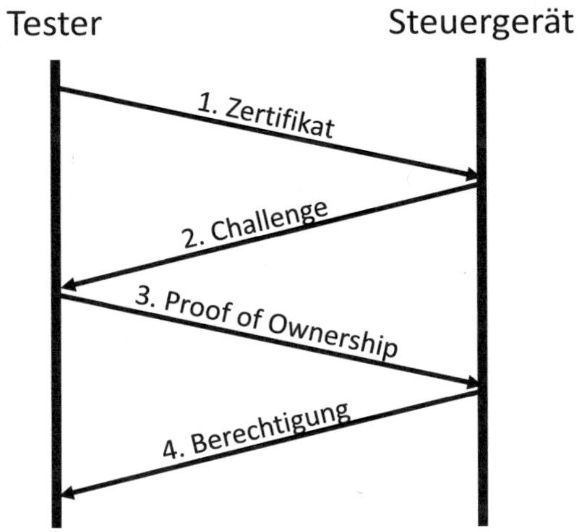

Abbildung 3: Authentifizierungsablauf vereinfacht dargestellt

2.3 Sichere Diagnosekommunikation

Eine Absicherung der Kommunikation ist zusätzlich notwendig, damit der Empfänger einer Diagnosenachricht sicher sein kann, dass sie auch tatsächlich unverändert von dem Sender empfangen wurde, welcher sich anfänglich authentifiziert hat.

Dabei gibt es prinzipiell zwei Möglichkeiten zur Absicherung, zum einen die Nachrichtenauthentifizierung per Message Authentication Code (MAC), zum anderen die Verschlüsselung.

Per MAC werden Integrität und Authentizität sichergestellt. Hierbei wird auf Basis eines gemeinsamen Geheimnisses zwischen Sender und Empfänger eine kryptographisch sichere Prüfsumme zur jeweiligen Nachricht berechnet und beim Senden an diese angehängt. Der Empfänger kann diese prüfen und sich dann sicher sein, dass die Nachricht nicht verändert wurde. Über die Verwendung eines „Freshness Value“ (z.B. einen aktuellen Zeitstempel oder Zähler) kann man darüber hinaus sicher sein, dass es sich nicht um eine wiedereingespielte Nachricht („Replay“) handelt. Nicht schützen kann ein MAC hingegen vor dem Mitlesen der Kommunikation.

Mit zusätzlicher Verschlüsselung kann ergänzend zu Integrität und Authentizität auch Vertraulichkeit erreicht werden. Bei der Verschlüsselung wird die Nachricht in einen Geheimtext umgewandelt und somit für Personen ohne passenden Schlüssel unkenntlich gemacht.

Notwendig für die sichere Diagnosekommunikation ist ein vorab ausgehandelter und sicher verwahrter Schlüssel. Um die Manipulationswahrscheinlichkeit gering zu halten, kann der Schlüssel bei jedem neuen Kommunikationsaufbau individuell festgelegt werden. Ein solcher sogenannter Session Key kann beispielsweise direkt während der Authentifizierung ausgehandelt werden.

Mögliche Verfahren für die Kommunikationsabsicherung sind AUTOSAR SecOC oder im Einsatzbereich von Ethernet auch der IETF-Standard TLS zur Absicherung der Transportebene. Bei beiden Techniken kann bei der Implementierung zwischen der Nachrichtenauthentifizierung und der zusätzlichen Verschlüsselung gewählt werden.

3 Punktuelle Aktivitäten in der Standardisierung

4 Voraussetzungen und Umsetzung von sicherer Diagnose

Um ein Rechtemanagement auf Basis von Zertifikaten zu etablieren, bedarf es einer Vielzahl von Vorkehrungen, die getroffenen werden müssen. Es muss dafür gesorgt werden, dass eine entsprechende PKI-Landschaft aufgebaut, Prozesse angepasst und die verschiedenen Toolketten aufbereitet werden. Die Rechteverwaltung sollte schon früh in die Prozesse eingeplant und die gesamte Organisation entsprechend vorbereitet werden.

4.1 Anforderungen an das Backend

Im Backend ist eine Public Key Infrastructure (PKI) zur Zertifikatsverwaltung notwendig, welche die Zertifikatshierarchie abbildet und die Zertifikate erstellt, verwaltet und mit entsprechenden Prozessen zuordnet und verteilt.

Innerhalb der PKI benötigt man für die Verwaltung unter anderem eine Zertifizierungsstelle (Certificate Authority, CA), welche mittels einem Backendzertifikat die Signatur von Zertifikatsanträgen übernimmt und eine Registrierungsstelle (Registration Authority, RA), bei der Personen oder Maschinen Zertifikate beantragen können.

Die Registrierungsstelle ist die zentrale Verwaltungsstelle, die das Autorisieren von Nutzern und die Verwaltung der Nutzer-Berechtigungen übernimmt. Die Registrierungsstelle prüft die Richtigkeit der Daten im gewünschten Zertifikat und genehmigt den Zertifikatsantrag, der dann durch die Zertifizierungsstelle signiert wird. Dies kann je nach Anwendungsfall automatisiert oder manuell erfolgen.

4.2 Basisanforderungen auf der Fahrzeugseite

Fahrzeugseitig gibt es eine Reihe von Anforderungen, die umgesetzt werden müssen. Damit wird die Grundlage geschaffen, eine sichere Diagnose überhaupt erst zu ermöglichen.

Hier sollen einige davon kurz angesprochen werden. Je nach OEM-spezifischer Umgebung und Fahrzeugarchitektur können sich allerdings noch etliche weitere ergeben.

Voraussetzung für eine Zertifikatsprüfung ist, dass die jeweils im Zertifikat enthaltenen Felder auch tatsächlich im Steuergerät geprüft werden können. Darunter fällt zur Prüfung der Zertifikatsgültigkeit insbesondere eine zuverlässige Zeitbasis, welche im besten Fall zwischen allen Steuergeräten im gesamten Fahrzeug synchronisiert ist.

Weitere zur Prüfung von Zertifikaten verwendete Informationen müssen für eine ganzheitliche Security bei ihrer Verteilung über die internen Bussysteme ebenfalls geschützt und plausibilisiert werden, wozu eine sichere On-board-Kommunikation, beispielsweise per AUTOSAR SecOC, verwendet werden kann.

Die unterschiedlichen kryptographischen Verfahren müssen in den Steuergeräten implementiert sein. Im besten Fall kann man einzelne Algorithmen für verschiedene Anwendungsfälle wiederverwenden, indem man beispielsweise den gleichen Algorithmus für die Zertifikate wie für die Authentifizierung oder Signaturprüfungen verwendet.

Beim Einsatz von Kryptographie sollten zudem immer ein möglichst sicherer Ablageort für notwendiges Schlüsselmaterial und ein zuverlässiger Generator für Zufallszahlen bereitstehen. Dies kann typischerweise beides über einen in der Steuergerätehardware inkludierten HSM (Hardware Security Module), wie beispielsweise in der HIS (Hersteller Initiative Software) standardisiert, erreicht werden.

4.3 Testerunterstützung – Zentrale Zertifikatsverwaltung

Um zukünftig Fahrzeuge diagnostizieren zu können, müssen sich Anwender bzw. Applikationen mit Zertifikaten authentifizieren. Um Anwender und Toolhersteller dabei zu unterstützen, könnten die OEM-spezifischen Inhalte in einem Zertifikateverwaltungstool gebündelt werden. Dieses Tool bietet für die unabhängigen Tester/Tools eine zu standardisierende Schnittstelle an. Ein solches Tool ist in Abbildung 5 dargestellt. Die Daten könnten mittels einer Programmierschnittstelle für die Testerapplikation zur Verfügung gestellt werden. Diese erlaubt es, auf Zertifikate zuzugreifen und diese an das Fahrzeug bzw. deren Steuergeräte weiterzuleiten.

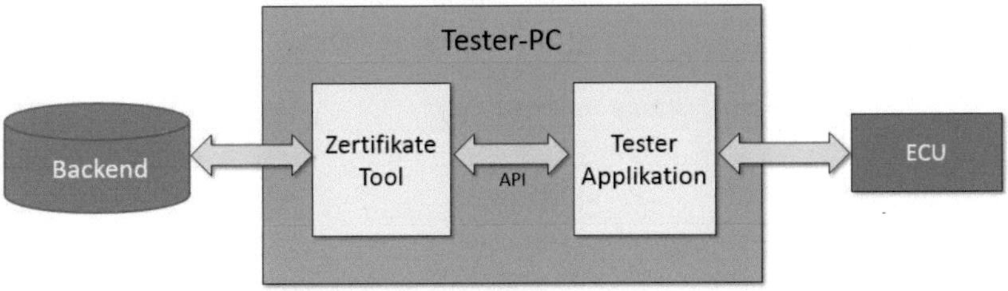

Abbildung 5: Darstellung eines Zertifikateverwaltungstools

Zertifikate und deren zugehörige privaten Schlüssel müssen in einem verschlüsselten Zertifikatsspeicher abgelegt werden. Damit wird sichergestellt, dass Zertifikate und Schlüsselmaterial nicht missbräuchlich verwendet werden.

Das Zertifikateverwaltungstool kann zusätzlich das gesamte Nutzermanagement für die Testerapplikation übernehmen. Dazu gehört auch die Kommunikation mit einem Backendsystem. Somit können laufend und eigenständig Zertifikate aktualisiert werden, vorausgesetzt der jeweilige Nutzer besitzt weiterhin ausreichende Rechte innerhalb der PKI.

4.4 Erlangen von Diagnosezertifikaten

Ein Diagnosezertifikat muss vom jeweiligen Nutzer bei einer Verwaltungsstelle (Registration Authority, RA) beantragt werden. Vorbedingung hierfür ist, dass der Nutzer bereits bei dieser Verwaltungsstelle registriert ist. Nur dadurch ist gewährleistet, dass die Verwaltungsstelle Zertifikate entsprechend der zugeordneten Rechte für den jeweiligen Nutzer ausstellen kann.

Insbesondere für unabhängige Organisationen oder Werkstätten bedeutet dies, dass sich diese zukünftig registrieren müssen. Dabei sind mehrere Varianten denkbar:

- Jeder Anwender meldet sich über einen bereitgestellten Link direkt bei dem jeweiligen OEM an.
- Der Anwender meldet sich beim jeweiligen Toolhersteller an, der seinerseits die Autorisierungsanfragen (ggf. anonymisiert) an den OEM weiterleitet.
- Anwender werden über eine oder mehrere vertrauenswürdige unabhängige Organisationen verwaltet, welche ihrerseits die Anfragen und Berechtigungen zwischen Anwender und OEM vermitteln.

In Abbildung 6 ist ein Ablauf zur Zertifikatsversorgung beispielhaft dargestellt. Dabei werden folgende Schritte durchlaufen:

1. Ein Werkstattmitarbeiter meldet sich über seinem Tester an
2. Die Anmeldedaten werden an ein Backend übertragen
3. Bereits vorhandene Berechtigungen werden geprüft
4. Ein individuelles Zertifikat für den Nutzer und Anwendungsfall wird ausgestellt…
5. … und an Tester zurück übermittelt.
6. Der Tester kann sich nun gegenüber dem Fahrzeug als berechtigt ausweisen

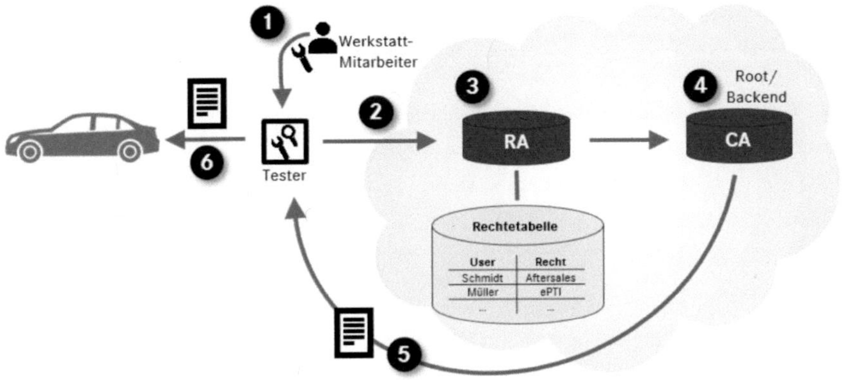

Abbildung 6: Beispielhafte Darstellung der Zertifikatsversorgung

5 Zusammenfassung und Ausblick

Mit Rechtemanagement, zertifikatsbasierter Authentifizierung sowie Absicherung der Diagnosekommunikation wird für die Security-Mechanismen im Umfeld der Fahrzeugdiagnose eine standardisierte Basis geschaffen, mit der eine Ende-zu-Ende-Absicherung der Diagnose auch in Zukunft sichergestellt ist. Hierzu trägt insbesondere die Verwendung kryptographischer Methoden nach dem Stand der Technik bei.

Eine Standardisierung der Mechanismen in ISO und AUTOSAR reduziert einerseits den Implementierungsaufwand bei den OEMs, erleichtert durch einheitliche Konzepte und Schnittstellen andererseits insbesondere den Toolherstellern und Diagnosenutzern die Anwendung der Security-Mechanismen und steigert so auch deren Akzeptanz.

Auch in Zukunft wird die Welt nicht stehen bleiben, sodass Maßnahmen zur Absicherung der Fahrzeugdiagnose nicht auf ewig Bestand haben werden. Das gilt nicht nur für die eingesetzte Kryptographie, sondern insbesondere auch für heute noch unbekannte Angriffsvektoren. Die Technik auf Seiten der Hacker wird sich zukünftig weiterentwickeln und muss beobachtet werden, um potentielle zukünftige Angriffsmethoden frühzeitig zu erkennen und rechtzeitig Gegenmaßnahmen zu etablieren.

6 Abkürzungsverzeichnis

API	Application Programming Interface
AUTOSAR	AUTomotive Open System ARchitecture
CA	Certificate Authority
CSM	AUTOSAR Crypto Service Manager
ECU	Electronic Control Unit
DCM	AUTOSAR Diagnostic Communication Manager
ePTI	Electronic Periodic Technical Inspection
HIS	Hersteller Initiative Software
HSM	Hardware Security Module
IETF	Internet Engineering Task Force
ISO	International Organization for Standardization
MAC	Message Authentication Code
OBD	On-Board Diagnostics
OEM	Original Equipment Manufacturer
PKI	Public Key Infrastructure
PSK	Pre-Shared Key
RA	Registration Authority
REST	Representational State Transfer
SecOC	AUTOSAR Secure Onboard Communication
TLS	Transport Layer Security

6 Kundenakzeptanz von Ferndiagnose – Gibt es eine ideale Lösung?

Dr. Oliver Pajonk, Sebastian Fräßdorf, Axel von Engel, André Hacke
Elektrobit Automotive GmbH, Braunschweig

Abstract

Remote diagnostics of connected vehicles is an area of conflicting interests of multiple parties. Carmakers (OEMs) naturally strive to collect operational data from their vehicles in order to improve their products. Additionally, for services such as software-update over the air, some data collection is actually a prerequisite – and such services might become mandatory for connected vehicles (think of a "digital TÜV certificate"). On the other hand, a significant amount of end-users are wary of built-in connectivity, and especially of collection approaches potentially targeting personal data. However, connected services such as online traffic & re-routing, map updates, text-to-speech for mobile messaging, predictive maintenance, etc. are demanded by end-users nonetheless. Some of these connected services are based on collected data. Some legislators (e.g. in Germany) require OEMs to follow the principle of data reduction and data economy for personal data. Though not conclusively decided yet, in-vehicle collected data can at least partly be seen as personal data. Standard mitigations such as data anonymization and pseudonymization are problematic; more effective approaches such as differential privacy are not yet fully introduced. In this area of tension, solutions must be found that fulfill requirements of end-users, OEMs, and third parties alike while complying with legislation. This is not a simple task, and no singular solution is likely to exist.

In this contribution we propose a mixed approach towards data collection. It consists of continuous, fixed-set data collection aspects as well as specialized, transient, selective data collection for special purposes. The technological prerequisites, advantages and drawbacks of the approach are presented and discussed. Special focus is put on cloud-based implementation of the approach, since it provides specific advantages.

Kurzfassung

Ferndiagnose von vernetzten Fahrzeugen ist ein Spannungsfeld aus vielfältigen Interessen. Automobilhersteller (OEMs) haben ein natürliches Interesse daran, Betriebsdaten von ihrer Fahrzeugflotte zu erfassen um ihre Produkte zu verbessern. Hinzu kommt, dass für bestimmte Dienste – wie zum Beispiel „software-update over the air"

(SOTA) – eine gewisse Datenerhebung eine wichtige Vorbedingung darstellt. Solche Dienste könnten zukünftig sogar erforderlich für eine fortgesetzte Betriebserlaubnis eines vernetzten Fahrzeugs werden; als Beispiel sei ein „digitales TÜV Zertifikat" genannt. Einerseits ist ein gewisser Anteil von Endkunden kritisch gegenüber vernetzten Fahrzeugen eingestellt – im speziellen Datensammlungsfunktionen. Andererseits fragen Endkunden Funktionen nach, welche auf der Vernetzung des Autos basieren: Online-Verkehrsdaten und darauf basierende Routenaktualisierung, Kartenaktualisierung, Text-zu-Sprache für mobile Nachrichten, sowie vorbeugende Instandhaltung sind nur einige Beispiele. Manche dieser Dienste basieren jedoch auf Daten, welche von einer vernetzten Fahrzeugflotte gesammelt werden – oder werden in jedem Fall durch diese ergänzt und verbessert. Als weitere Interessenpartei fordert die Legislative die generellen Prinzipien der Datenvermeidung und Datenreduktion einzuhalten. Auch wenn eine abschließende rechtliche Beurteilung noch aussteht, können im Fahrzeug erzeugte Daten zumindest teilweise als personenbezogene Daten angesehen werden. Die Standardvorgehen der Anonymisierung und Pseudonymisierung sind problematisch, weil diese oft reversibel sind. Effektivere Ansätze wie Mechanismen zur Erhaltung der differentiellen Privatheit sind noch nicht ausreichend eingeführt. In diesem Spannungsfeld müssen Lösungen gefunden werden, welche die Anforderungen von Endbenutzern, OEMs und potentiell weiteren Interessenparteien erfüllen – dies bei gleichzeitiger Einhaltung legislativer Anforderungen. Das ist keine einfache Aufgabe mit einer singulären Lösung.

Im vorliegenden Beitrag wird ein gemischter Ansatz der Datenerhebung beschrieben. Dieser bietet einerseits die Möglichkeit der kontinuierlichen Erhebung von Daten, fokussiert sich allerdings darauf, Daten dynamisch konfigurierbar und selektiv auszulesen. Die hierzu notwendigen technologischen Vorbedingungen, sowie die Vor- und Nachteile des Ansatzes werden beschrieben und diskutiert. Spezielles Augenmerk liegt auf der Cloud-basierten Implementierung des Ansatzes, da hierdurch spezifische Vorteile entstehen.

1 Einführung

Im vorliegenden Beitrag wird ein System zur Ferndiagnose von vernetzten Fahrzeugflotten dargestellt. Das Design des Systems richtet sich insbesondere an der Interessenlage der beteiligten Akteure aus. Diese wird hierzu erläutert. Spezielles Augenmerk der Erläuterungen liegt auf der Kundenakzeptanz für Personenkraftwagen. Technische Gegebenheiten und aktuelle Entwicklungen werden ebenfalls dargestellt sowie im Design berücksichtigt.

Im Bereich der Ferndiagnose setzen einige wenige Hersteller ab Werk verbaute Lösungen ein; diese beschränken sich meist auf festgelegte Datensätze die in (zum Teil konfigurierbaren) Intervallen verschickt werden. Die Datensätze sind zwar festgelegt, können allerdings relativ umfangreich sein (z.B. [1] [2]).

Die Mehrheit der verfügbaren Systeme zur Ferndiagnose zielen allerdings auf den OEM-unabhängigen Nachrüstmarkt (u.a. [3] [4] [5]; viele weitere existieren). Sie sind somit nur bedingt in die on-board Systeme des Fahrzeugs integriert. Nutzungsszenarien reichen von der reinen Endnutzer-Kostenkontrolle über Online-Servicehefte z.B. zur Verhinderung von Tachometerbetrug, bis hin zur Fehleranalyse mit Reparaturvorschlägen. Hier liegt der Fokus zumeist auf einzelnen Kundenfahrzeugen. Einige Systeme zielen auf die Verwaltung von kommerziellen Fahrzeugflotten ab. Technisch setzen die meisten Systeme auf folgenden Komponenten auf:

- einen Bluetooth-Dongle für den OBD-Anschluss
- eine App auf dem Smartphone des Kunden
- welche die Daten an einen Cloud-Service des Herstellers sendet.

Einige Lösungen bieten auch Telematik-Boxen als Nachrüstgerät an. Diese können eine bessere Integration in das Fahrzeug ermöglichen und erfordern keine Netzwerkanbindung mithilfe eines Smartphones, sind aber teurer. Insgesamt sind diese Nachrüstsysteme allerdings in den zur Verfügung stehenden Daten limitiert.

Auf der anderen Seite existieren die etablierten Diagnoselösungen für die Werkstatt. Diese richten sich auf die interaktive Fehlersuche und -behebung an einem spezifischen Fahrzeug aus, weniger auf Flottendiagnose. Als weiterer Anwendungsfall kommt die Softwareaktualisierung hinzu. Auch hier gibt es herstellerspezifische Lösungen sowie freie Lösungen für den OEM-unabhängigen Werkstattmarkt (u.a. [6] [7] [8]). Einige dieser Systeme bieten auch Komponenten für die interaktive Remote-Diagnose durch Spezialisten [7].

Um die Designentscheidungen für das hier vorgestellte System zu motivieren, werden der technologische Kontext (Abschnitt 2) und die Interessenlage von beteiligten Akteuren (Abschnitt 3) analysiert. Daraus abgeleitete Anforderungen werden als Ausgangsbasis für eine Systembeschreibung genutzt (Abschnitt 4). Eine Zusammenfassung zeigt das Ergebnis und gibt einen Ausblick (Abschnitt 5).

2 Grundlagen

In diesem Abschnitt wird der technische Kontext für die Arbeit dargelegt. Dieser geht als Randbedingung in das Systemdesign ein.

2.1 Fahrzeugdiagnose

Umweltschutzvorgaben in den USA und Europa haben zur Einführung von standardisierten Fahrzeugdiagnosesystemen geführt – auch als OBD-I oder OBD-II bezeichnet. Der aktuell hier am meisten verwendete Standard ist „Unified Diagnostic Services“ (UDS), welcher in der ISO 14229 beschrieben ist. In aktuellen Fahrzeugsteuergeräten kommt dieser flächendeckend zum Einsatz. Eine zukünftige Standardisierung unter dem Namen „World Wide Harmonized On-Board-Diagnostic“ (WWH-OBD) ist im Auftrag der UN aktuell in Arbeit und wird in den ISO 27145 Standard münden.

Diagnosetester nutzen diese Standards, um mit den Fahrzeugen zu kommunizieren. Sie werden heute in praktisch allen Werkstätten eingesetzt, um über die OBD Schnittstelle Probleme des Fahrzeuges zu diagnostizieren, Einstellungen vorzunehmen und neue Software in das Fahrzeug zu übertragen.

Als existierende, weitreichende Datenquelle – insbesondere von technischen Informationen – werden diese Standards ebenfalls für Flottendiagnoseaufgaben eingesetzt.

2.2 Fahrzeugsensorik

Aktuelle Fahrzeuge besitzen bereits signifikante Mengen von Sensoren. Beispiele reichen von ABS-Sensorik über Ultraschall-Abstandssensoren bis hin zu diversen Radar-Varianten. Diese Datenquellen werden in verschiedenen on-board Systemen verarbeitet und dienen zur Bereitstellung von Assistenz-, Komfort- und Sicherheitsfunktionen des Fahrzeugs. Beispielhaft seien hier die Raddrehzahlsensoren genannt, deren Daten in Fahrerassistenzsystemen wie ABS, ASR, ESP oder ACC genutzt werden. Weitere Steuergeräte greifen ebenfalls auf diese Daten zu – bis hin zu Navigationssystemen [9].

2.3 Flottendaten

Ein naheliegender Ansatz ist, diesen Datenreichtum nicht nur on-board zu nutzen, sondern ihn mit anderen Fahrzeugen und der Umwelt zu teilen. Flottendatenerhebung ist bislang aber nur sehr eingeschränkt möglich, da die Fahrzeuge noch nicht flächendeckend vernetzt sind. Eine mögliche Methode ist, Betriebsdaten des Fahrzeugs beim Werkstattbesuch über die Diagnoseschnittstelle (siehe Abschnitt 2.1) auszulesen. Da ein solcher Besuch eher selten erfolgt, gibt es hier starke Einschränkungen in der Datenmenge und der Aktualität dieser Daten.

Der kabellose, zeitnahe Transfer von Daten zwischen Fahrzeugen sowie in eine leistungsfähige, off-board gelegene Rechenzentrumsinfrastruktur („car as a sensor“ Ansatz [10] [11]) ist die naheliegende Lösung. „V2X“-Kommunikationsmethoden wie der IEEE 802.11p Standard sind allerdings zumindest in Deutschland noch nicht etabliert. Im Rechenzentrum hingegen können Flottendaten mithilfe moderner, zumeist statistischer Sensordatenfusions- und analyseverfahren zu Informationen verdichtet werden, die einen Mehrwert für einen oder – idealerweise – mehrere Beteiligte darstellen (siehe Abschnitt 3 für Beispiele). Es sei hier auch auf ISO 20078 verwiesen, einer bereits standardisierten B2B-Schnittstelle für Fahrzeugdaten zwischen OEMs und Dritten.

Heutzutage stellen zwar vernetzte Fahrzeuge noch eine Minderheit auf den Straßen dar; allerdings werden aktuelle Fahrzeuge oft mit eingebauter Konnektivitätshardware wie LTE Modems verkauft. Somit wird für die Marktdurchdringung ein aktuelles Wachstum im Bereich von 50% vorhergesagt [12]. Die Vernetzung der Fahrzeuge findet mit bereits im Internet verwendeten Standardtechnologien statt. Der Trend hin zu bekannten Vernetzungstechnologien und Kommunikationsmustern bis ins Auto ist unverkennbar [13]. Daher stellt eine solche Flotte von vernetzten, mit vielen Sensoren ausgestatteten Fahrzeugen eine der Hauptkategorien des „Internet of Things" (IoT) Paradigmas dar. In diesem treten nicht Menschen als hauptsächliche Kommunikationspartner auf, sondern eben „Dinge" wie z.B. Fahrzeuge [14] [15].

2.4 Datenqualität

Gerade in großen Sensornetzwerken mit sehr diversen Datenquellen und einer komplexen, dynamischen Struktur, ist das Thema Datenqualität nicht zu vernachlässigen. Beispielsweise mag die Wahrscheinlichkeit, dass *ein bestimmter* Sensor ausfällt und verfälschte Daten liefert, noch so gering sein – in einem ausreichend großen Netzwerk ist es fast sicher, dass *irgendein* Sensor ausfällt. Die daraus resultierende Ungenauigkeit ist ein wichtiger, aber bei weitem nicht der einzige Aspekt von „Datenqualität" [16].

Insbesondere in den Geowissenschaften und der Biologie sind Methoden zur Beschreibung und Sicherung von Datenqualität für große Sensornetzwerke seit längerem bekannt und im Einsatz [17]. Beispielhaft seien hier geographische Positionsinformationen genannt, für deren qualitative Beschreibung bereits einige nationale und internationale Standards etabliert sind [18] [19].

Eine Flotte von vernetzten Fahrzeugen stellt ein heterogenes Sensornetzwerk dar, daher ist auch hier die Betrachtung der Datenqualität unerlässlich.

2.5 Datenmengen im Auto und in der Flotte

Eine einfache Möglichkeit der Abschätzung der in einem aktuellen PKW auftretenden Datenmengen bietet die Betrachtung der eingesetzten Feldbusse, also der bereits „mobilen" Daten im Fahrzeug. Als Beispiel dienen hier drei CAN Busse mit jeweils 500 KBit Übertragungsrate. Unter der Annahme, dass diese Busse mit maximaler Geschwindigkeit senden, ergeben sich theoretisch etwa 643 MB Rohdaten pro Stunde:

$$3 \cdot \frac{500000\left[{}^{\mathrm{bit}}/_{\mathrm{s}}\right] \cdot 3600\left[{}^{\mathrm{s}}/_{\mathrm{h}}\right]}{8\left[{}^{\mathrm{bit}}/_{\mathrm{byte}}\right] \cdot 1024\left[{}^{\mathrm{byte}}/_{\mathrm{kbyte}}\right] \cdot 1024\left[{}^{\mathrm{kbyte}}/_{\mathrm{mbyte}}\right]} \approx 643{,}73\ \left[{}^{\mathrm{mbyte}}/_{\mathrm{h}}\right]. \qquad (1)$$

Dies stellt nur eine Abschätzung des Höchstwertes dar, da der CAN Bus aus verschiedenen Gründen nicht so ausgelastet werden kann. Andererseits bieten neuere Bussysteme wie FlexRay, CAN FD oder Ethernet mit 150 MBit/s und mehr noch deutlich höhere Datenraten [20]. Neue Anforderungen – insbesondere aus dem Bereich von ADAS und hochautomatisiertem Fahren – erfordern eine Veränderung der Datennetzarchitektur an Bord des Fahrzeugs sowie eine weitere Steigerung der Datenübertragungsraten [21].

Es ist zu beachten, dass viele Datensätze in diesen Feldbussen über den Zeitverlauf redundant auftreten. Oftmals werden sie fest periodisch gesendet, auch wenn sich ein zugrunde liegendes Datum (z.B. ein Sensorwert) nicht geändert hat. Trotzdem bleiben in jedem Fall pro Fahrzeug signifikante Datenmengen pro Betriebsstunde über, die potentiell auch außerhalb des Fahrzeugs von Interesse sind.

Um zu verdeutlichen, was dies für eine Flotte von Fahrzeugen bedeuten kann, sei hier ein einfaches Gedankenexperiment dargestellt. Die durchschnittliche Betriebszeit für einen privaten Pkw liegt laut verschiedener Quellen bei etwas unter einer Stunde pro Tag. Für einen – nach obiger Dokumentation realistischen – aktuellen mittleren Wert von 100 MB *potentiell* zu transferierender Datenmenge pro Fahrzeug und Tag, wird in Tabelle 1 das jährliche Datenaufkommen für einige Flottengrößen abgeschätzt. Die letzte Spalte zeigt den Wert für die Anzahl der am 01.01.2017 in Deutschland zugelassenen Personenkraftwagen an.

Fahrzeuganzahl	1	100	10000	10^6	$45{,}8 \cdot 10^6$
Datenmenge / Jahr	36,5 GB	3,65 TB	365 TB	36,5 PB	1,67 EB

Tabelle 1: Beispielhaftes jährliches Datenaufkommen in einer Flotte von Fahrzeugen bei 100 MB Datenmenge pro Fahrzeug und Tag.

Die so abgeschätzte Datenmenge liegt deutlich im Exabyte-Bereich. Um dies in Relation zu setzen, sei der aktuelle mittlere jährliche Datendurchsatz am größten Internetknoten der Welt [22], dem DE-CIX Knoten in Frankfurt, genannt. Aus dem 1-monatlichen Mittel von etwa 3,4 Terabit pro Sekunde Datenverkehr [23] lässt sich ein mittleres jährliches Datenvolumen von 13,4 Exabyte pro Jahr berechnen. Das obige Beispiel für eine Flotte von 45,8 Millionen Pkw bewegt sich also bereits bei 12,5% dieser Zahl.

Selbst bei einer Marktdurchdringung für vernetzte Fahrzeuge von nur 10% bleibt ein Volumen von etwa 167 Petabyte pro Jahr – und diese Marktdurchdringung ist im Jahr 2017 in Deutschland mit 9,2% fast erreicht [12].

Der naive Ansatz, eine augenscheinlich übersichtliche Datenmenge von 100 MB pro Fahrzeug und Tag über eine Funkschnittstelle in eine off-board gelegene Rechenzentrumsinfrastruktur zu übertragen, steht somit in jedem Fall vor großen Herausforderungen. Abgesehen davon sind aktuelle Mobilfunktarife ebenfalls ein limitierender Faktor: 3 GB Datenübertragung pro Monat führt viele Tarife bereits an ihre Grenze.

2.6 Statistische Auswertung von großen Datenmengen

Die nun in der Rechenzentrumsinfrastruktur lagernden Flottendaten stellen per se keinen Mehrwert dar; sie sind ohne eine Weiterverarbeitung nutzlos. Informations- und somit Mehrwertgewinn kann nur durch Analyse erfolgen.

Fahrzeugflottendaten, wie sie in Abschnitt 2.5 beschrieben sind, stellen eine Rechenzentrumsinfrastruktur vor eine signifikante Herausforderung. Sie bewegen sich deutlich im Bereich von „big data“. Die durch Gartner gegebene Definition über Volumen, Varietät und Geschwindigkeit (3 V's: „volume“, „variety“, „velocity“ [24]) ist sicherlich als erfüllt anzusehen.

Erfolgreiche Ansätze für die Verarbeitung von Daten dieser Dimension kommen originär aus dem Bereich der Internet-Suchmaschinen. Arbeiten von Google an der Klasse der sogenannten Map-Reduce-Algorithmen sind hier der Ausgangspunkt [25].

Diese stellen zwar im Prinzip nur eine Instanz des lange bekannten „divide and conquer“ Ansatzes dar, die dazugehörige Infrastruktursoftware (wie z.B. Apache Hadoop [26] und Apache Spark [27]) bedeutet allerdings eine massive Vereinfachung für die Entwicklung von Algorithmen und die Ressourcenverwaltung. Beispielsweise werden Lastverteilung, Kompensation von Ausfällen, sowie Datenhaltung für tausende von Berechnungsknoten durch solche Softwarepakete erledigt. Auf dieser Infrastruktur aufbauend werden dann die eigentlichen Analysesysteme betrieben.

Ein bekanntes Beispiel für die Dimensionen, in denen Hadoop eingesetzt wird, kommt aus dem Jahr 2014. Yahoo!, ursprünglich bekannt für Suchmaschinen- und E-Mail-Dienstleistungen, betreibt mehrere Hadoop-Cluster – unter anderem eines mit (zum damaligen Zeitpunkt) 4500 Knoten. Es wurden in den Clustern insgesamt 455 Petabyte Daten gespeichert und zur Verarbeitung bereitgehalten. Es liefen täglich 850.000 Datenanalyse-Aufgaben [28]. Es kann angenommen werden, dass diese Zahlen seitdem noch deutlich gewachsen sind. Dies setzt die in Abschnitt 2.5 beschriebenen Datenmengen in Relation. Eine Rechenzentrumsinfrastruktur zur Speicherung und Analyse der o.g. Datenmengen müsste sich in diesem Rahmen bewegen – ist aber in jedem Fall praktisch möglich.

Statistische Auswertungsverfahren auf Datenmengen dieser Skalierung zu entwickeln und auszuführen, ist die Domäne des „Data Scientist“. Hierbei handelt es sich um einen Spezialisten an der Schnittstelle zwischen den Bereichen Informatik, Statistik und Wahrscheinlichkeitstheorie. An ihn werden Fragestellungen der Datenauswertung aus Fachbereichen herangetragen und in Zusammenarbeit mit ihm umgesetzt. Diese Fachkräfte sind am Arbeitsmarkt kaum verfügbar. Es ist daher absehbar, dass zunehmend auch die Fachabteilungen des OEM selbst mit Datenanalysewerkzeugen umgehen werden müssen. Hier muss die Analysesoftware als „Enabler“ begriffen und auch in dieser Hinsicht für den jeweiligen Anwendungsfall weiterentwickelt werden.

2.7 Methoden zur Wahrung der Privatheit

Im Kontext von Fahrzeugflottendaten erweisen sich augenscheinlich einfache Daten wie z.B. Geolokationszeitreihen bereits als problematisch für die Privatsphäre der Fahrer und Halter. Basierend auf diesen Daten lassen sich Verkehrsdichten abschätzen und vorhersagen, aber auch mit einfachen Mitteln Bewegungsprofile von spezifischen Personen erstellen. Denn selbst wenn solche Daten nicht direkt mit einer bestimmten Person – oder ihrem Fahrzeug – verknüpft sind, lässt sich dies oft durch einfache Verknüpfung mit weiteren Daten auflösen. Für das o.g. Beispiel von Geolokationszeitreihen könnte es reichen, häufige Startpunkte von Routen mit einem öffentlichen Adressbuch zu verknüpfen, um die Anonymität mit hoher Wahrscheinlichkeit aufzuheben und Routen zuzuordnen. Im zweiten Schritt lassen sich die häufigen Endpunkte von Routen einer Person zuordnen, und somit Arbeitgeber / Arbeitnehmer-Beziehungen oder auch weitergehende soziale Kontakte ableiten. Ein unterhaltsames Beispiel dazu, was für Informationen sich aus öffentlich verfügbaren, augenscheinlich harmlosen Daten gewinnen lassen findet sich unter [29].

Aus diesem Grund sind Methoden zur Wahrung der Privatheit von beteiligten Personen von großem Interesse. Allen voran sei hier das Prinzip der Datenvermeidung und Datensparsamkeit für personenbezogene Daten genannt. Es ist offensichtlich, dass hierbei die Privatsphäre der beteiligten Personen unangetastet bleibt. Auch wird dies – zumindest für Deutschland – im §3a BDSG als grundsätzliches Ziel ausgerufen. Ebendort wird auch die Anwendung von Anonymisierung und Pseudonymisierung gefordert. Doch die Umsetzung dieser Methoden ist – wie schon im obigen Beispiel gezeigt – alles andere als einfach und lässt sich manchmal auf überraschende Art und Weise aushebeln [30]. In letzter Zeit hat das Prinzip der „differentiellen Privatheit" an Popularität gewonnen [31]. In diesem Ansatz werden erhobene Daten bewusst mit bestimmten statistischen und kryptographischen Methoden verfälscht. Die Idee ist, dass damit die Daten einzelner Person nicht mehr von (statistisch) ähnlichen Personen zu unterscheiden sind. Somit ist eine statistisch signifikante Deanonymisierung einzelner Personen wie in [30] nicht möglich. Statistische Analysen des Gesamtdatensatzes liefern aber weiterhin aussagekräftige Informationen und somit einen Mehrwert.

Es wäre möglich, dass dieser Aufwand nicht für alle im Fahrzeug entstehenden Daten betrieben werden muss. Eine „Landkarte der Daten-Kategorien beim vernetzten Fahrzeug" [32] beschreibt die verschiedenen im Fahrzeug entstehenden Daten-Kategorien und ordnet diese in „Datenschutzrelevanz-Klassen" von „keine" bis „hoch" ein. Doch auch dort wird für die niedrigen Klassen festgestellt: „Eine Kombination von Daten kann zu Datenschutzrelevanz führen." Die Autoren von [33] kommen zu folgendem Schluss: „Die bei der Kfz-Nutzung anfallenden Daten sind jedenfalls dann personenbezogen im Sinne des Bundesdatenschutzgesetzes (BDSG), wenn eine Verknüpfung mit der Fahrzeugidentifikationsnummer oder dem Kfz-Kennzeichen vorliegt". Zu einer ähnlichen Einteilung in Kategorien kommt beispielsweise auch [34] – dort allerdings aus Kundensicht. Interessant ist, dass dort „Positionsdaten" eher im Mittelfeld einer „gefühlten Privatheitsskala" landen.

Es ist in jedem Fall klar, dass ein System zur Flottendatenerhebung sich das Thema der personenbezogenen Daten zu Eigen machen und Lösungen anbieten muss.

3 Analyse der Interessenlage

In diesem Abschnitt wird der gesellschaftliche und ökonomische Kontext für ein System zur Ferndiagnose gesetzt und beschrieben.

3.1 Das Interesse an Daten

Daten werden landläufig als das „Gold des 21. Jahrhunderts" bezeichnet. Der damit verbundene „Goldrausch" oder „Megatrend" hat bereits eine Menge von Technologien und Themen beeinflusst oder hervorgebracht, von denen einige in Abschnitt 2.6

beschrieben werden. Gartner ordnet diese beispielsweise in einen sogenannten „hype cycle of emerging technologies“, welcher eine recht gute Übersicht gibt [35]. Durch diesen Megatrend ist zu erwarten, dass im Kontext von Flottendaten vernetzter Fahrzeuge eine vielschichtige Gemengelage von Interessen und Motivationen besteht. Diese wird im Folgenden zusammengefasst.

Im Wesentlichen seien hier als Parteien der OEM, der Kunde, die Legislative, sowie Dritte genannt. Diese sind entweder an der Entstehung von Daten beteiligt, wollen einen Mehrwert aus ihnen gewinnen oder regulierend in den Gesamtprozess eingreifen. Auch gemischte Rollen existieren: Beispielsweise ist der Fahrer durchaus am Entstehungsprozess von Fahrzeugdaten beteiligt, wie sich auch für diesen wieder ein Mehrwert ergeben kann. Aber auch für Dritte können Flottendaten einen Wert darstellen. Als Beispiel seien hier die Nutzung von Regensensordaten für die Wettervorhersage genannt, und – als kontroverses Beispiel – die Auswertung von Geolokationszeitreihen durch Strafverfolgungsbehörden.

3.2 Automobilhersteller

Der Hersteller und seine Zulieferer haben starkes Interesse an Felddaten ihrer Flotten. Bevor ein Fahrzeug auf die Straße kommt, werden zwar viele Tests durchgeführt und Daten gesammelt; bestimmte Dinge (wie z.B. Fehlerfälle im Feld) lassen sich aber naturgemäß nicht vorab überprüfen. Auch ist das konkrete Nutzungsverhalten von komplexen Fahrzeugfunktionen wie z.B. ADAS-Systemen, On-board-Computern und Infotainmentsystemen von großem Interesse für die zukünftige Produktverbesserung. Für bestimmte weitere Dienste – z.B. „software-update over the air“ (SOTA) – stellt eine gewisse Datenerhebung eine wichtige Vorbedingung dar. Hier muss beispielsweise sichergestellt werden, dass angebotene Softwareaktualisierungen auch zum aktuellen Verbauzustand des Fahrzeugs passen.

Dem Interesse an Daten steht die zu übertragende Datemenge entgegen. In Abschnitt 2.5 wurde bereits beschrieben, dass diese durchaus signifikant sein kann. Dies ist natürlich abhängig davon, was am Ende wirklich vom Fahrzeug in die Infrastruktur übertragen wird. Der Endkunde wird sich unter Umständen an den Kosten hierfür beteiligen, wenn ihm ein entsprechender Wert geboten wird – vollständig übernehmen wird er sie aber nicht.

Ein weiteres Interesse von OEMs ist die Vermeidung von „car hacks“ über die Netzwerkverbindung bzw. von virtuellen Einbrüchen in die Rechenzentrumsinfrastruktur. Durch die in den letzten Jahren aufgetretenen Fälle sind hier Kunden und Legislative sensibilisiert und das Image des Herstellers ist in Gefahr. Es ist daher nicht verwunderlich, dass der Verband der Automobilindustrie (VDA) für die Datenerhebung im vernetzten Auto „privacy by design“ und die Einhaltung der Prinzipien Transparenz, Selbstbestimmung, und Datensicherheit fordert [32]. Dieses Vorgehen ist auch abgestimmt mit der Konferenz der unabhängigen Datenschutzbehörden des Bundes und der Länder [33]. Andererseits sieht der VDA die Möglichkeit, dass „bei einem Teil dieser Daten [...] ein überwiegendes berechtigtes Interesse der verantwortlichen

Stellen bezogen auf Fahrzeug- und Produktsicherheit bestehen“ kann [32]. Schon beim OEM sind also gegenläufige Interessen erkennbar.

3.3 Kunde

Dem Kunden ist eine allgemeine Sensibilität beim Thema Datenerhebung zuzuschreiben – insbesondere in Deutschland. Zurzeit lässt sich das Kundenverhalten als „gemischt“ ansehen:

> „Our research shows that consumers are aware that they're under surveillance—even though they may be poorly informed about the specific types of data collected about them—and are deeply anxious about how their personal information may be used” [36].

Obiger Artikel bezieht sich zwar auf die aktuell verfügbaren vernetzten Geräte wie Smartphones und -watches, sowie Webseiten – aber die Verbindung zum vernetzten Fahrzeug ist unmittelbar.

Beim Kunden ist durchaus ein signifikantes Interesse an vernetzten, durch Daten ermöglichten Diensten für Fahrzeuge vorhanden, insbesondere bei jüngeren Fahrern und Vielfahrern. Dies zeigt sich beispielsweise [34] in Umfragen in Deutschland, USA und China.

Es lässt sich unterstellen, dass einige Kunden durchaus Interesse daran haben, was für Daten ihr Fahrzeug sammelt. Die Tatsache, dass Kunden bisher in diesem Bereich wenig informiert sind, kann von Herstellern auch als Chance begriffen werden. Transparenz könnte durchaus als wichtiges Kriterium für eine Kaufentscheidung dienen – beispielsweise hat mit der Bedeutung einer reibungslosen Integration von Smartphones in das Fahrzeug bereits ein rein digitales Ausstattungsmerkmal deutlich an Signifikanz gewonnen [37]. Sobald sich Kunden in ihrer Selbstbestimmung eingeschränkt oder bedroht sehen, können sich schnell Gegenbewegungen gegen die Hersteller ergeben, wie z.B. [38] zeigt.

3.4 Legislative

Ein Interesse an Fahrzeugdaten durch die Legislative besteht schon länger. Insbesondere die OBD Schnittstelle zum Auslesen von umweltrelevanten Daten stellt hier den frühesten regulatorischen Eingriff dar. Solche Schnittstellen wurden zwischen 1988 und 2004 in den USA und Europa verpflichtend für Neuwagen eingeführt. Darüber hinaus geht der Einsatz des „event data recorder“ (EDR) in den USA. Der Einbau dieser Unfalldatenschreiber erfolgt bisher auf freiwilliger Basis; allerdings hat die amerikanische Verkehrssicherheitsbehörde bereits signalisiert, dies verpflichtend machen zu wollen. Auch der Deutsche Verkehrssicherheitsrat hat sich grundsätzlich für den freiwilligen Einbau von Unfalldatenspeichersystemen ausgesprochen, sowie für einen Feldversuch zur Erlangung von empirischen Daten über die Wirkung von solchen Systemen [39]. Diese Systeme sind aber bisher reine on-board Systeme, welche mit einem physikalisch anzuschließenden Prüfgerät auslesbar sind.

Ein weiteres Datenerfassungs- und (erstmals auch) Übertragungssystem stellt die regulierte Einführung von eCall [40] ab 2018 in der EU dar. Dies wurde und wird durch Diskussionen um den Datenschutz begleitet [41].

Im Hinblick auf zuletzt bekannt gewordene Sicherheitsprobleme bei Fahrzeugsteuergeräten ist auch die Einführung eines „Digital-TÜV" nicht undenkbar. Die Überprüfung von sicherheitsrelevanten Steuergeräten erfolgt bislang bei der Typprüfung. Der Softwarestand ändert sich dann typischerweise über den Fahrzeuglebenszyklus nicht [42]. Doch dieser Ansatz könnte sich im Kontext von vernetzten Fahrzeugen als nicht ausreichend erweisen.

Auch der Datenschutz selbst ist durch regionale legislative Anforderungen im Zusammenhang mit personenbezogenen Daten geprägt. Das Bundesdatenschutzgesetz in Deutschland, die EU-Datenschutz-Grundverordnung und die Charta der EU, welche in Artikel 8 den Schutz personenbezogener Daten zum Grundrecht erklärt, stellen die weitreichendsten Regelungen dar. Die weltweite Rechtslage ist hingegen als divers anzusehen. Der Datenschutz ist als Grundrecht beispielsweise in den USA unbekannt. Ähnlich sieht es in China aus, wo es kein Gesetz gibt, welches spezifisch den Umgang mit persönlichen Daten betrifft [43].

3.5 Dritte

Versicherer, Pannendienste, Infrastrukturbetreiber (z.B. Straßen, Brücken, Parkhäuser), Mobilitätsanbieter („car sharing"), Werkstätten, Einzelhändler, staatliche Stellen, Mobilfunkprovider – alle diese Organisationen haben potentiell Interesse an Fahrzeugflottendaten. Einige mögliche Mehrwertszenarien werden in [34] ausführlich dargestellt. Sie reichen von nutzungsabhängigen Versicherungen und Steuern über Flottenmanagement-Lösungen bis hin zu verbesserter Infrastruktur-Ausnutzung und -Instandhaltung. Prädiktive Instandhaltung für Fahrzeuge kann mit Werkstattterminen und Ersatzteilangeboten kombiniert werden. Sogar die optimierte Bereitstellung von Ersatzteilen für Werkstattketten ist ein Einsatzszenario.

Mobilfunkprovider sehen immenses Potential für die Entwicklung von IoT-zentrischen Datendiensten in einem schwierigen Marktumfeld. Sie müssen allerdings auch die Stabilität & Sicherheit der Netze im Blick haben – dies stellt eine generelle Herausforderung im Rahmen des IoT dar [44].

Da der OEM aber aus verschiedenen Gründen die Übertragung der Daten zwischen Fahrzeug und Rechenzentrumsinfrastruktur kontrolliert, sind Dritte auf dessen Kooperation angewiesen. Dies hat augenscheinlich auch die Automobilindustrie erkannt und ihre Lösung in einem Positionspapier [45] beschrieben.

4 Ein System zur dynamisch konfigurierbaren, selektiven Ferndiagnose von Fahrzeugflotten

Im Folgenden werden einige Anforderungen an ein System zur Flottendatenerhebung (im Weiteren als „System" bezeichnet) formuliert und eine mögliche Implementierung skizziert. Die Anforderungen sind getrieben von der in Abschnitt 3 veranschaulichten Interessenlage. Die technische Umsetzung basiert notwendigerweise auf dem in Abschnitt 2 beschriebenen technologischen Kontext.

Aus der Interessenlage der Beteiligten lassen sich mögliche Anforderungen ermitteln. Eine Auswahl der wichtigsten Anforderungen wird im Folgenden dargestellt.

4.1 Anforderungen

Jeglicher Zugriff auf Fahrzeugdaten durch das System sollte optional sein; die Gebote der Datenvermeidung und -reduktion erfordern dies, aber auch die o.g. Kosten der Datenübertragung. Dies impliziert, dass der Standardzustand des Systems „keine Datensammlung" ist; eine *feste* Definition der Erfassung eines „Standarddatensatzes" ist aus den obigen Gründen ebenfalls problematisch.

Durch die Heterogenität der Interessengruppe lässt sich die Art, Qualität und Menge der Fahrzeugdaten, die das System erheben können muss, praktisch nicht einschränken. Ein Zulieferer mag an detaillierten, hochaufgelösten technischen Daten und Statistiken über ein Steuergerät interessiert sein. Diese können dafür zeitlich verzögert geliefert werden. Ein Infrastrukturanbieter interessiert sich für einzelne Positionsangaben von Fahrzeugen. Diese müssen dafür eventuell sehr zeitnah erfolgen, dürfen Datenlücken beinhalten und nur von limitierter Genauigkeit sein. Das System sollte also *potentiell* auf möglichst alle Daten innerhalb des Fahrzeugs zugreifen können. Diese Daten müssen aus dem Fahrzeug heraus in nahezu Echtzeit in eine Rechenzentrumsinfrastruktur übermittelbar sein.

Das System muss Daten von Fahrzeug*flotten* verarbeiten. Dies erfordert eine „Normalisierung" von Datensammlungsaufträgen sowie der daraus resultierenden Daten. Bei der Erstellung von Aufträgen muss es zweitrangig sein, welche Fahrzeuge im Detail betroffen sind. Erhobene Daten müssen mit ausreichend Metainformationen versehen sein, um ihre Semantik zu verstehen. Die Einheit der Daten, die Datenquelle, Softwareversion, Zeitstempel verschiedener auf den Daten ausgeführter Aktionen, sowie Qualitätsindikatoren sind Beispiele.

Gleichzeitig ergibt sich, dass das System hin zu einer gegebenen Flottengröße skalieren muss. Diese Skalierbarkeit muss daher von Beginn an berücksichtigt werden.

Ebenfalls ist es erforderlich, dass Datenerfassungsanfragen dynamisch konfigurierbar bzw. steuerbar sind. Diese Steuerung sollte zentral erfolgen, damit eine Orchestrierung über Teilflotten erfolgt und Datensammlungsanfragen zeitnah umgesetzt werden können. Eine *dynamische* Definition eines festen Erfassungs-Datensatzes kann durchaus sinnvoll sein, um eine „Flotten-Alarm"-Funktionalität anbieten zu können.

Die automatisierte Wiederverwendung von z.B. der ODX-Bedatung, OTX-Skripten und der ARXML-basierten Konfiguration von AUTOSAR Steuergeräten ist für den Datenzugriff erforderlich. Dies bindet eine große Anzahl von existierenden Datenquellen im Fahrzeug und beim OEM an das System an. Eine solche Anbindung ist auch Bedingung für eine schnelle Einführung basierend auf im Markt verfügbaren Technologien. Trotzdem wird es erforderlich sein, optional neue Datenquellen anzubinden. Dies mag beispielsweise bei der Erfassung von Nutzungsdaten eines HMI-Systems erforderlich sein.

Da es sich um eine IoT Applikation handelt, ist ein Ende-zu-Ende-Sicherheitskonzept ein zwingender und grundlegender Systembestandteil. Dies beginnt mit einer Bedrohungsanalyse schon während der Designphase, erstreckt sich über die Etablierung von „secure coding“ Praktiken und Abläufen in der Entwicklungsphase und mündet in Monitoring-, Audit- und Updatefähigkeiten während des Betriebs.

Die Provisionierung des Systems muss in unterschiedlichen Szenarien möglich sein. Während ein Kunde das System auf eigener Infrastruktur im eigenen Rechenzentrum betreiben will, möchte ein anderer die Vorteile einer „public cloud“ Infrastruktur für sich nutzen.

Durch die breiten Einsatzmöglichkeiten besteht die Möglichkeit, dass sich das System in kurzer Zeit zu einer betriebsnotwendigen Anwendung beim OEM sowie dritten Parteien entwickelt. Daher ist eine hohe Verfügbarkeit gefordert.

Die angesprochene limitierte Verfügbarkeit von „Data Scientists“ beeinflusst das Design der Benutzerschnittstelle. Trotz der nötigen, hohen Mächtigkeit im Bereich des Designs von Datensammlungsaufträgen ist ein klar strukturiertes, zielorientiertes Bedienkonzept für den sporadischen Nutzer nötig. Datenanalyseexperten müssen die Möglichkeit haben, gelegentliche Nutzer zu unterstützen und ihr Wissen mithilfe des Systems in die Breite der Nutzerbasis zu tragen – zumindest in den berühmten 80% der Einsatzszenarien des Systems. Für die verbliebenen 20% muss das System „expertenfähig“ sein und flexibel konfigurierbar bleiben.

Aufgrund der aktuell schnelllebigen Entwicklungen im Bereich der Datenanalyse sollte das System eine Integration mit Analysewerkzeugen erlauben; ebenso ist eine Exportfähigkeit der Daten essentiell – insbesondere auch im Hinblick auf die Schnittstellen zu B2B-Partnern. Nichtsdestotrotz muss eine Integration von vorbereiteten sowie automotive-spezifischen Analyseszenarien vorhanden sein.

Die erzeugten Prozessdaten des Systems müssen Ende-zu-Ende auditierbar sein. Jegliche Aktionen müssen revisionssicher protokolliert werden. Im Zweifelsfall muss damit nachvollzogen werden, wann und durch wen welche Aktionen ausgeführt wurden. In diesem Zusammenhang ist eine Workflowfähigkeit wichtig. Es müssen firmeninterne Prozesse abbildbar sein und im Idealfall vom System direkt unterstützt werden. Hier seien z.B. Freigabeworkflows für Datensammelaufgaben, Teamübergreifende Workflows und Stellvertreterregelungen genannt.

Letztendlich sollte das System prinzipiell in allen Weltregionen funktionieren. Dies erfordert eine gewisse Konfigurierbarkeit der Komponenten.

4.2 Eine mögliche Lösung

Aus den obigen Anforderungen lassen sich ein Systemkonzept sowie eine dazugehörige Architektur ableiten. Das System kann in drei Hauptkomponenten aufgeteilt werden: Eine Benutzerschnittstelle, eine zentrale Serverkomponente („*Backend*"), sowie eine Fahrzeugkomponente. Abbildung 1 skizziert eine Systemarchitektur, mit Fokus auf das Backend.

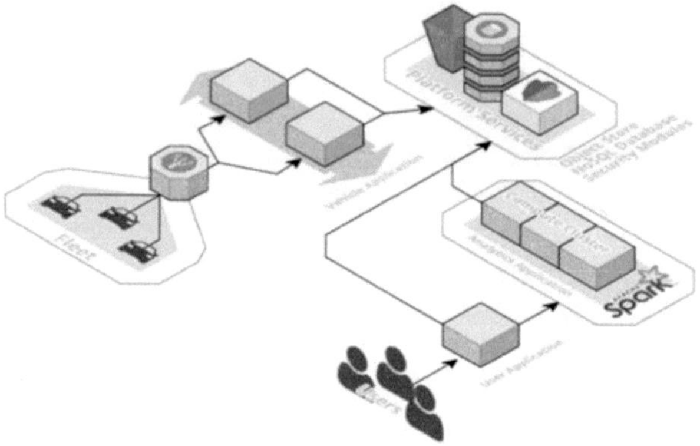

Abbildung 1: Systemarchitektur mit Fokus auf das Backend.

Als Benutzerschnittstelle bietet sich eine webbrowser-basierte Applikation („User Application") an. Diese wird durch das Backend für den Browser bereitgestellt. Diese erfordert keine komplexe Installation und ist einfach zu aktualisieren. Authentifizierungs- sowie Verschlüsselungstechniken im Browser sind typischerweise auf dem neuesten Stand. Sicherheitsaktualisierungen sind schnell verfügbar. Das Backend beinhaltet folgende Komponenten:

- das Laufzeitsystem für Datensammlungsaufträge
- die Kommunikationsendpunkte für die Fahrzeugflotte („Vehicle Application")
- die Benutzerschnittstelle sowie die Datenspeicherungs- und Datenanalyseinfrastruktur („Platform Services", „Analytics Application").

Die Fahrzeugkomponente („Fleet") stellt die Verbindung zwischen dem Serversystem und den Datenquellen im Fahrzeug her.

Die Kommunikationsendpunkte für die Fahrzeugflotte sind horizontal skalierbar ausgelegt, da sie die gesamte Flotte bedienen können müssen. Sie liegen hinter einem Lastverteiler, der die Skalierung und Redundanz steuert. Auch bei der Datenablage und -analyse werden skalierbare Systeme eingesetzt.

Alle Kommunikationspfade – auch die systeminternen – sind authentifiziert und verschlüsselt. Persistent abgelegte Daten sind – basierend auf einer Bedrohungsanalyse – zu einem großen Teil verschlüsselt. Die Quelle der Schlüssel ist ein Hardware-Sicherheitsmodul.

Die zentralen Abstraktionen in der Anwendungsdomäne, die sich aus den Anforderungen ergeben, sind die der *Teilflottendefinition* („fleet definition") und des *Datensammelauftrags an eine Teilflotte* („fleet survey"). Die Teilflottendefinition beschreibt eine Menge von Fahrzeugen. Dies kann entweder direkt über die Angabe einer Liste von Fahrzeugen erfolgen, oder indirekt über die Konstruktion eines Prädikats durch den Systemnutzer (siehe Abbildung 2).

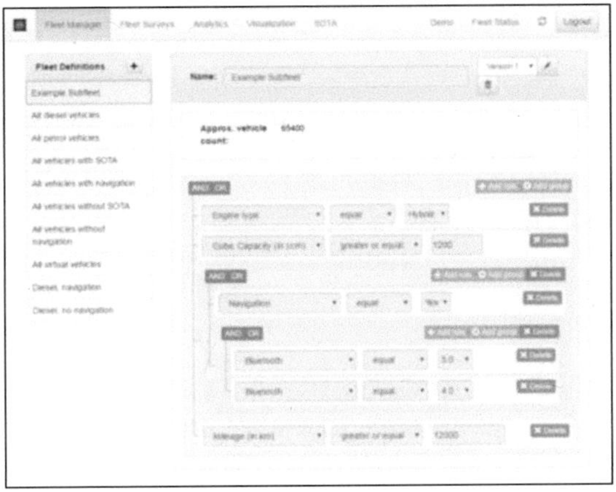

Abbildung 2: Bildschirmfoto Flottendefinition.

Der Datensammelauftrag ist ein textuelles Skript, welches den Auftrag in einer domänenspezifischen Sprache formuliert. Hier werden die dynamisch auszuwertenden Bedingungen, unter denen eine Datensammlung erfolgen soll, definiert. Hier ein einfaches Beispiel: „Erfasse die Batteriespannung im zeitlichen Abstand von 30 Sekunden, wenn die Außentemperatur unterhalb von 4°C liegt". Zusammen mit einer Teilflottendefinition ist klar, welche Fahrzeuge den Datenerfassungsauftrag erhalten und wann exakt dieser durchgeführt werden soll.

Sobald dieser Datenerfassungsauftrag freigegeben und aktiviert ist, muss er individuell für die teilnehmenden Fahrzeuge aufbereitet werden. Daten wie „Batteriespannung" können pro Fahrzeug aus unterschiedlichen Datenquellen kommen und auch mehrfach im Fahrzeug vorliegen. Die Serverkomponente löst nun auf, wie exakt der Auftrag auf dem spezifischen Fahrzeug umzusetzen ist. Hierbei können Qualitätsanforderungen an die Daten, Ressourcenverbrauch im Fahrzeug und andere Faktoren einfließen. Der resultierende, fahrzeugspezifische Datensammlungsauftrag wird nun im Backend hinterlegt.

Das jeweilige Fahrzeug holt den Auftrag vom Backend ab und übergibt ihn an die Fahrzeugkomponente des Systems. Diese führt den Auftrag mithilfe einer Laufzeitumgebung aus und sendet die erfassten Daten sowie Statusaktualisierungen des Datensammlungsauftrags an das Backend. Zur Unterstützung der Laufzeitumgebung sind dabei aktive Diagnosezugriffskomponenten, passive Buszugriffskomponenten, sowie spezialisierte Komponenten für andere Teilsysteme vorgesehen. Dies können z.B. die Benutzerschnittstelle und nicht direkt zugreifbare Bussysteme sein. Die Softwarekomponenten werden sich also im Normalfall über mehrere Steuergeräte verteilen.

Sobald ein vorgegebenes Kriterium erfüllt ist (z.B. „alle Fahrzeuge haben Daten gesendet“ oder „Endzeitpunkt des Auftrags ist verstrichen“), ist der Datenerfassungsauftrag abgeschlossen. Die von den Fahrzeugen an das Backend gelieferten Daten können visualisiert, analysiert oder extern weiterverarbeitet werden (Abbildung 3).

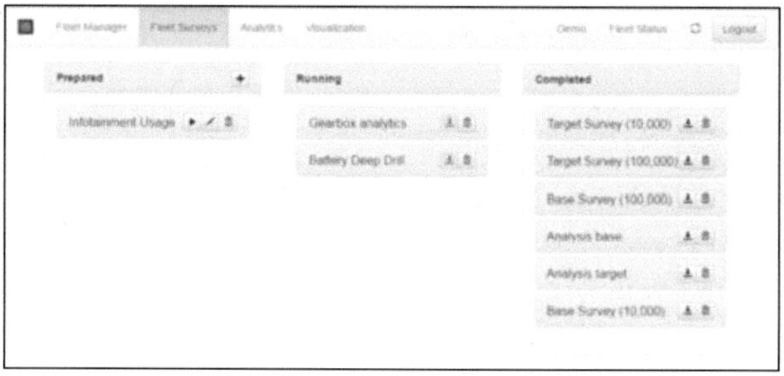

Abbildung 3: Bildschirmfoto Datensammelaufträge.

Als Systemplattform wird die öffentliche Cloud von Amazon Web Services (AWS) verwendet. Öffentliche Clouds bieten – gerade für den Fall von skalierbaren, mit einer komplexeren Backendarchitektur entworfenen Systemen – signifikante Effizienzvorteile bei der Entwicklung, der Bereitstellung, und dem Betrieb. Die Bereitstellung von Infrastruktur (Netzwerk, Rechenzeit, Speicher) ist voll automatisiert möglich. Dies erzeugt einen hohen Grad an Reproduzierbarkeit und ermöglicht damit auch, mehrschichtige und aus komplexen Sicherheitsanforderungen entstandene Systeme in kurzer Zeit bereitzustellen und zu aktualisieren. Vom Infrastrukturprovider angebotene höherwertige Dienste wie Datenbanken und Objektspeicher erlauben eine schnellere Entwicklung und entlasten von der Administration dieser Systeme. Andererseits wird darauf geachtet, sich nicht zu stark an einen Anbieter zu binden. Das System muss im Zweifelsfall auch „on-premise“ beim Kunden, sowie bei alternativen Cloud-Anbietern bereitgestellt werden können.

5 Zusammenfassung und Ausblick

In diesem Beitrag wurden Anforderungen für ein System zur Flottendatenerhebung dargelegt. Die Umsetzung eines solchen Systems wurde beschrieben. Die technischen Rahmenbedingungen sowie die gesellschaftliche und ökonomische Interessenlage, welche zentrale Designentscheidungen beeinflusst hat, wurden ebenfalls erläutert.

Die diverse Interessenlage der Beteiligten spannt einen komplexen Designraum auf, in welchem eine perfekte Lösung unmöglich erscheint. Jedoch werden an dieser Stelle einige Punkte hervorgehoben, die beim Systemdesign ein besonderes Gewicht haben sollten.

Zuerst sei der augenscheinliche Konflikt zwischen dem Willen, Flottendaten zu erheben und dem Interesse des einzelnen Nutzers, möglichst wenig personenbezogene Daten preiszugeben, genannt. Einen Ausgleich zu finden, liegt im Interesse aller Beteiligten, denn eine Flottendatenerhebung bietet für die gesamte Gruppe einen Mehrwert. Der Grundsatz der Datensparsamkeit sowie klar definierte Freigabeprozesse für etwaige Datensammelaufträge sind eine Ausgangsbasis. Transparenz gegenüber dem Endkunden über die Flottendatenerhebung bietet eine Chance, Vertrauen und somit einen Wettbewerbsvorteil aufzubauen. Der Einsatz von modernen Methoden zur Wahrung der Privatheit ist hier ein Muss.

Als zweites steht die Datensicherheit, im englischen präziser mit „Security" beschrieben. Im vernetzten Auto treffen zwei Gründe aufeinander, warum dieser Aspekt vom Entwurfszeitpunkt an durchgehend hohe Aufmerksamkeit erfordert: die funktionale Sicherheit sowie die Sicherheit von eventuell personenbezogenen Daten. Bis in den Tagesbetrieb hinein wird eine fortgesetzte Wartung und permanente Aktualisierung der Systemkomponenten erforderlich, um ohne Verzögerung auf eventuelle Probleme reagieren zu können. Ein hoher Automatisierungsgrad dieser komplexen Prozesse ist entscheidend, um kurze Reaktionszeiten zu ermöglichen.

Als letzter wichtiger Punkt sei die Kostenreduktion genannt, die durch verschiedene Aspekte abgebildet wird:

- Die Minimierung des Datentransfers zwischen Auto und Backend
- ein hoher Grad der Wiederverwendung von existierenden Datenquellen des Herstellers und der Zulieferer
- eine konsequente Nutzung der Möglichkeiten einer öffentlichen Cloud.

Diese bieten das größte Potenzial, um die Erstellung und den Betrieb des Systems kostengünstig zu realisieren.

Ein System zur Flottendatenerhebung muss zumindest aktuell die obigen Punkte beherzigen, um potentiell am Markt erfolgreich sein zu können. Eine Weiterentwicklung der Anforderungen bei veränderter Interessenlage ist sicherlich nötig, liegt jedoch eher im Detail.

Literatur

[1] J. Seeger, „ADAC-Untersuchung: Autohersteller sammeln Daten in großem Stil," Heise Online, 4. Juni 2016. [Online]. Available: https://heise.de/-3227102. [Zugriff am 24. März 2017].

[2] D. Spaar, „Daten auf Rädern - Was moderne Autos speichern und wie man an die Informationen herankommt," *c't,* Nr. 9, pp. 170-172, 2016.

[3] Continental, „Continental Diagnostics," [Online]. Available: http://continental-diagnostics.com/. [Zugriff am 24. März 2017].

[4] Motory, „Online-Serviceheft fürs Auto," [Online]. Available: http://www.motory.de/autoportal/digitales-serviceheft-scheckheft. [Zugriff am 24. März 2017].

[5] Lemur Vehicle Monitors, „BlueDriver," [Online]. Available: http://www.lemurmonitors.com/. [Zugriff am 24. März 2017].

[6] VDO, „ContiSys Scan," [Online]. Available: http://www.vdo.de/pkw/fahrzeugdiagnose/contisys-scan/. [Zugriff am 24. März 2017].

[7] Vector, „Indigo Remote," [Online]. Available: https://vector.com/vi_indigo_de.html. [Zugriff am 24. März 2017].

[8] Bosch, „KTS 350," [Online]. Available: https://de-ww.bosch-automotive.com/de/products_workshopworld/testing_equipment_products/ecu_diagnostics/kts_6/kts_350. [Zugriff am 24. März 2017].

[9] Hella KGaA Hueck & Co, „Raddrehzahlsensoren im Kraftfahrzeug," 2009.

[10] R. Dubitzky, „The Car as a Sensor," *ATZelektronik worldwide,* pp. 18-21, 4 2015.

[11] M. Gerla, E.-K. Lee, G. Pau und U. Lee, „Internet of vehicles: From intelligent grid to autonomous cars and vehicular clouds," in *IEEE World Forum on Internet of Things*, 2014.

[12] Statista, „Connected Car - Deutschland," [Online]. Available: https://de.statista.com/outlook/320/137/connected-car/deutschland. [Zugriff am 22. März 2017].

[13] L. Völker, „Service-oriented Communikation with SOME/IP – The Need for Service Discovery," 5 2014. [Online]. Available: https://vector.com/vi_aes_en.html.

[14] L. Atzori, A. Iera und G. Morabito, „The Internet of Things: A survey," *Computer Networks,* Bd. 54, pp. 2787-2805, Oktober 2010.

[15] M. Chui, M. Löffler und R. Roberts, „The internet of things," *McKinsey*

Quarterly, Bd. 2, pp. 1-9, 2010.

[16] R. Y. Wang und D. M. Strong, „Beyond accuracy: What data quality means to data consumers," *Journal of management information systems,* Bd. 12, pp. 5-33, 1996.

[17] J. L. Campbell, L. E. Rustad, J. H. Porter, J. R. Taylor, E. W. Dereszynski, J. B. Shanley, C. Gries, D. L. Henshaw, M. E. Martin, W. M. Sheldon und others, „Quantity is nothing without quality: Automated QA/QC for streaming environmental sensor data," *BioScience,* Bd. 63, pp. 574-585, 2013.

[18] Federal Geographic Data Committee, *FGDC-STD-007.3-1998 - Geospatial Positioning Accuracy Standards - Part 3: National Standard for Spatial Data Accuracy,* 1998.

[19] ISO, *ISO 19157:2013 - Geographic information - Data quality,* 2013.

[20] E. Mayer, „Serielle Bussysteme im Automobil - Status Quo der Steuergeräte-Kommunikation," *Elektronik Industrie,* Bd. 6, pp. 70-73, 6 2006.

[21] R. Grave, „The vehicle architecture of automated driving level 2/3," Elektrobit Automotive GmbH, Erlangen, Germany, 2017.

[22] Packet Clearing House, „Internet Exchange Directory," [Online]. Available: https://www.pch.net/ixp/dir. [Zugriff am 20. März 2017].

[23] DE-CIX, „DE-CIX Knoten Frankfurt - Statistiken," [Online]. Available: https://www.de-cix.net/en/locations/germany/frankfurt/statistics. [Zugriff am 20. März 2017].

[24] C. Pettey und L. Goasduff, „Gartner Says Solving 'Big Data' Challenge Involves More Than Just Managing Volumes of Data," Gartner, 2011. [Online]. Available: http://www.gartner.com/newsroom/id/1731916. [Zugriff am 20. März 2017].

[25] J. Dean und S. Ghemawat, „MapReduce: Simplified Data Processing on Large Clusters," in *OSDI'04: Sixth Symposium on Operating System Design and Implementation*, 2004.

[26] „Apache Hadoop," [Online]. Available: http://hadoop.apache.org/. [Zugriff am 20. März 2017].

[27] „Apache Spark," [Online]. Available: http://spark.apache.org/. [Zugriff am 20. März 2017].

[28] M. Asay, „Why the world's largest Hadoop installation may soon become the norm," *TechRepublic,* 12. September 2014.

[29] D. Kriesel, „SpiegelMining - Vortrag auf dem Chaos Communication Congress 33C3," 2016. [Online]. Available: http://www.dkriesel.com/spiegelmining. [Zugriff am 21. März 2017].

[30] A. Narayanan und V. Shmatikov, „Robust De-anonymization of Large Sparse Datasets," in *IEEE Symposium on Security and Privacy*, 2008.

[31] W. Plank, „Differentielle Privatheit (Differential Privacy) - Ein Schuss Privatsphäre von Apple," *Computerwoche,* 19. Juli 2016.

[32] Verband der Automobilindustrie, „Datenschutz-Prinzipien für vernetzte Fahrzeuge," 2014.

[33] Konferenz der unabhängigen Datenschutzbehörden des Bundes und der Länder, Verband der Automobilindustrie, „Datenschutzrechtliche Aspekte bei der Nutzung vernetzter und nicht vernetzter Kraftfahrzeuge," 2016.

[34] M. Bertoncello, G. Camplone, P. Gao, H.-W. Kaas, D. Mohr, T. Möller und D. Wee, „Monetizing car data - new service business opportunities to create new customer benefits," McKinsey, 2016.

[35] S. Hülsbömer, „Gartner-Trends im Reality Check - Hype Cycles der letzten zehn Jahre," *Computerwoche,* 11 2014.

[36] T. Morey, T. Forbath und A. Schoop, „Customer Data: Designing for Transparency and Trust," *Harvard Business Review,* Nr. Mai 2015, 2015.

[37] S. Schaal, „Car Connectivity - Warum das vernetzte Auto keine Revolution ist," Wirtschafts Woche, 3. Oktober 2014. [Online]. Available: http://www.wiwo.de/unternehmen/auto/car-connectivity-warum-das-vernetzte-auto-keine-revolution-ist/10785896.html. [Zugriff am 24. März 2017].

[38] J. Koebler, „Why American Farmers Are Hacking Their Tractors With Ukrainian Firmware," 21. März 2017. [Online]. Available: https://motherboard.vice.com/en_us/article/why-american-farmers-are-hacking-their-tractors-with-ukrainian-firmware. [Zugriff am 27. März 2017].

[39] Deutsche Verkehrssicherheitsrat e.V., „Einführung eines Event Data Recorders," 23. Mai 2014. [Online]. Available: http://www.dvr.de/dvr/beschluesse/ft_eventdatarecorder.htm. [Zugriff am 22. März 2017].

[40] H. Auerbach, M. M. Issing, K. Karrer und C. Steffens, „Fahrzeuggestützte Notrufsysteme (eCall) für die Verkehrssicherheit in Deutschland," 2008.

[41] T. Weichert, „Podiumsdiskussion 'Mit dem eCall ins Herstellermonopol? Wettbewerbspolitische Verwerfungen durch Missbrauch einer Notfalleinrichtung'," in *Diskurs anlässlich des Verkehrsgerichtstags*, Goslar, 2012.

[42] C. Schulzki-Haddouti, „Das Auto auf dem digitalen Prüfstand," *VDI Nachrichten,* 23. Oktober 2015.

[43] M. X. Dong, „Data protection in China: overview," 1. Oktober 2016. [Online].

Available: http://uk.practicallaw.com/4-519-9017. [Zugriff am 22. März 2017].

[44] R. P. Jover, „Security and impact of the IoT on LTE mobile networks,“ in *Security and Privacy in Internet of Things (IoTs)*, Taylor & Francis Inc, 2016.

[45] Verband der Automobilindustrie, „Zugang zum Fahrzeug und zu im Fahrzeug generierten Daten,“ 2016.

7 Checkliste für die End-2-End-Diagnose

Dipl.-Ing. Sven Mohnke, Dr. Roman Cunis, ServiceXpert GmbH, Hamburg

Abstract

The topic of the following considerations is diagnostics of connected vehicle functions in a Car2IT solution, as part of an IT infrastructure. The term “end-2-end diagnostics” for vehicles expresses the ability and necessity to identify problems between the one end within the vehicle and the other end in the IT system infrastructure. This concept is about diagnostics *OF* Car2IT paths — as opposed to diagnostics *OVER* the Car2IT path (remote diagnostics).

If a problem occurs in a C2IT application in a connected vehicle, the main challenge for all instances involved will be to identify and evaluate its cause. The cause may be in either the vehicle, the Car2IT application, at a content provider, on the communication path, or at several components involved. In order to meet this challenge, a checklist has been developed to cover all aspects of an end-2-end diagnostics solution and to define a minimum diagnostics scope.

This includes organizational activities, interfaces, exchange formats, requirements for the diagnostic capabilities of the Car2IT path and its components involved as well as aspects of functional safety and cyber security. This checklist also serves to evaluate existing solutions and to identify measures to increase their diagnostic coverage.

While our main focus is on the “Car-To-Infrastructure” (Car2IT), the discussion is applicable to general “Car-To-Environment” (Car2X) functions and solutions as well.

Kurzfassung

Im Blickpunkt der nachfolgenden Betrachtungen steht die Diagnose von vernetzten Fahrzeugfunktionen in einer Car2IT-Gesamtlösung, als Teil einer domänenübergreifenden IT-Infrastruktur. Der Begriff End-2-End-Diagnose steht dabei für die Fähigkeit und die Notwendigkeit, Probleme in einer Car2IT-Strecke zwischen ihrem einen Ende im Fahrzeug und ihrem anderen Ende in der übergreifenden IT-Landschaft identifizieren zu können. Wir sprechen also explizit über die Diagnose *VON* einer Car2IT-Strecke im Gegensatz zur Diagnose *ÜBER* Car2IT-Strecken (Ferndiagnose).

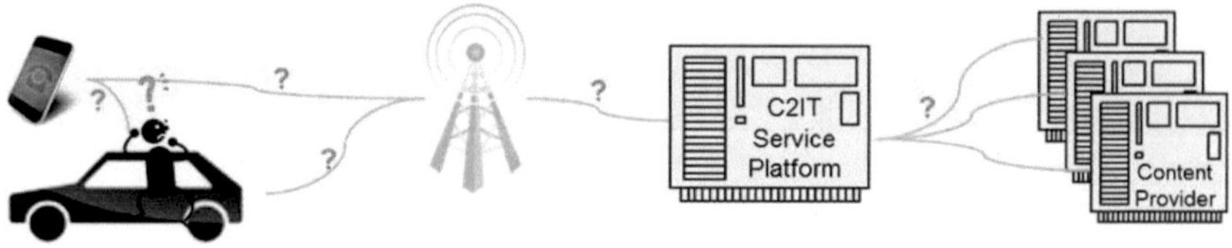

Abbildung 1: Car2IT-Strecke

Die große Herausforderung hierbei liegt in der Bewertung, ob die Ursachen für ein Problem, das mit einem Car2IT-Service in einem vernetzten Fahrzeug auftritt, im Fahrzeug selbst liegen oder aber in einem Car2IT-Funktionsmodul, bei einem Content Provider, in der Übertragungsstrecke oder domänenübergreifend bei mehreren beteiligten Komponenten.

Um dieser Herausforderung Herr zu werden, wurde eine Checkliste mit dem Ziel erarbeitet, alle Aspekte einer derartigen End-2-End-Diagnoselösung abzudecken und dafür einen Mindestdiagnoseumfang zu definieren. Dies beinhaltet u.a. organisatorische Maßnahmen, Schnittstellen, Austauschformate, Anforderungen an die Diagnosefähigkeit der Car2IT-Strecke und ihrer beteiligten Komponenten sowie Aspekte der Funktionalen Sicherheit (Safety) und IT-Sicherheit (Security).

Die Checkliste dient gleichermaßen der Bewertung bestehender Lösungen sowie der Identifikation und Planung von Maßnahmen zur Erhöhung der Diagnose-Abdeckung.

Wir konzentrieren uns dabei auf Betrachtungen zur Car2IT-Strecke, gleichzeitig lassen sich diese aber auch für allgemeinere „Car-to-Environment"-Funktionen und -Lösungen anwenden.

1 Ausgangslage

1.1 Herausforderungen

In der Welt der vernetzten Fahrzeuge wird die Vernetzung vom Kunden als Teil der Fahrzeugfunktion wahrgenommen werden, vernetzungsbedingte Probleme demzufolge als Probleme des Fahrzeugs und damit der Werkstatt. Es wird daher für alle Beteiligten — Fahrer, Werkstatt und Fahrzeughersteller — eminent wichtig werden, frühzeitig zu erkennen, ob der Ausfall einer vernetzungsgestützten Funktion tatsächlich auf ein Fahrzeugproblem zurückzuführen ist oder auf einen fahrzeugunabhängigen Ausfall der Car2IT-Strecke. Dabei ist ein „Ausfall" nicht nur aus funktionaler Sicht zu betrachten, sondern in Zeiten zunehmender Vernetzung und immer häufiger werdender Angriffe auf IT-Systeme auch unter Aspekten der Security. Somit ist auch die Bedeutung der Prävention und Detektion von Angriffen auf die Vertraulichkeit und Datenintegrität von Informationen innerhalb der Car2IT-Strecke hervorzuheben.

Da das Fahrzeug der Zukunft weit weniger häufig zu Diagnosezwecken in die Werkstatt fahren wird und sich alle relevanten Informationen im Netz befinden werden, ergeben sich aus dieser Entwicklung weitere Herausforderungen und Fragestellungen.

Sollen beispielsweise alle Daten permanent in der Cloud (zentraler Ereignisspeicher) vorhanden sein oder nur bei Bedarf über eine Netzwerkverbindung vom Fahrzeug auf Anfrage zur Verfügung gestellt werden (aus einem lokalen Ereignisspeicher)? Aus rein funktionaler Sicht macht dies keinen signifikanten Unterschied, wesentlich ist dabei die Feststellung, dass die Daten vor unerlaubten Zugriffen geschützt werden müssen.

Zusätzlich ist das Fahrzeug nicht nur Quelle von Diagnoseinformationen, sondern kann und wird zukünftig durch die Vernetzung auch gesteuert werden. In Bezug auf die Ferndiagnose sind dies:

1. Initiierung von Messungen und insbesondere Stellgliedtests
2. Veränderung von Konfigurationen
3. Kalibrierungen
4. Aufspielen neuer Software

Hieraus ergeben sich verschiedene Angriffsszenarien über die Ferndiagnosefunktionalität, die aus Sicht der Security und der Safety zwingend berücksichtigt werden müssen. Ein weiterer Aspekt ist die Absicherung der Datenverbindungen gegen schadhafte Einflussnahme durch die Ferndiagnose selbst. Dies betrifft sowohl den Zeitpunkt bzw. diagnosebereiten Fahrzeugzustand bei Zugriffen einer Ferndiagnose, als auch Angriffsszenarien, die sich über die Schnittstelle und Funktionalität eine Ferndiagnose ergeben können.

1.2 Anwendungsfälle

Anwendungsfälle für End-2-End-Diagnose unterscheiden sich darin, von welchem Akteur oder in welcher Situation die Initiative zur Diagnose ausgeht:

- Der Fahrer nimmt die Störung einer Car2IT-Funktion wahr:
  Er benötigt on-board im Fahrzeug verfügbare Diagnosefunktionen, die ihn auf die Ursache der Störung hinweisen. Insbesondere wichtig dabei sind Hinweise auf Probleme, die er ggf. selbstständig beheben kann (z.B. „Zugang gesperrt", „Update erforderlich") oder die definitiv außerhalb des Fahrzeugs liegen (z.B. „Server down", „Service unavailable").
- Eine Werkstatt oder ein Pannennotruf-Support wird aufgefordert, die Störung einer Car2IT-Funktion zu beheben:
  Aus dem Fahrzeug werden präzise Angaben zu Zeitpunkt und Randbedingungen des Ausfalls benötigt, um die Störung zu klassifizieren. Die Funktionalität dazu wird durch eine Diagnosetester-Applikation bereitgestellt. Betriebsdatenanzeige, Testabläufe und geführte Fehlersuche müssen Car2IT-Funktionen und deren mögliche Störungen berücksichtigen.
  Dabei unterscheidet sich der Anwendungsfall für Werkstatt und Pannennotruf in einer direkten (via VCI) bzw. in einer indirekten (via Car2IT-Strecke) Diagnosekommunikation zum Fahrzeug.

- Qualitätssicherung der Car2IT-Funktionalität:
  Der OEM oder ein Service-Provider müssen untersuchen können, ob die Car2IT-Strecke für eine bestimmte Konfiguration aus Fahrzeugtyp, Service-Provider, etc. beeinträchtigt ist. Sie benötigen dazu Protokolle der beteiligten Server-Systeme und eine repräsentative Menge von Aufzeichnungen aus betroffenen Fahrzeugen.
  Neben detaillierten Auswertungen werden Möglichkeiten benötigt, die Ansteuerung und Auswertung von Car2IT-Funktionen in wiederholbaren Testabläufen abzubilden.
- Angriffe auf die Car2IT-Strecke:
  OEM oder ein Service-Provider müssen schadhafte Angriffe auf die beteiligten Server als auch im Fahrzeug (Embedded-Systeme) selbst erkennen können und untersuchen können, inwiefern die Car2IT-Strecke durch diese beeinträchtigt bzw. gestört wurde. Zudem sind auswertbare Protokolle der Angriffe durch die betroffenen Car2IT-Komponenten aufgezeichnet werden.

1.3 Fahrzeug- und Systemarchitektur in einer vernetzten Welt

Die nachfolgende Abbildung 2 zeigt eine grobe Skizze der Fahrzeug- und Systemarchitektur, die die wesentlichen beteiligten Komponenten darstellt, ohne Anspruch auf Vollständigkeit oder Detailtreue zulegen.

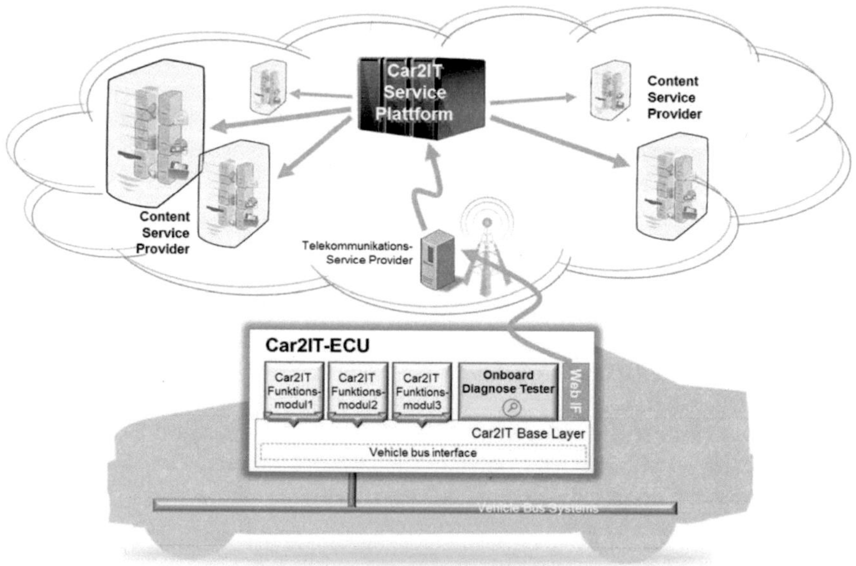

Abbildung 2: Fahrzeug- und Systemarchitektur

Vom einen zum anderen Ende der Car2IT-Strecke sind die beteiligten Komponenten nachfolgend erläutert:

Car2IT-ECU	Steuergerät, das über eine Telekommunikationsanbindung (Web-IF) verfügt und die fahrzeugeigenen Car2IT-Funktionen aufnimmt. Einzelne Car2IT-Funktionsmodule werden in einer Car2IT- Basisschicht der ECU-Software ausgeführt, die ihrerseits die Schnittstelle zum Bordnetz und zur Car2IT-Kommunikation bereitstellt.
Onboard-Diagnose-Tester	Software-Funktion im Car2IT-ECU, die die Fähigkeit zur Onboard-Diagnose für den Fahrer und für jegliche Form der Ferndiagnose für den OEM-Support bereitstellt.
Telekommunikations-Service-Provider	Provider für Mobiltelefone, um die weltweite Verbindbarkeit zwischen Fahrzeugen und OEM sicherzustellen.
Car2IT-Service Plattform	Anlaufpunkt für jede C2ITFunktionalität beim OEM. Hier werden die Fahrzeuge registriert und deren Anfragen an dahinterliegende Content Provider abgewickelt.
Content-Provider	Unabhängiger, in der „Cloud" verfügbarer Dienst, dessen Inhalte über die Car2IT-Strecke im Fahrzeug verfügbar gemacht werden (z.B. Email, Navigations- oder Wetterdienste, etc.). In der realen „Cloud" können sich zwischen Car2IT-Service-Plattform und Content-Provider weitere Provider-Knoten befinden, die die verschiedenen angebotenen Dienste bündeln.

2 Betrachtungen einer End-2-End-Diagnose

Für eine ganzheitliche End-2-End-Diagnoselösung sollen drei Betrachtungsebenen zugrunde gelegt werden:

- Diagnose der Car2IT-Funktionen
- Diagnose als Schutzmaßnahme
- Sichere Diagnose.

2.1 Diagnose der Car2IT-Funktionen

Die erste Betrachtungsebene konzentriert sich auf die Diagnose von Car2IT-Strecken, also die Untersuchung, Bewertung und Ursachenfindung von Problemen mit einem Car2IT-Service. Dabei sind alle beteiligten Car2IT-Komponenten mit einzubeziehen. So kann dieses beim Fahrzeug selbst, bei einem Car2IT-Funktionsmodul, bei einem Content- bzw. Service-Provider oder in der Übertragungsstrecke liegen. Hierbei werden Anforderungen an die Diagnosefähigkeit der Car2IT-Komponenten, an die erweiterte Funktionalität eines Diagnosetesters, an die Diagnosekommunikation über die Car2IT-Strecke sowie Möglichkeiten einer präventiven Diagnose betrachtet.

2.1.1 Diagnosefähigkeit der Car2IT-Komponenten

Nachfolgend werden Anforderungen gestellt, die der Fähigkeit von Car2IT-Komponenten zu einer Diagnose betragen sollen.

Car2IT-Diagnoseereignisspeicher

Für komplexe Fahrzeugsysteme gilt im Allgemeinem, dass eine bestmögliche Diagnosefähigkeit erreicht werden kann, je mehr Information über „Ereignisse" (und nicht nur echte Fehler) der einzelnen Komponenten gesammelt und bereitgestellt werden. Gleiches gilt für die Gesamtheit der Car2IT-Strecke — jede Komponente muss jedes auffällige Ereignis in ihrem Ablauf erfassen und mit Angaben zum Ereignis selbst und ggf. relevanten Umgebungsvariablen registrieren. So müssen — analog dem Fehlerspeicher von Steuergeräten — alle beteiligten Car2IT-Applikationen und Car2IT-Funktionen im Fahrzeug, genauso wie die beteiligten Server und Komponenten der Provider eine Art Diagnoseereignisspeicher bereitstellen.

Loggen von Kommunikationsvorgängen

Zur Diagnose der gesamten Strecke kommt hinzu, dass jede Komponente über jeden wichtigen Kommunikationsvorgang mit jedem Nachbarn auf der Strecke Buch führen muss. Die wichtigsten Kommunikationsvorgänge sind:

- Verbindungsaufbau und -abbau
- Verbindungsverluste
- fehlgeschlagene Transaktionen
- ggf. auch wichtige erfolgreiche Transaktionen.

Abruf und Austausch von Aufzeichnungen

Um die Car2IT-Funktions-/Softwaremodule nicht mit Aufzeichnungslogik zu überladen, die in jeder Car2IT-Hardware (Infotainment, Car2IT-ECU, Smartphone) nur einmal zu existieren braucht, sollten Car2IT-Basisschichten die eigentliche Car2IT-Aufzeichnungsfunktionalität wiederverwendbar bereitstellen. Die Car2IT-Aufzeichnungen sollten daher an separater Stelle erfolgen, im Ereignisspeicher sollten jedoch Einträge aufgenommen werden, die auf kritische Ereignisse in den Aufzeichnungen verweisen.

Zeitsynchronisation

Damit die Aufzeichnungen aller Komponenten der Car2IT-Strecke später tatsächlich vergleichbar sind, müssen alle Zeitstempel an den Ereignissen auf einer synchronisierten Systemzeit beruhen. Diese Systemzeit sollte am zentralen Knotenpunkt (Car2IT-Service-Plattform) der Car2IT-Strecke definiert werden. Alle beteiligten Komponenten müssen beim Verbindungsauf mit dem zentralen Knotenpunkt ihre Zeit mit der Systemzeit abgleichen.

Car2IT-relevantes Testfunktionen

Für den aktiven Test von Car2IT-Funktionalität müssen alle beteiligten Komponenten geeignete, funktionsspezifische Testaufrufe bereitstellen, die von einem Diagnosetester aufgerufen, überwacht und ausgewertet werden können.

D.h. analog zu Stellgliedtests einer ECU müssen die beteiligten Car2IT-Funktions/-Softwaremodule Testfunktionen anbieten, die eine Diagnose unterstützen.

„Ping“

Ein wichtiger Test, der definitiv und einheitlich von allen Komponenten unterstützt werden muss, ist der eines „Ping“. Damit ist ein Signal gemeint, dass von einer Komponente ausgehend an alle Nachbarn bis zu den Enden der Strecke ausgesendet bzw. weitergeleitet wird, um festzustellen, ob die gesamte Strecke einwandfrei funktioniert bzw. ab wo gegebenenfalls Unterbrechungen festzustellen sind.

Diese Ping-Testfunktion kann vor allem in Ad-hoc-Diagnosesituationen durch den Fahrer ausgelöst werden, um in der aktuellen Situation die Erreichbarkeit aller Kommunikationspartner zu prüfen.

2.1.2 Car2IT-fähiger Diagnosetester

Um ein Car2IT-Funktions-relevantes Problem untersuchen und ggf. reparieren zu können, benötigen die Werkstatt und ein dort eingesetzter Diagnosetester Zugriff auf alle Car2IT-relevanten Informationen. Dieser Zugriff sollte ebenfalls über den Diagnosetester erfolgen, um Ergebnisse aus verschiedenen Untersuchungen korrelieren zu können. Entsprechend muss eine Diagnosetester-Applikation in der Lage sein, auch auf Informationen der Car2IT-Strecke zuzugreifen und darzustellen:

- Liste installierter Car2IT-Funktions/-Softwaremodule (inkl. Versionsinfo)
- Visualisierung der beteiligten Car2IT-Komponenten (End-2-End)
- Zugriffsmöglichkeiten auf die ausführlichen Aufzeichnungen (registrierte Ereignisse, Fehler oder Auffälligkeiten) aus den beteiligten Car2IT-Komponenten
  D.h. der Diagnosetester muss nicht nur Aufzeichnungen aus dem Fahrzeug auswerten können, sondern auch solche aus den beteiligten Car2IT-Komponenten der Strecke abrufen und in die Auswertung einbeziehen können. Eine derartige Auswertung soll aufzeigen, ob ein Problem in der einen Komponente mit einer Auffälligkeit in einer anderen Komponente in einem gegebenen Zeitraum korreliert.

Darüber hinaus muss der Diagnosetester Car2IT-relevante Testfunktionen aufrufen. Zusätzlich müssen Testabläufe zur geführten Fehlersuche systematische Prüfungen im Zusammenspiel der Car2IT-Komponenten abbilden und aufrufen können.

2.1.3 Diagnosekommunikation über die Car2IT-Strecke (Ferndiagnose)

Aus Sicht der reinen Diagnose gelten für die Ferndiagnose zunächst einmal die gleichen Anforderungen wie für die Werkstattdiagnose. Es muss eine Variante der Diagnosetester-Applikation zur Verfügung stehen, die Zugriff auf das Fahrzeug sowie auf relevante Informationen aller beteiligten Car2IT-Komponenten hat. Dabei muss der Tester fähig sein, Informationen auszuwerten und zu visualisieren, Testfunktionen aufzurufen und Ergebnisse aus verschiedenen Untersuchungen zu korrelieren.

Darüber hinaus besteht der Hauptunterschied zum Werkstatttester darin, dass bei der Ferndiagnose die Kommunikation mit dem Fahrzeug nicht direkt erfolgt, sondern indirekt über die C2IT-Strecke. Dazu müssen Diagnosekommunikationsaufrufe gebündelt an einen Onboard-Diagnose-Tester (als in die Car2IT-ECU eingebettetes Modul) im Fahrzeug übermittelt werden. Dieser führt im Fahrzeug die Aufrufe aus, sammelt die Ergebnisse und sendet sie zurück.

In der klassischen Werkstattdiagnose steht das Fahrzeug in diagnosebereitem Zustand in der Werkstatt. Dabei ist ein Diagnosetester per VCI an das Fahrzeug angeschlossen und kann die Diagnosekommunikation nutzen, um Informationen auszulesen und Tests auszuführen, ohne dabei den Fahrbetrieb zu beeinträchtigen.

Grundsätzlich anders verhält es sich bei einer Ferndiagnose über die Car2IT-Strecke. Hier besteht die Problematik, darin, dass zum Zeitpunkt eines Zugriffs zunächst einmal nicht bekannt ist, ob sich ein Fahrzeug tatsächlich in einem diagnosebereiten Zustand befindet oder nicht (sich z.B. in der Fahrt befindet).

Entsprechend darf der Onboard-Diagnose-Tester eine über die Ferndiagnose gestellte Aufgabe nicht wahrnehmen, solange sich das Fahrzeug nicht in einem diagnosebereiten Zustand befindet. Sofern dies der Fall ist muss eine solche Aufgabe in einem Diagnose-Auftragspuffer an das Fahrzeug gespeichert werden. Sobald das Fahrzeug sich in einem diagnosebereiten Zustand befindet, werden die gesammelten Aufgaben bzw. Anfragen abgearbeitet und beantwortet.

2.1.4 Präventive Diagnose

Für eine präventive Diagnose sendet der Onboard-Diagnose-Tester in regelmäßigen Abständen (auch während der Fahrt) eine „Health Overview“ an die Car2IT-Service-Plattform. Dazu muss der Onboard-Diagnose-Tester von den Steuergeräten im Fahrzeug aktiv über ggf. eingetretene Fehler (als „kurze Statusnotiz“) informiert werden. Ein regelmäßiges Polling der Statusinformation während der Fahrt verbietet sich. Im Falle eines Fehlers oder Ereignisses erhält der Car2IT-Service-Support einen Hinweis auf ein mögliches Problem und kann aktiv werden.

2.2 Diagnose als Schutzmaßnahme

Sowohl die Fern- als auch die Onboard-Diagnose werden zukünftig überwachen müssen, ob Angriffe auf Funktionalitäten oder Manipulationsversuche stattgefunden haben bzw. ob ein Angriff oder eine Manipulation vorgenommen worden ist. Insofern ist die Ferndiagnose als Bestandteil und Methode eines übergeordneten und übergreifenden Sicherheitskonzepts zu verstehen.

2.2.1 Angriffsziele

Die Ziele von Angriffen sind vielfältig, die wesentlichsten sind:

- Erweiterte Rechte/Zugriffe
- Beschaffung von Informationen
- Manipulation von Informationen

- Verhinderung von Services
- Diebstahl von Ressourcen

Bei der Ferndiagnose wird ein häufiges Ziel das Freischalten von zusätzlichen Funktionen und der Zugriff auf Fahrzeug-spezifische Daten sein, die über die Ferndiagnose abgerufen werden können. Die Ferndiagnose kann sich aber neben dem Infotainment auch zu einem wichtigen Einstiegspunkt für weiterreichende Manipulationen entwickeln, insbesondere, weil wir zukünftig von immer stärker automatisierten Fahrzeugen ausgehen können. Insofern ist es nicht nur ein wichtiges Ziel, Manipulationen zu verhindern, sondern auch, diese zu erkennen. Aus diesen Betrachtungen ergibt sich die Notwendigkeit Angriffe in einer Car2IT-Strecke zwischen ihrem einen Ende im Fahrzeug und ihrem anderen Ende in der domänenübergreifenden IT-Infrastruktur erkennen zu können und idealerweise abwehren zu können.

2.2.2 Angriffserkennung

Systeme zur Angriffserkennung — sogenannte Intrusion Detection Systeme (IDS) — sind schon seit vielen Jahren auf dem Markt, sie werden in Rechenzentren und Back-End-Systemen eingesetzt. Selbst in diesem klassischen IT-Bereich sind Firewalls alleine nicht mehr ausreichend, um ein Netzwerk vor unerwünschten Eindringlingen zu schützen.

Die wesentlichen Anforderungen an eine Lösung zur Angriffserkennung können im Allgemeinen wie folgt definiert werden:

- Integrität der zu schützenden Daten muss grundsätzlich erhalten bleiben.
- Verfügbarkeit der zu schützenden Daten und Services ist zu gewährleisten.
- Angriffe müssen erkannt und auf diese geeignet reagiert werden können.
- Belastung der zu schützenden Systeme muss minimiert werden.
- Administrative Aufwände sollten möglichst geringgehalten werden.
- Ein zuverlässiger und sicherer Betrieb muss zu jeder Zeit garantiert werden.
- Gleichzeit soll ein Angreifer keine Möglichkeit haben ein IDS zu erkennen.

Entsprechende Systeme zur Angriffserkennung sind auch bei der Absicherung der IT-Systeme der Content- und Service-Provider zu berücksichtigen. Darüber hinaus besteht eine wesentliche Herausforderung jedoch in der Adaption solcher Lösungen für Embedded Systeme wie wir sie im vernetzten Fahrzeug vorfinden. Systeme zur Angriffserkennung für die Embedded-Welt sind bisher noch praktisch unbekannt.

2.2.3 Embedded-Welt des vernetzten Fahrzeugs

Schlüsselkomponente und Hauptangriffspunkt ist der Zugriff auf die Steuergerätekommunikation im Fahrzeug, um so verschiedene Manipulationen oder Angriffe durchzuführen, beispielsweise die direkte Beeinflussung des Fahrzeugs, aber auch die Veränderung von Konfigurationen oder der Steuergeräte-Software.

Die klassische Steuergerätekommunikation (via CAN-Bus) ist ohne besondere Vorkehrungen gegen mögliche Angreifer entwickelt worden, da ursprünglich davon ausgegangen wurde, dass sämtliche angeschlossenen Systeme vom Fahrzeughersteller geplant und kontrolliert werden, und während ihrer Lebenszeit nicht durch Dritte manipuliert werden können. Darüber hinaus würde ein Angreifer physischen Zugriff zum Fahrzeug brauchen und demnach auch sehr viel einfacher auf mechanische Art einen Schaden verüben können — so die Argumentation. Entsprechend waren Maßnahmen zur Erkennung oder Abwehr von Busteilnehmern, die Angriffe auf andere Teilnehmer des Busses durchführen, nicht vorgesehen. Mit der zunehmenden Vernetzung der Fahrzeuge und der Fahrzeugelektronik werden jedoch neue Angriffswege geschaffen, die neue und zwingend zu berücksichtigende Schutzmaßnahmen erforderlich machen. Im Fall der Ferndiagnose erfolgt der Angriff über Car2IT-Funktionsmodule im Fahrzeug, wobei die Manipulation der Datenflüsse bereits vorab innerhalb der Car2IT-Strecke erfolgen kann.

Die wesentliche Herausforderung besteht in der Adaption von Angriffserkennungssystemen für den Einsatz in der Embedded-Welt heutiger Fahrzeuge. Dies bedeutet:

- Das System muss neben den Internet Protokollen wie TCP/UDP/ICMP auch Protokolle wie CAN, CAN, FlexRay, Profinet und AVB verstehen können.
- Gleichzeitig sind bei der Implementierung die bestehenden Strukturen zu berücksichtigen und die speziellen Rahmenbedingungen für die Einbindung einer solchen Onboard-Komponente. Das Problem ist, dass Embedded-Systeme eigentlich gar nicht darauf vorbereitet sind, in offenen Netzwerken zu arbeiten. Aus Platz- und Kostengründen sind sie meist stark optimiert und bieten wenig Spielraum für den Einbau von zusätzlichen Sicherheitsmechanismen.
- Bisher ist relativ wenig zu Angriffen auf Fahrzeuge bekannt. Dazu kommt, dass mit fortschreitender Entwicklung — insbesondere in Hinblick auf Vernetzung, Fahrerassistenzsysteme und autonomes Fahren — sich auch die Angriffsszenarien und Angriffspunkte weiter verändern werden und eine Angriffserkennung auf die sich ändernden Rahmenbedingungen adaptierbar und justierbar sein muss.

Demzufolge sind hierbei zwei grundsätzliche Ansätze der Angriffserkennung zu betrachten und verfolgen:

Regel-basierte Detektion

Bei einer auf definierten Regeln basierten Analyse wird auf eine Sammlung von Informationen zu Angriffen aus der Vergangenheit zurückgegriffen. Dabei wird nach spezifischen Merkmalen bzw. Mustern gesucht, die ein Angriff dabei hinterlassen hat.

Vorteil dieses Vorgehens ist, dass für ein bereits bekanntes Angriffsmuster (und ggf. bekannte Urheber) konkrete Maßnahmen und Abwehrreaktionen berücksichtigt werden können.

Der wesentliche Nachteil besteht darin, dass für die Auslegung entsprechender Regeln immer auch entsprechende Informationen und Muster bekannt sein müssen und vorliegen müssen.

Anomalie-basierte Detektion

Einen anderen Ansatz verfolgt die Erkennung von Anomalien, die auf Abweichungen von einem definierten Normalbetrieb als Muster basiert. Dazu muss zunächst der normale Betrieb in einer Anlernphase erfasst werden, um später durchgeführte Angriffe aufgrund des vom Muster eines Normalbetriebs abweichenden Verhaltens zu erkennen und darauf reagieren zu können.

Der Vorteil in diesem Vorgehen liegt vor allem in der Adaptierbarkeit auf sich ändernde oder unbekannte Angriffsszenarien.

Die Nachteile liegen in der Reaktionsfähigkeit auf einen so detektierten Angriff. Da über diesen potenziell keine Informationen bekannt sind, besteht eine Schwierigkeit darin, angemessen und ausreichend zu reagieren. Im schlimmsten Fall müsste für einen erkannten Angriff beispielsweise die gesamte Kommunikation unterbrochen werden (z.B. durch Kurzschluss des Busses), um sämtliche potenziell irregulären Nachrichten zu unterdrücken. Da ein Angriff zwar erkannt werden kann, nicht jedoch der unmittelbare Urheber identifiziert werden kann, ist dies im Zweifel die einzige Möglichkeit, zumindest über die mechanischen Komponenten des Fahrzeugs eine Kontrollierbarkeit des Fahrverhaltens wiederherzustellen.

2.2.4 Car2IT-Strecke

Neben der Erkennung und Abwehr von Angriffen muss die Diagnose der Car2IT-Strecke in die Betrachtungen eingebunden werden. So kann die Erkennung von Angriffen als Teil der Diagnosefunktionalität und Komponente einer Onboard-Diagnose verstanden werden. Erkannte Angriffe müssen analog zu funktionalen Störungen und Problemen im Fahrzeug oder in der Car2IT-Strecke aufgezeichnet (Ereignisspeicher und Car2IT-Aufzeichnung) und ausgetauscht werden. Hinweise auf Angriffe müssen umgehend an die Car2IT-Service-Plattform gemeldet werden, so dass ein Car2IT-Service-Support darüber informiert wird und aktiv werden kann, um ggf. weitere Angriffe oder weiteren Schaden abwenden zu können. Gleiches gilt für den Fahrer selbst, der im Falle eines zu erwartenden schadhaften und insbesondere sicherheitskritischen Angriffs umgehend alarmiert werden muss, um das Fahrzeug ggf. in einen sicheren Zustand zu bringen.

Zusätzlich können über Auswertungen von Aufzeichnung oder über Rückmeldungen aus dem Feld bezüglich erkannter Angriffe Hinweise darauf geben werden, dass die C2IT-Strecke in einer bestimmten Konfiguration angreifbar bzw. unsicher ist. Für die Untersuchung von Angriffen werden Protokolle der beteiligten Server-Systeme und eine repräsentative Menge von Aufzeichnungen aus betroffenen Fahrzeugen benötigt. Aus entsprechenden Analysen heraus können Sicherheitslücken geschlossen und Gegenmaßnahmen abgeleitet, angepasst oder erweitert werden.

2.3 Sichere Diagnose

Fehlende IT-Sicherheit (Security) kann eine Verminderung der Funktionalen Sicherheit (Safety) zur Folge haben, indem die dort getroffenen Schutzmaßnahmen durch einen Angreifer außer Kraft gesetzt werden. Schutzziel ist es dabei, die Vertraulichkeit, Integrität und Verfügbarkeit von Informationen aufrecht zu erhalten. Zusätzlich müssen auch andere Eigenschaften wie Authentizität, Zurechenbarkeit, Nicht-Abstreitbarkeit und Verlässlichkeit der Informationen einbezogen werden. Eine Konzentration auf die Safety allein kann kein zuverlässiges Gesamtsystem garantieren. Security und Safety sind in vielen Punkten eng verzahnt und können nicht getrennt voneinander betrachtet werden. Ist ein System in Bezug auf die Security derart anfällig, dass ein Dritter die Kontrolle vollständig oder auch nur teilweise übernehmen kann, ist dadurch mittelbar auch die Safety gefährdet. Die Schutzziele der Angriffssicherheit decken sich teilweise mit den unter Safety etablierten Begriffen. Die wesentliche Neuerung bei einem Blick auf die Angriffssicherheit ist die Möglichkeit eines Dritten, gezielt von außen auf das System einzuwirken, um eine größtmögliche Wirkung zu erzielen.

2.3.1 Herausforderungen

Eine wesentliche Herausforderung besteht in den gegebenen Einschränkungen und Rahmenbedingen im Fahrzeug. Dies betrifft:

- Beschränkungen bei verfügbaren IT-Ressourcen (geringer Speicherplatz und eingeschränkte Prozessorleistung erfordern in der Regel besonders effiziente Umsetzungen und risikogerechte Verschlüsselungen).
- Nur beschränkte Möglichkeit für Updates und Benutzerinteraktionen bei einem vergleichsweise langen Produktlebenszyklus.
- Ein möglicher Angreifer kann die volle physische Kontrolle über ein zu schützendes Fahrzeug erlangen.
- Es darf durch IT-Schutzmaßnahmen zu keiner Beeinträchtigung von Safety-Anforderungen (nach ISO 26262) — insbesondere bei der Echtzeitfähigkeit — kommen.

2.3.2 Sichere Kommunikation

Die Absicherung gegen unberechtigte Zugriffe, schadhafte Angriffe und Manipulationen über die Fern- und Onboard-Diagnose-Funktionalität ist insbesondere durch technologische Maßnahmen einer sicheren Kommunikation zu gewährleisten.

Sichere Protokolle

Für die Kommunikation innerhalb der Car2IT-Strecke existieren bereits robuste Schutzmaßnahmen für IP-Protokolle. Beispiele hierfür sind unter anderem die Übertragung etablierter Security-Mechanismen aus der klassischen Netzwerksicherheit wie die Transport Layer Security (TLS) oder die Internet Protocol Security (IPsec) für den Einsatz im Fahrzeug.

Verschlüsselungsverfahren

Zur Absicherung des Kommunikationskanals sollten etablierte kryptografische Verfahren — idealerweise gemeinsam mit einem Schlüsselaustauschverfahren — zum Einsatz kommen, die insbesondere der Wahrung der Vertraulichkeit von Informationen dienen.

Authentifizierungsfahren

Es muss sichergestellt werden, dass nur ein Berechtigter die Fahrzeugdiagnose auslösen kann. Dies kann der OEM, ein autorisierter Provider oder eine autorisierte Werkstatt sein. Zur zuverlässigen Authentifizierung des Kommunikationspartners können z.B. effiziente Challenge-Response-Verfahren, digitale Signaturen oder Message Authentication Codes zum Einsatz kommen.

Hardware-Sicherheitsmodule (HSM)

Mit der Verwendung von Hardware-Sicherheitsmodulen (HSM) kann eine effiziente und sichere Ausführung kryptographischer Operationen oder Applikationen erfolgen. Das HSM kann dabei als internes oder externes Peripheriegerät.

Firewalls und Intrusion Detection Systeme

Darüber hinaus wird zur Zugriffskontrolle, Kommunikationsüberwachung sowie zur Eindämmung und Abwehr möglicher Angriffe die Integration von Firewalls und sogenannter Intrusion Detection & Response Systems dringender denn je.

Weitere Möglichkeiten

Weitere Möglichkeiten zur Absicherung des Kommunikationskanals ergeben sich über den Einsatz sogenannter Nonces gegen Wiedereinspielangriffe (Zahlen- oder eine Buchstabenkombination, die nur ein einziges Mal in dem jeweiligen Kontext verwendet werden dürfen) oder über kryptografisch sichere Zufallszahlengeneratoren bzw. Hash-Verfahren zur Signatur von Nachrichten, die insbesondere die Integrität von Informationen sicherstellen können.

2.3.3 Präventionen im Security-Engineering (Architektur und Design)

Eine wichtige Rolle in einem übergreifenden Sicherheitskonzept nimmt ein Security-Engineering ein. An dieser Stelle seien einige Beispiele genannt, die in Hinblick auf die Prävention von Angriff beim Engineering Berücksichtigung finden sollten:

Erschweren der Systemanalyse

- Erschweren des physischen Zugangs zum Geräteinneren
- Erschweren der Analyse des inneren Geräteaufbaus
- Erschweren des logischen Zugriffs auf Speicherinhalte
- Erschweren von Codeanalyse
- Erschweren der Analyse von Kommunikationskanälen
- Reduktion der Angriffsfläche

Wirkungsprävention

- Minimierung gefährdeter Ressourcen
- Isolation von gefährdeten Ressourcen
  - Trennung potenziell gefährdeter Komponenten vom Gesamtsystem
  - Trennung potenziell gefährdender Komponenten vom Gesamtsystem

2.3.4 Organisatorischer Security-Prozess

Neben den genannten technologischen Schutzmaßnahmen und Methoden ist zwingend ein ganzheitlicher Security-Prozess zu entwickeln und zu verfolgen. Die Basis für die Security muss bereits in der Konzeptphase gelegt werden, in der sowohl potenzielle Schwachstellen des Fahrzeugs sowie der Komponenten bzw. Teilnehmer der Car2IT-Strecke als auch aller Daten- und Kommunikationsschnittstellen Berücksichtigung finden müssen. In Design- und Entwicklungsphase sind zudem definierte und idealerweise standardisierte Methoden eines „Cyber-Secure Software-Development" anzuwenden, die in ebenfalls definierten bzw. standardisierten Tests zu validieren und zu zertifizieren sind. Organisatorische Maßnahmen eines Security-Prozesses sind:

- Security-Management (einschließlich Risiko-Management, Security-Training, Auswahl geeigneter Zulieferer und vertrauenswürdiger Komponenten: "Chain of Trust")
- Systematisches Security-Engineering (hinsichtlich Security-Architektur, -Design und -Tests)
- Security-Validierung und Security-Zertifizierungen (im gleichen Maße wie Safety-Zertifizierungen)

Darüber hinaus sind Sicherheitsrisiken über den gesamten Produktlebenszyklus zu identifizieren, richtig einzuschätzen und gegebenenfalls effektiv im Zuge des Security-Engineerings zu beseitigen oder Gegenmaßnahmen abzuleiten bzw. zu entwickeln.

2.3.5 „Extended Vehicle"

Mit dem Standardisierungsentwurf ISO/DIS 20077 „Extended Vehicle" versucht die Automobilindustrie viele der hier aufgeworfenen Fragen zu adressieren. Vereinfacht gesprochen legt dieser Standard drei zentrale Regeln für die Kommunikation zwischen Fahrzeug und Cloud fest:

- Jeder Hersteller stellt für seine Fahrzeuge eine Car2IT-Service-Plattform bereit, für die er alleine verantwortlich ist.
- Jegliche Kommunikation zwischen Fahrzeug und Service-Plattform erfolgt gemäß einem Hersteller-proprietären Protokoll, für dessen Sicherheit der Hersteller alleine verantwortlich ist.
- Jegliche Kommunikation zwischen der IT-Welt und den Fahrzeugen verläuft durch die Service-Plattform hindurch, eine direkte Kommunikation mit einem Fahrzeug unter Umgehung der Plattform ist ausgeschlossen.

Daraus resultiert auch der Begriff des „Extended Vehicle": Aus Car2IT-Kommunikationssicht wird das Fahrzeug „erweitert" bis hin zur Service-Plattform. Auf diese Weise soll erreicht werden, dass die Hersteller ihrer Haftungsverpflichtung hinsichtlich einer einwandfreien Fahrzeugfunktionalität und damit eben auch hinsichtlich einer einwandfreien Car2IT-Funktionalität gerecht werden können.

An der Komplexität der End-2-End-Diagnose ändert sich dadurch zunächst nichts. Es ist jedoch zu erwarten, dass im Zuge der Umsetzung dieses Konzepts die Hersteller alles daran tun werden, zumindest für die von ihnen verantwortete Strecke zwischen Fahrzeug und Service-Plattform jederzeit den Nachweis darüber führen können, dass auf der Strecke alles in Ordnung ist bzw. was auf der Strecke gegebenenfalls zu einem Fehlverhalten geführt haben kann.

Unabhängig davon schützt das Konzept des „Extended Vehicle“ nicht vollständig, vor einem direkten Zugriff auf das Fahrzeug. Das liegt daran, dass bereits heute zumindest zwei direkte Kommunikationswege zum Fahrzeug existieren, die alleine durch den Standard nicht geschlossen werden können:

- Für die Überprüfung der Emissionsrichtlinien besteht die gesetzliche Verpflichtung, jedes Fahrzeug mit einem OBD-II-Zugang auszurüsten, mit dem jeder interessierte Nutzer mindestens lesend auf die Fahrzeugdiagnose zugreifen kann. Kommt am Fahrzeug ein WLAN-fähiger OBD-II-Stecker zum Einsatz, kann potenziell jeder Internetnutzer mit genügend Detail-Know-How aus der „Cloud“ heraus auf den Fahrzeugbus zugreifen.
- Die Kopplungsmöglichkeiten zwischen Smartphone und Auto lassen es heute ebenfalls zu, dass über die WLAN-Kommunikation des Smartphones prinzipiell Zugriff auf den Fahrzeugbus erreicht werden kann.

Während es die Hersteller selbst in der Hand haben, die „Smartphone-Lücke“ zu schließen, muss die „ODB-II-Lücke“ von Gesetzes wegen vorläufig offen bleiben.

2.4 Checkliste

Auf Basis der vorangegangenen Betrachtungen kann eine Checkliste abgeleitet werden, die eine Übersicht der zusammengetragenen Aspekte der End-2-End-Diagnose sowie der sich daraus grundsätzlich ergebenen Fragestellungen und Anforderungen bei der Definition eines Mindestdiagnoseumfangs darstellt. Dabei unterliegen die Komponenten bzw. Teilnehmer der Car2IT-Strecke den gleichen Anforderungen und Fragestellungen wie die Fahrzeuge selbst. Es müssen sowohl die verschiedenen Domänen der Car2IT-Strecke also auch technische und organisatorische Maßnahmen einer Diagnose berücksichtigt werden.

Eine auf diese Weise abgeleitete Checkliste soll gleichermaßen Diskussionsgrundlage und Ansatz für eine Bewertung der Diagnose bestehender Car2IT-Strecken bilden und kann in einer weiteren Ausgestaltung der Ableitung von Maßnahmen zur Erreichung einer ganzheitlichen End-2-End-Diagnoselösung dienen.

Abbildung 3 zeigt verschiedene Domänen auf die eine Checkliste abgeleitet werden kann.

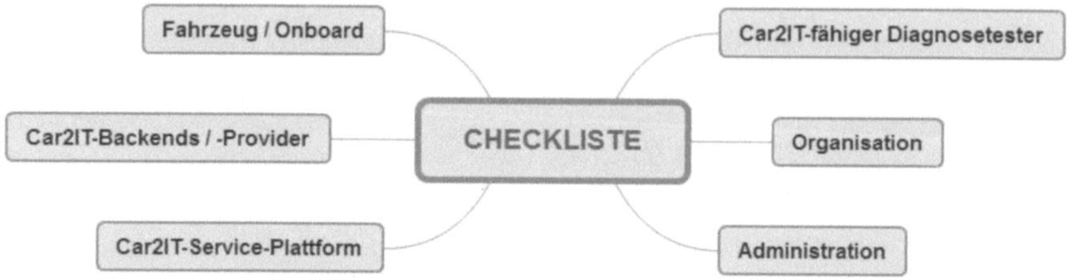

Abbildung 3: Domänen einer End-2-Diagnose-Checkliste

In der nachfolgenden Abbildung 4 wird ein Auszug einer derartigen Checkliste am Beispiel der Domäne des Fahrzeugs (Onboard) vorgestellt. Hierbei sind bereits (ohne Anspruch auf Vollständigkeit) eine Reihe von Mindestdiagnoseanforderungen an die Onboard-Diagnosefähigkeit innerhalb des Car2IT-Kontexts erfasst.

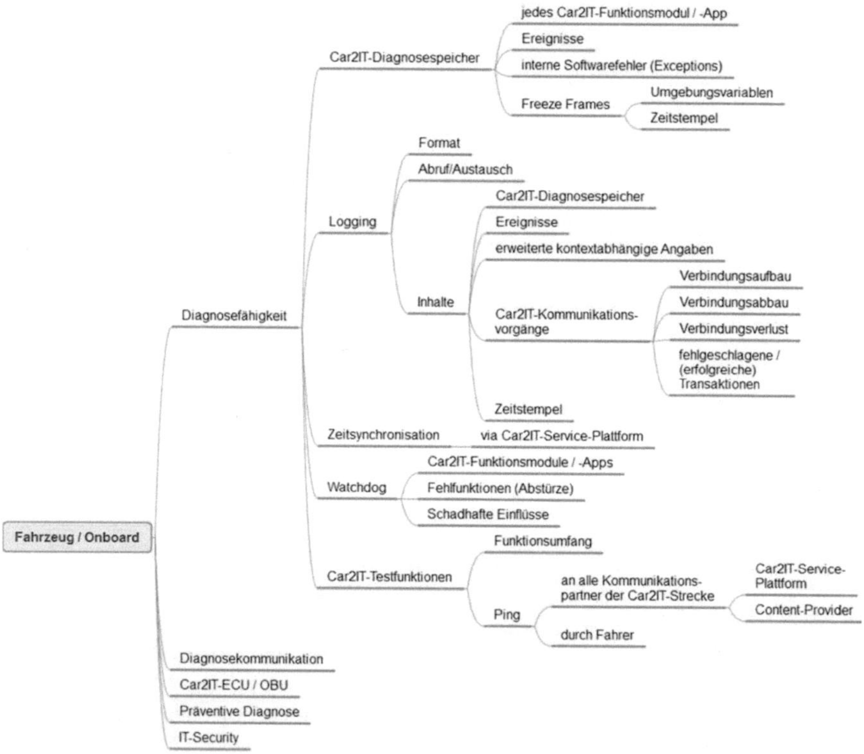

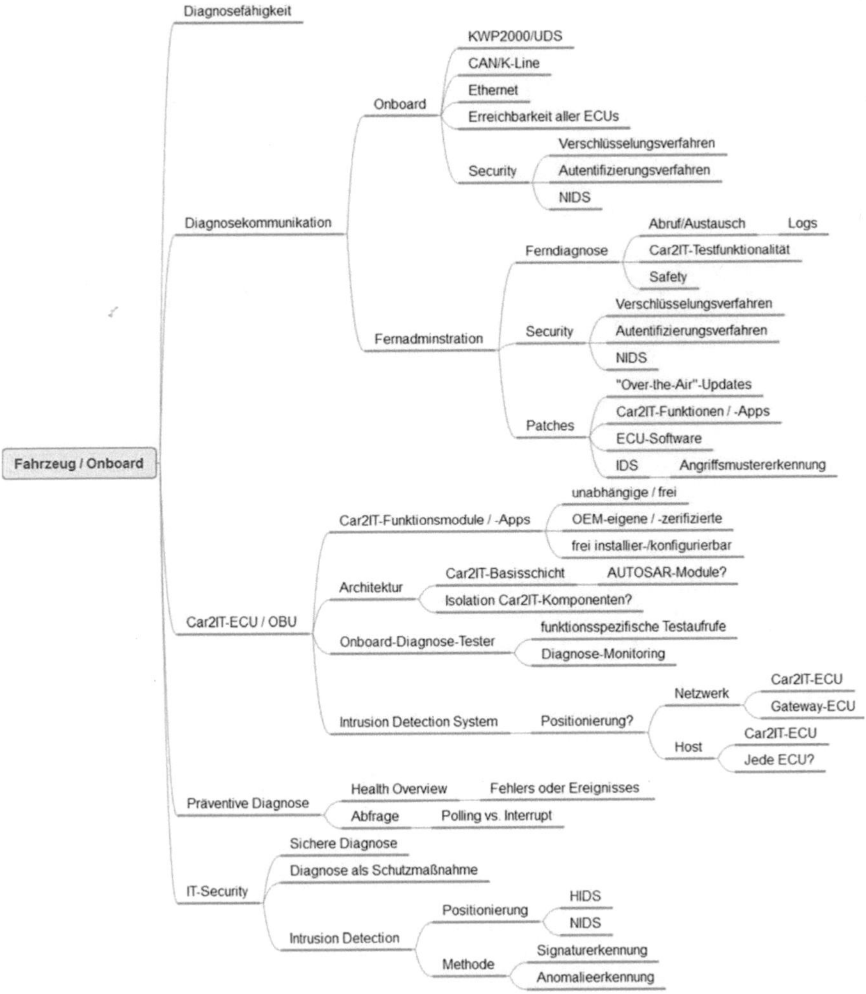

Abbildung 4: Checklisten-Auszug am Beispiel des Fahrzeugs (Onboard)

Die Geschäftsprozesse und Fragestellungen, die sich innerhalb einer „vollständigen" Checkliste ableiten lassen, sind über alle Teilnehmer und Domänen einer Car2IT-Strecke mit einander verzahnt und müssen in einer ganzheitlichen Konzeption der End-2-End-Diagnose und Anforderungserfassung Berücksichtigung finden.

Abbildung 5 veranschaulicht die sich ergebenden Abhängigkeiten und Verknüpfungen der verschiedenen Fragestellungen und Anforderungen und demonstriert die Komplexität einer ganzheitlichen Betrachtung der End-2-End-Diagnose.

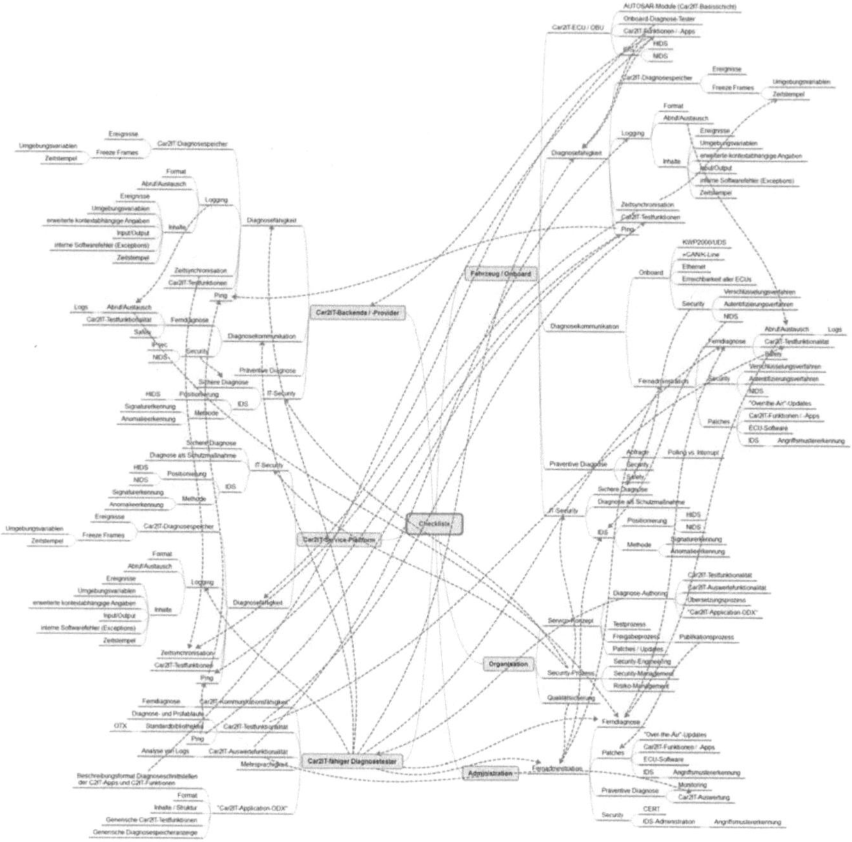

Abbildung 5: Verknüpfung von Anforderungen an eine End-2-End-Diagnose

3 Fazit

Um den Bedürfnissen der eingangs genannten Anwendungsfälle und Nutzerkreise gerecht zu werden, werden eine Reihe von Forderungen an die Diagnostizierbarkeit einer Car2IT-Strecke und ihrer Komponenten gestellt. Da ein Mindestmaß an eine Diagnose und die IT-Sicherheit der Car2IT-Strecke ein gemeinsames Interesse aller Fahrzeughersteller sein sollte, bietet sich die Standardisierung der Diagnose von Car2IT-Infrastrukturen und einer Vorgehensweise für die automobile IT-Sicherheit an. Auf diese Weise kann ein Mindestumfang definiert werden, der die Kompatibilität verschiedener Car2IT- und IT-Sicherheitslösungen gewährleistet. Ziel muss es sein, die notwendigen Mindestanforderungen an aktuelle und zukünftige Car2IT-Anwendungen zu identifizieren und geeignete Maßnahmen zu spezifizieren.

Der Versuch eine möglichst ganzheitliche Checkliste abzuleiten, in der möglichst viele zu betrachtenden Aspekte, Anforderungen und Fragestellungen Berücksichtigung finden sollen, kann dabei als eine Hilfestellung zur Bewertung, Ergänzung und Konzeption aktueller und zukünftiger End-2-End-Diagnoselösungen beitragen.

8 Fahrzeugdaten und Diagnose – der After Sales als Bindeglied zwischen Hersteller und Kunde

Dipl.-Ing. Michael Poschmann, Dipl.-Ing. Carsten Schnier, Volkswagen AG, Wolfsburg

Kurzfassung

Der After Sales erfüllt eine wichtige Aufgabe als Bindeglied zwischen Hersteller und Kunde, nach dem Fahrzeugkauf ist er die einzige bestehende Verbindung und beeinflußt damit massiv die Kundenbindung und die Markentreue. Durch die Einführung mobiler Online-Dienste und die Einbindung des Kundenfahrzeuges in die vernetze Welt ergeben sich neue Chancen und Möglichkeiten für den After Sales.

1 Veränderte Ausrichtung des After Sales

Die Kundenfahrzeuge erhalten in zunehmendem Maß eine Online-Anbindung und sind damit von außen erreichbar. Als Folge davon verschiebt sich derzeit die Ausrichtung des After Sales von der bisherigen Zentrierung auf das Kundenfahrzeug hin zum Kunden als Person. Der Kunde identifiziert sich mittels eindeutiger ID gegenüber den Systemen und Anwendungen des Fahrzeugherstellers.

Die Online-Einbindung des Fahrzeuges („Car Connectivity") ermöglicht dem After Sales neue Chancen für die Verbesserung von Kundenbindung und Umsatz.

1.1 Umsetzung von Car Connectivity im XL1

In allen gebauten Fahrzeugen des Modells XL1 wurde eine Datenübertragungs- und Kontrollfunktion umgesetzt, die dafür sorgt, daß sich das Fahrzeug bei Erreichen bestimmter abweichender Meßwerte selbständig beim Backend des Herstellers meldet. Die Daten werden vorverarbeitet und dem zugeordneten Händler zur Verfügung gestellt. Der Gesamtfahrzeugstatus wird dem Händler übersichtlich im XL1-Portal präsentiert.

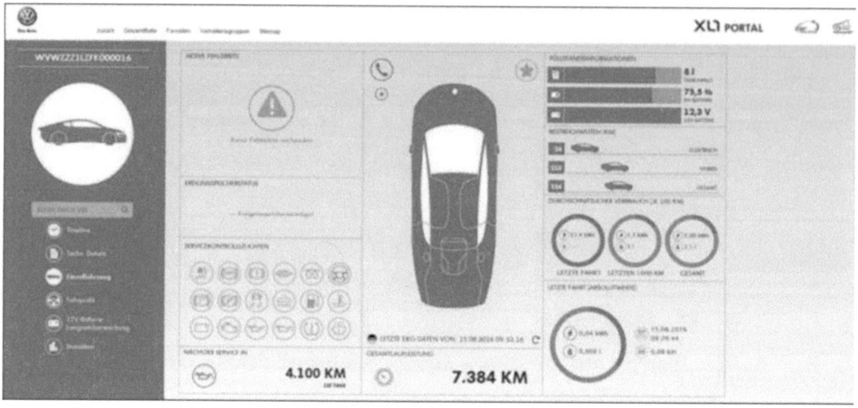

Abbildung 1: XL1-Portal

1.2 Ferndiagnose im XL1

Kundenbeanstandungen werden auf Basis der im betreffenden Kundenfahrzeug gesammelten Daten analysiert. Im besten Fall läßt sich das geschilderte Verhalten nachvollziehen und bewerten. Falls nicht alle benötigten Daten vorliegen, wird die Datensammeleinheit im Fahrzeug umkonfiguriert, so daß beim nächsten Auftreten der Kundenbeanstandung alle für die Analyse benötigten Daten vorliegen.

1.3 Prädiktion

Der Termin von Service-Ereignissen wird auf Basis der im Fahrzeug gesammelten Daten vorausberechnet und über das Backend dem zugeordneten Händler zur Verfügung gestellt. Der Händler kann somit frühzeitig den Kunden kontaktieren, einen Termin vereinbaren, Teile bereithalten und die Mobilität des Kunden sicherstellen.

Aus Sicht des Fahrzeugherstellers können über diesen Weg erstmals auch Gebrauchtwagenkäufer im Segment II/III angesprochen werden, die bisher bei zunehmendem Fahrzeugalter oft Kunden von freien Werkstätten sind.

1.4 IT-Voraussetzungen

Technische Grundlage für Car Connectivity ist neben der Online-Einheit im Fahrzeug das Backend des Herstellers sowie die unterschiedlichen Front-Ends zur Informationsdarstellung bei Kunde, Händler und Customer Care.

1.5 Remote Service als Ergänzung

Das klassische, beim Händler stattfindende After Sales Geschäft wird ergänzt um Remote Service, bestehend aus den Teil-Services Remote Update, Remote Diagnosis und Remote Sales.

Vorteil für den Kunden ist das weitgehende Vermeiden von voraussagbaren Fahrzeugproblemen und komfortablere Werkstattbesuche durch Vorausplanung, Vermeidung von Wartezeiten beim Händler und Sicherstellung der Mobilität.

2 Online-Remote-Update

Mit weiter zunehmender SW-Komplexität in den Fahrzeugen wird es zukünftig eine weitere Steigerung von notwendigen SW-Updates geben. Diese notwenigen Updates sind für den Fahrzeughersteller kostenintensiv und für den Kunden unbequem.

Ziel des After Sales ist es nun, SW-Updates ohne Werkstattbesuch möglichst rund um die Welt und sicher durchzuführen. Dazu müssen die notwendigen Prozesse erstellt und umgesetzt werden, Fehlerfälle müssen beherrscht werden und in allen Zielmärkten müssen die rechtlichen Randbedingungen berücksichtigt werden.

3 Wie wirken Over-The-Air Funktionen im Service-Kernprozeß?

Remote-Funktionen wirken an den folgenden Stellen sich auf den klassischen Service-Kernprozess aus:

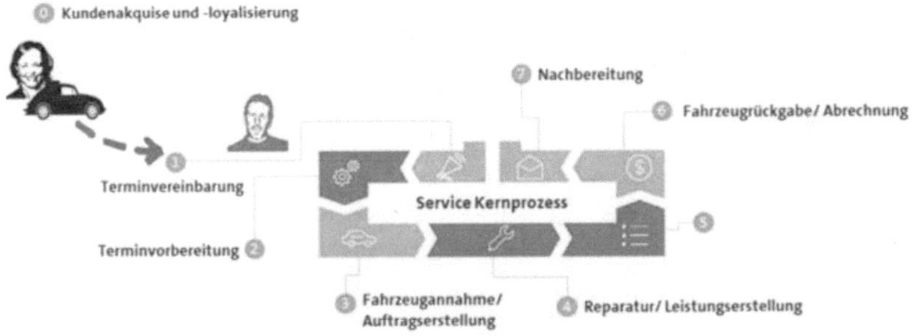

Abbildung 2: Service-Kernprozeß

3.1.1 Kundenakquise und –loyalisierung

- Marketing und Lead-Verfolgung
- Personalisierte Angebote
- Online Preisauskunft und -vergleich
- Online Terminauskunft
- Loyalitätsprogramme
- Händlerbewertung

3.1.2 Terminvereinbarung

- Online und offline Terminvereinbarung
- Kunden- und Fahrzeugdaten automatisch verfügbar
- Abgleich der Servicehistorie
- Unmittelbare kunden- und fahrzeugindividuelle Angebote mit Preis
- Ersatzmobilität sofort buchbar

3.1.3 Terminvorbereitung

- Automatische Vorbereitung
- Kunden-, Fahrzeug- und Auftragsdaten
- Werkstattkapazitäten, Teile, Spezialwerkzeuge

3.1.4 Fahrzeugannahme/ Auftragserstellung

- Automatische Fahrzeugerkennung
- Aktuelle Fahrzeug- und Kundendaten im System und auf Tablet (über VW Connect, Service Key)

3.1.5 Reparatur/ Leistungserstellung

- Digitale Unterstützung Servicedurchführung
- Benutzerfreundliche Reparaturinformationen/ Digitale Dokumentation VIN spezifisch
- Einfache und vernetzte Fehlersuche
- Intelligente/ vernetzte Werkzeuge reparaturspezifisch abrufbar

3.1.6 Qualitätskontrolle/ Vorbereitung Fahrzeugrückgabe

- Digitale Checklisten/ Dokumentation/ Prüfprotokolle
- Automatische Prüfung durchgeführter Arbeiten

3.1.7 Fahrzeugrückgabe/ Abrechnung

- Digitale Rechnungen/ Digitale Bezahlsysteme
- Sammelrechnungen für spezifische Kundengruppen
- Visuelle Unterstützung Rechnungserklärung
- Automatisierte Garantieabrechnung

3.1.8 Nachbereitung (1)

- Automatische Initiierung aller Maßnahmen
- Eventbezogenes Kundenfeedback (Multi-channel)

4 Zusammenfassung

Volkswagen hat im Modell XL1 Car Connectivity in allen gebauten Fahrzeugen umgesetzt und wird die weiterentwickelten Funktionen nun in die Serienfahrzeuge einbringen. Dieser Schritt ist die Grundlage für neue After Sales Geschäftsmodelle und für einen verbesserten Kundenkomfort.

9 Diagnosemethodik zur Dichtheitsprüfung der Ansaugluftführung. Wie es gelingt, das Dreigestirn aus Entwicklung – Werk – Kundendienst zu vernetzen.

Dipl.-Ing. FH Martin Dippel, BMW AG, München

Kurzfassung

Heutige Verbrennungsmotoren sind mehr denn je hinsichtlich Leistung, Emissionen, Bauraum und Funktionsvernetzung optimiert. Die daraus resultierende Komplexität einzelner Baugruppen führt am Beispiel der ottomotorischen Ansaugluftführung zu einer großen Anzahl an Einzelkomponenten, Verbindungsstücken, Dichtungen und Einleitstellen. Dies kann sowohl im Werk, als auch in Kundenhand zu komplexen Fehlerbildern im Kontext der Kraftstoff-Luft-Gemisch Aufbereitung führen. Die Auswirkungen zeigen sich in unrundem Motorlauf, Funktionseinschränkungen oder der Anzeige von Warnleuchten.

In der BMW Fachabteilung für Off-Board-Diagnosen wurde eine Prüfmethode entwickelt, um undichte oder fehlerhaft verbaute Ansaugluftführungen zu diagnostizieren. Im Fokus der Entwicklung stand die parallele Anwendbarkeit der Methodik im Fahrzeugwerk und im Servicebetrieb.

Ein mehrstufiges Prüfverfahren geht auf dieses komplexe Umfeld mit konträren Anforderungen und verschiedenen Prüfmöglichkeiten ein. Es gelingt, in allen Anwendungsfällen den Informationsrückfluss in die Entwicklung zu gewährleisten.

Abstract

Nowadays vehicle engines are optimized towards power, emissions, packaging and connectivity. The resulting complexity of the gasoline intake air duct leads to a higher amount of single components, connecting parts, seals and inlet points. This may result in complicated malfunctions detected by the fuel-air mixture diagnosis not only at the plant but at the costumer. Some consequences are irregular engine behavior like rough running, functional limitations and the illumination of warning lamps.

The development department of off-board powertrain diagnostics has designed a test method to detect leaking intake systems, disconnected pipes or displaced seals. The development focus was set on the parallel applicability of the method in plants and workshops.

A multistage test method considers the needs of a highly sophisticated environment with contrary requirements and different testing capabilities. In all use-cases the information flow back into the development was guaranteed.

1 Ausgangssituation

Ein gleichmäßiger, ruhiger Motorlauf und ein unter allen Umständen vibrationsfreier Antriebsstrang sind bei modernen Kraftfahrzeugen im Premium-Segment längst geforderte, gar selbstverständliche Eigenschaften.

Die Kunden stehen selbst einer nur temporären Laufunruhe äußerst kritisch gegenüber und bringen auffällige Fahrzeuge schnell mit der entsprechenden Beanstandung zum Servicebetrieb. Neben der Laufunruhe werden häufig auch Leistungsverlust und die Anzeige von Warnleuchten reklamiert.

Die Ursachen für Laufunruhe sind vielfältig und umspannen die Komponenten der Teilsysteme Kraftstoffversorgung, Einspritzung, Zündsystem, Lambdaregelung und Luftversorgung. Aber auch äußere Einflüsse, wie die lokal verfügbare Kraftstoffqualität oder das individuelle Fahrprofil des Kunden nehmen Einfluss auf das Verhalten des Gesamtantriebes.

Wenn Fahrzeuge mit sehr geringer Laufleistung nahe dem Auslieferungszustand in die Werkstätten gebracht werden, kann davon ausgegangen werden, dass sich noch keine Verschleißerscheinungen oder echte Bauteildefekte eingestellt haben. Es handelt sich also um Montagefehler im Fahrzeugwerk. Untersuchungen haben ergeben, dass die Hauptursache für diese Art der Laufunruhe in undichten Ansaugluftführungen liegt. Im Fehlerspeicher des Motorsteuergerätes sind dann Einträge zur Kraftstoff-Luft-Gemisch Aufbereitung, zu Verbrennungsaussetzern oder nicht plausiblen Druckverhältnissen in der Ansaugluftführung abgelegt.

Da die Ansaugluftführung aus vielen Einzelbauteilen mit Dichtungen, Einleitstellen von Tank- und Kurbelgehäuseentlüftungen, Anschlüssen für Temperatur- und Drucksensoren, oder Luftkühlern besteht, liegt ein erhöhtes Fehlerpotenzial bei der Montage vor. Beispielsweise können Dichtungen verrutschen, Steckverbindungen können übersehen oder nur unvollständig verbunden werden.

Je nach Position der Leckage und in Abhängigkeit vom Betriebszustand ergeben sich unterschiedliche, differenzierbare Fehlerbilder. Entweder wird eine zusätzliche Luftmasse in die Luftführung gesaugt (nach innen öffnende Leckage) oder es wird ein Leckagestrom an die Umgebung abgegeben (nach außen öffnende Leckage).

Die folgende schematische Darstellung zeigt die Ansaugluftführung eines 4-Zylinder Turbomotors mit Direkteinspritzung.

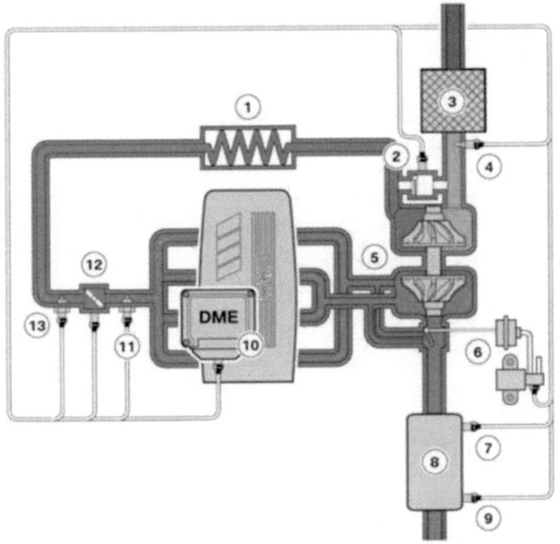

Abbildung 1: Ansaugluftführung eines 4 Zylinder Ottomotors mit Direkteinspritzung und Turboaufladung

	Bezeichnung		Bezeichnung
1	Ladeluftkühler	8	Katalysator
2	Schubumluftventil	9	Lambdasonde nach Katalysator
3	Ansauggeräuschdämpfer	10	Motorsteuergerät
4	Heißfilm-Luftmassenmesser	11	Saugrohrdrucksensor
5	Abgasturbolader	12	Drosselklappe
6	Wastegate-Ventil	13	Ladelufttemperatur / -drucksensor
7	Lambdasonde vor Katalysator		

Direkt hinter dem Luftfilter (3) misst der Heißfilmluftmassenmesser HFM (4) die in den Ansaugtrakt einströmende Luftmasse. Sitzt die Leckage zwischen Turbolader (5) und Drosselklappe (12), dann entweicht die Luft aufgrund des aufgebauten Ladedrucks. Liegt die Leckage nach HFM und vor Turbolader, wird wegen dem herrschenden Unterdruck Falschluft angesaugt. Da die zusätzliche Luftmasse erst nach dem HFM ins System gelangt, wird sie in der Gemischvorsteuerung nicht erfasst. Im Bereich stromabwärts nach der Drosselklappe ist das Vorzeichen der Leckage abhängig von der Stellung der Drosselklappe. Ist die Klappe geschlossen, wird zusätzliche Luft angesaugt. Ist sie geöffnet, entweicht die Leckluft.

Aufgrund fehlender spezifischer Prüfschritte konnte die Dichtheit des Ansaugluftsystems während der Produktion nicht abgesichert werden. Dies resultierte aus der Übergabe an der Schnittstelle zwischen Motoren- und Fahrzeugwerk. Im Motorenwerk werden die komplettierten Aggregate zwar unter anderem auf Gasdichtheit überprüft, die fahrzeugspezifische Peripherie, zu der die Ansaugluftführung zählt, wird aber erst im Fahrzeugwerk montiert. Die Einbettung einzelner Systemtests in den weiteren Produktionsablauf unterliegt restriktiven Kriterien.

Um aber die Kundenzufriedenheit vorbeugend nicht zu gefährden, beziehungsweise um dem bereits in die Werkstatt gekommenen Kunden eine schnelle und nachhaltige Fehlerbehebung zu gewährleisten, wurde ein entsprechendes Prüfverfahren entwickelt und angewandt.

Bei der Erstellung wurde auf die Robustheit der Prüfmethodik geachtet. Diese beschreibt die Zuverlässigkeit der Methodik. Die Prüfung muss Fahrzeuge mit einer definierten Leckage sicher detektieren, muss aber zusätzlich Fehldiagnosen vermeiden. Fehldiagnosen charakterisieren sich dadurch, dass sie Fahrzeuge zunächst als nicht in Ordnung deklarieren, nach Ausleitung des Fahrzeuges in die Nacharbeitszone aber nicht mehr anschlagen.

Warum muss die Entwicklung der Tests in enger Zusammenarbeit von Fahrzeugwerken, Servicebetrieben und Entwicklungsfachstelle erfolgen?

Es gibt mehrere Gründe für die vernetzte Entwicklung gemeinsamer Testverfahren und die Anwendung von Standards zur Fehlerdetektion. Der Hauptgrund liegt in der Vergleichbarkeit und Nachvollziehbarkeit der Testergebnisse in Werk und Service.

Der Absicherungsaufwand skaliert sich mit der Vielfalt an Testmethoden. Ein einheitlicher Test reduziert sowohl den Entwicklungs-, den Absicherungs-, als auch den Implementierungsaufwand. Aber nicht nur die Absicherung während der Entwicklungsphase profitiert von einer geringen Varianz der Testmethodik, auch die Absicherung während der breiten produktiven Anwendung generiert ein konzentriertes Feedback.

Sollten aufgrund geänderter Randbedingungen, beispielsweise durch geänderte Bauteilgeometrie, Grenzwertanpassungen zur Beurteilung des Testergebnisses notwendig werden, so sind diese schnell und ohne Varianz global anzuwenden.

Aus dem Informationsrückfluss bezieht die Entwicklungsabteilung Erkenntnisse zum Komponentenverhalten im Feld und leitet daraus Maßnahmen zu deren Weiterentwicklung ab.

Letztlich bilden standardisierte Testverfahren die Kommunikationsgrundlage mit Zulieferern zu Bauteilabnahmen oder Regressansprüchen.

2 Anforderungen und Spezifika von Werk und Service

Um die Anforderungen an die bereichsübergreifende Testmethodik berücksichtigen zu können, erfolgt ein Vergleich der vorherrschenden Situation in den Servicebetrieben (SB) und den Fahrzeugwerken (FW).

Testumgebung

SB: Werkstätten arbeiten in der Off-Board- Diagnose fallbezogen. Das heißt, die Testumgebung bezieht sich auf ein einzelnes Fahrzeug, an dem ein Teilsystem oder eine isolierte Komponente diagnostiziert wird. Ein Indiz zum Defekt liegt bereits durch die Kundenbeanstandung oder einen Fehlerspeichereintrag vor. Der Arbeitsplatz ist zumeist mit einer Fahrzeughebebühne ausgestattet, selten jedoch mit einem Zweiachsen-Rollenprüfstand. Diverse Spezialwerkzeuge gehören zur Grundausstattung der Werkstätten.

FW: Im Fahrzeugwerk hingegen durchlaufen täglich mehrere hundert Fahrzeuge in Sekundentaktung die einzelnen Stationen. Nachdem die Fahrzeuge im Komplettierungsabschnitt den Auslieferungszustand erreichen, werden sie mehreren Standardtests zu Teilsystemen oder Komponenten unterzogen, um eine höchst mögliche Ablieferqualität zu gewährleisten.

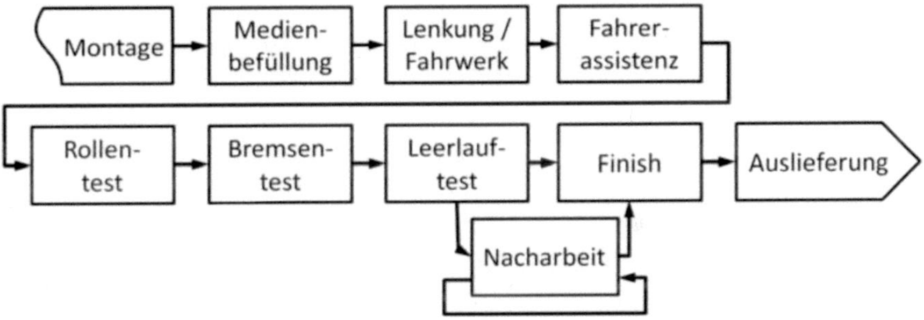

Abbildung 2: Montage und Prüfablauf im Fahrzeugwerk

Die Prüfabschnitte sind verschiedenartig aufgebaut und umfassen neben den Arbeitsplätzen direkt am Montageband auch Rollenprüfstände, sowie Einzelarbeitsplätze in der Nacharbeitszone.

Diagnosesystem

SB: Im Servicebetrieb werden portable Werkstatttester für die Diagnose verwendet. Auf ihnen laufen Programme, welche neben der Diagnose auch die Fahrzeugprogrammierung ermöglichen und Anleitungen für Reparaturen und Einstellvorgänge enthalten. Über Zusatzmodule kann externe Messtechnik, wie zum Beispiel Druckmesstechnik, betrieben werden.

FW: Die Prüfzonen im Werk sind über Netzwerk an ein Gesamtprüfsystem gekoppelt, welches die Prüfschritte am jeweiligen Prüfstand koordiniert.

Prüfzeit

SB: Die aufgewandte Zeit für eine treffsichere Diagnose spielt in der Werkstatt gegenüber dem Risiko einer Wiederholreparatur aufgrund falsch getauschter Komponenten eine untergeordnete Rolle. Mehrere Minuten bis hin zu einer halben Stunde sind gegenüber dem Anstieg der Kosten aufgrund Fehltausches durchaus vertretbar. Der Fokus liegt auf einer robusten Systemdiagnose und der Vermeidung von Kundenverärgerung aufgrund wiederholten Fahrzeugausfalls.

FW: Innerhalb der scharf kalkulierten Taktzeiten im Fahrzeugwerk verursachen bereits wenige Sekunden, die eine erweiterte oder zusätzliche Prüfung benötigt, einen Eingriff in die produzierten Stückzahlen. Änderungen im Produktionsprozess beeinflussen folglich die gesamte Logistikkette und müssen zwingend durch eine gesteigerte Qualität begründet werden.

Querwirkungen

SB / FW: Einflüsse auf bereits bestehende Prüfungen müssen ausgeschlossen werden. Sowohl in der Werkstatt, als auch im Werk müssen für eine robuste Diagnose bestimmte Umweltbedingungen wie Temperatur oder Druck eingehalten werden. Ein zusätzlicher Test kann sich als Störquelle erweisen.

Verfügbare Messgrößen

Die Quantifizierung und Steuerung aller motorischen Vorgänge wird anhand von physikalischen Messgrößen und berechneten Modellwerten vorgenommen.

Die Prüfmethodik zur Leckagedetektion kann sich sowohl an diesen internen Messgrößen der Antriebssteuergeräte, aber auch an externer Messtechnik bedienen. Zu nennen sind insbesondere der am HFM gemessene Luftmassestrom $\dot{m}_{HFM}$, sowie die im Luftmassenmodell berechnete Größe zum tatsächlichen Luftmassenstrom in den Zylinder $\dot{m}_{Zyl}$.

Das Luftmassenmodell wird vom Motorsteuergerät berechnet und hat folgenden Ursprung: Die an den Antrieb gestellte Lastanforderung wird anhand der Fahrpedalstellung vorgegeben und über die Luftmasse im Zylinder gesteuert. Der in die Ansaugluftführung einfließende Luftmassenstrom $\dot{m}_{HFM}$ wird zwar durch den HFM erfasst, dessen Messwert stimmt aber nur in stationären Betriebspunkten ausreichend genau mit der tatsächlich in den Zylinder einströmenden Luftmasse $\dot{m}_{Zyl}$ überein. In dynamischen Betriebspunkten führt zum Beispiel Pulsation zu einer Messabweichung, die zwar gering ist, den heutigen regelungstechnischen Anforderungen aber nicht gerecht wird.

Das Luftmassenmodell, welches sich aus Teilmodellen zu Drosselklappe, Saugrohr und Ventilsteuerung zusammensetzt, gleicht die Ungenauigkeit des HFM im dynamischen Bereich aus und berechnet $\dot{m}_{Zyl}$ in Echtzeit. Es bezieht Messwerte wie Drehzahl, Drücke, Temperaturen, Gemischverhältnis λ, aber auch Aktorpositionen und berechnete Werte wie Gemischregler λ_R und Gemischadaption λ_A ein. Während stationärer Betriebsphasen werden Messwert und Modellwert gegeneinander abgeglichen. Dieser Abgleich wird durch Korrekturfaktoren ausgedrückt, bei deren Auswertung im Fahrzeugwerk jedoch darauf zu achten ist, dass die erstmalige Hubadaption des Ventiltriebs im Niedriglastbereich ausreichend fortgeschritten ist.

Nach abgeschlossener Recherche zu den vorliegenden Bedingungen, den verfügbaren Messgrößen und der vorhandenen Messtechnik stand fest, dass es nicht den einen optimalen Test geben kann, der zum einen die Anforderungen im Fahrzeugbau und im Service gleichermaßen erfüllt, zum anderen aber auch das Potential, welches die beiden Prüfumgebungen bieten, vollständig ausnutzt. Es wurden Einzeltests entwickelt, die sich zu einem modular aufgebauten Testablauf ergänzen.

3 Entwicklung der Prüfmethodik

Das Anforderungsset an die zu entwickelnde Prüfmethodik ist klar formuliert: Die Prüfung muss Leckagen in der Ansaugluftführung sicher und unabhängig von der eingangs beschriebenen Position der Leckage detektieren. Die notwendigen Fahrzeugkonditionen müssen stets vorliegen oder leicht herstellbar sein. Verwendete Messwerte müssen auslesbar und auswertbar sein. Das ausgegebene Ergebnis muss eindeutig formuliert sein.

Im Fahrzeugwerk bieten sich zwei bereits vorhandene Stationen zur Implementierung eines Leckagetests an. Bei der Fahrt auf dem Rollenprüfstand und beim Leerlauftest können aussagekräftige Betriebszustände hergestellt werden und die Fahrzeug- und Prüfstandsmesstechnik verwendet werden. In der Werkstatt eröffnet der Umstand, mehr Zeit für eine treffsichere Diagnose aufwenden zu können, die Möglichkeit einer eingehenden mechanischen Prüfung inkl. Montageaufwand.

Somit ergeben sich drei Szenarien, für die im Folgenden die Entwicklung der Testmethodik und deren übergreifende Anwendbarkeit in Entwicklung, Werk und Service beschrieben werden.

3.1 Methodik 1 - Rollentest

Am Montageband wird das Fahrzeug nach Zusammenbau und Einstellarbeiten am Fahrwerk auf den Rollenprüfstand gefahren. Hier wird ein vorgegebenes Fahrprofil, bestehend aus Beschleunigungs-, Konstant- und Schubphasen absolviert. Die an das Fahrzeug angepasste Schwungmasse der Rollen gewährleistet die dem Realbetrieb entsprechende Last.

Die folgende Abbildung zeigt einen Prüfdurchlauf mit dichter Ansaugluftführung, anhand dessen der Referenzzustand bestimmt wird.

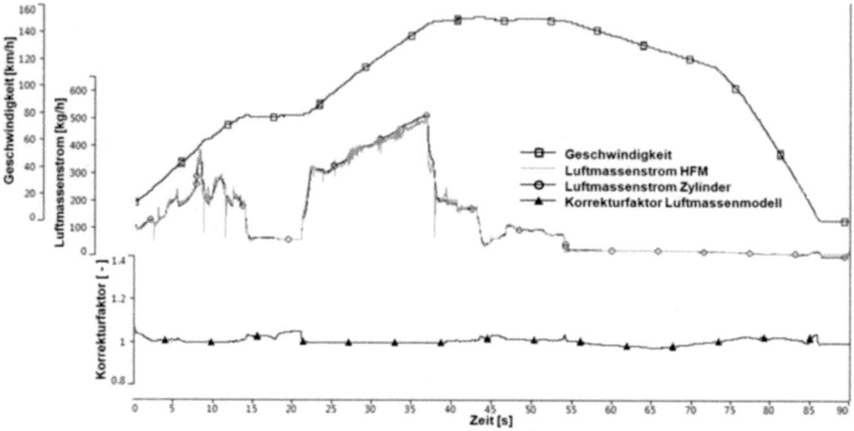

Abbildung 3: Rollenprüfstandsfahrt mit dichter Ansaugluftführung

Der gemessene und der berechnete Luftmassenstrom entsprechen sich. Der Wert des Korrekturfaktors aus dem Luftmassenmodell liegt bei dichtem Motor nahe dem Wert eins. Demnach erfolgt kein adaptiver Eingriff auf die vom Modell berücksichtigten Aktuatoren.

Zur Fehlersimulation wurden verschiedene Leckagen in die Ansaugluftführung eingebracht. Zu unterscheiden sind die Positionen der Leckage, welche zu Beginn beschrieben wurden.

Abbildung 4 zeigt das typische Systemverhalten auf Leckagen, die einen Luftmassenverlust an die Umgebung verursachen (nach außen öffnend).

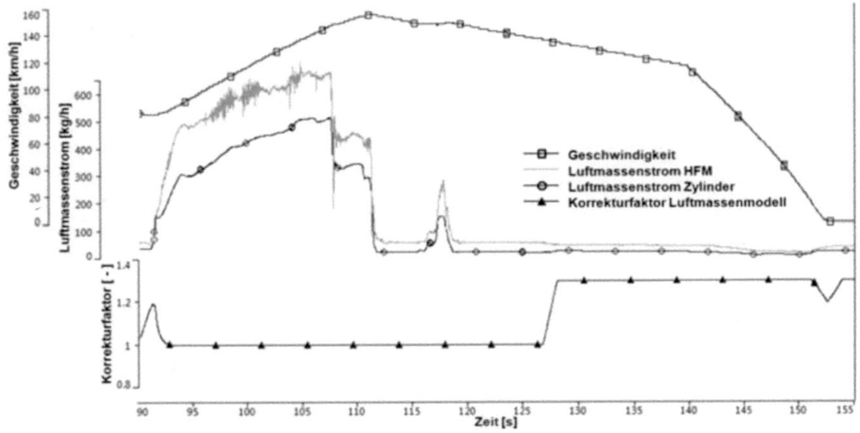

Abbildung 4: Rollenprüfstandsfahrt mit Leckage vor bzw. nach Drosselklappe

Während der Beschleunigungsphase wird eine Differenz zwischen den Luftmassenströmen $\dot{m}_{HFM}$ und $\dot{m}_{Zyl}$ detektiert. Da der Leckluftstrom die Ansaugluftführung aufgrund des anliegenden Ladedrucks nach außen verlässt, kommt nicht mehr die volle am HFM gemessene Luftmasse im Zylinder an. Folglich ist $\dot{m}_{HFM} > \dot{m}_{Zyl}$. Der Korrekturfaktor läuft aufgrund der noch nicht ausreichenden Erstadaption der Ventilsteuerung erst einige Sekunden nach Beginn der Schubphase vom Wert eins weg, erreicht bei vorhandener Leckage jedoch schnell seinen oberen Grenzwert.

Je größer der Leckagequerschnitt ist, desto deutlicher weichen die Massenströme voneinander ab und desto schneller erreicht der Korrekturfaktor seinen Maximalwert. Die Leckagepositionen vor und nach Drosselklappe verhalten sich qualitativ gleich, da bei beiden ein Überdruck zur Umgebung herrscht.

Im Vergleich zur nach außen gerichteten Leckage zeigt sich bei einer Undichtigkeit vor dem Turbolader ein entgegengesetztes Bild. In Abbildung 5 werden Leckagen charakterisiert, die aufgrund des Unterdrucks vor dem Turbolader einen zusätzlichen Luftmassenstrom in die Ansaugluftführung ziehen (nach innen öffnend). Dieser Luftmassenstrom wird nicht vom HFM erfasst, strömt jedoch in die Zylinder ein und nimmt dort an der Gemischbildung teil. Entsprechend ist $\dot{m}_{HFM} < \dot{m}_{Zyl}$.

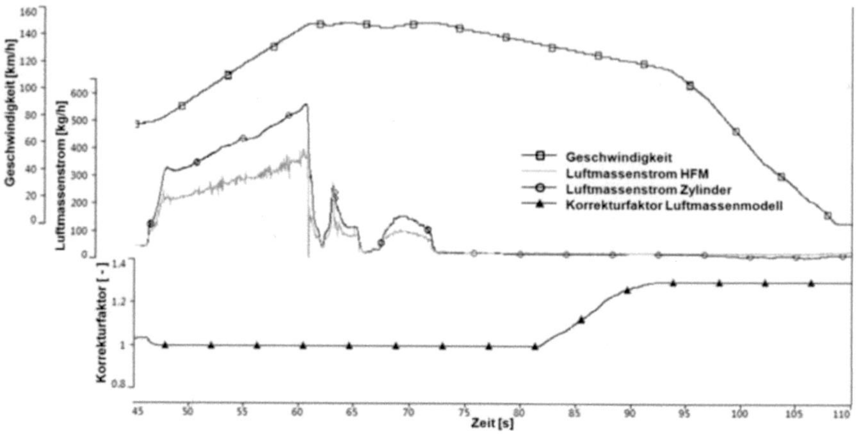

Abbildung 5: Rollenprüfstandsfahrt mit Leckage vor Turbolader

Deutlich wird, dass die Differenz $\dot{m}_{HFM}$ zu $\dot{m}_{Zyl}$ in Abhängigkeit des Druckgefälles an der Leckage Position vorzeichenbehaftet ist.

Der Korrekturfaktor läuft auch hier erst nach Freigabe während der Schubphase von seinem Ausgangswert weg. Es gilt auch hier, je größer die Leckage, desto größer die Massenstromdifferenz und desto deutlicher die Systemreaktion.

Aussagekraft des Tests während der Rollenprüfstandsfahrt

Sowohl nach außen, als auch nach innen gerichtete Leckagen können mit diesem Test detektiert werden.

Die Differenz der Massenströme während der Beschleunigungsphase gibt vorzeichenbehaftet ein Indiz, ob sich die Undichtigkeit vor oder nach dem Turbolader befindet. Zusätzlich kann aus dem Betrag der Differenz eine motorspezifische Abschätzung des Leckagequerschnittes abgeleitet werden.

Der Korrekturfaktor liefert erst nach Beginn des Schubbetriebes belastbare Werte, da zu Zyklusbeginn noch die Erstadaption des variablen Ventiltriebes läuft und diese die Korrekturberechnung sperrt. Steigt der Faktor bis zum Ende der Schubphase auf einen Wert über 1,2, so ist die Ansaugluftführung als undicht zu markieren.

Versuchsreihen mit verschiedenen Leckagequerschnitten ergaben, dass zwischen Turbolader und Drosselklappe ein Mindestquerschnitt von 6 mm^2 zu einer robusten Diagnose führt. Nach Drosselklappe werden Leckagen ab 8 mm^2 erkannt, vor dem Turbolader sind 15 mm^2 das Mindestmaß. Nicht gesteckte Entlüftungsleitungen von Tank oder Kurbelgehäuse erfüllen dieses Kriterium und werden erkannt.

Integration der Methodik in Entwicklung, Fahrzeugwerk und Servicebetrieb

FW: Der während der Schubphase ermittelte Korrekturfaktor kann am Bandablauf mit der dort vorhandenen Messtechnik als sicheres Indiz für eine undichte Luftführung verwendet werden. Der direkte Vergleich der beiden Luftmassenströme während der Beschleunigungsphase setzt eine zeitgleiche Erfassung beider Größen voraus. Die Abtastrate der Prüfstandsmesstechnik per OBD-Dose ist jedoch nicht hoch genug. So führt die Latenzzeit bei der Signalaufnahme zu nicht belastbaren Ergebnissen.

E: In den Entwicklungsfachstellen hingegen steht ausreichend schnelle Messtechnik zur Verfügung. Die erforderlichen Messgrößen können ohne Weiteres in Standardexperimente aufgenommen werden. Eine schnelle Prüfung ist somit nicht nur bei Fahrzeugen im Rollenbetrieb möglich, sondern auch bei auf der Straße betriebenen Versuchsfahrzeugen.

SB: Die in den Werkstätten vorliegende Diagnosetechnik entspricht nicht der erforderlichen Messtechnik zur Aufnahme der beschriebenen Größen und Darstellung der Ergebnisse.

3.2 Methodik 2 - Leerlauftest

An den Rollenprüfstand schließt sich ein weiterer Prüfstand im Bandablauf an. Das Fahrzeug wird im Stand bei konstanter Leerlaufdrehzahl betrieben. Dabei werden weitere motorspezifische und abgasrelevante Bauteile überprüft. In diesem stationären Zustand können andere Messgrößen als bei der Rollenprüfstandsfahrt verwendet werden.

Die folgende Prüfmethode nutzt den Lambdaregler λ_R und die Lambdaadaption λ_A. Die zweigeteilte Prüfung besteht aus einer ersten Phase, in der der Motor ohne Manipulation im Leerlauf betrieben wird und einer zweiten Phase, während der der Druck im Saugrohr verringert wird. Die Saugrohrdruckabsenkung sorgt im Leckagefall für einen zusätzlich angesaugten Luftmassenstrom, welcher sich deutlich in der Gemischregelung bemerkbar macht.

Um vorbeugend die Verfälschung der Lambdawerte durch einströmende Gase aus der Tankentlüftung auszuschließen, wird das Tankentlüftungsventil zu Beginn des Tests per Steuerjob verschlossen. Ist eine Leckage vorhanden, beginnt zunächst der Gemischrregler λ_R zu regeln. Die Gemischadaption λ_A reagiert nicht sofort, sondern übernimmt erst mit Verzug die Werte des schnelleren Reglers. Um die Reaktion der Gemischregelung auf eine vorhandene Leckage zu erkennen, müssen sowohl schneller Regelpfad als auch langsamer Adaptionspfad gemeinsam betrachtet werden. Dazu wird das Produkt aus λ_R und λ_A gebildet. Dieses Produkt wird folgend als Bewertungsgröße der Dichtheit verwendet. Statistische Signalschwankungen werden ausgeglichen, indem die Messgrößen in beiden Phasen alle 50 Millisekunden aufgenommen und über einen Zeitraum von 1,5 Sekunden gemittelt werden.

Das Verhalten des intakten Referenzsystems stellt sich im Testablauf wie folgt dar. Zur qualitativen Bewertung der Testmethode wird der Saugrohrdruck um 100 mbar erniedrigt.

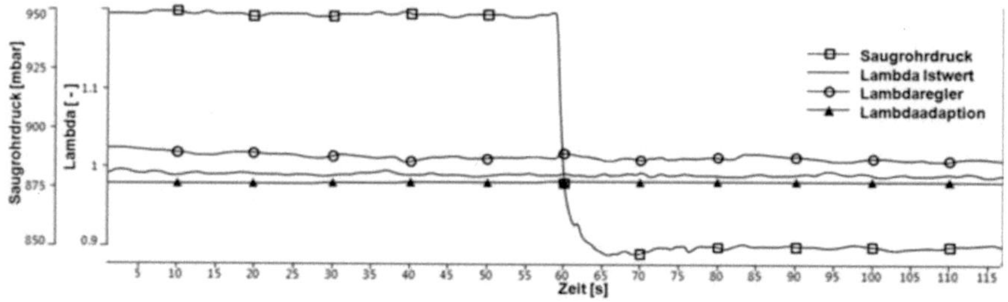

Abbildung 6: Systemreaktion OHNE Leckage

Lambda-Istwert und Produkt aus Regler- und Adaptionswert liegen unabhängig von der Saugrohrdruckabsenkung nahe dem Wert eins. Es liegt keine, das stöchiometrische Gemisch beeinflussende Störung vor.

Wie die Gemischregelung durch abweichende Luftmassenströme beeinflusst wird, ist dem folgenden Diagramm am Beispiel einer minimalen Leckage nach Drosselklappe zu entnehmen. In Phase eins des Prüfablaufs kann zwar noch keine Veränderung registriert werden, nach Schließen der Drosselklappe und dem Abfallen des Saugrohrdrucks strömt aber zusätzliche Luft ein. Diese sorgt in der zweiten Phase zur Gemischabweichung, auf die die Lambdaregelung reagiert.

Die Saugrohrdruckabsenkung dient als Verstärker der Systemreaktion. Die Diagnose wird dadurch gerade im Grenzbereich zwischen intaktem und defektem System robuster.

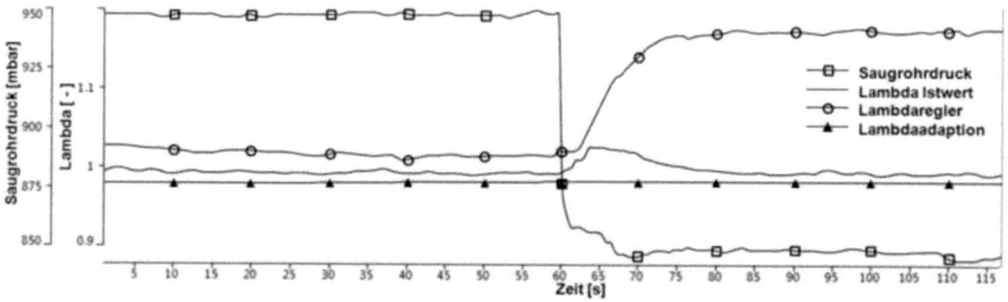

Abbildung 7: Systemreaktion MIT Leckage nach Drosselklappe

Da die Systemreaktion abhängig von der Leckageposition und der dort herrschenden Druckdifferenz gegenüber der Umgebung ist, dient das Messergebnis nicht nur als Indiz einer Leckage, sondern gibt auch Aufschluss über deren Position. Wie schon beim Rollentest werden folgende drei Positionen unterschieden:

a) Nach Drosselklappe, es herrscht Unterdruck. Der zusätzliche Luftstrom lässt die Lambdawerte in Richtung mageres Gemisch steigen. Das Ergebnis ist mit Druckabsenkung deutlicher.

b) Zwischen Turbolader und Drosselklappe, es herrscht leichter Überdruck. Der verloren gehende Luftstrom lässt die Lambdawerte in Richtung fettes Gemisch absinken. Das Reaktion fällt aufgrund des umgekehrten Druckverhältnissees ohne die Saugrohrdruckabsenkung deutlicher aus.

c) Vor Turbolader, es herrscht Unterdruck. Reaktion und Einfluss wie bei a).

Aussagekraft des Tests während der Leerlaufphase

Mit dieser Testmethodik können Undichtigkeiten in allen Teilabschnitten der Ansaugluftführung detektiert werden. In den Versuchsreihen wurden für beide Phasen die jeweils kleinstmöglichen, noch robust zu erkennenden Leckagen ermittelt. Um die Trennschärfe im produktiven Test nochmals zu steigern, beträgt die Druckabsenkung in der zweiten Phase etwa 300 mbar gegenüber Umgebungsdruck. Sie wird durch die fast vollständige Schließung der Drosselklappe erreicht.

Für die drei Positionen ergaben sich im Versuch und der anschließenden Verifikation im Feld folgende Mindestquerschnitte zwischen 2 mm² und 14 mm²:

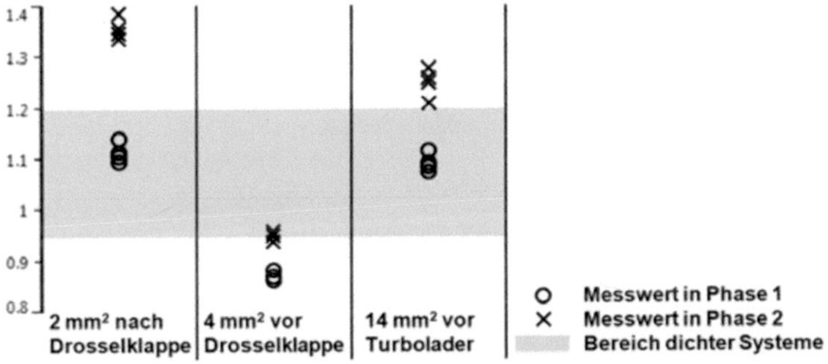

Abbildung 8: Erkennbarer Mindest-Leckagequerschnitt je Leckageposition

Integration der Methodik in Entwicklung, Fahrzeugwerk und Servicebetrieb

E: Da zur Durchführung des Tests weder Spezialwerkzeuge, noch eine bestimmte Fahrzeugumgebung notwendig sind, ist die Durchführung für die Entwicklungsabteilungen sehr praktikabel. Besteht beispielsweise auf Versuchsfahrten der Verdacht auf eine vorliegende Störung, kann der kurze Systemtest durchgeführt werden. Die

Kommunikationstechnik zum Beeinflussen der Motorsteuerung und Auslesen der Reaktion ist Standardausstattung.

FW: Der Test kann technisch ohne Weiteres in die bereits bestehende Station am Bandablauf integriert werden. Zu beachten gilt es allerdings die eingangs erwähnte Prämisse, dass es keine Querwirkungen zu anderen Prüfschritten geben darf. Die zweite Phase des Tests muss deshalb ganz ans Ende der bestehenden Prüfung gesetzt werden, wenn alle bestehenden Standardtests abgeschlossen sind. Auffällige Fahrzeuge werden schließlich in der Nacharbeitszone behandelt.

SB: Mit den Standardfunktionen des Werkstatttesters kann der Ablauf nicht durchgeführt werden. Zwar kann die Drosselklappe angesteuert werden, die Werte für λ_R und λ_A, sowie deren Produkt stehen dem Mechaniker aber nicht zur Verfügung. Um den Testablauf dennoch für die Werkstatt zugänglich zu machen, muss ein eigenständiges Testmodul zur geführten Fehlersuche erstellt werden. So können Systemzustände automatisch hergestellt werden, Messgrößen aufgenommen, verrechnet und ausgewertet werden. Dem Mechaniker wird im Anschluss das aufbereitete und interpretierte Ergebnis samt Handlungsanweisung zur weitergehenden Prüfung und Instandsetzung angezeigt.

3.3 Methodik 3 - Druckhalteprüfung

Während die beiden zuvor beschriebenen Prüfmethoden quantitative Messwerte zur Beurteilung der Dichtheit der Ansaugluftführung liefern, wird mit der Druckhalteprüfung eine qualitative Aussage getroffen. Die beiden Ergebnisoptionen lauten:

„Im Ansaugluftsystem kann Druck aufgebaut und gehalten werden. – Dichtheitsprüfung bestanden.“

„Im Ansaugluftsystem kann kein Druck aufgebaut werden. – Es ist eine Leckage vorhanden.“

Diese Prüfung ist mit mechanischem Aufwand verbunden, der je nach vorliegendem Motor sehr zeitintensiv sein kann. Bei der Prüfung wird die Ansaugluftführung nach dem HFM aufgetrennt. In die motorseitige Öffnung wird ein abdichtender Universalbalg eingeführt, durch den eine Luftleitung hinein in die Ansaugluftführung reicht. Je nach Platzverhältnissen kann die Demontage des Luftfilterkastens und des HFM-Gehäuses notwendig sein. An die Luftleitung wird eine Luftpumpe angeschlossen, die einen definierten Druck von 200 mbar aufbauen kann.

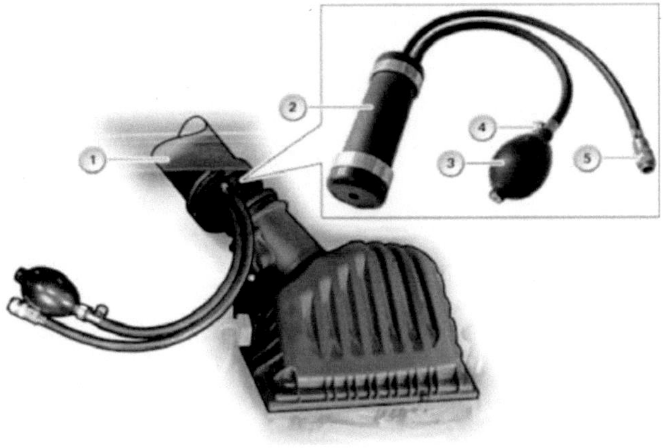

Abbildung 9: Spezialwerkzeug für stationäre Dichtheitsprüfung

	Bezeichnung		Bezeichnung
1	Ansaugluftführung	**4**	Absperrventil
2	Balg	**5**	Anschluss für Luft- / Rauchleitung
3	Handpumpe		

Der Druck baut sich im Kontrollvolumen, bestehend aus Ansaugluftführung, Brennräumen und Kurbelgehäuse, sowie deren Entlüftungsleitungen gleichmäßig auf. Gemessen wird der zeitliche Druckverlauf mit dem Saugrohrdrucksensor. Da dieser Sensor an die Motorsteuerung angeschlossen ist, kann dessen Wert direkt ausgelesen werden.

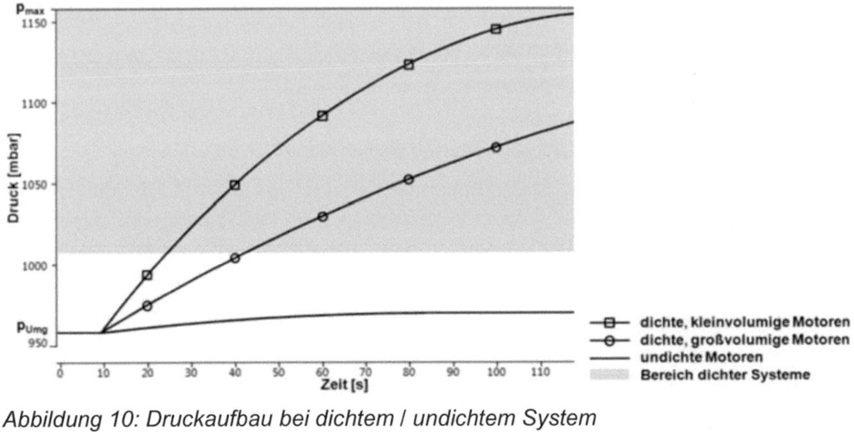

Abbildung 10: Druckaufbau bei dichtem / undichtem System

Das Bewertungskriterium ist das Erreichen eines Schwellwertes innerhalb des Messzeitraums. Bei dichten Motoren unterscheidet sich das Druckaufbauverhalten abhängig von deren Größe lediglich in der Dauer bis zum Erreichen des Schwellwertes. Für diesen wurde ein motorunabhängig gültiger Grenzwert von 50 mbar ermittelt. Da selbst bei kleinsten Leckagen nur ein minimaler Druckaufbau zu Stande kommt, ist bereits ein Überdruck von 50 mbar gegenüber aktuellem Umgebungsdruck ein robustes Bewertungskriterium.

Lautet das Ergebnis, dass innerhalb der Messzeit kein oder nur geringer Druck aufgebaut werden kann, gilt die Dichtheitsprüfung als nicht bestanden. Es liegt also eine mit der Umgebung verbundene Leckage vor.

Da der bisherige Testablauf keine Aussage zum Ort der Leckage zulässt, muss dieser nun in einem weiteren Schritt festgestellt werden. Dazu wird der in den Werkstätten als Standardwerkzeug vorhandene Rauchgastester eingesetzt. Am Prüfaufbau wird nichts verändert, der Universalbalg verbleibt im aufgetrennten Ansaugtrakt. Lediglich die von der Luftpumpe kommende Luftleitung wird durch die Leitung vom Rauchgasgenerator ersetzt. Nach Einschalten des Gerätes kann es in Abhängigkeit von Position und Größe der Leckage zwar einige Minuten dauern, bis der Rauch an der undichten Stelle austritt. Dann ist die Leckage aber unmissverständlich und deutlich sichtbar zu erkennen. Selbst durch Haarrisse austretende kleinste Mengen können aufgrund der Fluoreszenz des Rauches bei Beleuchtung erkannt werden.

Im Folgenden liegt es am Mechaniker selbst, die richtige Reparaturmaßnahme einzuleiten. In den meisten Fällen gilt es, defekte oder verrutschte Dichtringe zu erneuern oder Steckverbindungen korrekt aufzusetzen.

Aussagekraft der Druckhalteprüfung

Bereits kleinste Leckagen mit Querschnitten von unter einem Quadratmillimeter führen dazu, dass sich über die Messdauer kein ausreichender Druck im Kontrollvolumen aufbaut. Verrutschte Dichtungen oder nicht gesteckte Leitungen werden robust erkannt. Zusätzlich können Tierverbiss oder Haarrisse sicher detektiert werden.

Um unabhängig von externen Messgeräten oder Prüfstandsaufbauten zu sein, wird der interne Drucksensor der Motorsteuerung verwendet.

Nachteile der Prüfung liegen in der Gefahr der unsachgemäßen Anwendung. Wird der Rauchgastester nicht wie vorgeschrieben nach dem HFM an die Ansaugluftführung angeschlossen, wird das sensible Messelement durch den öligen Rauch benetzt, was in Folge zu falschen Sensorwerten führen kann.

Außerdem sind bei der Entwicklung und Anpassung der Prüfmethode auch geometrische Unterschiede der einzelnen Motoren zu beachten. Liegt beispielsweise die Einleitstelle der Kurbelgehäuseentlüftung nicht im abgedichteten Kontrollvolumen, so ist diese mit einem Stopfen zu verschließen. Andernfalls würde hierüber der Druckabfall stattfinden und zu einer fehlerhaften Diagnose führen. Zudem würde der eingeleitete Rauch durch die in diesem Fall knapp hinter dem HFM positionierte Einleitstelle der Kurbelgehäuseentlüftung strömen und das Messelement des HFM benetzen.

Integration der Methodik in Entwicklung, Fahrzeugwerk und Servicebetrieb

FW: Aufgrund des hohen Zeitbedarfs kann die Druckhalteprüfung zwar nicht als Standardprüfung im Werk aufgenommen werden, wohl aber in die Station zur Nacharbeit. Wurde am Band ein Fahrzeug als undicht markiert, kann die Leckage schnell mit der Rauchgasprüfung lokalisiert werden.

E: In den Entwicklungsfachstellen stehen üblicherweise weder die spezielle Luftpumpe samt Balg, noch der Rauchgasgenerator zur Verfügung. Die Druckhalteprüfung ist auch wegen des fehlenden Werkstattumfeldes in den Entwicklungsabteilungen nicht praktikabel. Defekte oder auffällige Fahrzeuge werden aber vom Fahrzeugverwender in die Werkstatt der Entwicklungsabteilung eingesteuert. Hier herrscht dann eine dem Servicebetrieb gleichende Umgebung.

SB: Im Servicebetrieb ist diese Prüfmethode die erste Wahl, da der im ersten Schritt anfallende Montageaufwand vertretbar ist. Wird eine Leckage erkannt, wird deren Position im zweiten Schritt mit wenig zusätzlichem Aufwand sicher festgestellt.

4 Abgleich und Zusammenführung der drei Testmethoden

Die drei entwickelten Testmethoden bedienen verschiedene diagnostische Ansätze und nutzen die unterschiedlichen Gegebenheiten der drei Anwendungsbereiche aus. Zu Überschneidungen in der Anwendbarkeit kommt es dennoch, so dass eine bereichsübergreifende Vernetzung möglich ist.

Die größte Reichweite besitzt der Test während der Leerlaufphase. Er kann in allen drei Prüfumgebungen angewandt werden. Er lässt eine positionsabhängige Leckagedetektion ab 2 mm² zu.

Der Prüfablauf während Beschleunigungs- und Schubphase kann im Werk während des ohnehin absolvierten Fahrprofils durchgeführt werden. Im Entwicklungsumfeld kann dieser Test sogar im realen Fahrbetrieb auf der Straße genutzt werden. Es werden Leckagen ab 6 mm² detektiert.

Die Druckhalteprüfung wird aufgrund des größeren Zeitbedarfs und des Montageaufwandes vorrangig im Werkstattumfeld genutzt. Dieser Test stellt jedoch die sensibelste der drei Methoden dar. Selbst Haarrisse führen zum Anspringen der Diagnose. Die Aussagekraft zur Leckage endet bei Rollentest, Leerlauftest und Druckhalteprüfung aber an dem Punkt, an dem eine Undichtigkeit erkannt wurde und deren Größe und Position abschätzbar ist. Ist das defekte oder zu korrigierende Bauteil jedoch nicht offensichtlich zu erkennen, gibt der Rauchgastest den finalen Hinweis zur anstehenden Reparatur.

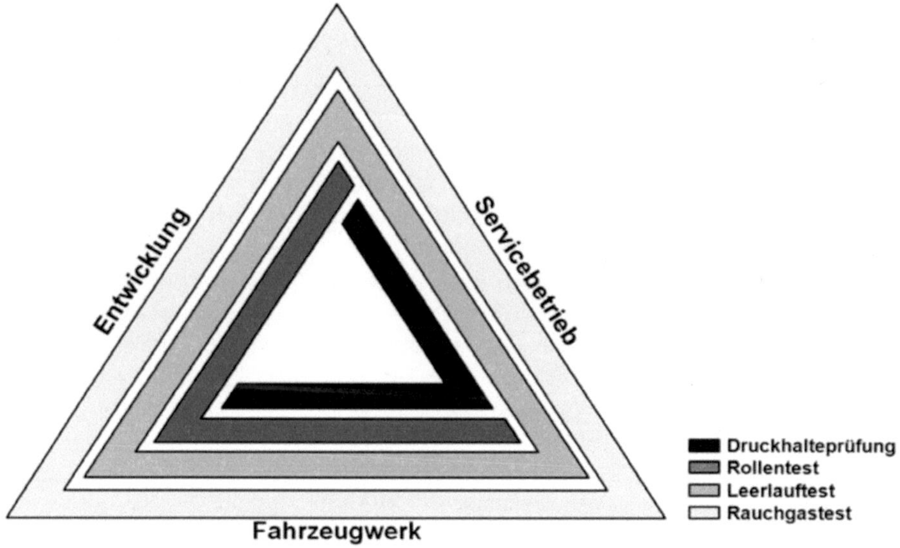

Abbildung 11: Vernetzung der Diagnosen in Entwicklung, Werk und Service

5 Zusammenfassung

Es galt, einen übergreifenden Systemtest zur Diagnose undichter Ansaugluftführungen zu entwickeln. Dieser muss aus Gründen der Vergleichbarkeit und Standardisierung in den Bereichen Werk und Service gleichermaßen anwendbar sein. Zudem müssen die Testergebnisse auch in der Entwicklungsfachstelle nachvollziehbar und bewertbar sein. Nach Analyse der Voraussetzungen bezüglich der vorhandenen Prüfmöglichkeiten und dem vertretbaren zeitlichen Aufwand wurden drei Prüfverfahren entwickelt und zu deren Aussagekraft und Anwendbarkeit in Entwicklung, Werk und Service bewertet.

Methodik 1 bewertet das Systemverhalten während einer Beschleunigungs- und einer Schubphase auf einem Rollenprüfstand. Methodik 2 setzt auf Systemmanipulation und Auswertung der darauf folgenden Reaktion des im Leerlauf betriebenen Motors. Methodik 3 besteht aus einer mechanischen Druckhalteprüfung mit anschließender Lokalisierung der Undichtigkeit unter Nutzung von Spezialwerkzeugen.

Es wurden jeweils die robust erkennbaren Mindestquerschnitte ermittelt. Außerdem zeigte sich die Eignung der drei Methoden, neben dem Indiz auf eine Leckage auch eine Abschätzung zu deren Größe und deren Position zu geben.

Trotz der spezifischen Anforderungen überschneiden sich die Anwendungsmöglichkeiten der Methoden. Es ist gelungen die Vernetzung zwischen den drei Partnern im Dreigestirn aus Entwicklung – Werk – Service herzustellen.

6 Quellen

[1] M. Dippel, “Prüfplan zur geführten Fehlersuche an Ansaugluftführungen”, BMW AG, München, 2016

[2] Entwicklungsfachstelle Service / Aftersales, „Funktionsbeschreibung / Reparaturanleitung zur Rauchgasprüfung“, BMW AG, München, 2016

[3]. M. Palman, Bachelorthesis, „Integration einer automatischen Offboard-Diagnose für Verbrennungsmotoren in den Prüfablauf des Finishbandes“, München, 2015

10 Anwendung etablierter Absicherungslösungen im gesamten Fahrzeuglebenszyklus: Vorteile und Herausforderungen für Entwicklung, Test und Diagnose

Dr. Matthias Fruth, Manuel Zabelt, Georg Menzel, TraceTronic GmbH, Dresden

Andreas Richter, André Gellrich, TU Dresden

Abstract

The development of more and more complex car functions comes along with a continuously increasing validation effort. The introduction of highly automated and fully automated assistance systems even requires a complete checking of the overall functionality of the car and billions of test kilometers. The efficient use of the resulting large amounts of measurement data for the early detection of errors imposes a big challenge.

In order to employ measurement data in the best way, analysis specifications, analysis tools and analysis results shall be used over all phases – development, test and diagnostics – and an intelligent use of fleet data is increasingly desirable. In future, automation solutions from test and validation can be applied to diagnostics tasks.

In this paper, we describe the extension of established test methods and tools. We present recent work on a modular knowledge-based system for support and automation of complex validation activities: Semantic technologies for managing heterogeneous measurement data (with respect to source, format and creation date) form one building block; big data solutions based on Hadoop for massively parallel execution of analyses (cluster and cloud computing) form another building block. We present advantages and challenges of this approach.

Kurzfassung

Die Entwicklung immer komplexerer Fahrzeugfunktionen geht einher mit einem stetig steigenden Validierungsaufwand. Für die Einführung hoch- und vollautomatisierter Assistenzsysteme sind sogar eine vollständige Überprüfung der Gesamtfunktionalität des Fahrzeugs und Milliarden von Testkilometern vorgeschrieben. Die effiziente Nutzung der entstehenden großen Mengen von Messdaten zur frühzeitigen Erkennung von Fehlern stellt dabei eine große Herausforderung dar.

Um Messdaten bestmöglich zu nutzen, ist eine alle Phasen des Fahrzeuglebenszyklus – Entwicklung, Test und Diagnose – übergreifende Verwendung von Analysevorschriften, -werkzeugen und -ergebnissen sowie eine intelligente Nutzung von Flottendaten zunehmend erstrebenswert. Zum Beispiel könnten zukünftig Automatisierungslösungen aus dem Bereich von Test und Absicherung für Diagnoseaufgaben eingesetzt werden.

Hierfür beschreiben wir in diesem Beitrag die Erweiterung etablierter Testmethoden und -werkzeuge. Wir stellen aktuelle Arbeiten an einem modularen wissensbasiertes System zur Unterstützung und Automatisierung komplexer Absicherungsaktivitäten vor: Einen Baustein bilden semantische Technologien zur Handhabung bzgl. Datenquelle, Format und Entstehungszeitpunkt heterogener Messdaten (Smart Data); einen weiteren Baustein stellen Big-Data-Lösungen auf Grundlage von Hadoop für die massiv parallele Analyseausführung dar (Cluster und Cloud Computing). Wir präsentieren Vorteile und Herausforderungen dieses Vorgehens.

1 Einführung

Die wachsende technische Komplexität automatisierter Fahrzeugfunktionen sowie die gesetzlichen Rahmenbedingungen für hoch- und vollautomatisierte Assistenzsysteme [1] führen zu hohen Anforderungen an ihre Validierung. Dabei entstehen einerseits immer umfangreichere Messdatenaufzeichnungen und andererseits eröffnet sich neue Möglichkeiten der Nutzung simulativ und real durchgeführer Messfahrten. Um alle vorhandenen Messdaten bestmöglich zu nutzen, ist eine den gesamten Fahrzeuglebenszyklus umfassende Verwendung bestehender Automatisierungslösungen für Test und Absicherung [2, 3], also insbesondere ihr Einsatz für Diagnoseaufgaben, erstrebenswert.

In dieser Arbeit beschreiben wir die Erweiterung etablierter Testmethoden und werkzeuge sowie aktuelle Forschungsaktivitäten an einem modularen wissensbasierten System zur Unterstützung und Automatisierung komplexer Absicherungsaktivitäten. Einen Baustein bilden semantische Technologien zur Handhabung bzgl. Datenquelle, Format und Entstehungszeitpunkt heterogener Messdaten (Smart Data). Einen weiteren Baustein stellen Big-Data-Lösungen auf Grundlage von Hadoop für die massiv parallele Analyseausführung dar (Cluster und Cloud Computing). Wir präsentieren Vorteile und Herausforderungen dieses Vorgehens.

Dieser Text ist in fünf Abschnitte gegliedert. Der nächste Abschnitt stellt den Stand der Technik von Entwicklung, Test und Diagnose automobiler Steuergerätesoftware vor und geht insbesondere auf Testautomatisierung und Traceanalyse ein. Abschnitt 3 beschreibt semantische Technologien zur Handhabung großer Mengen heterogener Messdaten sowie Lösungen zur massiv parallelen Ausführung von Traceanalysen. Es werden eine entsprechende Softwareimplementierung und resultierende Prozessverbesserungen für das Testen im Fahrzeug präsentiert. Abschnitt 4 demonstriert und bewertet die Anwendung der dargestellten Absicherungslösungen anhand eines Beispiels aus der Diagnose. Abschnitt 5 fasst den Beitrag zusammen.

Diese Arbeit wurde mit Mitteln des Bundesministeriums für Bildung und Forschung im Rahmen der Forschungsprojekte SeDaWaT und IWAHAF unter den Förderkennzeichen 01IS13028 und 01IS16035 gefördert.

2 Stand der Technik

2.1 Entwicklung und Test automobiler Steuergerätesoftware

Die Entwicklung von Fahrzeugen und ihren mechatronischen und elektronischen Teilsystemen wird allgemein durch das V-Modell beschrieben (vgl. Abbildung 1). Im linken Ast des V-Modells finden sich Anforderungsdefinition und Implementierung. Der rechte Ast enthält verschiedene Stufen des Testens, wobei Model-in-the-Loop-Tests auch schon in frühen Phasen der Implementierung angewendet werden können. Obwohl es viele Unterschiede hinsichtlich der technischen Realisierung der verschiedenen Testarten gibt, lassen sich alle zumindest teilweise automatisieren. Durch den Einsatz einer durchgängigen Testautomatisierungslösung, z. B. ECU-TEST mit TRACE-CHECK, können Testfälle und Testschritte aus vorhergehenden Testarten wiederverwendet werden. Im Hinblick auf die Einführung neuer fortschrittlicher Fahrerassistenzsysteme und des hochautomatisierten Fahrens werden Tests unter Realbedingungen notwendig. Um die Sicherheit und Zuverlässigkeit dieser Systeme unter allen Bedingungen nachzuweisen, sind Flottentests der Hersteller nur eine erste Stufe. Neue Fahrzeughersteller wie beispielsweise Tesla nutzen zur Absicherung von Funktionen Fahrzeugdaten, welche in Kundenfahrzeugen erfasst werden. Im Zuge dieser Entwicklung wird zunehmend Infrastruktur bereitgestellt, um Daten mit Kundenfahrzeugen austauschen zu können.

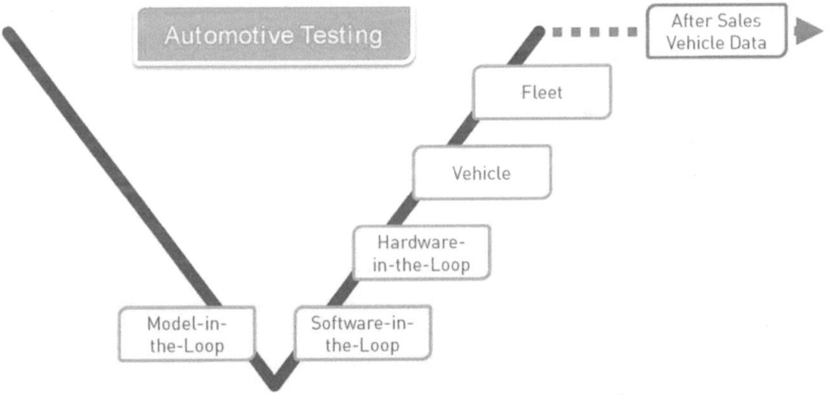

Abbildung 1: Erweitertes V-Modell aus Sicht des Testens

2.2 Diagnose und ihre besonderen Herausforderungen

Ein Ziel bei der Fahrzeugentwicklung ist, dass sich alle Teilsysteme selbstständig im Betrieb überwachen, im Fehlerfall einen Fehlerspeichereintrag setzen und das Fahrzeug ggf. in einen sicheren Zustand (Notlauf) versetzen. Diese Eigendiagnose der Fahrzeuge wird in der Werkstatt durch Werkstattinformationssysteme ergänzt, welche dem Servicetechniker Informationen über das konkrete Fahrzeug bereitstellen. Darüber hinaus besitzen diese Systeme die Möglichkeit, den Servicetechniker durch die Fahrzeugdiagnose zu führen. Ein etabliertes Mittel zur Umsetzung dieser Diagnoseunterstützung sind Entscheidungsbäume. Neue Verfahren auf Basis von neuronalen Netzen oder Case-based Reasoning werden noch nicht flächendeckend eingesetzt, aber immer wieder untersucht. Ein wichtiger Grund hierfür liegt darin, dass mit den aktuellen Verfahren der Eigendiagnose und der entscheidungsbaumbasierten Werkstattdiagnose nur Fehler diagnostiziert werden können, welche bei der Entwicklung der Diagnosefunktionalität bereits bekannt waren und berücksichtigt worden sind. Diese Lücke in der Diagnoseabdeckung lässt sich mit selbstlernenden Verfahren nur bedingt schließen, da diese zwar gut geeignet sind um neu entwickelte Diagnosen zu verbreiten, aber wenig Unterstützung bei der Diagnose neuer, unbekannter Fehlerbilder bieten. Die Analyse dieser Fehlerbilder wird eine Aufgabe von Funktions- und Systemexperten beim Fahrzeughersteller sein. Dazu werden Daten aus dem Fahrbetrieb des betroffenen Fahrzeugs benötigt. Unter dem Schlagwort Remote-Diagnose werden verschiedenste Entwicklungen zusammengefasst um einen Zugang zum Fahrzeug außerhalb der Werkstatt und damit auf zusätzliche Daten bereitzustellen. Eine Übergangslösung auf dem Weg zum vernetzten Fahrzeug wird in [4] vorgestellt. Hierbei wird zur Erfassung zusätzlicher Daten im Fahrbetrieb ein mobiler Datenlogger verwendet, der durch Experten konfiguriert und durch Techniker in der Werkstatt einfach montiert werden kann. Damit werden zusätzliche Messwerte über die Diagnoseschnittstelle aufgezeichnet, welche anschließend mittels einer Traceanalyse ausgewertet werden können.

2.3 Test und Traceanalyse

In allen Bereichen des Testens sind in den letzten Jahren enorme Fortschritte hinsichtlich des Automatisierungsgrades zu verzeichnen. Ein ganz zentraler Aspekt dieses Fortschritts ist die automatisierte Testbewertung, welche bei allen Arten des Testens, selbst beim manuellen Testen, zum Einsatz kommt. Im Kern basieren alle diese Lösungen darauf, die eigentliche Teststimulation von der Testbewertung zu entkoppeln (vgl. [5]). Im Falle manuell durchgeführter Tests im Fahrzeug geschieht dies beispielsweise dadurch, dass der Testingenieur zwar werkzeuggestützt die Teststimulation am Fahrzeug vornimmt, die eigentliche Testbewertung jedoch vollautomatisch durch zuvor erstellte Analyse-Vorschriften vorgenommen wird. Dieses Vorgehen hat einige Vorteile, insbesondere eine Nachvollziehbarkeit des Testablaufs, und eine automatisierte Tiefenprüfung des gesamten Testverlaufs anhand der aufgezeichneten Signale (durch eine durchgängige Beobachtung und Bewertung statt selbige nur zu einzelnen Zeitpunkten vorzunehmen).

Damit Analyse-Vorschriften auch dann robust und zuverlässig funktionieren, wenn – wie im manuellen Test unvermeidbar – die eigentliche Stimulanz zwischen verschiedenen Testdurchführungen leicht variiert, werden sie in einen Erkennungs- und einen Bewertungsteil gegliedert (s. Abbildung 2). Dieser Ansatz ermöglicht es einmalig automatisierte Analysen in späteren Test- und Absicherungsschritten effizient weiterzuverwenden. So kann eine Analyse, welche im Rahmen eines Komponententests am HiL-Prüfstand entwickelt wurde, auf einfache Weise in der späteren Dauerlauftests des Gesamtfahrzeugs durchgängig mit zum Einsatz kommen.

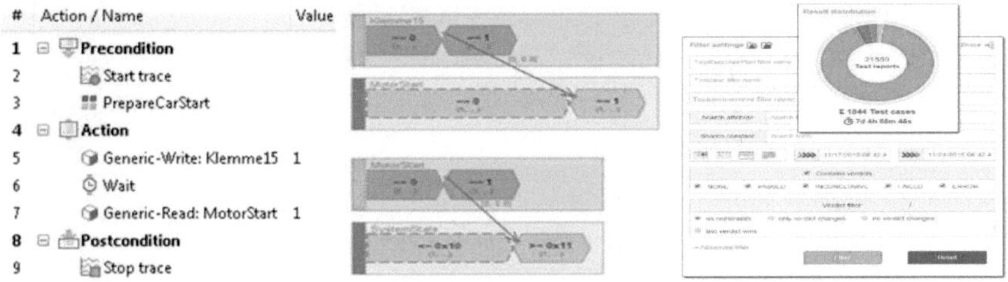

Abbildung 2: Test als Folge von Stimulation (links), automatisierter Wiedererkennung und automatisierter Bewertung (Mitte) sowie Testreport (rechts)

Testfälle sind daher bereits heute so aufgebaut, dass nach der Prüfung und ggf. Herstellung von Vorbedingungen nur noch einige wenige Stimulanzen erfolgen. Die Prüfung, ob sich das System daraufhin korrekt verhält, ist vollständig in eine Traceanalyse ausgelagert. Kern der Traceanalyse ist es, in der Messaufzeichnung den exakten Zeitpunkt der getätigten Stimulanz wiederzufinden und dann den darauf folgenden Messwertverlauf vollumfänglich zu prüfen und zu bewerten.

An dieser Stelle wird nun die Möglichkeit deutlich, diese nachgelagerte Traceanalyse auch völlig losgelöst von der konkreten Testfallstimulanz zu verwenden. So ist es bereits heute gängige Praxis, ganze Test-Suiten so zu gestalten, dass sie sowohl in der Lage sind die Stimulanz selbst vollautomatisch vorzunehmen als auch völlig ohne eigene Stimulanz auf einer zuvor unabhängig stimulierten Messaufzeichnung zu laufen.

Entscheidend ist dabei, dass die konkrete Art wie bestimmte Tests und sogar die Frage ob einzelne Tests überhaupt statt finden zunächst offen bleibt. Wichtig ist daher als Ergebnis einer solchen „Offline-Testsuite" nicht nur eine Bewertung der Testfälle, sondern auch eine Übersicht der Testfallabdeckung zu erhalten. Abdeckung bezeichnet dabei zum einen die Tatsache ob und wie of ein Test überhaupt gelaufen ist. Zum anderen aber auch die Frage noch der Varianz im Parameterraum des Testfalls, die dabei beobachtet werden konnte.

3 Erweiterung von Testmethodik und -werkzeugen

3.1 Semantische Technologien zur Handhabung bzgl. Datenquelle, Format und Entstehungszeitpunkt heterogener Messdaten (Smart Data)

Der Umfang der während der Absicherung erhobenen Daten als auch die Menge der dabei eingesetzten Funktionseinheiten wie Testfälle, Testschritte, Datenparser, Analysefunktionen und Konfigurationen (Artefakte) steigen ungebrochen stark an. Alle effektiven Strategien zur Planung, Durchführung und Auswertung von Prüfmaßnahmen erfordern nicht nur umfangreiche und detaillierte Kenntnisse der zugrundeliegenden Systeme, der entstehenden Messungen sowie der Aufnahmekontexte sondern zudem auch der spezifischen Analysemethoden und diagnostischen Zusammenhänge.

Wissensbasierte Systeme (WBS) haben in zahlreichen Vorarbeiten im Kontext der Entwicklung und Absicherung technischer Systeme gezeigt, dass sie dem gestiegenen Engineering-Aufwand entgegenwirken [6]. Dabei verfolgen sie nicht mehr wie zu Beginn ihrer Entwicklung das Ziel, menschliche Experten komplett zu ersetzen, sondern sollen Fachleute bei der Bewältigung komplexer Problemstellungen unterstützen [7]. Es werden jedoch geeignete formale Repräsentationsformen ingenieurtechnischen Wissens benötigt, welche Anwender in die Lage versetzten, Wissen dauerhaft abzulegen und zu pflegen sowie den Zugriff durch Softwarekomponenten zu ermöglichen. Zu diesem Zweck werden in zunehmendem Maße formale Ontologien vorgeschlagen. Diese stellen eine explizite Spezifikation von Begriffen und Relationen einer Domäne dar [8] und wurden in den letzten Jahren im Zuge der Entwicklung des Semantic Web intensiv erforscht. Die Sprache OWL-DL eignet sich als Repräsentationsform formaler Ontologien und wird durch zahlreiche Softwaretools unterstützt. Die zugrundeliegende Beschreibungslogik (**D**escription **L**ogics) erlaubt die Spezifikation domänenorientierter Konzepte in Form von Individuen, Klassen, Relationen zwischen Individuen und komplexen Restriktionen der Klassenzugehörigkeit. Auf Basis dieses Formalismus bietet die OntoCAPE Ontologie [9] ein abstraktes konzeptionelles Framework zur Beschreibung von (technischen) Systemen, deren Zerlegung in Teilsysteme, inhärenten Merkmalen sowie Merkmalswerten. Einer der Hauptvorteile formal-logischer wissensbasierter Softwaresysteme liegt in der Modularisierbarkeit von Analyselogik, Test- und Tracekomponenten sowie Domänenwissen. Erstere kann durch Verwendung *abstrakter* semantischer Konzepte gut wiederverwendet werden. Demgegenüber liefern Test- und Tracekomponenten Informationen über *spezifische Instanzen* (beispielsweise ein konkretes Testobjekt). Beide Ebenen können durch formales, vom Anwendungsfall unabhängiges Domänenwissen verknüpft werden (vgl. Abbildung 3).

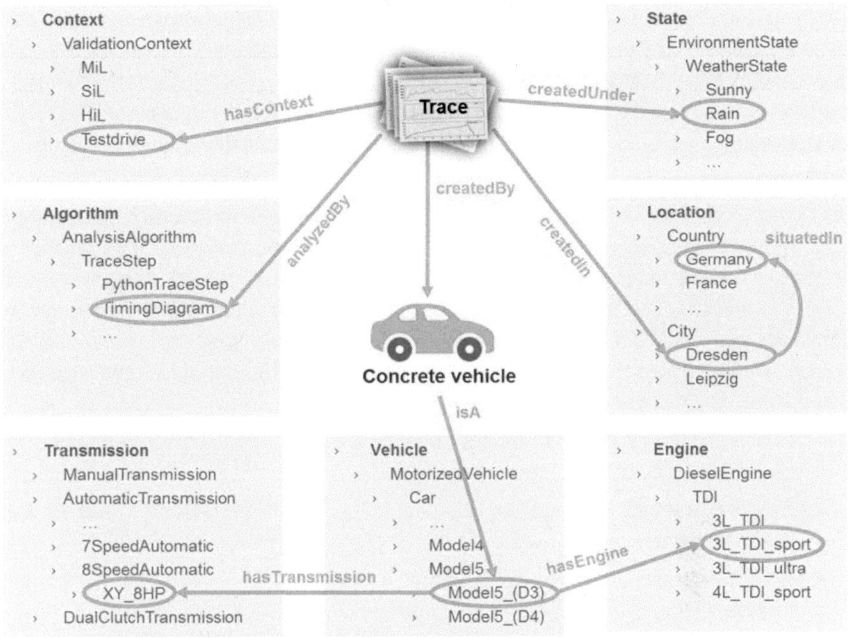

Abbildung 3: Semantische Beschreibung von Tracedaten und Testobjekten unter Nutzung einer formalen domänenspezifischen Ontologie

3.1.1 Semantische Suche und Visualisierung

Im BMBF-Projekt SeDaWaT (Fkz. 01IS13028) wurde ein Ansatz zur semantischen Beschreibung und Strukturierung von Tracedaten und Absicherungsartefakten entwickelt, welcher auf einer domänenspezifischen Ontologie für Test- und Traceanalyse basiert. Die in der Ontologie definierten Begriffe und deren Relationen werden zur semantischen Annotation der verschiedenen Artefakte der Entwicklungs- und Absicherungsprozesse genutzt. Durch diese Verknüpfung mit dem formalisierten Hintergrundwissen werden die Artefakte mit der Begriffshierarchie der Ontologie assoziiert und dadurch klassifiziert und miteinander in Relation gesetzt. Die Anreicherung der Datenbasis mit strukturierten Metadaten ermöglicht die semantische Suche nach Systemen, Messdaten und Analysebausteinen im Data-Warehouse. Mithilfe einer angepassten Anfragesprache können Suchanfragen formuliert werden, die sich an der Bedeutung der Datenobjekte orientieren (Bsp.: Finde alle Traces, die an Dieselfahrzeugen während einer Überlandfahrt in Nordeuropa bei nassen Witterungsverhältnissen aufgezeichnet wurden.). Durch Ontologie-Reasoning wird für die Ergebnisermittlung sowohl modelliertes als auch inferiertes Wissen genutzt, beispielsweise durch Auswertung der verschiedenen in der Ontologie definierten Relationen (v.a. Subsumtions- und Part-of-Relationen). Im Gegensatz zu rein syntaktischen Suchansätzen ermöglicht die semantische Suche damit das komfortable Auffinden aller mit der Fragestellung assoziierten Datenobjekte. Die ermittelte Ergebnismenge kann außerdem anhand der Struktur des formalen Hintergrundwissens erklärt, gefiltert, visualisiert und quantitativ bewertet werden. Insgesamt ergibt sich durch die formale, ontologiebasierte Beschreibung von Tracedaten und Artefakten ein deutlicher Mehrwert im Vergleich zu einfacheren Metadatensystemen und Verschlagwortungsansätzen.

3.1.2 Konfigurationsunterstützung und automatische Analyse

Durch Verfahren der Assoziationsanalyse können häufige auftretende bzw. semantisch definierte Zusammenhänge und kausale Bezüge in der Datenmenge identifiziert werden, wodurch sich auch bisher unbekannte Beziehungen und Abhängigkeiten erkennen lassen. Eine anschließende Überführung gefundener Zusammenhänge in Schlussregeln kann die Diagnose von Fehler- und Problemursachen unterstützen. Neben **statistischen Auswertungen** zur Erkennung häufiger bzw. interessanter Trace-Analyse-Ergebnis-Konstellationen wie

- Analysevorschrift A wurde oft auf Traces mit den Annotationen „Autobahnfahrt" und „Fahrbahnzustand: nass" angewendet,
- Analysevorschrift B wurde für HiL-Test immer mit Konfiguration 1 und für Erprobungsfahrten immer mit Konfiguration 2 ausgeführt,
- Analysevorschrift C führte bei Anwendung auf eine Traceklasse TK1 mit einer relativen Häufigkeit 0,9 zu einem positiven Analyseergebnis und bei Anwendung auf eine Traceklasse TK2 immer zu einem Fehler

ermöglicht die formale Repräsentation des Hintergrundwissens auch die **semantische Auswertung** bestehender im Analyserepository aggregierten Analysekonfigurationen. Ausgehend von der Annahme, dass Messdaten, welche erfolgreich von bestimmten Analyseschritten ausgewertet wurden, die Anforderungen dieser Analysefunktionen erfüllen, wurde ein Verfahren entwickelt, welches automatisch Passfähigkeitsaussagen für Tracedaten und Analyseschritte lernt. So ermittelt das Verfahren beispielsweise aus bestehenden Konfigurationen im Analyserepository, welche Signaltypen in analysierten Traces enthalten sind. Die dadurch klassifizierten Traces können anschließend automatisiert anderen Analyseschritten bereitgestellt werden, welche ebendiese Signaltypen fordern.

3.1.3 Zukünftige Anwendungen, Ausblick IWAHAF

Durch weitere Forschungs- und Entwicklungsarbeit, u. a. im BMBF-Projekt IWAHAF (Fkz. 01IS16035A), werden derzeit zusätzliche Anwendungen für semantische Technologien erschlossen. Eine automatische wissensbasierte Aufnahmekonfiguration in Abhängigkeit von der geplanten Absicherungsaufgabe, den betrachteten Testobjekten sowie den verfügbaren Messwerkzeugen in Kombination mit automatischer Messdatenannotation und -klassifikation anhand der Wissensbasis soll dazu beitragen, große Mengen an Messdaten nicht wie bisher überwiegend pauschal aufzuzeichnen, sondern genau die für die Beantwortung relevanter Fragestellungen benötigten Daten strukturiert und umfassend beschrieben zu erfassen (Smart Data).

Wissensbasierte Methoden sollen Anwender außerdem bei der Planung, Konfiguration und Durchführung umfangreicher Prüfszenarien wie interaktiver Tests unterstützen. Dabei werden geeignete Werkzeuge, Werkzeugkonfigurationen und Testfälle in Abhängigkeit des geplanten Testzieles automatisch anhand der Wissensbasis vorgeschlagen bzw. Tester während der Testdurchführung beraten, etwa durch Vorschläge für geeignete Fahrmanöver oder mögliche Folgetests zur Erhöhung der Testabdeckung. Eine automatischen Konfiguration und Ausführung von Traceanalysen im Anschluss an interaktive Testläufe oder Erprobungsfahrten soll den Absicherungsgrad weiter erhöhen.

3.2 Big-Data-Lösungen auf Grundlage von Hadoop für die massiv parallele Analyseausführung (Cluster und Cloud Computing)

Eine übliche Test-Methode sind Dauerfahrtests mit Vorserien-Versuchsträger-Fahrzeugen. Üblich ist es hier, Datenströme im Fahrzeug, insbesondere von den verbauten Busssystemen, vollständig mitzuschneiden. In der kommenden Fahrzeuggeneration werden dies neben vielen CAN-Bussen vor allem auch CAN-FD, FlexRay und Ethernet-Bussmitschnitte sein.

In einem Fahrzeug mit 10 Datenbussen (CAN, FlexRay) werden so im Betrieb 30 Mbit/sec aufgezeichnet. Eine Messung über 8 Stunden liefert damit bis zu 100 GB Messdaten. Datenströme von Video-, Radar- und Laserscanner-Sensoren werden via Ethernet übertragen und erhöhen dieses Datenaufkommen noch um ein Vielfaches.

Eine besonders dringliche Herausforderung ist es dabei, die bereits etablierten Testlösungen in Form von Traceanalyse-Werkzeugen, Prozessen und damit umgesetzter Test-Umfänge trotz der stark gestiegenen Datenmengen effektiv weiter einsetzen zu können.

Eine zentrale Verfügbarmachung aller Messdaten für alle Testingenieure in der bisherigen Form zentraler Netzlaufwerke würde die internen Netze sehr stark belasten. Schon um die Bus-Mitschnitte von 10 Fahrzeugen von eine einer Woche intensiver Testfahrten für eine Prüfung herunterzuladen müsste ein Testingenieur ca. 5 TB Daten übertragen und bei sich zu Verarbeitung zwischenspeichern.

Hier stellt das Prinzip der Datenlokalität, wie es beim verteilten Rechnen mit BigData-Systemen wie Apache Spark zum Einsatz kommt eine Chance dar. Grundgedanke dabei ist, die Analysevorschrift auf die Rechner zu übertragen auf dem die zu analysierenden Daten gespeichert liegen.

Die in Abbildung 4 dargestellte Architektur erlaubt, dass bei wachsender Datenmenge und Rechenleistungsanforderung durch Hinzunahme von weiteren Rechen- und Speicher-Knoten die Leistungsfähigkeit des Systems kontinuierlich gesteigert werden kann, ohne dass dabei, wie in herkömmlichen Systemen die Netzwerkbandbreite zwischen Speicher- und Rechnenknoten einen Engpass darstellen wird.

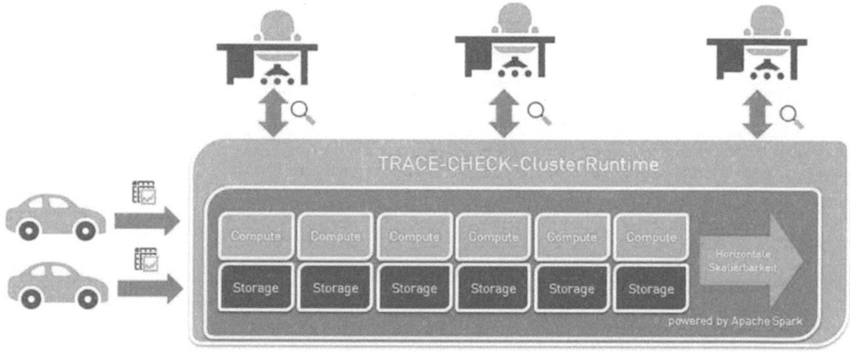

Abbildung 4: Horizontale Skalierung von Speicherplatz und Rechenleistung: Mitwachsen der Infrastruktur proportional zu Datenmenge und Analyseanfrage-Häufigkeit

Eine zusätzliche Herausforderung im Test- und Absicherungsprozess besteht nun darin, dass immer mehr Anforderungen in immer kürzerer Zeit zu prüfen sind. Für tausende Anforderungen werden jeweils entsprechende automatisierte Auswertevorschriften (Traceanalysen) erstellt. Jede durchgeführte Messaufzeichnung ist dann im damit zu prüfen. Erschwerend ist dabei eine starke Rollenverteilung im Absicherungsprozess. Hunderte Testingenieure sind für verschiedene Fahrzeugfunktionen und Anforderungen und somit für die Erstellung passender Tests und Traceanalysen verantwortlich. Die Erhebung von Messdaten geschieht ebenfalls stark verteilt an mehreren Standorten und in verschiedenen Fahrzeugen.

3.3 Software TRACE-EXPLORER

Auf Basis der in den Abschnitten 3.1 und 3.2 vorgestellten Technologien zur Handhabung großer Mengen von Test- und Analysedaten wurde von TraceTronic die Software TRACE-EXPLORER entwickelt, welche als Teil von TRACE-CHECK [10] produktiv zum Einsatz kommt.

Dieser ermöglicht die Verwaltung großer Mengen von Messdaten und deren Verknüpfung mit beliebigen Metainformationen aus Testausführungen, mit Rückgabewerten aus Analyseausführungen und mit benutzerdefinierten Informationen (welche beispielsweise aus proprietären Systemen zum Test- und Testdaten-Management stammen können).

Die verwalteten Dateien können wahlweise kanonisch anhand ihrer Dateiattribute, in ihnen enthaltener Signale und ihnen zugeordneter Metadaten (s. Abbildung 5) oder semantisch auf Grundlage benutzerdefinierter Begriffe und Relationen (s. Abbildung 6) dargestellt werden.

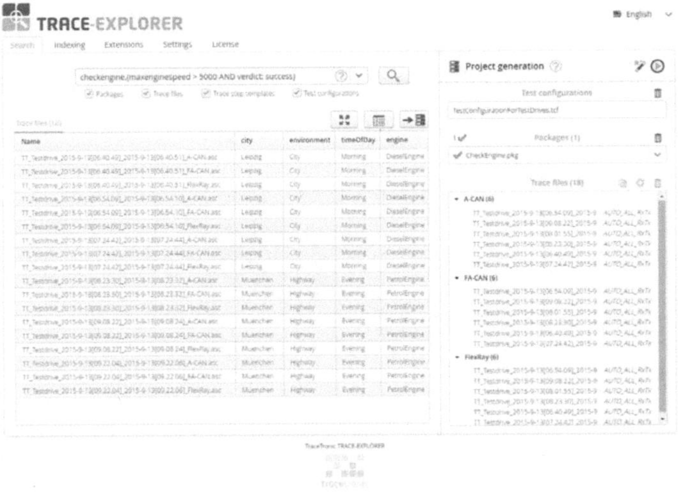

Abbildung 5: Software TRACE-EXPLORER zur wissensbasierten Verwaltung großer Mengen zeitbasierter Messdaten

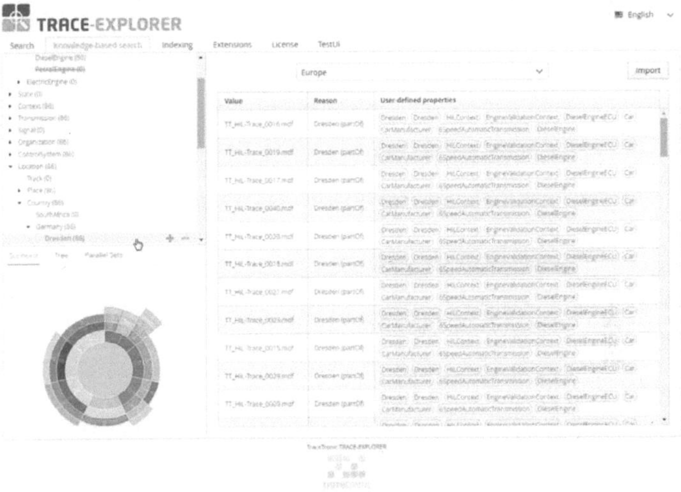

Abbildung 6: Wissensbasierte Suche im TRACE-EXPLORER

Mithilfe dieser integrierten Kombination von Messdatenverwaltung und semantischer Suche können relevante Test- und Analyseartefakte schnell ermittelt sowie weiterführende Traceanalysen vorbereitet und ausgeführt werden.

3.4 Prozesse für verbessertes Testen im Fahrzeug

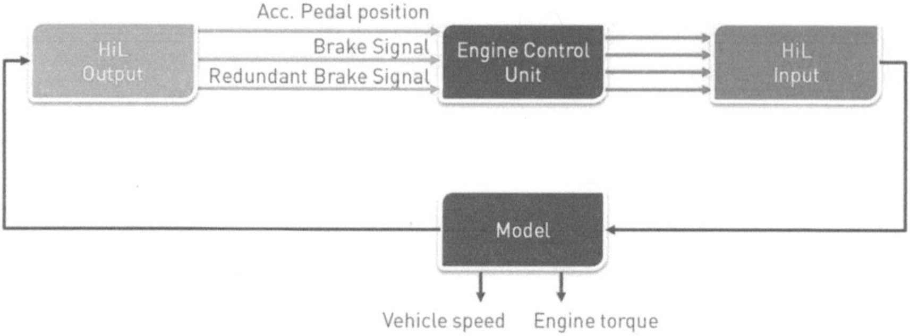

Abbildung 7: Systemstruktur des HiL-Testsystems

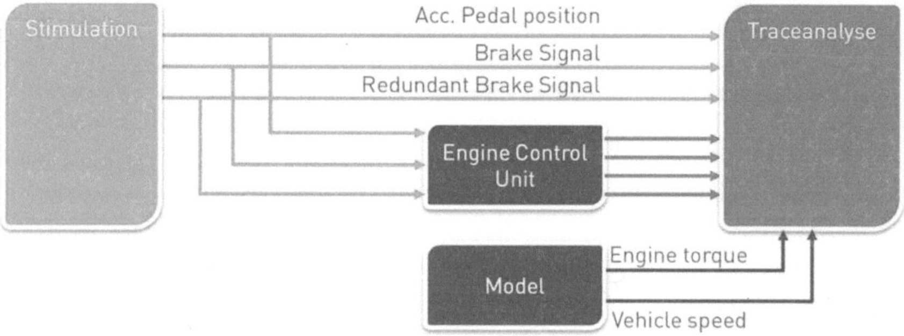

Abbildung 8: Trennung von Stimulation und Analyse für HiL-Test

Für Tests am HiL-Prüfstand bringt die Trennung von Stimulation und Analyse Vorteile im Hinblick auf die Bewertung des Zeitverhaltens. Typische Applikations- und Simulationswerkzeuge bieten die Möglichkeit eine Vielzahl von Signal, Modellwerten und Steuergerätezustandsgrößen in Echtzeit aufzuzeichnen. Auf diese Aufzeichnungen können dann mit der ECU-TEST Traceanalyse bzw. mit TRACE-CHECK komplexe Traceanalysen angewendet werden, welche nicht in Echtzeit ausgeführt werden müssen.

Bei Tests am HiL-Prüfstand wird im Modell mit verschiedenen Vereinfachungen der realen Fahrzeugsysteme und Regelstrecken gearbeitet, so werden Außentemperatur- und sonstige Umwelteinflüsse vernachlässigt, andere Steuergeräte werden nur im Rahmen einer vereinfachten Restbussimulation berücksichtigt. Darüber hinaus werden nur ausgewählte Kombinationen und Sequenzen von Eingangsgrößen stimuliert, diese werden z. B. auf Basis von Erfahrungen oder häufig auftretenden Arbeitspunkten gewählt. Mit zunehmender Komplexität und Verteilung von Funktionen im Hinblick auf HAF wird es zunehmend schwieriger alle relevanten Kombinationen und Sequenzen zu identifizieren.

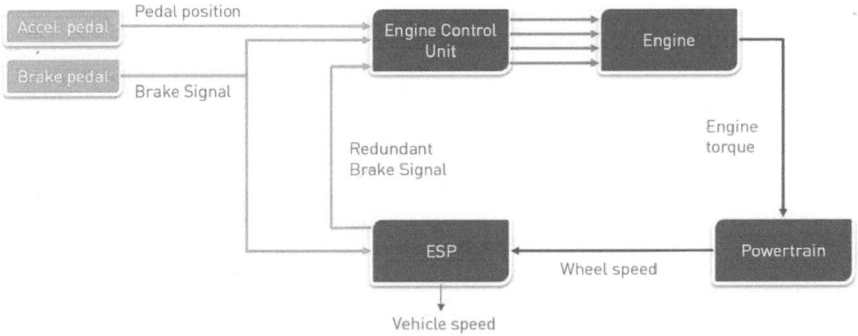

Abbildung 9: Systemstruktur für Tests im Fahrzeug

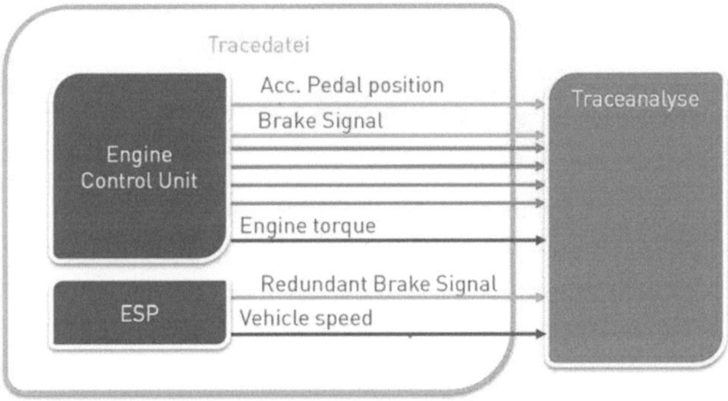

Abbildung 10: Nutzung bestehender Traceanalysen für Tests im Fahrzeug

Beim Übergang zum Test im Fahrzeug können Tests unter Realbedingungen erfolgen. Hierbei befindet sich das zu testende Steuergerät mit Realteilen im Fahrzeug und kann im normalen Fahrbetrieb getestet werden. Durch die Trennung von Stimulation und Analyse am HiL-Prüfstand kann man bestehende Traceanalysen wiederverwenden. Im Hinblick auf die Stimulation gibt es zwei Möglichkeiten. Entweder man fordert den Fahrer explizit zur Durchführung bestimmter Fahrmanöver auf, z. B. mit der Interaktiven Testausführung in ECU-TEST. Hierbei werden gezielt alle notwendigen Stimulationen in relativ kurzer Zeit vorgenommen. Dadurch erhält man ein kurzes Trace das alle notwendigen Informationen zur Bewertung der Systemfunktion enthält. Hierbei entfallen Einschränkungen hinsichtlich der Aussagekraft der Ergebnisse durch Vereinfachungen im Modell. Allerdings werden weiterhin nur ausgewählte Kombinationen und Sequenzen von Eingangsgrößen stimuliert.

Alternativ dazu kann man auch Traces aus der Flottenerprobung verwenden. In diesen sind relevante Fahrsituationen über einen größeren Zeitraum enthalten. Dadurch erhöht sich die Menge der zu analysierenden Tracedaten stark. Möchte man nun die Testabdeckung im Hinblick auf verschiedene Umgebungsbedingungen und (Assistenz-)Systemvarianten erhöhen, steigt neben der Länge der zu analysierenden Traces auch die Anzahl der Traces stark an. ...

4 Einsatzszenario in der Diagnose

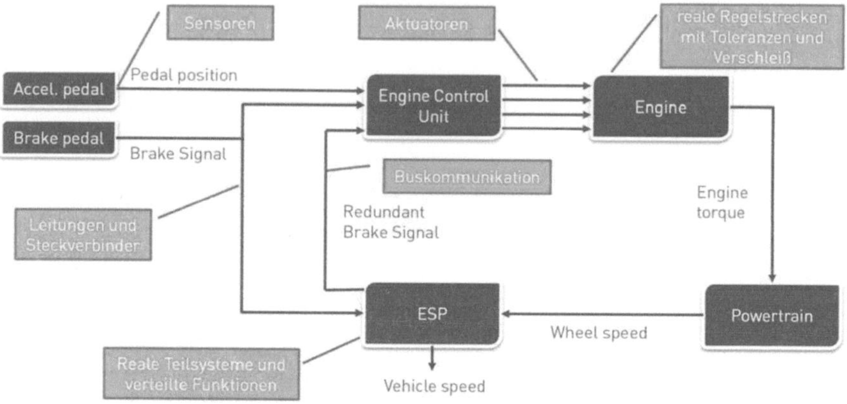

Abbildung 11: Systemstruktur aus Sicht der Diagnose

Im Aftersales gibt es immer wieder Fälle von Kundenfahrzeugen, die trotz umfangreicher Eigendiagnosefunktionen von den Servicebetrieben nicht erfolgreich diagnostiziert und repariert werden können. Um derartige Probleme detailliert analysieren zu können, werden z. B. vorübergehend mobile Traceaufzeichnungsgeräte im Fahrzeug installiert [4]. Zukünftig ist zu erwarten, dass entsprechende Traceaufnahmefunktionen im Zuge der Remotediagnose in den Fahrzeugen verfügbar werden. Sobald ein entsprechender Trace vorliegt, muss er analysiert werden. In [4] werden zur Auswahl der zu analysierenden Stellen manuelle Trigger Ereignisse des Fahrers verwendet. Da in [4] eine Konfiguration des Aufzeichnungsgerätes auf bestimmte Werte erfolgt ist, wurden schon Annahmen über mögliche Fehlerursachen getroffen, welche die Basis für die notwendigen manuellen Analysen darstellen.

Sofern keine manuellen Trigger Ereignisse vorliegen oder keine sinnvollen Annahmen über mögliche Fehlerursachen getroffen werden können, ist es notwendig die zu analysierende Datenmenge durch andere Methoden einzuschränken. Eine Möglichkeit bietet die Verwendung von Traceanalysen, welche zuvor am HiL-Prüfstand, im Fahrzeug und bei der Flottenerprobung eingesetzt worden sind. Wendet man Traceanalyse für verschiedene Fahrzeugfunktionen auf die Fahrzeugtraces an, lässt sich die korrekte Funktion dieser Fahrzeugfunktionen der zugehörigen Realteile bestätigen. Dadurch können Fehlerursachen ausgeschlossen werden. Darüber hinaus lassen sich Zeitpunkte mit abweichendem Verhalten einzelner Funktionen identifizieren. An diesen Zeitpunkten kann dann eine vertiefende automatische oder manuelle

Analyse der Traces erfolgen. Die Herausforderung besteht hierbei in der Auswahl geeigneter Traceanalysen für die vorliegenden Fahrzeugtraces.

5 Zusammenfassung

In dieser Arbeit wurde die erfolgreiche Anwendung etablierter Werkzeuge und Methoden aus Entwicklung und Test softwareimplementierter Fahrzeugfunktionen auf Fragestellungen der Diagnose beschrieben. Darüber hinaus wurde das große Potential aktueller Forschungs- und Entwicklungsarbeiten in den Bereichen Semantische Technologien und Big Data für die Diagnose demonstriert.

Es wurde gezeigt, dass mit den vier Bausteinen a) systematische Testautomatisierung, b) von der Testausführung entkoppelte Traceanalyse, c) Semantische Technologien und d) Analyseausführung via Cluster/Cloud Computing ein großer Nutzen für Test und Entwicklung, aber auch ein Mehrwert gegenüber den bisherigen Möglichkeiten der Diagnose erzielt werden kann.

Die präsentierten Lösungen werden von der TraceTronic GmbH in Form von Softwareprodukten und Dienstleistungen angeboten. Die vorgestellten Forschungsaktivitäten werden von der TraceTronic GmbH und der TU Dresden im Forschungsprojekt IWAHAF systematisch weiter verfolgt.

Literatur

[1] Walther Wachenfeld, Hermann Winner. Die Freigabe des autonomen Fahrens. In „Autonomes Fahren“, Springer, 2015.

[2] Randy Döring, Michael Gebauer, David Rotter. Hochautomatisierte Absicherung der Diagnosefunktionalität während der Softwareentwicklung. 10. Tagung „Diagnose in mechatronischen Fahrzeugsystemen“, TUDpress, 2016.

[3] Matthias Friedrich, Thorsten Kirk. Richtlinien für eine hochautomatisierte Testumgebung mit einer durchgängigen Werkzeugkette. 6. AutoTest-Fachkonferenz „Test von Hardware und Software in der Automobilentwicklung“, 2016.

[4] Bernhard Schlegel, Sebastian Grasreiner, Marco Römer. NOODLE – Eine Datenlogger-Umgebung zur hochmobilen Diagnosedatenmessung. 10. Tagung „Diagnose in mechatronischen Fahrzeugsystemen“. TUDpress, 2016.

[5] Frank Tenge-Derichsweiler, Rocco Deutschmann, Manuel Zabelt. Performance-Optimierung durch Trennung von Testablauf und -auswertung. 5. AutoTest-Fachkonferenz „Test von automatisierten Fahrfunktionen“, 2014.

[6] Stefan Runde, Alexander Fay, Stefan Schmitz, Ulrich Epple. Wissensbasierte Systeme im Engineering der Automatisierungstechnik. In „at - Automatisierungstechnik“, Bd. 59, Nr. 1, 2011.

[7] Ingo Boersch, Jochen Heinsohn, Rolf Socher. Wissensverarbeitung: Eine Einführung in die Künstliche Intelligenz für Informatiker und Ingenieure, 2. Auflage, Spektrum, 2007.

[8] Thomas R. Gruber. Toward principles for the design of ontologies used for knowledge sharing. International Journal of Human-Computer Studies, vol. 43, 1995.

[9] Jan Morbach, Andreas Wiesner, Wolfgang Marquardt. OntoCAPE - A (re)usable ontology for computer-aided process engineering. Computers & Chemical Engineering, vol. 33, no. 10, 2009.

[10] TRACE-CHECK-Webseite. http://www.tracecheck.de/. Abgerufen am 23.3.2017.

11 Automatisierung und maschinelle Optimierung intelligenter Diagnoseanwendungen

Dr. Norbert Waleschkowski, Dipl.-Math. Matthias Mecky, M.Sc. Ronny Giera, Semantis Information Builders GmbH, Oberursel

Abstract

Modern vehicles as well as other engineered systems show a high and strong growing degree of complexity due to the continuously growing functional variety, introduction of new technologies and the broad usage of connected mechatronic systems. Classical diagnostic systems based upon simple decision tree methodology which deal with single failure codes are unable to master the diagnostic complexity of such systems. Furthermore, there are a couple of new requirements with respect to automation, optimisation und communication abilities to modern diagnostic applications. This affects the broad usage in the field as well as the development process of diagnostic applications. The term Diagnosis4.0 addresses a diagnostic concept which shows significant progress in the a.m. business fields. To achieve these goals methods and techniques from AI (Artificial Intelligence) and ML (Machine Learning) are required. In this paper some core concepts and features are discussed based upon the *Raptor Diagnostic Suite*, a knowledge-based and adaptive diagnostic workbench.

Kurzfassung

Moderne Fahrzeuge weisen aufgrund der ständig wachsenden Funktionsvielfalt, der Einführung neuer Technologien und des breiten Einsatzes vernetzter mechatronischer Systeme eine hohe, kontinuierlich steigende Komplexität auf. Dies gilt in ähnlicher Form auch für andere technische Systeme. Klassische Diagnosesysteme auf der Basis starrer, einzeln ausprogrammierter Prüfabläufe je Fehlercode können die Diagnosekomplexität dieser Systeme nicht mehr angemessen abbilden, wie sie etwa durch vernetzte Teilsysteme entstehen. Darüber hinaus werden neue Anforderungen an moderne Diagnosesysteme in Bezug auf Aspekte wie Automatisierung, Optimierung und Kommunikationsfähigkeit gestellt. Dies betrifft sowohl den praktischen Einsatz im Feld als auch die zugrundeliegenden Entwicklungsprozesse. Mit Diagnose4.0 wird hier ein Diagnosekonzept bezeichnet, das sich durch Fortschritte in den genannten Aufgabenfeldern auszeichnet. Benötigt werden hierfür Methoden und Verfahren der KI (Künstliche Intelligenz) und maschinelle Lernverfahren. Im Beitrag werden zentrale Konzepte, Merkmale und Ansätze zur Automatisierung und Optimierung anhand der intelligenten und lernfähigen *Raptor Diagnostic Suite* vorgestellt und diskutiert.

Unter Diagnose 4.0 verstehen wir die weitere Digitalisierung der Diagnoseprozesse im Hinblick auf ihre automatische Adaptationsfähigkeit und Optimierung im Feld sowie die Automatisierung und Optimierung der Entwicklungsprozesse der Diagnoseanwendungen selbst.

1 Einleitung und Motivation

Mit dem Begriff Diagnose4.0 soll die Zielsetzung zum Ausdruck gebracht werden, die technische Diagnose im industriellen Umfeld auf eine höhere Qualitäts- und Integrationsstufe zu heben. Damit ist zum einen die weitere Verbesserung und Optimierung der Diagnosefähigkeiten selbst gemeint. Zum anderen geht es um die Einbettung der Diagnose in die jeweiligen Zielumgebungen. Die technische Diagnose ist nicht einfach nur ein isolierter Prozess zur effizienten Fehlersuche und -behebung in einem technischen System, sie ist integraler Bestandteil eines umfassenden industriellen Prozesses, der sorgfältig in das betriebliche und organisatorische Arbeitsumfeld einzubetten ist. Im After Sales-Bereich der Fahrzeugindustrie meint dies z.B. die direkte Verzahnung von Auftrags- und Diagnosesystem, die automatische Rückmeldung von Bedarfen für die Lagerbestandsführung, ggf. auch die automatische Bestellung von Ersatzteilen und die automatische Fakturierung der Diagnose- und Reparaturmaßnahmen. In anderen Industriebereichen, etwa in der Halbleiterindustrie oder allgemein im Rahmen produktionsorientierter Prozesse, meint dies die stärkere Digitalisierung im Sinne einer höheren Automatisierung der Diagnoseprozesse.

2 Diagnosesysteme

2.1 Klassische Diagnosesysteme

Die meisten Diagnosesysteme für Fahrzeugsysteme basieren überwiegend noch auf klassischen Entscheidungsbäumen bzw. programmierten Prüfabläufen und laufen unter der Überschrift 'Geführte Fehlersuche' (GFS). Die Entscheidungsbaummethodik ist eine einfache und leicht verständliche, aber auch sehr arbeitsintensive Flow-Chart-Technik, mit der unveränderliche starre Prüfabläufe entwickelt bzw. programmiert werden. Mit steigender Komplexität der zu diagnostizierenden Systeme stößt diese Technik zunehmend an ihre Grenzen, da der Programmieraufwand überproportional ansteigt. Ebenso können Veränderungen im Fehlerverhalten der Fahrzeugsysteme wegen fehlender Adaptationsmöglichkeiten nicht nachempfunden werden. Dieser Mangel ist systemimmanent und nicht behebbar (vgl. [4]). Immer wieder kommt es vor, dass im Feldeinsatz neue oder wenig bekannte Fehlerkonstellationen auftreten, etwa bedingt durch den Einsatz neuer Technologien, durch neue oder modifizierte Teilsysteme und Bauteile, durch die Kombination neuartiger Teilsysteme in verschiedenen Fahrzeugvarianten etc., die von den heute im Einsatz befindlichen

Diagnosesystemen nicht erkannt werden. Die meisten dieser Fehler sind entweder gar nicht in den bestehenden Fehlersuchroutinen abgebildet oder aber so schlecht ausmodelliert, dass eine effiziente Fehlerfindung nicht möglich ist. Aber auch sich über die Zeit verändernde Problemstellungen werden von den Diagnosesystemen gleichsam ignoriert, denn die definierten Diagnoseabläufe verfahren in allen vordefinierten Fehlersituationen schematisch nach dem einmal festgelegten Muster.

Aufgrund dieser Beschränkungen orientieren wir uns im Rahmen dieses Beitrags an sog. intelligenten Diagnosesystemen.

2.2 Intelligente Diagnosesysteme

Um angemessene Anforderungen an intelligente Diagnosesysteme zu stellen, orientieren wir uns am Begriff der Intelligenz und an menschlichen Fähigkeiten. Intelligenz lässt sich als (Denk)fähigkeit verstehen, neue Situationen unter Verwendung bisheriger Erfahrungen (Wissen) angemessen lösen zu können.

Ein erfahrener, kompetenter Diagnosefachmann verfügt u.a. über folgende Fähigkeiten (vgl. [8]):

(1) Er erinnert sich an ähnliche frühere (Diagnose)Fälle,
(2) verwendet Daumenregeln,
(3) verwendet Erfahrungswissen,
(4) kennt und erkennt kausale Fehlerzusammenhänge,
(5) kennt typische Symptom-/Fehlerbilder,
(6) verfügt über physikalisch-technisches Fachwissen,
(7) holt bei Bedarf den Schaltplan hervor,
(8) hat ein Gefühl für typische Fehlerhäufigkeiten,
(9) lernt ständig hinzu und
(10) adaptiert daraufhin seine Vorgehensweise.

Diese Merkmale können die Grundlage bilden, um Anforderungen an intelligente Diagnosesysteme zu formulieren. Es ist naheliegend, dass intelligente Diagnosesysteme also auch über zu (1) – (10) korrespondierende Fähigkeiten verfügen sollten. Ein intelligentes Diagnosesystem ist demnach u.a.

- lernfähig
- verfügt nicht nur über phänomenologisches, sondern auch über tieferes technisches Wissen,
- passt seine Fehlersuchstrategien automatisch den gelernten Ergebnissen an,
- bietet eine flexible Benutzerführung mit vielen Freiheitsgraden,
- agiert auf Benutzeranforderung wie ein intelligenter Assistent bzw. Ratgeber,
- verfügt über technisches Wissen und
- stellt alternative Problemlösungsstrategien bereit.

Die folgende Diskussion wird am Beispiel der Raptor Diagnostic Suite geführt. Die Raptor Diagnostic Suite[1] – im Folgenden auch kurz Raptor-Suite genannt – ist eine wissensbasierte und lernfähige Diagnoseumgebung. Ihre Hauptkomponenten sind

- die Autorenumgebung ATLAS,
- die Laufzeit- bzw. Werkstattumgebung ONYX,
- die Auswertungskomponente ARGUS und
- die Lernkomponente THALES.

Das Wissen bzw. die Wissenselemente über ein technisches System und seine Diagnose werden mittels der Autorenumgebung ATLAS in sog. Wissensbasen hinterlegt. In einer Wissensbasis werden keine DTC-spezifischen Prüfabläufe programmiert, sondern eine Wissensbasis bzw. ein Wissensbasismodul modelliert typischerweise ein Teilsystem, das auch mehrere Steuergeräte beinhalten kann, und zwar aus funktionaler und aus diagnostischer Sicht. Ein Teil, der sog. funktionale Anteil einer Wissensbasis, besteht aus dem Wissen über den strukturellen Aufbau und die Funktionsweise des Teilsystems in Form von Wirkungsketten, Funktionen etc. Der diagnostische Anteil repräsentiert diagnoserelevantes Wissen über das Teilsystem in Form von Fehlern, Fällen, Tests etc.

Die Raptor-Suite ist ein hybrides System, d.h. zur Modellierung des Diagnosewissens werden mehrere verschiedenartige Repräsentationsformen angeboten wie z.B. Fehlernetze, Fallbasen, modellorientierte und statistische Konstrukte (sowie der Vollständigkeit halber auch Entscheidungsbäume). In der Wissensbasis werden auch sämtliche Fehlercodes und Symptome hinterlegt, die in diesem System auftauchen können. Die Abbildung 1 veranschaulicht die grundlegende Software-Architektur wissensbasierter Systeme.

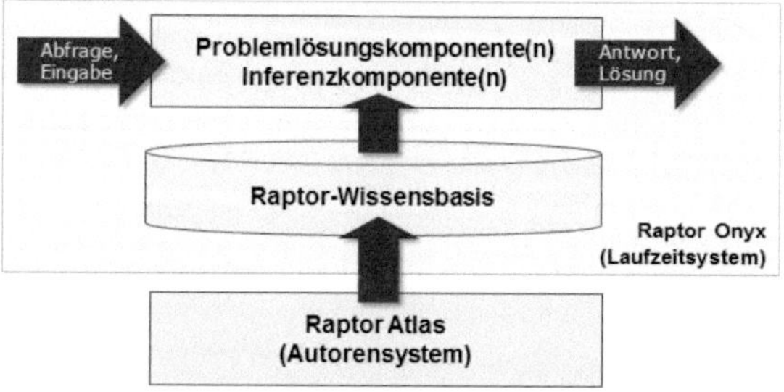

Abbildung 1: Das grundlegende Architekturkonzept wissensbasierter Systeme

Die Laufzeitkomponente Raptor ONYX erzeugt aus einer Wissensbasis zur Laufzeit die Diagnoseanwendung.

---

[1] Die Raptor Diagnostic Suite ist ein Produkt der Fa. Semantis Information Builders GmbH, Oberursel.

Auf der Wissensbasis arbeiten Inferenzstrategien, die daraus einen Diagnoseprozess erzeugen. Die Inferenzmaschinen sind in der Lage, diagnostische Schlussfolgerungen zu ziehen und den Diagnoseprozess eigenständig zu planen und zu steuern.

Die Integration verschiedener Inferenzstrategien ist ein Schlüsselmerkmal der Raptor-Suite. Die Abbildung 2 veranschaulicht das Zusammenwirken der verschiedenen Inferenzmaschinen mit dem Ziel, den Diagnoseprozess bestmöglich fortzusetzen. Zum Einsatz kommen:

- *Kausale Fehlernetz-Strategien:*
  Mit kausalen Fehlernetzen wird das Fehlverhalten eines Systems in Form kausaler Ursache-Wirkungs-Zusammenhänge beschrieben, aus denen ein Diagnoseablauf generiert wird. Zusätzlich lassen sich verschiedene Strategieausprägungen spezifizieren.
- *Die fallbasierte Diagnosestrategie:*
  In der fallbasierten Diagnose werden Ähnlichkeitsbetrachtungen zwischen der aktuellen Diagnosesituation und gelösten Fehlerfällen aus der Vergangenheit angestellt.
- *Die modellorientierte Diagnosemethodik:*
  Die modellorientierte Diagnose basiert auf einer qualitativen Spezifikation eines technischen Systems mit dem Ziel, den strukturellen Aufbau dieses Systems und seine funktionalen Wirkungsketten zu repräsentieren. Aus diesen Modellen werden nun unter Verwendung generischer Bauteilbibliotheken und Verschaltungsmustern sowie aufgrund technischen Wissens in den Ableitungsalgorithmen Diagnoseanwendungen zu einem hohen Grade automatisch generiert.
- *Die statistische Diagnose:*
  Unter der statistischen Diagnose versteht man eine Diagnosemethode, die sich auf statistisch ermittelte Fehlerwahrscheinlichkeiten und Zusammenhänge stützt.
- *Die Entscheidungsbaummethodik:*
  Die Entscheidungsbaummethodik ist die klassische Flow-Chart-Technik zur Modellierung von vorgedachten Prüfabläufen, wie sie bei der GFS verwendet wird.

Entscheidungsbäume gehören zwar nicht zu den wissensbasierten Repräsentationsformen. Sie werden dennoch als Repräsentationsform angeboten, um einen leichten Übergang von klassischen GFS-Systemen auf die Raptor-Technologie zu ermöglichen und bestehende Entscheidungsbäume einfach übernehmen zu können.

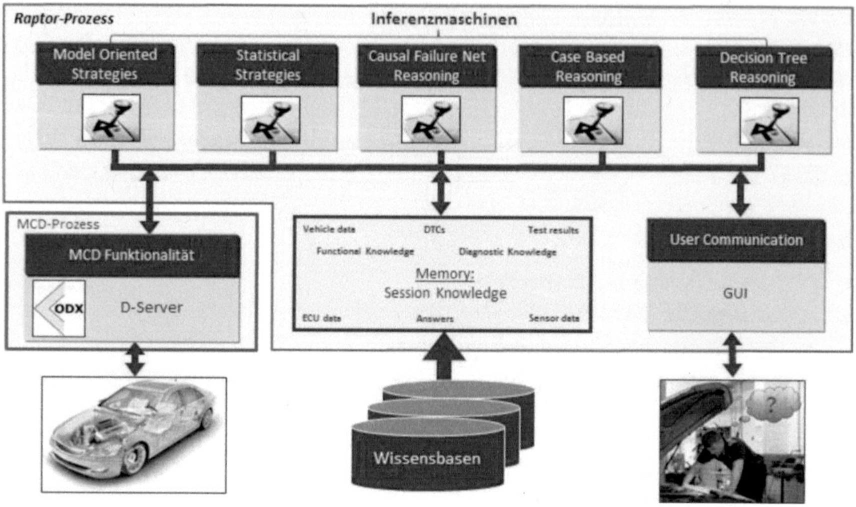

Abbildung 2: Integrierter Diagnoseprozess – Kooperation aller Inferenzmaschinen zur Laufzeit

Die Raptor-Suite ist darüber hinaus lernfähig. Das zugrundeliegende Lernverfahren ist das Bayessche Lernverfahren (Bayesian Learning). Es basiert auf den Protokollen der Diagnosesitzungen und funktioniert, indem eine Wissensbasis als Bayes-Netz aufgefasst wird, d.h. die Objekte der Wissensbasis bilden die Knoten des Bayes-Netzes. Aus den Diagnoseprotokollen werden sog. Lernmatrizen erzeugt, die den Diagnoseanwendungen zur Laufzeit zugeführt werden (vgl. Abb. 3). Damit werden dem System und dem Servicetechniker bei jedem Diagnoseschritt situationsspezifisch die (automatisch erlernten) Fehlerwahrscheinlichkeiten zur Verfügung gestellt.

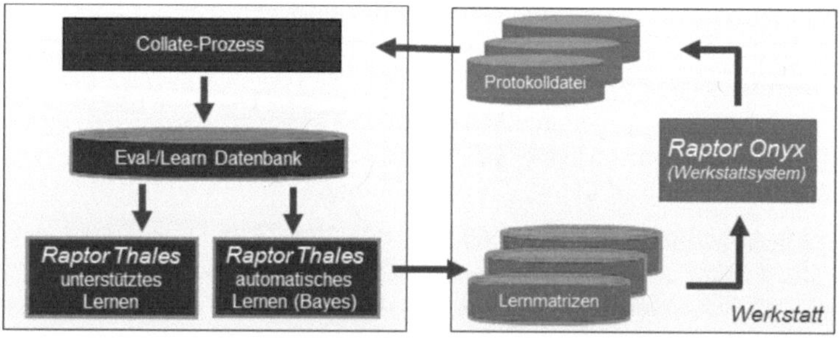

Abbildung 3: Die Lernmatrizen werden aus den Sitzungsprotokollen erzeugt.

Es sollte darauf hingewiesen werden, dass die Raptor Suite für die Diagnose beliebiger technischer Systeme konzipiert ist. Die Diagnose von Fahrzeugen stellt lediglich einen Spezialfall dar. Speziell daran sind nur die Kommunikation mit der Fahrzeugelektronik via MCD sowie Automotive-spezifische Wissenskonstrukte bei der Generierung von Diagnoseanwendungen. Ansonsten gibt es keine Unterschiede zwischen der Fahrzeugdiagnose und der Diagnose anderer technischer Systeme. Die Raptor-Suite ist konzipiert, um beliebige technische Produkte oder gar die Produktionsmittel selbst zu diagnostizieren. Das Ziel ist die Effizienz- und Qualitätssteigerung der Produktion durch frühzeitiges Gegensteuern durch fehlereliminierende Maßnahmen an den verursachenden Stellen im Produktionsprozess.

3 Arbeitsfelder

3.1 Diagnose in vernetzen Systemen

In Fahrzeugen wird immer mehr Technik verbaut, die durch die zunehmende Vernetzung in komplexer Art und Weise interagieren kann. Dadurch nimmt auch die Störanfälligkeit zu. Durch die hochgradige Vernetzung entstehen viele neue, à priori unbekannte Fehlerbilder. Fehler in der Fahrzeugelektronik können sich dabei an ganz anderen Bauteilen bemerkbar machen, als es die Fehlerquelle selbst vermuten lässt (vgl. z.B. [2]). Dabei handelt es sich (rechnerisch) um Billionen denkbarer Kombinationen von Fehlerursachen und –abhängigkeiten (vgl. [1]). Solche Fehler sind oft ausgesprochen schwer zu lokalisieren und zu beheben. Sie zeichnen sich nicht selten durch unscharfe, zuweilen recht diffuse Fehlerbilder und Symptomatiken aus.

Die kombinatorische Explosion der denkbaren Möglichkeiten führt dazu, dass schon ein kleiner Bruchteil davon zu unüberschaubar vielen Fehlerbildern führt. Es liegt auf der Hand, dass sich diese Fehler mit den klassischen Möglichkeiten starr programmierter Prüfabläufe nicht angemessen lösen lassen. Der einzige Weg für Hersteller besteht oft nur noch in der Bereitstellung systemtechnischer Informationen (STI) bzw. technischer Produktinformationen (TPI), mit denen diese ihre Werkstätten über aktuelle Problemstellungen an Fahrzeugen und deren Behebung informieren. Diese Informationen werden den Werkstätten allerdings nur in Form von Textdokumenten zur Verfügung gestellt, eine operationelle Bearbeitung mit Prüfabläufen ist nicht möglich. Bis ein solcher Fehler auf diese Weise dokumentiert wird, muss er schon recht prominent sein, d.h. hinreichend oft aufgetreten sein, bis er (von Menschen) als ein typisches und zu dokumentierendes Fehlerereignis erkannt wird. Hier vergeht oft ein recht langer Zeitraum, in welcher den Werkstätten praktisch keine Hilfestellung angeboten wird. In vielen Fällen geschieht gar nichts.

In der wissensbasierten Raptor-Suite wird ein gänzlich anderer Weg der Diagnosemodellierung beschritten. Hier werden keine DTC-spezifischen Prüfabläufe programmiert, sondern eine Wissensbasis bzw. ein Wissensbasismodul modelliert ein Teilsystem, das ein oder mehrere Steuergeräte beinhalten kann und zwar aus funktionaler (optional) und aus diagnostischer Sicht. In dieser Wissensbasis werden sämtliche Fehlercodes und Symptome hinterlegt, die überhaupt in diesem Teilsystem (z.B. ABS) auftauchen können.

Zum Zeitpunkt der Modellierung sind diese Fehlerbilder in den seltensten Fällen bekannt, können also auch nicht à priori modelliert werden. Der Lösungsweg besteht darin, dass sie erlernt werden. Hier sind verschiedene Lösungswege möglich, die in Abschnitt 3.3 diskutiert werden (vgl. hierzu auch [7]).

3.2 Automatisierung

Der Begriff Automatisierung soll hier in zweifacher Hinsicht diskutiert werden. Zum einen verstehen wir darunter die Automatisierung der Diagnoseanwendungen zur Ausführungszeit mit der Zielsetzung, diese im Idealfall vollständig automatisiert ablaufen zu lassen. Zum anderen meinen wir damit die Automatisierung bei der Erstellung von Diagnoseanwendungen, also den Entwicklungsprozess betreffend.

3.2.1 Automatisierung in der Anwendung

Im After Sales-Bereich der Fahrzeugindustrie ist es üblich, dass Menschen aktiv in den Diagnoseprozess eingebunden sind, wenngleich der Anteil automatisierter bzw. automatisierbarer Tests durch die Fahrzeugelektronik stetig wächst. In anderen Industriebereichen werden dagegen oft andere Anforderungen an Diagnoseprozesse gestellt. So wird die Raptor-Suite z.B. in der Halbleiterindustrie eingesetzt mit der Zielsetzung, ca. ¾ aller Diagnoseaufträge vollautomatisch ohne den Eingriff von Menschen zu bearbeiten, da derartige Eingriffe oft mit starken Effizienzeinbußen verbunden sind.

Eine automatische Bearbeitung von Diagnoseaufträgen setzt eine hohe Integration in die Infrastruktur der Zielumgebung voraus. Die Automatisierung von Diagnoseanwendungen erfordert ausgeprägte Fähigkeiten, mit externen Informationssystemen bzw. Datenbanken kommunizieren zu können, etwa um Informationen einzuholen, die ansonsten von einem Servicetechniker zunächst aufwendig akquiriert und anschließend einzugeben wären. Darüber hinaus werden Konstrukte zur Ansteuerung bzw. Auslösung von Aktionen bzw. Maßnahmen benötigt, etwa um Robotikkomponenten ansteuern zu können.

Die Autorenkomponente ATLAS der Raptor-Suite verfügt daher über umfassende Konstrukte zur Kommunikationsmodellierung auf einem hohen Abstraktionsniveau. Ebenso werden Konstrukte zur Spezifikation von Aktionen, Aktivitäten und Maßnahmen bereitgestellt und ständig weiterentwickelt.

In der Fahrzeugdiagnose ist derzeit ein vollautomatischer Diagnoseablauf in der Praxis noch Zukunftsmusik. Zwar erfolgt die Fahrzeugmontage in der Fahrzeugproduktion hochgradig automatisiert unter intensiver Verwendung von Robotern, ein Robotereinsatz erscheint aber für einen Werkstatteinsatz aus Kostengründen noch nicht praktikabel.

Die eigentliche Herausforderung für den Automatisierungsprozess besteht aber nicht in der Bereitstellung bzw. Ausführung dieser Konstrukte, sondern in der Fähigkeit, den Diagnoseprozess eigenständig planen und autonom steuern zu können (anstatt einen fest vorgegebenen Ablauf abzuspulen). Genau an dieser Stelle sind maschinelle Intelligenz und Flexibilität zwingend erforderlich, um situationsabhängig auch alternative Maßnahmen ergreifen zu können. Dies kann durch die explizite Trennung von Wissen und Verarbeitung gewährleistet werden. Es ist genau diese Eigenschaft, die im Kern eine hochgradig eine flexible automatische Verarbeitung ermöglicht.

3.2.2 Automatisierung in der Entwicklung

Die Erstellung rechnergestützter Diagnoseanwendungen für den praktischen industriellen Einsatz erfolgt bisher rein manuell und ist zeit- und kostenintensiv. Dabei erzwingen die Menge der Fehlercodes, die Vielfalt der Varianten und die steigende Komplexität der Teilsysteme oft einen Kompromiss zwischen Aufwand und Qualität bei der Erstellung von Diagnoseanwendungen (vgl. [4]). Dabei wird der Aufwand nur durch rigorose Beschränkung der Diagnosetiefe und -detaillierung auf die wichtigsten Diagnoseschritte in Grenzen gehalten. Komplexe Fehlerbilder werden häufig nur grob oder gar nicht mehr ausmodelliert, denn der klassische Modellierungsaufwand würde geradezu explodieren und wäre ökonomisch kaum zu rechtfertigen. Die resultierenden Diagnoseanwendungen sind dementsprechend lückenhaft.

In klassischen Diagnosesystemen spielen funktionale Modelle – z.B. Stromlaufpläne – keine, höchstens aber eine passive Rolle. Stromlaufpläne werden – quasi als Ergänzung oder Illustration zu einem Anweisungstext – lediglich als Bild bzw. Grafik im Rahmen von Prüfabläufen angezeigt. Sie sind nicht operationalisiert (bzw. operationalisierbar), wie dies in einem modellorientierten und wissensbasierten System wie der Raptor-Suite der Fall ist.

Die wissensbasierte bzw. modellorientierte Repräsentation von Schaltplänen eröffnet ganz andere Perspektiven. Wie in Abschnitt 2.2 beschrieben, basiert die Raptor-Suite auf technischen Systemmodellen, in denen sämtliche Bauteile, Leitungen, Pins, Massepunkte etc. enthalten sind. (Anmerkung: Die Verwendung von technischen Systemmodellen ist optional.) Dadurch verfügt die Raptor-Suite über bauliche Information nicht nur bis auf die Ebene der kleinsten tauschbaren/reparierbaren Einheiten, sondern auch über deren Verknüpfung und ihr Zusammenwirken. Was auf den ersten Blick wie zusätzlicher Aufwand aussehen könnte, erweist sich bei genauerer Betrachtung als großer Vorteil. Denn jeglicher Diagnoseschritt korrespondiert nun automatisch mit dem Systemmodell gemäß dem Leitmotiv und Grundprinzip des wissensbasierten Ansatzes "Keine Präsentation ohne Repräsentation" (vgl. [6]). Es ist klar, dass dies nur möglich ist, wenn das Wissen explizit repräsentiert wird (vgl. hierzu auch [9]).

Ein Vergleich mit klassischen GFS-Prüfabläufen verdeutlicht das Prinzip. Hier reichert der Autor eines Prüfablaufs die textuellen Anweisungen lediglich durch Bilder oder Grafiken über technische Aspekte an. Dies geschieht i.d.R. so, dass der Autor diese Bilder explizit im entsprechenden Prüfablauf verankert bzw. in die Oberfläche einbettet, um die Diagnoseanwendung so sprechender und intuitiver zu gestalten. Die textuellen Anweisungen werden auf diese Art und Weise aber lediglich "bebildert"; ein innerer Zusammenhang besteht nicht.

Modelliert man ein technisches System bis auf die Ebene der kleinsten tauschbaren Einheiten, so verfügt man über vollständige Information hinsichtlich aller verbauten Elemente sowie über die funktionalen Wirkungsketten. Diese Modelle sind zweckpluralistisch, d.h. für unterschiedliche Zwecke nutzbar und enthalten zunächst noch kein diagnosespezifisches Wissen.

Daraus lassen sich nun unter Verwendung von generischen Bauteilbiblioheken automatisch Diagnoseanwendungen ableiten, die auch hinsichtlich der Diagnose einen hohen Grad an Vollständigkeit aufweisen. Darüber hinaus sorgt die automatische Generierung dafür, dass die Diagnoseelemente im Hinblick auf textuelle, grafische und technische Aspekte hochgradig standardisiert und dadurch kognitiv besser verständlich sind.

Wir veranschaulichen den Sachverhalt an einem einfachen Beispiel. Die folgende Abbildung zeigt einen vereinfachten Ausschnitt aus einem ABS-System, der die elektrischen Pfade der Drehzahlsensoren zeigt.

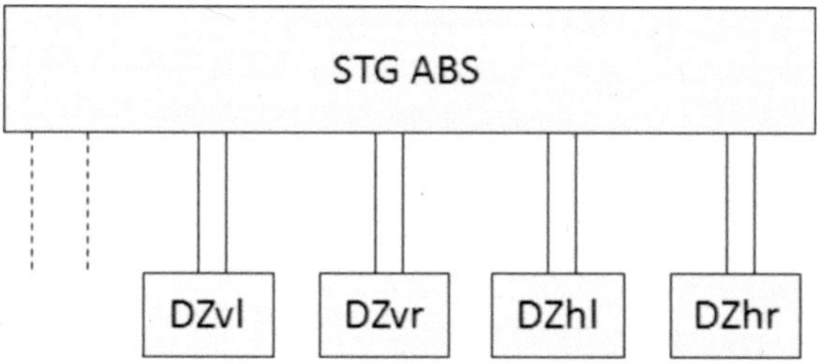

Abbildung. 3: Ausschnitt aus einem ABS-System

Es ist klar, dass alle vier Pfade diagnostisch gleichartig behandelt werden können. Ersetzt man den Drehzahlsensor durch einen anderen Sensor, ändert sich das Diagnosemuster nur in Bezug auf das neue Bauteil.

Die jeweiligen Pfadstrukturen und generische Bauteilbibliotheken bilden die Grundlage für die Generierung von Diagnoseanwendungen. Unter einer Bauteilbibliothek ist eine strukturierte Sammlung von Bauteilen zu verstehen. Dort können für ein Bauteil alle funktionalen und diagnoserelevanten Eigenschaften eines Bauteils hinterlegt und zur Nutzung bereitgestellt werden. Diagnoserelevante Elemente sind z.B. alle Fehleraspekte, die an dem Bauteil auftreten können, alle Prüf- bzw. Testschritte, alle Reparaturmaßnahmen etc. Bauteile können ihrerseits als konkrete Exemplare von Bauteilklassen aufgefasst werden. Entsprechende Überlegungen gelten in ähnlicher Form auch für Schaltplanstrukturen. Die Abb. 4 veranschaulicht das Ableitungsverfahren.

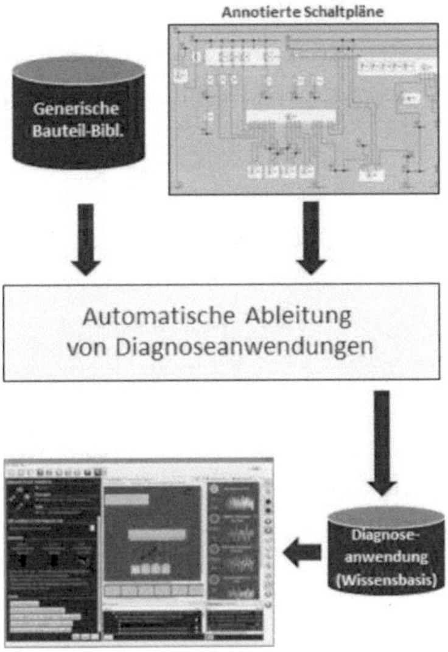

Abbildung 4: Automatische Ableitung von Diagnoseanwendungen

3.3 Automatische Optimierung

Diagnosesysteme sind ihrer Natur nach entscheidungsunterstützende Systeme; sie können – wie auch der Mensch – keine und schon gar keine optimale Problemlösung garantieren. Dem steht der Wunsch von Fahrzeug- und Systemherstellern entgegen, Schwachstellen in ihren Fahrzeugen bzw. Systemen schneller und effizienter identifizieren sowie Entwicklungs-, Produktions- und Serviceprozesse effizienter gestalten zu wollen. Der Schlüssel zur Lösung heißt Lernen. Lernfähige Systeme senken aber auch den Druck auf die Entwickler, à priori hocheffiziente Systeme zu entwickeln, wenn die Systeme in der Lage sind, aufgrund der Erfahrungen im Feld lernen und ihr Verhalten adaptieren können.

Lernfähige Systeme benötigen repräsentative Felddaten. Das Laufzeitsystem Raptor Onyx speichert jede Diagnosesitzung mit allen Daten in Replay-fähiger Form ab. Die Sitzungsprotokolle werden in eine relationale Datenbank überführt und stellen ein riesiges Informationspotential für vielfältige Auswertungszwecke dar. Gleichzeitig bilden diese Daten auch die Grundlage für die Lernfähigkeit. Als zentrales Verfahren wird Bayesian Learning – das Bayessche Lernverfahren – eingesetzt. Zu diesem Zweck wird die jeweilige Wissensbasis als ein Bayes-Netz aufgefasst, d.h. die Objekte dieser Wissensbasis bilden die Knoten des Bayes-Netzes.

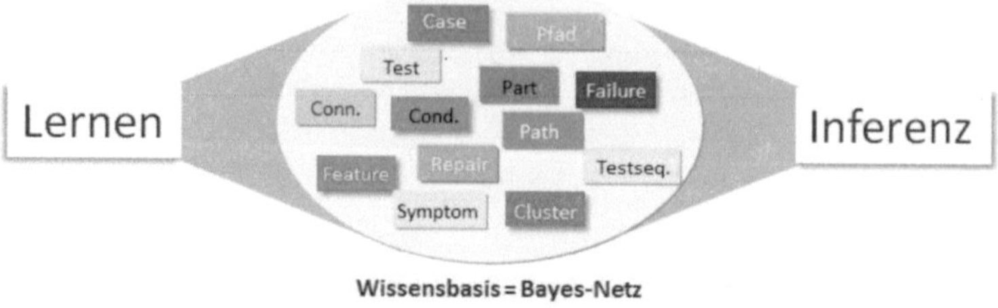

Abbildung 5: Die Wissensbasis als Bayes-Netz

Das Lernen beschränkt sich nicht auf das Erlernen einer à-priori Wahrscheinlichkeit zu Beginn einer Diagnosesitzung, sondern es betrachtet und aktualisiert jede einzelne Situation, die während des Diagnoseprozesses entstehen kann. Mit fortschreitender Zahl von Testschritten konvergiert das Verfahren in dem Sinne, dass der Fehler schrittweise immer genauer eingekreist wird und sich die Fehlerwahrscheinlichkeiten immer deutlicher herausbilden, bis schließlich das fehlerhafte Bauteil gefunden wird. Dies gilt in entsprechender Weise auch für Mehrfachfehler.

Im Nachgang zu einer Diagnose lässt sich ermitteln, wie der ideale Weg zur Diagnose ausgesehen hätte. Retrograd lässt sich nämlich der ideale Weg ermitteln, da es sich bei den Diagnosemodellen einer Wissensbasis um gerichtete Graphen handelt. Durch Herausrechnen aller Umwege wird der Diagnoseprozess auf die wirklich notwenigen Prüfschritte reduziert. Genau diese Information wird vom Lernverfahren verwendet. Sie ermöglicht es, dass die Inferenzstrategien zur Laufzeit den kürzesten (optimalen) Weg zur momentan wahrscheinlichsten Diagnose einschlagen können. Gleichzeitig werden mit jedem weiteren Testschritt alle Fehlerwahrscheinlichkeiten aktualisiert, so dass die Inferenzstrategien auch einen Fokuswechsel vollziehen können, wenn andere Diagnosekandidaten wahrscheinlicher geworden sind. Die Fehlerwahrscheinlichkeiten werden automatisch ohne manuelle Eingriffe ermittelt. Durch ihre Bereitstellung in Form von Lernmatrizen ist das Laufzeitsystem ONYX in der Lage, sein Diagnoseverhalten zu adaptieren.

Es gibt eine weitere Form des Lernens, die wir unterstütztes Lernen (Abb. 6) nennen. Damit ist gemeint, dass hier Diagnosesituationen in Diagnoseprotokollen identifiziert wurden, die sich nicht eindeutig automatisieren lassen, sondern in denen menschliche Kompetenz zur Beurteilung des Sachverhaltes erforderlich ist, etwa dann, wenn im Rahmen der Sitzung keine Diagnose getroffen werden konnte. Das Lernverfahren identifiziert diese Situationen und stellt sie zur kritischen Beurteilung zur Verfügung. Auf diese Weise können z.B. diffuse Fehlerbilder, wie sie in Abschnitt 3.1 diskutiert wurden, näher untersucht werden.

Zur Analyse dieser Fehlerbilder wird ein breites Spektrum an analytischen und statistischen Verfahren bereitgestellt. Der Zeitraum bis zur Erkennung derartiger Fehlerbilder, wie auch in gemäß Abschnitt 3.1 beschrieben, wird dadurch entscheidend verkürzt und schnell einer allgemeinen Lösung zugeführt.

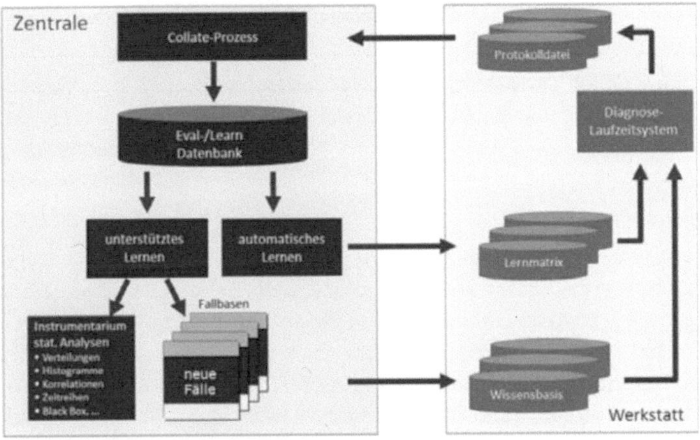

Abbildung 6: Der Lernprozess in der Raptor-Suite

3.4 Einbettung in die Zielinfrastruktur

Um dem Begriff Diagnose4.0 gerecht zu werden, ist, wie schon in Abschnitt 3.2.1 erwähnt, eine Einbettung der Diagnoseanwendungen in die IT-, Arbeits- und Organisationsumgebung der Werkstätten bzw. einer anderen Zielumgebung erforderlich. Das betrifft u.a. die Anbindung an kommerzielle Auftragssysteme, eine Anbindung an Bestandsführungssysteme und/oder Bestellsysteme zur Ermittlung bzw. Bestellung von Ersatzteilen, einen (optionalen) Prüfbericht zur Aushändigung an den Kunden, ggf. eine automatische Abrechnung aller Werkstattleistungen u.a.

Die Raptor-Suite bietet ein eigenes Auftragssystem an, dessen Zielsetzung eine möglichst präzise Ermittlung des Ausgangsfehlerbildes ist. Das Ziel besteht darin, das Fehlerbild nicht in Form von Freitext zu beschreiben, sondern möglichst präzise in strukturierter Form zu ermitteln, die in identischer Form in der Werkstatt von den Servicetechnikern verwendet werden kann. Dies schließt Erläuterungen in Freitextform oder die Erfassung des "O-Ton Kunde" natürlich nicht aus.

Des Weiteren werden im Laufe einer Diagnosesitzung auch Ersatzteile benötigt. Dies macht eine Anbindung an Ersatzteilkataloge und Lagerbestandssysteme sinnvoll. Für diesen Zweck können die Kommunikationskonstrukte gemäß Abschnitt 3.2.1 genutzt werden.

Jede Diagnosesitzung wird in einer Protokolldatei mit sämtlichen Details abgespeichert. Sie bietet die Grundlage für vielfältige Zwecke. Z.B. wird ein zusammenfassender Prüfbericht erstellt, der als Handout für den Kunden verwendet werden kann. Grundsätzlich bietet die Protokolldatei bzw. der Prüfbericht auch die Grundlage für eine automatische Abrechnung der erbrachten Leistungen. Hierzu kann in der Raptor-Suite jegliche Aktivität bzw. jeder Prüfschritt mit Arbeitswerten versehen werden, die eine Abrechnung ermöglichen. Die benötigten Ersatzteile können gemäß Teilekatalog abgerechnet werden.

In der Summe bieten die bereitgestellten Modellierungskonstrukte umfassende Möglichkeiten, um Diagnoseanwendungen nahtlos in eine vorhandene IT-Landschaft unter Berücksichtigung der Organisations- und Arbeitsprozesse einzubetten.

4 Zusammenfassung

Der Begriff Diagnose beschreibt einen Vorgang, der heute noch relativ losgelöst von anderen betrieblichen Prozessen durchgeführt wird. Bei einer Störung eines technischen Systems – etwa im Rahmen eines Produktionsvorganges – findet in einer Art Intermezzo ein isolierter Prozess statt, um einen regulären betrieblichen Vorgang – den Produktionsvorgang – danach wieder regulär und ungestört fortsetzen zu können. Die Fahrzeugdiagnose in den Werkstätten weist ebenfalls noch erhebliche Potentiale im Hinblick auf Kommunikationsfähigkeit, Automatisierung und Optimierung auf.

Mit dem Begriff Diagnose4.0 wird verdeutlicht, dass die Diagnose integraler Bestandteil eines umfassenden industriellen Prozesses ist. Die daraus resultierenden Integrationsanforderungen verlangen ein hohes Maß an Fähigkeiten zur Kommunikation mit anderen Informationssystemen sowie zur Automatisierung der Diagnoseanwendungen. Diese Fähigkeiten müssen ergänzt werden, um die Funktionalität der Diagnoseanwendungen selbst zu verbessern. Besonders wichtig sind die Fähigkeit zum Lernen und zur selbstorganisierenden Optimierung sowie die intelligente Fehlersuche in vernetzten Systemen.

Literatur

[1] Becker, Matthias: "Intelligente" Diagnosesysteme im Serviceeinsatz – Gestaltungskriterien und Grenzen automatisierter Diagnosemechanismen, in 14. Aachener Kolloquium Fahrzeug- und Motorentechnik, pp. 469-484, 2005

[2] Frei, Martin: Fehlerdiagnose an vernetzten Systemen – Grundlagen Diagnose, Wartung, 3. erweiterte Auflage, Krafthand Medien GmbH, Bad Wörishofen 2015

[3] Rumpe, B., Schiffers, J.: Herausforderungen an die Diagnose - Integration der Diagnose in die Steuergeräteentwicklung. in: ZfAW, Zeitschrift für die gesamte Wertschöpfungskette Automobilwirtschaft 1/2006, pg. 65-69. FAW-Verlag Bamberg 2006

[4] Waleschkowski, Norbert: Lernfähige wissensbasierte Diagnosesysteme. In: Bäker, Unger (Hrsg.): Diagnose in mechatronischen Fahrzeugsystemen VI. expert-Verlag, Renningen 2011

[5] Waleschkowski, Norbert, Giera, Ronny: Optimierung der Diagnose durch maschinelles Lernen aus Felddaten. In Bäker, Unger (Hrsg.): Diagnose in mechatronischen Fahrzeugsystemen V. Dresden: expert Verlag, 2012.

[6] Waleschkowski, N., Giera, R.: Visualisierung von Diagnoseprozessen. In: Bäker, Unger (Hrsg.): Diagnose in mechatronischen Fahrzeugsystemen VII. TUDpress, Dresden 2014

[7] Waleschkowski, Norbert, Giera, Ronny: Ganzheitliche Diagnostik. In: Bäker, Unger (Hrsg.): Diagnose in mechatronischen Fahrzeugsystemen VIII. TUDpress, Dresden 2015

[8] Waleschkowski, N.; Mecky M., Giera, R.: Was genau meint der Begriff 'Intelligente Diagnose'? In: Bäker, Unger (Hrsg.): Diagnose in mechatronischen Fahrzeugsystemen X. TUDpress, Dresden 2016

[9] Waleschkowski, Norbert: Wissensbasierte Diagnostik, Vorlesungsskriptum, Hochschule Darmstadt, Wintersemester 2015/16

12 Reinforcement Learning als Ansatz für zukünftige Diagnosemethoden

Karl Pertsch, Dipl.-Ing. Roman Ließner, Prof. Dr.-Ing. Bernard Bäker, TU Dresden, Dresden

Abstract

The increased complexity as well as the growing proportion of software in modern vehicles poses new challenges to manufacturers in terms of maintainability and quality assurance. Therefore the machine-learning-based approach of reinforcement learning is introduced in the scope of this work. Its suitability for solving complex optimization problems is demonstrated by learning driving strategies for hybrid electric vehicles and possible applications in the context of vehicle diagnosis are outlined.

Kurzfassung

Die zunehmende Komplexität und der gesteigerte Anteil an Software in modernen Fahrzeug-Systemen stellt Hersteller bei der Wartbarkeit und Qualitätssicherung vor neue Herausforderungen. Um dem zu begegnen, wird mit dem Reinforcement Learning im Rahmen dieser Arbeit ein Ansatz auf Basis des maschinellen Lernens vorgestellt. Anhand der Entwicklung einer Hybridfahrzeug-Betriebsstrategie wird die Eignung des Verfahrens für die Lösung komplexer Optimierungsprobleme unter Beweis gestellt und anschließend Möglichkeiten für eine Anwendung im Kontext der Fahrzeug-Diagnose entworfen.

1 Einleitung

Die heutzutage ständig steigenden Herausforderungen hinsichtlich der Wartbarkeit und Qualitätssicherung stellen Automobilhersteller vor neue Aufgaben. Die rasant ansteigende Komplexität, der ständig zunehmende Anteil an Software im Fahrzeug sowie der hohe Vernetzungsgrad der Einzelfunktionen erfordern neuartige Diagnosemethoden [1]. Die parallel dazu erzielten Fortschritte beim Maschinenlernen eröffnen einen vielversprechenden Ansatz, um dieser Komplexität zu begegnen. Speziell das Reinforcement Learning scheint über ein großes Potential für Anwendungen im Diagnosebereich zu verfügen. Dieses am menschlichen Lernen orientierte Verfahren soll im Rahmen dieser Arbeit am Beispiel der Applikation einer Hybridfahrzeug-Betriebsstrategie demonstriert und auf Anwendungen im Diagnosebereich übertragen werden.

Tabelle 1: Mögliche Betriebszustände des parallelen Antriebsstrangs

Betriebsmodus	M_{Rad}	M_{VM}	M_{EM}	**Beschreibung**
Hybrides Fahren	> 0	> 0	> 0	Aufteilung des Radmoments auf beide Antriebe, je nach Betriebsstrategie
Boost	> 0	> 0	$\gg 0$	Erhöhen des nutzbaren Maximalmoments
Lastpunktanhebung	> 0	> 0	< 0	Laden der Batterie, Nutzung VM mit höherer Effizienz
Rekuperation	< 0	≤ 0	< 0	Laden der Batterie durch Bremsenergie-Rückgewinnung

2 Antriebsstrangstrukturen des genutzten Hybrid-Fahrzeugs

Die am weitesten verbreitete Struktur für Hybrid-Fahrzeuge ist die Kombination eines Elektro- und eines Verbrennungsmotors in einem sogenannten Hybrid-Elektro-Fahrzeug (HEV). Durch Bremskraft-Rückgewinnung (Rekuperation) und Beschleunigungsunterstützung eröffnen sich bei Einsatz des Elektromotors (EM), vor allem im urbanen Umfeld, deutliche Kraftstoff-Einsparpotentiale gegenüber einem Fahrzeug, welches ausschließlich mit Verbrennungsmotor (VM) betrieben wird [2].

Die weitgefasste Definition sorgt dafür, dass verschiedenste Strukturen des Antriebsstrangs unter dem Begriff des elektrischen Hybrid-Fahrzeugs zusammengefasst werden [2]. Die Betrachtungen des vorliegenden Abschnitts sollen sich jedoch nur auf die für diese Arbeit relevante Konfiguration des Parallel-Hybriden beschränken. Bei diesem ist der Verbrennungsmotor direkt mit der Antriebsachse verbunden. Der elektrische Motor wird mechanisch parallel betrieben und kann beliebig zu- oder abgeschaltet werden [2]. In der genutzten Konfiguration besteht keine Möglichkeit, die Batterie über einen externen Anschluss zu laden.

Der Anteil, den jeder der beiden Motoren zum Gesamtmoment beiträgt, ist variabel. Eine Auflistung der daraus resultierenden Betriebszustände ist in Tabelle 1 aufgeführt [3,4]. Der daraus resultierende Freiheitsgrad in der Betriebsstrategie der HEVs bietet Möglichkeiten für eine Optimierung von Kraftstoffverbrauch und Schadstoffemissionen [5].

3 Reinforcement Learning

Das verstärkende Lernen (engl.: *Reinforcement Learning*) ist eine Form des maschinellen Lernens (engl.: *Machine Learning*). Die Grundidee des RL-Algorithmus ist stark an der Art und Weise orientiert, wie Menschen lernen. Im Gegensatz zu den meisten anderen Varianten des Machine Learning benötigt das RL keine Vielzahl an Beispielen von gewünschtem Verhalten. Vielmehr erfolgt das Lernen durch Versuch und Irrtum (*„Trial and Error“*). Durch fortwährende Interaktion mit seiner Umwelt und

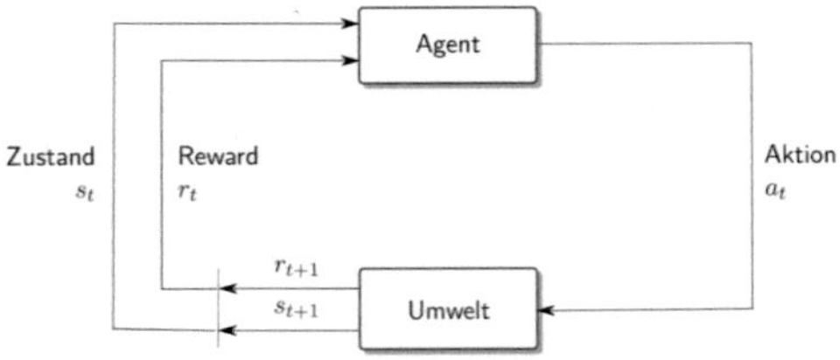

Abbildung 1: Schematische Interaktion zwischen Agent und Umwelt, nach [6]

den Erhalt von Feedback passt der Algorithmus sein Verhalten so an, dass eine vorgegebene Zielformulierung zunehmend besser erfüllt ist.

Das RL bietet damit eine generelle Herangehensweise an die Lösung von komplexen Problemen. Die Bestandteile der erforderlichen Problemformulierung werden in den folgenden Abschnitten vorgestellt.

3.1 Agent, Umwelt und Reward

Als **Agent** wird der Teil des Systems bezeichnet, der lernt und Entscheidungen trifft. Alles außerhalb dieses Agenten ist die sogenannte **Umwelt** (engl.: *Environment*). Beide Komponenten des Systems interagieren kontinuierlich miteinander. Diese Interaktion findet zu diskreten Zeitpunkten t statt. Zu jedem dieser Zeitpunkte erhält der Agent eine Repräsentation des Zustandes der Umwelt, den **State** $\boldsymbol{s}_t \in S$, wobei S die Menge aller möglichen Zustände ist. Auf Basis dieses Zustands wählt der Agent anschließend eine Aktion $a_t \in A(\boldsymbol{s}_t)$, wobei $A(\boldsymbol{s}_t)$ die Menge aller möglichen Aktionen im Zustand $\boldsymbol{s}_t$ ist.

Im darauf folgenden Zeitschritt befindet sich der Agent in einem neuen State $\boldsymbol{s}_{t+1}$ und erhält von der Umwelt ein Feedback in Form eines numerischen **Rewards** $r_{t+1} \in \mathbb{R}$. Nach Erreichen des neuen Zustands wiederholt sich der Prozess. Ein Schema der kompletten Interaktion ist in Abbildung 1 dargestellt. [6]

Die Wechselwirkung zwischen Agent und Umwelt kann als sogenannter **Markov Decision Process** (MDP) modelliert werden. Das heißt, dass die Menge aller aktuell möglichen Aktionen $A(\boldsymbol{s}_t)$, der Reward $r_{t+1}(\boldsymbol{s}_t, a_t)$ und der Folgezustand $\boldsymbol{s}_{t+1}$ nur vom aktuellen Zustand $\boldsymbol{s}_t$ und der gewählten Aktion a_t, nicht jedoch von vorangegangenen Zuständen oder Aktionen abhängen [7]. Dadurch kann eine Lösung des Problems direkt als Kennfeld implementiert werden, welches einem Zustand die jeweils optimale Aktion zuweist.

3.2 Policy und Value-Funktion

Eine Lösung des MDP wird in Form einer **Policy** $\pi \in \Pi$ dargestellt. Diese gibt in ihrer allgemeinsten Formulierung für jedes Paar aus Zustand $\boldsymbol{s}$ und Aktion a die Wahrscheinlichkeit $\pi(a|\boldsymbol{s})$ an, dass im Zustand $\boldsymbol{s}$ die Aktion a gewählt wird.

Um eine Policy zu berechnen, bedarf es einer sogenannten **Value-Funktion**, die jedem Zustand einen Value v zuordnet, der ein Maß für den erwarteten kumulierten

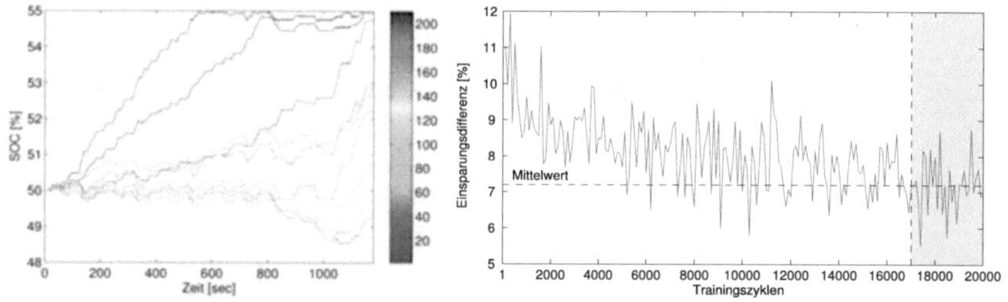

Abbildung 2: Ergebnisse des grundlegenden Algorithmus, Entwicklung des SOC (links) und der Einsparungsdifferenz ΔE_{fuel} (rechts) bei Training auf dem NEFZ

Reward dieses Zustands und damit dessen Güte ist. Bei einem sequentiellen MDP ergibt sich der kumulierte Reward G_t aus

$$G_t = r_{t+1} + \gamma r_{t+2} + \gamma^2 r_{t+3} + \cdots = \sum_{k=0}^{\infty} \gamma^k r_{t+k+1} \quad (1)$$

Der Parameter $\gamma \in [0{,}1]$ wird dabei als **Discount** bezeichnet. Er trägt der Tatsache Rechnung, dass momentane Rewards höher zu werten sind als Rewards, die eventuell in Zukunft erreicht werden. Damit kann der Value $v_\pi(\boldsymbol{s})$ eines Zustands als Erwartungswert des kumulierten Rewards G_t bei Befolgung der Policy π berechnet werden. Umformungen führen auf die **Bellman-Gleichung** [6]:

$$\begin{aligned} v_\pi(\boldsymbol{s}_t) &= \mathbb{E}_\pi[G_t] = \mathbb{E}_\pi\left[\sum_{k=0}^{\infty} \gamma^k r_{t+k+1}\right] = \mathbb{E}_\pi\left[r_{t+1} + \gamma \sum_{k=0}^{\infty} \gamma^k r_{t+k+2}\right] \\ &= \sum_a \pi(a|\boldsymbol{s}) \sum_{s_{t+1}} p(\boldsymbol{s}_{t+1}|\boldsymbol{s}_t, a)[r(\boldsymbol{s}_t, a, \boldsymbol{s}_{t+1}) + \gamma\, v_\pi(\boldsymbol{s}_{t+1})] \end{aligned} \quad (2)$$

Diese definiert den Value $v_\pi(\boldsymbol{s}_t)$ rekursiv über den Value des Folgezustands $v_\pi(\boldsymbol{s}_{t+1})$. Grundlage eines jeden Algorithmus zur Lösung von MDPs ist die iterative Berechnung der Bellman-Gleichung mit dem Ziel der Bestimmung einer optimalen Policy π_* für die gilt [6]:

$$v_{\pi_*}(\boldsymbol{s}) \geq v_{\pi'}(\boldsymbol{s}) \qquad \forall \boldsymbol{s} \in S, \pi' \in \Pi \quad (3)$$

3.3 Q-Learning

Das Q-Learning, eine Art des RL, ist ein modellfreier Algorithmus zur approximativen Lösung von MDPs, da es keine Kenntnis über die Umwelt, die Reward-Funktion und Übergangswahrscheinlichkeiten zwischen Zuständen voraussetzt. Dafür wird nicht die klassische Value-Funktion $v_\pi(\boldsymbol{s})$ approximiert, sondern die sogenannte State-Action-Value-Funktion $q_\pi(\boldsymbol{s}, a)$, welche jedem Paar aus State $\boldsymbol{s}$ und Action a einen Value zuordnet.

Im Rahmen des Q-Learning-Algorithmus nach Watkins wird $q_\pi(\boldsymbol{s}_t, a)$ iterativ bestimmt. Nach jedem Zeitschritt wird für den vorangegangenen Zustand $\boldsymbol{s}_t$ und die gewählte Aktion a eine Anpassung des entsprechenden Q-Values vorgenommen. Mit Hilfe des beobachteten Rewards r_{t+1} und der Q-Funktion des momentanen Zustands $\boldsymbol{s}_{t+1}$ wird folgende Update-Gleichung berechnet [8]:

$$q_\pi(\boldsymbol{s}_t, a_t) \longleftarrow q_\pi(\boldsymbol{s}_t, a_t) + \alpha[r_{t+1} + \gamma \max_{a_{t+1}} q_\pi(\boldsymbol{s}_{t+1}, a_{t+1}) - q_\pi(\boldsymbol{s}_t, a_t)] \tag{4}$$

Die **Learning Rate** (LR) $\alpha \in (0,1]$ legt die Schrittweite der Aktualisierung fest und sorgt so dafür, dass auch bei zufälligen oder nicht stationären Prozessen Konvergenz erreicht werden kann [6]. Wenn die LR über den Lernprozess verringert wird, kann bewiesen werden, dass Q-Learning nach unendlich vielen Updates garantiert zur optimalen Q-Funktion $q_*(\boldsymbol{s}, a)$ konvergiert [8]. Ist diese gefunden, so kann die zugehörige Policy durch Maximierung über den Aktionsraum ermittelt werden:

$$\pi_* = arg \max_a q_*(\boldsymbol{s}, a) \tag{5}$$

Die Auswahl der Aktion a während des Lernprozesses erfolgt im Rahmen eines als ε-greedy (dt.: geizig) bezeichneten Verfahrens in einem kleinen, durch $\varepsilon \in (0,1]$ definierten Prozentsatz der Entscheidungen zufällig. Andernfalls folgt der Algorithmus der aktuellen Policy π_t und wählt die Aktion, die im momentanen Zustand den größten Value $q_\pi(\boldsymbol{s}, a)$ liefert. So wird das gelernte Verhalten angewandt, aber auch neue Lösungen getestet.

4 Entwicklung von HEV-Betriebsstrategien

Für die Untersuchung der Leistungsfähigkeit des RL-Algorithmus wurde auf dessen Basis eine Lösung zur Entwicklung von Betriebsstrategien für HEV entworfen. Der in Abschnitt 2 erläuterte zusätzliche Freiheitsgrad macht die Entwicklung einer Betriebsstrategie notwendig, die neben dem Ziel der Verbrauchsminimierung weitere Nebenbedingungen, beispielsweise bezüglich des Ladezustands der Batterie einzuhalten hat. Einige Ansätze für diese beschränkte Optimierung sollen im Folgenden kurz genannt werden. Einen sehr fundierten Einblick in die Betriebsstrategien für HEV bietet das Standardwerk von Guzzella et al. [5].

4.1 Bisherige Ansätze

In der Industrie am weitesten verbreitet sind **regelbasierte Ansätze**, welche zwischen verschiedenen Betriebszuständen durch die Überprüfung heuristisch ermittelter Bedingungen wechseln [5]. Diese Verfahren weisen jedoch grundlegende Einschränkungen hinsichtlich der Ermittlung einer optimalen Betriebsstrategie auf [9]. Mit der **Dynamischen Programmierung** (DP) [10] und der **Eqivalent Consumption Minimization Strategy** (ECMS) [11] existieren weitere Verfahren, welche aber entweder detaillierte Informationen über den zukünftigen Streckenverlauf in ihre Optimierung mit einbeziehen oder nicht auf das Fahrverhalten des Nutzers anpassbar sind.

Neue Ansätze basieren auf einer stochastischen Repräsentation von Fahrzyklen. Neben der **Stochastischen Dynamischen Programmierung** (SDP) [12,13] betrifft

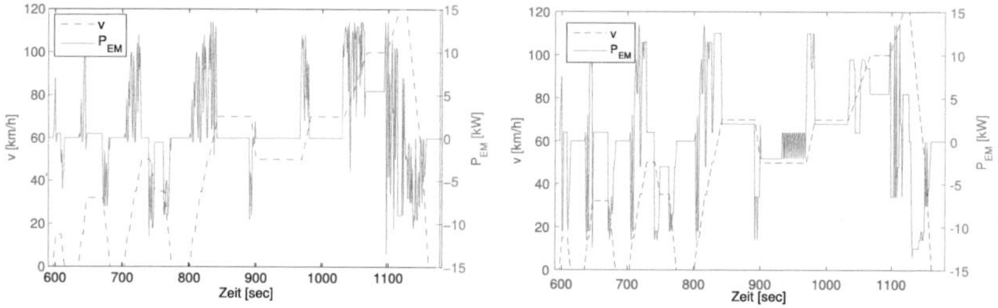

Abbildung 3: Ausschnitt des Geschwindigkeitsprofils im NEFZ mit überlagerter gewählter Leistung des Elektromotors P_{EM}, grundlegendes Q-Learning (links, $n_{train} = 20.000$) und Q-Learning mit Tile Coding (rechts, $n_{train} = 10$)

dies vor allem das **Reinforcement Learning** [14-16] , dessen Anwendung im Rahmen dieser Arbeit näher untersucht werden soll.

4.2 Problemformulierung

Der in Abschnitt 3 eingeführte **Zustandsvektor** für den Entwurf der Betriebsstrategie setzt sich wie folgt zusammen:

$$\boldsymbol{s}_t = \begin{bmatrix} v_t \\ a_t \\ SOC_t \\ g_t \end{bmatrix} \quad \begin{matrix} v \dots Geschwindigkeit \\ a \dots Beschleunigung \\ SOC \dots State\ of\ Charge \\ g \dots Gear \end{matrix} \tag{6}$$

Der zugehörige **Aktionsraum** $A(\boldsymbol{s}_t)$ besteht aus allen durch das Fahrzeugmodell zugelassenen Leistungen P_{EM} des Elektromotors im State $\boldsymbol{s}_t$. Der für den Lernprozess benötigte **Reward**, der die Zielformulierung darstellt, berechnet sich nach folgender Gleichung:

$$r_{t+1}(\boldsymbol{s}_t, a) = -\omega_{fuel} \cdot q_{fuel,t}(\boldsymbol{s}_t, a) - \omega_{SOC} \cdot (SOC_t - SOC_{goal})^2 \tag{7}$$

mit dem Momentanverbrauch $q_{fuel,t}$, dem aktuellen State of Charge SOC_t, dem festgelegten Ziel-SOC SOC_{goal}, sowie den zwei Wichtungsfaktoren ω_{fuel}, $\omega_{SOC} > 0$. Der erste Term sorgt für eine Minimierung des Verbrauchs, der zweite dafür, dass dabei der Ladezustand der Batterie, der SOC, nicht zu weit ausgelenkt wird, um ihre Lebenszeit zu verlängern [16].

4.3 Test des grundlegenden Algorithmus

Die Leistungsfähigkeit des in Abschnitt 3.3 vorgestellten Q-Learning-Algorithmus wurde auf dem Neuen Europäischen Fahrzyklus (NEFZ) [17] getestet, da durch dessen überschaubare Anzahl an Zuständen und das einfache Fahrprofil eine schnelle Einschätzung der Güte der Betriebsstrategie ermöglicht wird.

Die Resultate in Abbildung 2 zeigen deutlich, dass der Agent während des Trainings lernt, den Elektromotor stärker einzusetzen. Dadurch wird die Batterie im linken Graph über die ersten 200 Trainingszyklen zunehmend weiter entladen. Auch beim Verlauf der Differenz zwischen erreichter Einsparung und optimaler Einsparung, im Folgenden als Einsparungsdifferenz ΔE_{fuel} bezeichnet, zeigt sich die Lernfähigkeit des Algorithmus (siehe Abbildung 2, rechts). Die Optimallösung wurde unter Kenntnis des kompletten Fahrprofils mit DP berechnet [10]. Bei zunehmender Trainingsdauer nähert sich der Agent dem bestmöglichen Ergebnis von 0 %, dem Finden der optimalen Betriebsstrategie, an. Als Gütekriterium wird der Mittelwert von ΔE_{fuel} für die letzten 15 % des Trainingsdurchlaufs angegeben (hier: $\Delta \bar{E}_{fuel} = 7{,}2\ \%$).

Betrachtet man den in Abbildung 3 dargestellten Verlauf der gewählten EM-Leistung P_{EM} nach erfolgtem Training auf dem NEFZ (links), zeigen sich Probleme in der entwickelten Lösung. Das resultierende Betriebsverhalten ist sehr verrauscht, kleine Änderungen in den Zustandswerten führen zu deutlich unterschiedlichen Aktionsentscheidungen. Der Grund liegt in der inneren Repräsentation der gelernten Action-Value-Funktion $q(\boldsymbol{s}, a)$ als Tabelle, die jeder Kombination aus Zustandswert und Aktion einen Value zuordnet. Bei einer Aktualisierung nach Gleichung 4 bleibt der Lernvorgang in der Folge auf den besuchten Zustand beschränkt, dem Algorithmus fehlt die Fähigkeit, auf ähnliche Zustände zu generalisieren. Für Probleme, die, wie im untersuchten Fall, eine hohe Anzahl an Zuständen aufweisen, muss die Repräsentation der Q-Funktion aus diesem Grund geändert werden. Dabei kann auf Methoden der Funktionsapproximation zurückgegriffen werden.

5 Approximation der Value-Funktion

Generell unterscheidet man Funktionsapproximationen in lineare und nichtlineare Verfahren. Im Kontext des RL haben sich dabei bislang vor allem lineare Approximationen etabliert. Diese sind effizient zu implementieren und bieten bessere Möglichkeiten, die theoretischen Konvergenzeigenschaften zu untersuchen. Im Rahmen dieser Arbeit wurde ein solches Verfahren, das Tile Coding, implementiert.

5.1 Tile Coding

Die approximierte Q-Funktion $\hat{q}_{tile}(\boldsymbol{s}, a, \boldsymbol{\theta})$ wird im Fall des Tile Codings als Linearkombination von n Basisfunktionen $\phi_i(\boldsymbol{s}, a)$, auch **Features** genannt, mit einem Parametervektor $\boldsymbol{\theta}$ dargestellt [18]:

$$\hat{q}_{tile}(\boldsymbol{s}, a, \boldsymbol{\theta}) = \sum_{i=1}^{n} \phi_i(\boldsymbol{s}, a) \cdot \theta_i = \boldsymbol{\phi}^{\boldsymbol{T}}(\boldsymbol{s}, a) \cdot \boldsymbol{\theta} \qquad (8)$$

Beim Tile Coding wird die Kombination aus Zustands- und Aktionsraum, im Folgenden erweiterter Zustandsraum genannt, in Fliesen zerlegt, die **Tiles** T. Eine Schicht solcher Fliesen wird **Tiling** genannt. Für das Tile Coding werden mehrere dieser Tilings mit Versatz übereinander angeordnet, um Überlappungen zu erzeugen [19].

Der Vektor der Basisfunktion $\boldsymbol{\phi}(\boldsymbol{s}, a)$ bildet vom erweiterten Zustands- in den Feature-Raum ab. Die entstehenden Features sind binär. Für eine bestimmte Tile T_i gilt:

$$\phi_i(\boldsymbol{s}, a) = \begin{cases} 1 & for\ (\boldsymbol{s}, a) \in T_i \\ 0 & for\ (\boldsymbol{s}, a) \notin T_i \end{cases} \qquad (9)$$

5.2 Test des approximierten Algorithmus

Durch Einführung der Approximation der Value-Funktion war der Algorithmus in der Lage, in deutlich kürzerer Zeit eine weniger verrauschte Betriebsstrategie zu lernen. Ein Vergleich der Ergebnisse beider Algorithmen ist in Abbildung 3 dargestellt. Bei Parameter-Variationen wurde jedoch ersichtlich, dass durch die Approximation starke Verkopplungen zwischen den Parameter-Werten entstehen und der Algorithmus schon bei kleinen Änderungen nicht zu einer guten Lösung konvergiert. Aus diesem Grund wurde eine globale Parameter-Optimierung mit Hilfe des Patternsearch-Algorithmus [20,21] vorgenommen.

Für die Bewertung der Leistungsfähigkeit des Algorithmus mit approximierter Value-Funktion wurde ein realer Fahrzyklus zu Grunde gelegt (siehe Abbildung 4, links), der mit dem Verfahren von [22] aus realen Fahrdaten erzeugt wurde. Durch den deutlich erweiterten Zustandsraum stellt dieser Zyklus eine größere Herausforderung für den Lernprozess dar. Mit dem grundlegenden Algorithmus konnte deshalb nach 20.000 Trainingsschritten lediglich eine Einspardifferenz von 16 % erreicht werden. In den Ergebnissen des approximierten Algorithmus (Abbildung 4, rechts) erkennt man dagegen einen sehr schnellen Lernprozess innerhalb der ersten 200 Trainingszyklen und anschließend eine robuste Betriebsstrategie ohne Anzeichen von Instabilität. Die erreichte Einsparungsdifferenz lag bei nur noch 3 %. Dies stellt im Vergleich zur vorherigen Algorithmus-Konfiguration eine signifikante Verbesserung sowohl im Hinblick auf die Lerngeschwindigkeit, als auch auf die Ergebnisgüte dar.

5.3 Deep Reinforcement Learning

Eine Möglichkeit höhere Parameter-Robustheit zu erreichen besteht in der Nutzung einer nichtlinearen Repräsentation der Value-Funktion unter Verwendung künstlicher neuronaler Netze im Rahmen des Deep Reinforcement Learning (Deep RL). Die Netze verarbeiten in mehreren Ebenen Rohdaten zu Ausgangswerten und können während des Lernprozesses ihre Parameter $\boldsymbol{\theta}$ so anpassen, dass der Fehler gegenüber einem vorgegebenen Ausgang, der sogenannte **Loss**, minimiert wird.

Das Training neuronaler Netze ist eine Form des überwachten Lernens (engl.: *supervised learning*). Dafür wird eine große Menge an Trainingsdaten P der Form $P_i = \{input_i, target_i\}$ benötigt. Im Rahmen des Q-Learning Algorithmus ergeben sich die Komponenten des Tupels zu

$$\begin{aligned} input_i &= (\boldsymbol{s}_t, a_t, \boldsymbol{s}_{t+1}, r_{t+1}) \\ target_i &= r_{t+1} + \gamma \max_{a_{t+1}} \hat{q}_{NN}(\boldsymbol{s}_{t+1}, a_{t+1}, \boldsymbol{\theta}) \end{aligned} \tag{10}$$

mit dem Reward r_{t+1} des aktuellen Zustands $\boldsymbol{s}_t$, der gewählten Aktion a_t und der momentanen Approximation der Value-Funktion durch das neuronale Netz $\hat{q}_{NN}$ auf Basis des Parametervektors $\boldsymbol{\theta}$. Während jedes RL-Schritts wird ein Eingangsvektor $input_i$ zum Trainingsset P hinzugefügt, der Wert von $target_i$ wird erst während des Trainings berechnet. Der eigentliche Lernprozess erfolgt im Rahmen einer als **Experience Replay** bezeichneten Technik auf zufällig aus P gewählten Daten [23].

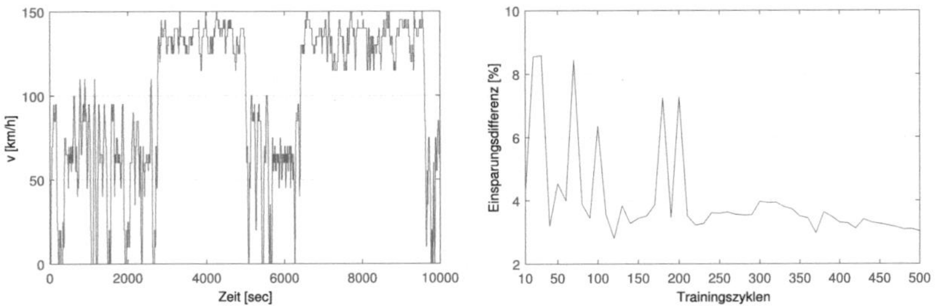

Abbildung 4: Test des Q-Learning-Algorithmus mit Tile Coding, Geschwindigkeitsprofil Realdaten-Testzyklus (links) und Verlauf der Einsparungsdifferenz ΔE_{fuel} (rechts)

Definiert man dabei die Loss-Funktion eines Trainingstupels $L_i(\boldsymbol{\theta})$ als Erwartungswert der quadratischen Differenz zwischen dem Zielwert $target_i$ und dem Ausgang des neuronalen Netzes, ergibt sich der Gradient für die Anpassung der Netz-Parameter $\boldsymbol{\theta}$ nach Gleichung 12 [24].

$$\nabla_{\boldsymbol{\theta}} L_i(\boldsymbol{\theta}) = \mathbb{E}_{s,a\sim p(\cdot),s'\sim\varepsilon}\left[\left(r + \gamma \max_{a'} \hat{q}_{NN}(\boldsymbol{s}', a', \boldsymbol{\theta}) - \hat{q}_{NN}(\boldsymbol{s}, a, \boldsymbol{\theta})\right)\nabla_{\boldsymbol{\theta}}\hat{q}_{NN}(\boldsymbol{s}, a, \boldsymbol{\theta})\right] \quad (11)$$

Seit mehreren Jahrzehnten werden neuronale Netze für die Approximation der Value-Funktion des RL-Algorithmus eingesetzt [23,25,26], jedoch blieben Erfolge auf einzelne Anwendungen begrenzt. Erst in den letzten Jahren konnten über eine große Bandbreite von Problemstellungen wegweisende Ergebnisse erzielt werden. So waren Deep RL-Algorithmen in der Lage, mit dem gleichen Satz von Parametern über 40 verschiedene Atari-Spiele zu lernen [24,27] oder den Weltmeister im Brettspiel Go zu schlagen [28].

Diese Beispiele zeigen, dass Reinforcement Learning unter Nutzung neuronaler Netze in der Lage ist, die beiden Hauptprobleme, die im Rahmen dieser Arbeit identifiziert wurden, zu lösen: es kann effektiv auf großen Zustandsräumen lernen (Go: ~250^{150} Spielsituationen) und gleichzeitig mit einem Parametersatz stabile Lösungen für viele verschiedene Problemstellungen entwickeln (49 Atari-Spiele). Damit bietet das Deep RL für die Lösung vielfältiger Probleme im Allgemeinen, aber auch für das Lernen von HEV-Betriebsstrategien im Speziellen großes Potential, das in zukünftigen Arbeiten erkundet werden sollte.

6 Anwendung im Diagnosebereich

Wie zuvor beschrieben, handelt es sich bei dem Reinforcement Learning um einen allgemeingültigen, am menschlichen Lernen orientierten Lösungsansatz, der sich auf zahlreiche Problemstellungen anwenden lässt. Bereits durch den Austausch der Reward-Funktion lassen sich völlig neue Zielstellungen verfolgen. Dies kann anhand des folgenden Beispiels nachvollzogen werden.

Im Rahmen der Betriebsstrategie-Optimierung ist die Reward-Funktion so formuliert, dass sie anstrebt, den Energieverbrauch des Kraftfahrzeugs unter bestimmten Rand-

und Nebenbedingungen zu verringern. Besteht jedoch beispielhaft das Ziel stattdessen darin, das Batterie-Management-System (BMS) zu prüfen und abzusichern, kann dies durch eine Modifikation der Reward-Funktion erfolgen. Letztere könnte so formuliert werden, dass das RL versucht, die Batterietemperatur zu maximieren. Es könnte somit im Fahrzeug die Ansteuerung der E-Maschine so wählen, dass die Batterietemperatur in vielfältigen Situationen an die Grenzen geführt wird. Ein funktionierendes BMS sollte zu hohe Batterietemperaturen und somit einen möglicherweise einhergehenden Schaden für Mensch und Technik vermeiden. Besonders die Eigenschaft, dass das RL die Auswirkungen seiner Handlungen in den nächsten Zeitschritten abschätzen kann, befähigt es, die bei der Temperaturentwicklung vorhandenen Trägheiten effektiv zur Zielerreichung einzusetzen. Sollte sich bei der Prüfung herausstellen, dass in bestimmten Systemzuständen tatsächlich ungewollt hohe Temperaturen erreicht wurden, lassen sich die dazu führenden Zustand-Aktion-Kombination durch Auswertung der gelernten Value-Funktion abfragen und zurückverfolgen.

7 Zusammenfassung und Ausblick

Im Rahmen der vorliegenden Arbeit wurde das Verfahren des Reinforcement Learning vorgestellt und exemplarisch auf das Problem der Entwicklung einer Hybridfahrzeug-Betriebsstrategie angewandt. Es konnte gezeigt werden, dass unter Nutzung des Q-Learning-Algorithmus mit approximierter Value-Funktion nah-optimale Betriebsstrategien auf realen Fahrdaten ermittelt werden können. Durch die Flexibilität des RL-Ansatzes konnten Möglichkeiten für einen Einsatz des Verfahrens im Kontext der Diagnose entworfen werden. In zukünftigen Arbeiten gilt es, diese Vorschläge durch Einführen von Zustands- und Aktionsvariablen zu konkretisieren und das Potenzial für die Diagnose komplexer Systeme zu evaluieren.

Literatur

[1] B. Rumpe und J. Schiffers, „Herausforderungen an die Diagnose-Integration der Diagnose in die Steuergeräteentwicklung“, *ZfAW Z. Für Gesamte Wertschöpfungskette Automob.*, Bd. 1, S. 65–69, 2006.

[2] P. Hofmann, *Hybridfahrzeuge: Ein alternatives Antriebskonzept für die Zukunft.* Springer, 2011.

[3] G. Beierlein, „Modellbasierte Appllikation einer Betriebsstrategie“. 2016.

[4] K. Reif, *Konventioneller Antriebsstrang und Hybridantriebe.* Springer, 2010.

[5] L. Guzzella, A. Sciarretta, und others, *Vehicle propulsion systems*, Bd. 3. Springer, 2013.

[6] R. S. Sutton und A. G. Barto, *Introduction to reinforcement learning*, 2. Aufl. MIT Press Cambridge, 2012.

[7] M. L. Puterman, *Markov decision processes: discrete stochastic dynamic programming.* John Wiley & Sons, 2005.

[8] C. J. Watkins, „Learning from delayed rewards“, University of Cambridge England, 1989.

[9] D. F. Opila, X. Wang, R. McGee, J. A. Cook, und J. Grizzle, „Fundamental structural limitations of an industrial energy management controller architecture for hybrid vehicles“, in *ASME 2009 Dynamic Systems and Control Conference*, 2009, S. 213–221.

[10]F. Kirschbaum, M. Back, und M. Hart, „Determination of the fuel-optimal trajectory for a vehicle along a known route“, *IFAC Proc. Vol.*, Bd. 35, Nr. 1, S. 235–239, 2002.
[11]A. Chasse und A. Sciarretta, „Supervisory control of hybrid powertrains: An experimental benchmark of offline optimization and online energy management“, *Control Eng. Pract.*, Bd. 19, Nr. 11, S. 1253–1265, 2011.
[12]T. Leroy, J. Malaize, und G. Corde, „Towards real-time optimal energy management of HEV powertrains using stochastic dynamic programming“, in *2012 IEEE Vehicle Power and Propulsion Conference*, 2012, S. 383–388.
[13]E. D. Tate, J. W. Grizzle, und H. Peng, „Shortest path stochastic control for hybrid electric vehicles“, *Int. J. Robust Nonlinear Control*, Bd. 18, Nr. 14, S. 1409–1429, 2008.
[14]X. Lin, Y. Wang, P. Bogdan, N. Chang, und M. Pedram, „Reinforcement learning based power management for hybrid electric vehicles“, in *2014 IEEE/ACM International Conference on Computer-Aided Design (ICCAD)*, 2014, S. 33–38.
[15]C. Liu und Y. L. Murphey, „Power management for Plug-in Hybrid Electric Vehicles using Reinforcement Learning with trip information“, in *Transportation Electrification Conference and Expo (ITEC), 2014 IEEE*, 2014, S. 1–6.
[16]T. Liu, Y. Zou, D. Liu, und F. Sun, „Reinforcement learning of adaptive energy management with transition probability for a hybrid electric tracked vehicle“, *IEEE Trans. Ind. Electron.*, Bd. 62, Nr. 12, S. 7837–7846, 2015.
[17]E. Union, „Richtlinie des Rates zur Änderung der Richtlinie 70/220/EWG zur Angleichung der Rechtsvorschriften der Mitgliedstaaten über Maßnahmen gegen die Verunreinigung der Luft durch Emissionen von Kraftfahrzeugen“, 1991. [Online]. Verfügbar unter: http://eur-lex.europa.eu/legal-content/DE/TXT/PDF/?uri=CELEX:31991L0441&from=de.
[18]L. Busoniu, R. Babuska, B. De Schutter, und D. Ernst, *Reinforcement learning and dynamic programming using function approximators*, Bd. 39. CRC press, 2010.
[19]A. A. Sherstov und P. Stone, „Function approximation via tile coding: Automating parameter choice“, in *International Symposium on Abstraction, Reformulation, and Approximation*, 2005, S. 194–205.
[20]R. Hooke und T. A. Jeeves, „‚Direct Search‘ Solution of Numerical and Statistical Problems“, *J. ACM JACM*, Bd. 8, Nr. 2, S. 212–229, 1961.
[21]M. Ink, „Find minimum of function using pattern search“. [Online]. Verfügbar unter: https://de.mathworks.com/help/gads/patternsearch.html.
[22]R. Liessner, A. M. Dietermann, B. Bäker, und K. Lüpkes, „Derivation of Real-World Driving Cycles Corresponding to Traffic Situation and Driving Style on the Basis of Markov Models and Cluster Analyses“, in *6th Hybrid and Electric Vehicles Conference (HEVC 2016)*, 2016.
[23]L.-J. Lin, „Reinforcement learning for robots using neural networks“, Fujitsu Laboratories Ltd, 1993.
[24]V. Mnih *u. a.*, „Playing atari with deep reinforcement learning“, *ArXiv Prepr. ArXiv13125602*, 2013.
[25]G. Tesauro, „Temporal difference learning and TD-Gammon“, *Commun. ACM*, Bd. 38, Nr. 3, S. 58–68, 1995.
[26]M. Riedmiller, „Neural fitted Q iteration–first experiences with a data efficient neural reinforcement learning method“, in *European Conference on Machine Learning*, 2005, S. 317–328.
[27]V. Mnih *u. a.*, „Human-level control through deep reinforcement learning“, *Nature*, Bd. 518, Nr. 7540, S. 529–533, 2015.
[28]D. Silver *u. a.*, „Mastering the game of Go with deep neural networks and tree search“, *Nature*, Bd. 529, Nr. 7587, S. 484–489, 2016.

13 Automatisierte Diagnosevalidierung 2007 - 2017 – 2020

Dipl.-Inf. Simon Müller, Dipl.-Ing. (BA) Christoph Rätz, Vector Informatik GmbH, Stuttgart

Abstract

Diagnostic protocol tests can be generated and executed fully automatically for many years. The effort for the creation and execution of tests remains rather constant, despite the growing range of functions. With the established standards of uniform diagnostic communication (UDS) and diagnostic description formats (ODX), high test automation and consequently high diagnostic quality can be achieved with comparatively little effort. But also the testing of the diagnostic application and the testing of the software update can be automated. Today, there are only a few areas in the development of automotive electronics that have the same high potential for test automation.

Kurzfassung

Bereits seit vielen Jahren können vor allem Diagnoseprotokolltests vollautomatisch generiert und ausgeführt werden. Der Aufwand für die Erstellung und Ausführung von Tests bleibt trotz weiter wachsendem Funktionsumfang eher konstant. Mit den etablierten Standards der einheitlichen Diagnosekommunikation (UDS) und Diagnosebeschreibungsformaten (ODX) kann mit vergleichsweise wenig Aufwand eine hohe Testautomatisierung und folglich eine hohe Diagnosequalität erreicht werden. Aber auch das Testen der Diagnose-Applikation und des Software Updates ist automatisierbar. Heute gibt es wenige Bereiche in der Entwicklung von Automobilelektronik, die über ein ähnlich hohes Potential zur Testautomatisierung verfügen.

1 Protokolle und Standards

Für die Automatisierung der Diagnosetests stellte die Verabschiedung des Unified Diagnostic Services Standards (ISO14229) [1] im Jahr 2006 einen großen Schritt dar: Mit der Harmonisierung der Diagnosedienste war erstmals die Umsetzung von Hersteller-übergreifenden tiefergehenden Diagnose-Protokolltests möglich. Das Vorgängerprotokoll KWP2000 (ISO14230) [2] erlaubte noch viele Freiheiten und verlangt daher nach OEM spezifischer Konkretisierung, was eine allgemeingültige Testimplementierung erschwert. Im Jahr 2013 wurde die UDS in einer überarbeiteten Version veröffentlicht, was die Formulierung von noch detaillierteren Protokolltests ermöglicht.

Neben der Protokolldefinition stellen formal beschriebene Diagnosedaten die zweite wichtige Voraussetzung zur Testgenerierung dar. Der Funktionsumfang, z.B. eines Fensterhebers unterscheidet sich wesentlich von dem eines Motorsteuergerätes - – entsprechend unterscheidet sich auch die umgesetzte Diagnosefunktionalität. Um einen Test automatisch generieren zu können, müssen die im Steuergerät umgesetzten Diagnosedienste bekannt sein. Zur Spezifikation der Diagnose ist das Werkzeug CANdelaStudio der Vector Informatik GmbH weltweit etabliert. Es unterstützt auch u.a. den internationalen Standard Open Diagnostic Data Exchange (ODX, ISO 22901) [3], der im Jahr 2008 verabschiedet wurde und mittlerweile bei den meisten Fahrzeugherstellern weltweit zum Einsatz kommt.

Die technischen Voraussetzungen für eine automatische Generierung von Diagnoseprotokolltests sind also bereits lange erfüllt. So verwundert es nicht, dass es auch schon seit über 10 Jahren Lösungen zur automatischen Diagnosetestgenerierung und -ausführung gibt, wie z.B. das Werkzeug CANoe.DiVa von Vector.

Basierend auf Diagnoseinformation im CANdela oder ODX- Format und dem Diagnoseprotokoll (z.B. UDS, KWP2000, OBD, WWH-OBD,...) werden automatisch sehr umfangreiche Tests generiert. Diese Tests umfassen sowohl gültige als auch ungültige Anfragen, welche die Fehlerbehandlung im Steuergerät auf die Probe stellen. Die Tests werden in die Testumgebung (CANoe) geladen, automatisiert ausgeführt und die Testergebnisse in einem detaillierten Report dokumentiert

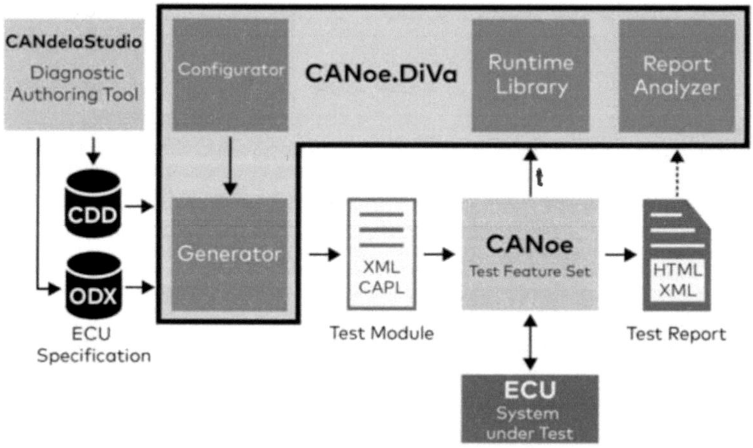

Abbildung 1: Testablauf in einer automatisierten Testumgebung mit CANoe.DiVa / Test sequence in an automated test environment with CANoe.DiVa

Für größere Steuergeräte werden schnell über 10.000 Testfälle generiert, ohne dass redundant getestet wird.

Faktisch gibt es heute für nahezu jedes Steuergerät eine formale Diagnosebeschreibung im CANdela und/oder ODX- Format. Von der Diagnosespezifikation zu einem umfassenden automatischen Protokolltest ist es daher nur ein kleiner Schritt: Protokollfehler können schon lange einfach mit wenig initialem Aufwand erkannt werden.

2 AUTOSAR steigert die Diagnoseprotokoll-Qualität

Mit dem Einsatz von AUTOSAR-Software Komponenten für die Diagnose wird eine Reihe von Protokollverletzungen durch den Tester (z.B. Formatverletzungen) bereits von der Basissoftware behandelt. Da die Basissoftware in der Regel direkt mit den verfügbaren Diagnosedaten parametriert wird, sind in der Regel auch die Diagnoseantworten eines Steuergeräts protokollkonform. Der Anteil der einfachen Protokollfehler sinkt mit der Verwendung von AUTOSAR-Komponenten erkennbar. Entsprechend sinkt auch der Aufwand für die Testauswertung und die Fehlerbehebung. Trotzdem bleibt der Protokolltest u.a. aus folgenden Gründen weiter wichtig:

- Bei der Konfiguration der AUTOSAR-Komponenten, der Integration und der Applikationsentwicklung können Fehler passieren
- Passt die Diagnose-Implementierung im Steuergerät nicht zu den vom Diagnosetester verwendeten Diagnosedaten, kann trotz „korrekter" Umsetzung im Steuergerät nicht richtig diagnostiziert werden
- Lücken in der Fehlerbehandlung der Anwendungs-Implementierung können potentiell zum Einspielen von Schadcode verwendet werden

Da in Zeiten von DoIP und OTA („over the air") keine direkte physikalische Verbindung mit dem Diagnosetester mehr vorliegen muss, kann sich ein Protokoll-Fehler gegebenenfalls negativ auf diese Dienste für eine ganze Flotte von Fahrzeugen auswirken: z.B. durch eingeschränkte Möglichkeiten bei der Fernwartung, weil benötigte Diagnosefunktionen nicht wie gewünscht arbeiten und daher (doch) ein Werkstattaufenthalt erforderlich wird. Im schlimmsten Fall könnte ein Protokollfehler einen sicherheitskritischen Angriff auf das Fahrzeug ermöglichen. Durch die ständige Verfügbarkeit des Fahrzeugs werden sich neue, auch auf Diagnosefunktionalität basierende, für den Kunden erlebbare Anwendungsfälle entwickeln, wodurch es voraussichtlich zu einem häufigeren und breiteren Einsatz der Diagnosefunktionen kommt. Entsprechend ist abzusehen, dass die Qualitätsanforderungen an die Diagnoseumsetzung noch weiter wachsen.

3 Software Update Validierung

Trotz aller Diagnose Standardisierungsmaßnahmen sind die Abläufe für ein Steuergerät Software Update (Flashen) weiterhin OEM spezifisch. Zwar sind die eingesetzten Dienste standardisiert, aber Funktionen wie inkrementelles Update oder Mechanismen zur Absicherung der übertragenen Daten (Identifikationsdaten, Checksummen, Signaturen, etc.) führen in der Praxis zu recht unterschiedlichen Flash-

Abläufen. Außerdem werden unterschiedliche Flashcontainer-Formate verwendet um den Prozessanforderungen des jeweiligen Herstellers gerecht zu werden. In der Praxis bedeutet das, dass es für nahezu jeden OEM ein eigenes Werkzeug zum Software Update gibt. Ein Zulieferer muss also nicht nur mit verschiedenen Werkzeugen arbeiten, sondern oft auch für jeden OEM eine eigene Testumgebung entwickeln und pflegen. In Produktion und Service ist ein funktionierender Flashablauf seit jeher unverzichtbar. Wenn man an zukünftige Software Updates „over the air" (SOTA) denkt, so ist eine verlässliche Software Update Funktion im Fahrzeug wichtiger denn je. Mit den neuen Möglichkeiten wird neue Software voraussichtlich häufiger eingespielt, möglicherweise ähnlich oft wie man es bereits von mobilen Endgeräten her kennt (z.B. um Sicherheitslücken zu schließen). Situationen, in denen ein Steuergerät nach einem fehlgeschlagenen Update nicht mehr funktioniert, sollen natürlich unbedingt vermieden werden. Aber selbst bei etablierten Herstellern von Smartphones laufen Software Updates nicht immer reibungslos ab – trotz ausgeklügelter Absicherungsmaßnahmen.

Mit dem Werkzeug vFlash von Vector werden schon seit einigen Jahren herstellerübergreifend Software Updates durchgeführt, und das für zurzeit über 90 unterschiedliche Bootloader-Spezifikationen aller relevanten Fahrzeughersteller. Das Testautomatisierungswerkzeug CANoe.DiVa nutzt die Automatisierungsschnittstelle von vFlash und bietet so für alle von vFlash unterstützten Bootloader zusätzlich automatisierte Software Update Tests an. Neben den Variablen (Timing, Format, ...) im gültigen Flashablauf werden automatisch auch klassische Fehlersituationen, wie z.B. Unterspannung und Abbrüche an verschiedenen Stellen des Flash-Ablaufs getestet. Damit lässt sich die Robustheit der Steuergeräte-Software einfach und umfassend prüfen.

Bei den skizzierten Tests handelt es sich im Wesentlichen um Blackbox-Tests. Darüber hinausgehende Tests, z.B. die Plausibilisierung prozessrelevanter Daten wie Identifikationsdaten oder Signaturen erfordern herstellerspezifisches Detailwissen. Auch für diese Art von Tests gibt es bereits spezifische Erweiterungen für namhafte Hersteller.

Die Software Update Tests sichern die wesentlichen Update Features wie verlässliche Datenübertragung und robustes Verhalten im Fehlerfall ab. Sie sind ähnlich komfortabel automatisierbar wie die Diagnose Protokoll Tests.

4 Validierung der Diagnose Applikation

Die Diagnosefunktionen im Steuergerät müssen selbstverständlich nicht nur formalen Aspekten genügen, sondern auch inhaltlich korrekt sein. Nur so kann ein Fahrzeug sinnvoll diagnostiziert werden. Die aktuellen Diagnoseformate (z.B. ODX) konzentrieren sich v.a. auf die Definition der Protokollaspekte. Trotzdem können daraus applikationsrelevante Informationen für eine automatische Testerzeugung gewonnen werden: z.B. lässt sich aus der Beschreibung der definierten Wertebereiche ein automatischer Test zur Plausibilisierung der übertragenen Werte ableiten. Mit heuristischen Methoden und/oder herstellerspezifischem Wissen können aus nicht-formalen Fehlercode- oder Diagnoseparameter-Beschreibungen konkrete Fehlerursachen abgeleitet werden. Um die gewonnen Erkenntnisse in konkrete automatische Testläufe umsetzen zu können, müssen die Zugriffsmöglichkeiten auf die (Test-)Umgebung und damit die Möglichkeiten zur Stimulation des Steuergerätes bekannt sein. Üblicherweise sind diese Informationen bei der Steuergeräteentwicklung aber ohnehin verfügbar:

- Die Netzwerkarchitektur ist beschrieben in AUTOSAR (.arxml) oder CANdb (.dbc). Signale können einfach vom Bus gelesen und über eine Restbussimulation manipuliert werden.
- Das Speicherlayout eines Steuergeräts ist beschrieben in a2l Dateien. Parameter können einfach über XCP gelesen und manipuliert werden.
- Die elektrischen Ein- und Ausgänge und die Test-Beschaltung sind üblicherweise in maschinenlesbaren Formaten beschrieben. Diese können gemessen und angesteuert werden, z.B. über einen Hardware-in-the-Loop (HiL) Test im Zusammenspiel mit dem Vector VT-System

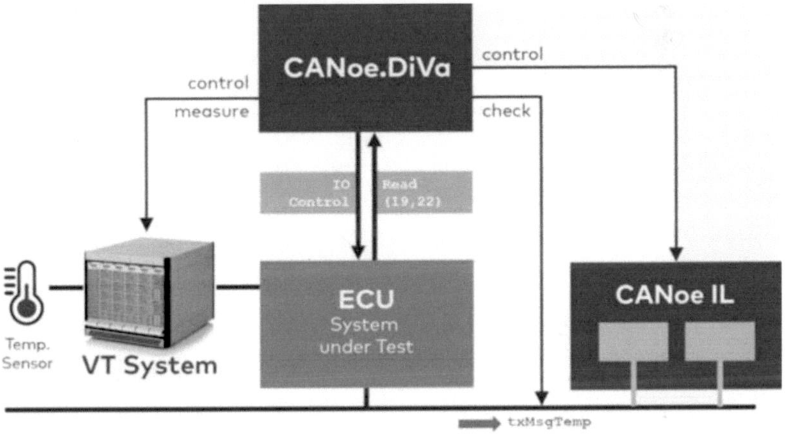

Abbildung 2: CANoe.DiVa: Software und Hardware in-the-Loop / CANoe.DiVa: Software and Hardware in-the-Loop

CANoe.DiVa unterstützt zusätzlich die Ankopplung von proprietären Parameter- und DTC Beschreibungen über ein Excel Austauschformat. In einer integrierten Testumgebung wie Vector CANoe können all diese Quellen in einem Test kombiniert und genutzt werden.

Beim Einsatz eines virtualisierten Steuergeräts in der Entwicklung (z.B. Vector vVIRTUALtarget) ist der Testaufbau für den Applikationstest vergleichsweise einfach möglich, da Hardware I/Os einfach per Software stimuliert werden können.

Der mögliche Automatisierungsgrad bei Applikationstests reicht sicher nicht an den der Protokolltests heran, dennoch ergeben sich zahlreiche Möglichkeiten zur halb- oder sogar vollautomatischen Testgenerierung, die es sich zu nutzen lohnt.

5 Testumfang, Testauswertung und Weiterverarbeitung

Der durch entsprechende Werkzeuge gewonnene hohe Automatisierungsgrad bei der Diagnose-Protokollvalidierung erlaubt eine höhere Testtiefe - bei gleichbleibendem Aufwand - durch weitere automatisierte Tests oder zusätzliche eigene Tests: Immer mehr OEMs nutzen die Automatisierungsmöglichkeiten, um die für Sie besonderes wichtigen Diagnoseanwendungsfälle z.B. für Produktion und Service systematisch abzusichern. Entsprechend kann die Diagnosefunktion bereits in frühen Entwicklungsphasen vom Lieferanten nachweisbar abgesichert werden.

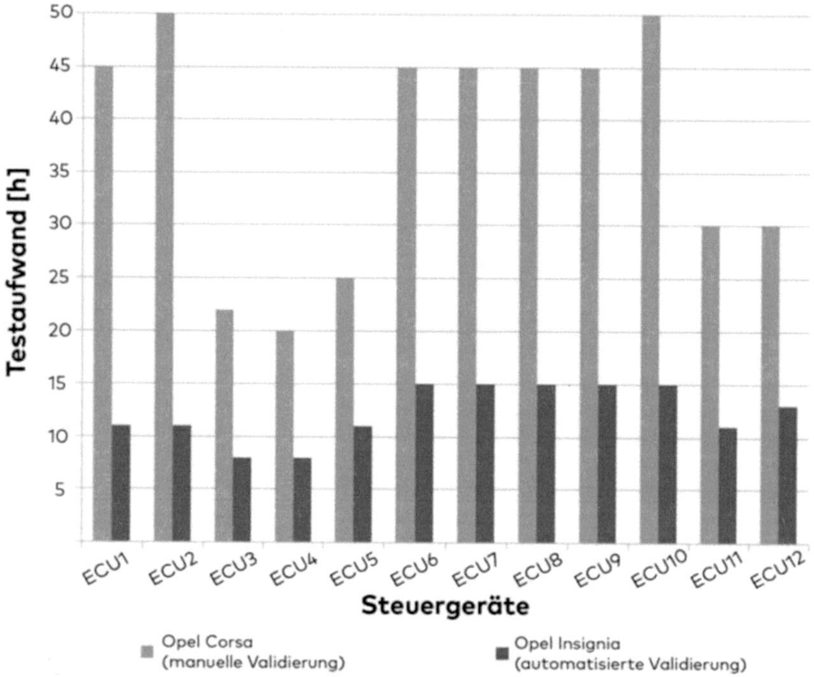

Abbildung 3: Aus der Praxis: Testaufwand manueller Validierung im Vergleich zur automatisierten Validierung / From practice: Test effort of manually operated validation compared to automated validation [5]

Weltweit setzen heute viele der großen OEMs auf die Testunterstützung von CANoe.DiVa. Sie profitieren dabei auch von der umfangreichen Unterstützung bei der Weiterverarbeitung der Testergebnisse, die in Praxis sehr viel Zeit einspart:

- Sortieren und Filtern, für eine gezielte und bedarfsgerechte Sicht auf die Testergebnisse
- Verknüpfen von Fehlern mit derselben Ursache
- Kommentieren einzelner Testergebnisse, um den Fehler und seine Ursache zu klassifizieren, Hinweise zur Korrektur zu dokumentieren und die Behebung zu steuern.
- Übertragen der Fehleranalyseergebnisse eines Testlauf auf einen anderen
- Anbinden der Testlösung an bestehende Testdatenmanagement- oder Anforderungssysteme, zur Integration in existierende Prozesse

6 Fazit / Ausblick

Der Diagnoseumfang von Steuergeräten und die Anforderungen an die Qualität werden weiter wachsen. Jedoch existieren schon heute automatisierte Lösungen, die die Aufwände für die Diagnosevalidierung signifikant reduzieren und gleichzeitig die Testbreite und -tiefe signifikant erhöhen. Die dazu benötigten formal beschriebenen Daten sind in der Regel ohnehin verfügbar. Die Wiederverwendung dieser Daten auch für Testzwecke ist nur konsequent.

Mit der zunehmenden Vernetzung über die Fahrzeuggrenzen hinaus gewinnt das Thema Automotive Cyber Security auch in der Diagnose rasant an Sichtbarkeit. „Testen von Security" und „Testen trotz Security" [4] sind in vielen Bereichen der Entwicklung mittlerweile Fokusthemen. Der erweiterte Fahrzeugzugriff „Over The Air" eröffnet neue Anwendungsfelder für die Fahrzeugdiagnose – die wiederum abgesichert werden müssen.

Viele Innovationen lassen sich nur dann schnell in Serie bringen, wenn sie schon frühzeitig und anwendergerecht in Software und den zentralen Werkzeugen unterstützt werden. Auch das ist kein Hexenwerk. Aber eine spannende Herausforderung für Anbieter von Software.

Literatur

[1] - [3] International Organization for Standardization: ISO 14229 (UDS), ISO 14230 (KWP2000), ISO 22901 (ODX)

[4] Metzger E.; 2016: Vortrag: Die Vector Security Solution, Vector Cyber Security Symposium 2016

[5] Peti P., Timmerberg A., Pfeffer T., Müller S., Rätz C.; 2008: Automatische Validierung der Diagnoseservices, ATZ elektronik 06I2008

[6] Simon Müller, Christoph Rätz; 2009: Erfahrungsbericht: Automatische Validierung der Diagnose, 3. Tagung Diagnose in mechatronischen Fahrzeugsystemen

[7] Christoph Rätz, Wasilios Souflis; 2007: Automatisches Generieren von Software-Tests aus einer Diagnose-Spezifikation, 1. Tagung Diagnose in mechatronischen Fahrzeugsystemen

14 OTX 2.0
Neues aus der Standardisierung

Dr.-Ing. Jörg Supke, emotive GmbH & Co. KG, Ostfildern (Stuttgart)

Kurzfassung

Der Vortrag gibt einen Überblick über den aktuellen Stand der Standardisierung von OTX. Er möchte das hohe Potential von OTX zur Beherrschung der stetig wachsenden Komplexität im Umfeld der neu zu etablierenden End-to-End Prozesse verdeutlichen.

Abstract

The presentation gives an overview of the current state of OTX standardization. The high potential of OTX to master the permanent increasing complexity in field of the new integrated end-to-end processes should be demonstrated.

1. Einleitung

Wir leben in einer vernetzten Welt. Die flächendeckende Verfügbarkeit sicherer, breitbandiger und systemübergreifender Kommunikation, die immer anspruchsvollere Kundenanforderungen sowie der stetig steigende globale Wettbewerb führen zu einem permanenten Druck auf alle betrieblichen Abläufe und Prozesse. Die bekannten Trends in der Automobil Elektronik

- High Performance Computer im Fahrzeug,
- Gigabit Ethernet im Fahrzeug,
- Sichere und gesicherte Webservice Schnittstelle zum Fahrzeug,
- Dienste-Orientierung statt Komponentenorientierung,
- Spätere Integration heute noch unbekannter Funktionen,
- Dynamische Verteilung der Funktionen,
- Auslagerung von Diensten in die Cloud und
- Diagnosetester im Fahrzeug

sowie die dadurch zunehmende Komplexität (**Bild *1***) stellt Unternehmen vor die Herausforderung, ihre operativen Abläufe kontinuierlich zu hinterfragen und zu verbessern. Am Grad der „entspannten“ Beherrschung der Komplexität wird die Qualität der betrieblichen Prozesse sichtbar.

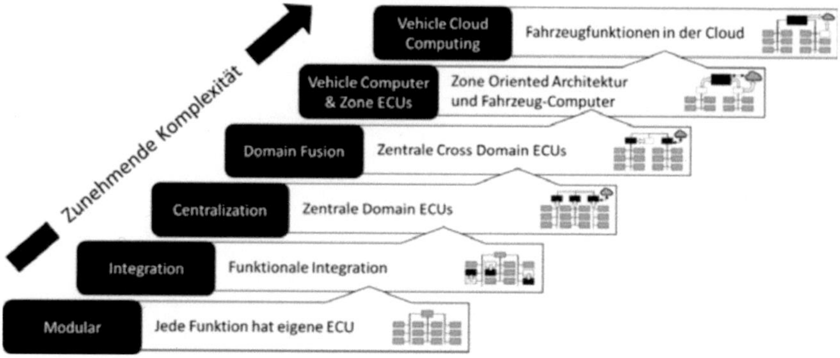

Bild 1: Evolution der E/E-Architektur [nach Bosch]

So genannte End-to-End Prozesse haben sich dabei zu einem führenden Prinzip entwickelt. Ein End-to-end-Prozess ist laut Wikipedia *„ein Prozess, der aus sämtlichen zeitlich-logisch aufeinander folgende Teilprozesse besteht, die zur Erfüllung eines konkreten Kundenbedürfnisses notwendig sind. Die Betonung von End-to-end dient dazu, bewusst zu machen, dass sich dieser Prozess vom Bedarf des Kunden bis zur Leistungserbringung erstreckt und in der Regel abteilungsübergreifend ist.“*. Eine ganzheitliche End-to-End Prozessorganisation ist daher der Schlüssel zu operativer Exzellenz.

Hierbei spielen Standards eine zentrale Rolle. Standards schaffen weltweit einheitliche Grundlagen für den Austausch von Komponenten. Sie basieren auf beweisbaren naturwissenschaftlichen Argumenten und verfolgen gesamtwirtschaftliche Zwecke. Der Nutzen für alle steht über dem Vorteil einzelner Personen oder Institutionen. Grundsätzlich ist ein Standard eine Empfehlung und der Einsatz ist freiwillig. Wegen der großen Bedeutung für das Zusammenspiel von technischen und wirtschaftlichen Lösungen ist jedoch eine möglichst breite Akzeptanz und Anwendung von Standards notwendig und sinnvoll.

Bei der weltweiten Standardisierung insbesondere im Bereich Automobil Elektronik hat sich Deutschland eine herausragende Position erarbeitet. Die überwiegende Mehrzahl aller neuen, innovativen Standards wurden in Deutschland initiiert und werden mit viel Engagement von Experten der jeweiligen Fachgebiete vorangetrieben.

Durch die Vernetzung des Automobils und dem damit einhergehenden Technologiesprung bietet sich die Chance, durchgängige und standardisierte End-to-End Prozesse zu etablieren. Zum Schließen der Lücken sollte die Standardisierung weiter vorangetrieben und bestehende Standards gestärkt werden. Dies ist die Voraussetzung für eine kontinuierliche Verbesserung, die Konsistenz in der Leistungserbringung und die Vermeidung von Redundanzen.

Aufgrund seiner integrativen und harmonisierenden Wirkung kommt dem Standard OTX hierbei eine besondere Bedeutung zu. OTX ist als Meta-Sprache wie kaum ein anderer Standard in der Lage, verschiedene bisher getrennt Standards zusammenzufügen. Dieses Potential soll nachfolgend näher beleuchtet werden.

2. OTX Standard nach ISO 13209

In der Vergangenheit wurden Testabläufe oft prosaisch beschrieben oder als Flow-Chart Diagramme in „Visio“ gezeichnet. Diese Spezifikation wurde dann für verschiedene Zielsysteme meist immer wieder neu „von Hand“ programmiert. Es ist leicht nachzuvollziehen, dass dies weder effizient noch prozesssicher ist.

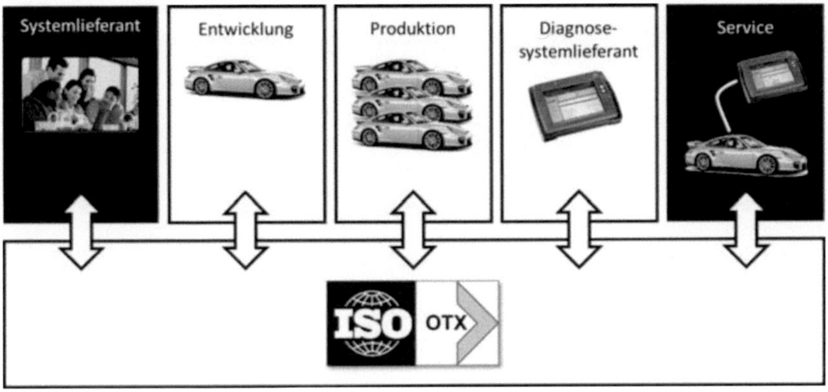

Bild 2: Austausch von standardisierten Diagnosedaten über alle Phasen des Fahrzeuglebenszyklus (Single Source)

In der Automobilindustrie wurde daher der neue OTX Standard (Open Test sequence eXchange) entwickelt. OTX ist ein in der ISO 13209 standardisiertes Plattform und Tester unabhängiges Beschreibungsformat für ausführbare Prüfsequenzen. Die XML basierte Testablaufsprache bietet die vielversprechende Möglichkeit, Prüfwissen über Abteilungs-, Tool- und Prozessgrenzen hinweg auszutauschen, siehe **Bild 2**. Das in den Abläufen gespeicherte Know-how geht nicht verloren, sondern kann selbst nach vielen Jahren wiederverwendet werden.

OTX enthält die im Umfeld der Automobilindustrie notwendigen Elemente, wie beispielsweise für die Spezifikation, Ablaufsteuerung und Fehlerbehandlung oder für die Interaktion mit dem Benutzer, die Diagnosekommunikation sowie das Messen, Steuern und Regeln. Es kann aber auch über standardisierte Erweiterungsmechanismen um neue Funktionen erweitert werden.

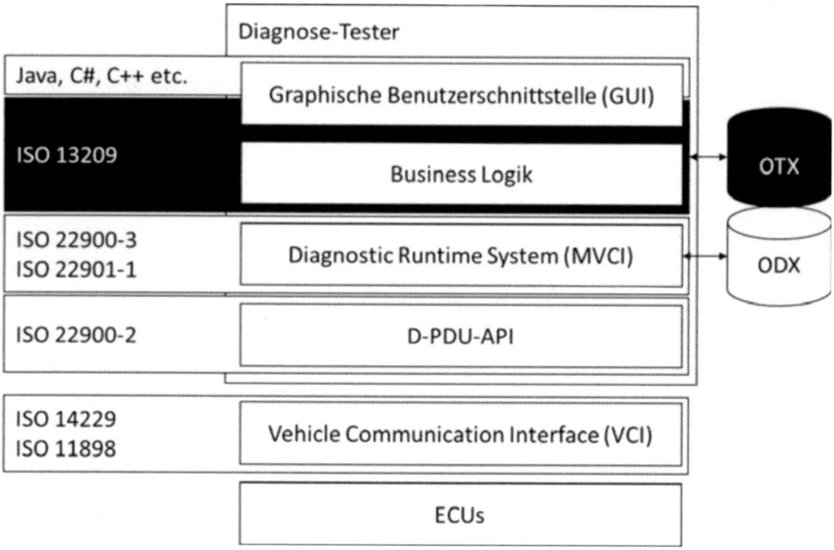

Bild 3: Einbindung von OTX in bestehende Diagnose-Standards

Weiterhin bildet OTX verschiedene Konzepte bezüglich Prozess- und Variantenmanagement ab, welche die praktischen Erfahrungen bei der Erstellung, Pflege und dem Ausführen von Testsequenzen widerspiegeln. OTX integriert sich nahtlos in bestehende Standards wie ISO 22900 (Diagnoselaufzeitsystem MVCI) und ISO 22901 (ODX), siehe **Bild *3*** und dient als Bindeglied zu Standards und Anwendungen in anderen Bereichen, z.B. ASAM GDI, ASAM XIL oder ASAM MCD3-MC, siehe **Bild *4***. Ziel von OTX ist der prozesssichere Austausch, die Archivierung und Ausführung von Prüfwissen.

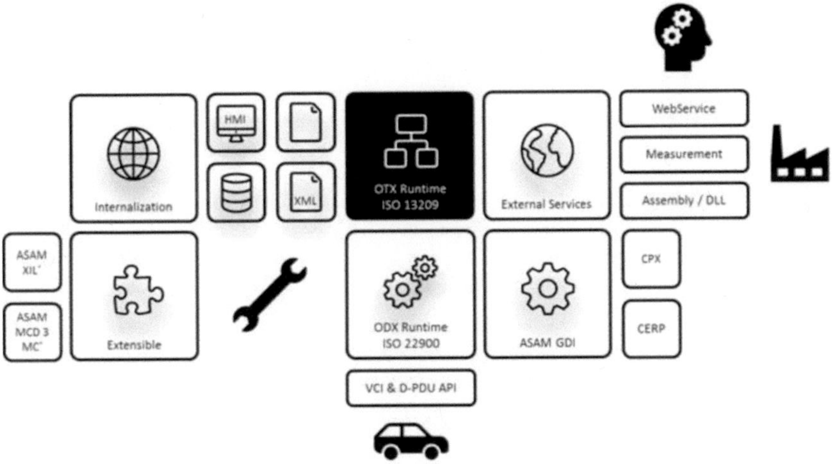

Bild 4: OTX als Bindeglied zu Standards und Anwendungen in anderen Bereichen

Mit der Unterstützung durch geeignete graphische Softwarewerkzeuge wird dadurch der Diagnoseentwicklungsprozess einfacher und produktiver.

Vorteile:

- Einfache Meta-Sprache zur kompletten Beschreibung ausführbarer Prüflogik
- Ausführbare Spezifikation mit prüfbarer Qualität
- Maschinen und Menschen lesbare Ablage des Prüfwissens
- Unabhängig (Technologie, Dienstleister, Toolhersteller), offen und stabil
- Wirkt harmonisierend und integrierend, da es einfach verschiedene Standards verbinden kann
- Plattformunabhängig durch strikte Trennung zwischen Prüflogik und Laufzeitimplementierung
- Aktive Weiterentwicklung und breite Toolunterstützung

2.1 OTX Bibliotheken (Extensions)

Ein Prüfablauf besteht aus einer oder mehreren Aktivitäten. Alle Aktivitäten sind in OTX Bibliotheken so genannte OTX-Extensions thematisch gruppiert. Die OTX-Basisbibliothek (Core) enthält alle Aktivitäten für die allgemeine Prüflogik, wie beispielsweise Prozeduraufrufe, Zuweisungen, Verzweigungen, Schleifen, Aktivitäten für die parallele Ausführung und Fehlerbehandlung. Alle anderen, nachfolgend gelisteten Erweiterungsbibliotheken erweitern den auch stand-alone lauffähigen Core um spezifische Funktionen, siehe **Bild 5**.

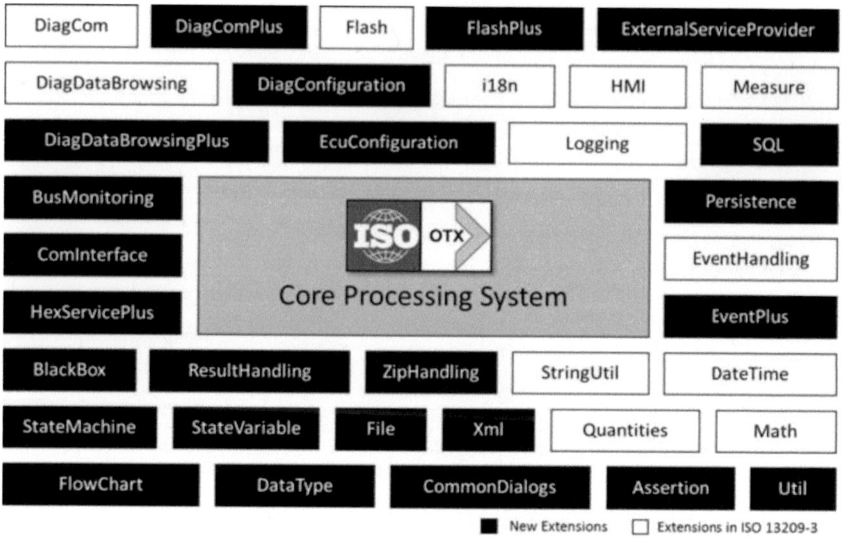

Bild 5: OTX Bibliotheken (Extensions)

Liste aller OTX-Extensions in alphabetischer Reihenfolge:

- **Assertion**

  Erweitert OTX um eine neue ASSERT Aktivität. Darauf aufbauend können mit OTX Unit-Tests zur Sicherstellung einer korrekten Implementierung ohne Veränderung der Prüflogik entwickelt werden.

- **BlackBox**

  Der BlackBox Datentype ist ein Container-Datentyp. Er dient dem Transport von externen Werten, deren Aufbau in OTX unbekannt ist.

- **BusMonitoring**

  Ermöglicht das asynchrone Sammeln und Analysieren von Bus-Daten mit Hilfe eines MVCI-Servers.

- **ComInterface**

  Für das Handling eines Vehicle Communication Interface (VCI) zur Laufzeit insbesondere für DoIP.

- **CommonDialogs**

  Stellt allgemeine Dialoge (z.B. FileOpenDialog) zur Verfügung.

- **DataType**

  Erweitert OTX um Datentypen für Strukturen (Structure) und Aufzählungen (Enumeration).

- **DateTime**

DateTime stellt Elemente für die Arbeit mit Datum und Uhrzeit zur Verfügung.

- **DiagCom**

  Die DiagCom-Bibliothek erlaubt den Zugriff auf ein standardisiertes Diagnoselaufzeitsystem nach ISO 22900 (MVCI-Server) für die Off-Board Diagnose-Kommunikation mit dem Fahrzeug.

- **DiagComPlus**

  Erweitert die DiagCom-Extensions bzgl. funktionaler Adressierung und Kommunikationskanal-Handling.

- **DiagConfiguration**

  Auswahl und Änderung von ODX-Projekten zur Laufzeit.

- **DiagDataBrowsing**

  Die DiagDataBrowsing-Bibliothek baut auf der DiagCom-Bibliothek auf und liefert zur Laufzeit Informationen über die Diagnosedaten.

- **DiagDataBrowsingPlus**

  Erweitert die DiagDataBrowsing-Extension um den lesenden Zugriff auf deutlich mehr Informationen innerhalb einer ODX-Datenbank.

- **EcuConfiguration**

  Zugriff auf den ECU-CONFIG Container von ODX zur Varianten-Kodierung.

- **EventHandling**

  Die EventHandling-Bibliothek bietet Aktivitäten für das Arbeiten mit Ereignissen, z. B. Mausklick des Benutzers, Änderung einer Variablen oder Ablauf eines Timers.

- **EventPlus**

  Erweitert die EventHandling-Extension um sogenanntes Deep-Change-Monitoring der komplexen Datentypen List, Map und ByteField.

- **ExternalServiceProvider**

  Ermöglicht es, innerhalb von OTX auf beliebige externe Systeme (z.B. WebService, DLL, Assembly) zuzugreifen.

- **File**

  Erweitert OTX um einen allgemeinen Lese- und Schreibzugriff auf beliebige Dateien.

- **Flash**

  Flash erweitert die DiagCom-Bibliothek um Aktivitäten für den Zugriff auf die Flash-Daten eines ODX Containers. Es können Flashsequenzen erzeugt und somit Steuergeräte neu programmiert werden.

- **FlashPlus**

  Erweitert die Flash-Extension um das so genannte Late-Binding von Flash-Dateien.

- **HMI**

  Die HMI Bibliothek enthält Aktivitäten für die Interaktion mit dem Anwender über eine grafische Benutzerschnittstelle (GUI). Das OTF ist dabei in der Lage, sich an bestehende Windows-Forms oder WPF-Anwendungen zu binden. Die in den Anwendungen gefundenen Steuerelemente werden dabei über das so genannte Screen-Mapping an OTX-Variablen eines Ablaufs gemappt, siehe Abbildung.

- **i18n**

  Zur sprachlichen Anpassung des Ablaufsystems enthält die I18n-Bibliothek Aktivitäten für den Zugriff auf eine mehrsprachige Textbaustein-Bibliothek.

- **Job**

  Die Job-Bibliothek erweitert die DiagCom um den Zugriff auf die Job-API eines MVCI-Servers.

- **Logging**

  Über die Logging-Bibliothek können Nachrichten in eine Log-Datei geschrieben werden.

- **Math**

  Die Math-Bibliothek enthält eine Sammlung mathematischer Funktionen, die nicht durch den OTX Core abgedeckt werden, z. B. Power, Log, Ln, Sin, Cos, Tan.

- **Measure**

  Mit der Measure-Bibliothek stellt OTX Aktivitäten für grundlegende Mess- und Steueraufgaben bereit.

- **Persistence**

  Zum einfachen persistenten Speichern und Abrufen von Laufzeitdaten in einem nicht flüchtigen Speicher.

- **Quantities**

  Die Quantities-Bibliothek erweitert den Core um Aktivitäten zum Rechnen mit physikalischen Einheiten.

- **SQL**

  Lese und Schreibzugriff auf eine SQL-Datenbank.

- **StateVariable**

  Transportiert Status-Informationen aus einem OTX-Ablauf in die Umgebung. Status-Variablen sind das Gegenteil von Context-Variablen.

- **StringUtil**

  Die StringUtil-Bibliothek enthält Aktivitäten für das Arbeiten mit Strings.

- **ResultHandling**

  Zum Ermitteln, Prüfen und Speichern der Ergebnisse von Prüfroutinen.

- **Util**

Enthält Komfortfunktionen, die im Core nicht enthalten sind, z.B. ListSort oder StringFormat.

- **VehicleInfo**

  Zugriff auf den VEHICLE-INFO-SPEC Container von ODX.

- **XML**

  Erweitert OTX um den Lese- und Schreibzugriff auf XML-Dateien.

- **ZipHandling**

  Erweitert OTX um den Lese- und Schreibzugriff auf ZIP-Archive.

- **StateMachine**

  Unterstützung von sogenannten Status-Maschinen als Alternative zu den im Core-Standard definierten Sequenzen.

- **FlowChart**

  Unterstützung von sogenannten Flow-Charts als Alternative zu den im Core-Standard definierten Sequenzen.

2. OTX vs. Java

Wenn man OTX als Domänen spezifische Meta-Sprache vorstellt, kommt schnell das Argument: Wozu benötigt man überhaupt eine neue Programmiersprache? Gibt es nicht schon genug davon? Warum verwendet man nicht Java? Ist Java nicht ausgereifter und hat eine bessere Toolunterstützung?

Die Argumente sind zwar nachvollziehbar, jedoch sind Java und OTX nicht vergleichbar. Das Datenmodel von Java ist erheblich komplexer als das von OTX. OTX lebt von der Reduktion auf das, was für das Testen im Umfeld der Automobilindustrie wirklich benötigt wird. OTX enthält umfangreiches anwendungsbezogenes Expertenwissen für die Beschreibung von Prüfabläufen. Würde man versuchen, Java in Richtung OTX zu verändern hätte man nur einen zweiten OTX Standard geschaffen und keinen Gewinn.

Für Java benötigt man einen Softwareentwickler mit Spezialkenntnissen, für OTX einen Ingenieur (Techniker mit Programmierkenntnissen). Mit Java kann man einen OTX-Editor programmieren, mit OTX beschreibt man Prüfabläufe.

Für die Ausführung wird aus OTX Java (oder anderer) Code generiert, übersetzt und ausgeführt.

3. OTX Toolkette

Im Zuge des Standardisierungsprozesses und der sich daraus ergebenden Möglichkeiten wurde durch emotive eine komplette OTX Toolkette entwickelt, siehe **Bild 6**.

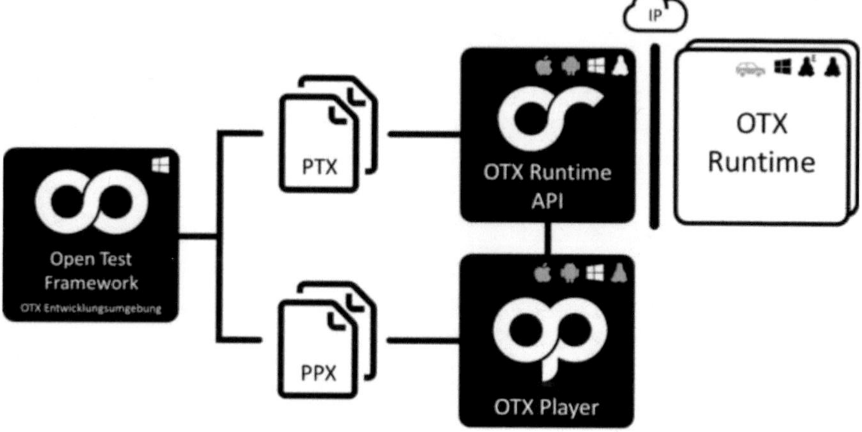

Bild 6: emotive OTX-Toolkette

Die Toolkette ist bei mehreren OEMs in Entwicklung, Produktion, After-Sales und künftig auch im Fahrzeug produktiv im Einsatz. Sie besteht im Wesentlichen aus der OTX Entwicklungsumgebung „Open Test Framework“, der OTX Runtime API und dem OTX Player.

Das Open Test Framework ist eine Entwicklungsumgebung zur Erzeugung, Visualisierung und Wartung einer neuen Generation von Testern, siehe **Bild 7**. Mit ihr können ohne Programmierkenntnisse OTX Sequenzen graphisch erstellt und bearbeitet werden.

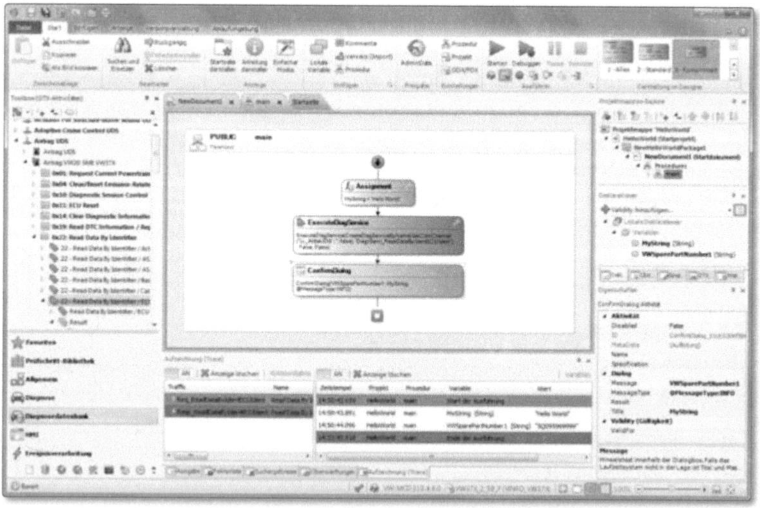

Bild 7: emotive Open Test Framework

Die OTX Runtime API ermöglicht Anwendern, OTX in eigenen Applikationen einzusetzen. Sie hat folgende Haupteigenschaften:

- Einfache und umfangreiche Schnittstelle
- Synchrone und Asynchrone Verarbeitung von OTX Abläufen
- Multi-Threading und Multi-Instanz fähig
- Langzeit-Laufzeitstabil und hoch performant
- Remotefähig
- Umsetzungen für Windows, Linux und Linux Embedded, iOS und Android sind geplant
- Industriegeprüft

Der Open Test Player (OTX Player) ist ein komplett generischer OTX basierter Tester zur einfachsten Verteilung und Ausführung von Prüfsequenzen, siehe **Bild 8**. Er besitzt eine moderne Oberfläche, die einfach an die Firmen CI angepasst werden kann. Er läuft momentan unter Windows. Umsetzungen für Linux, iOS und Android sind geplant. Ein Player Projekt (PPX) kann in der Entwicklungsumgebung (OTF) ohne Programmierkenntnisse graphisch erstellt und getestet werden.

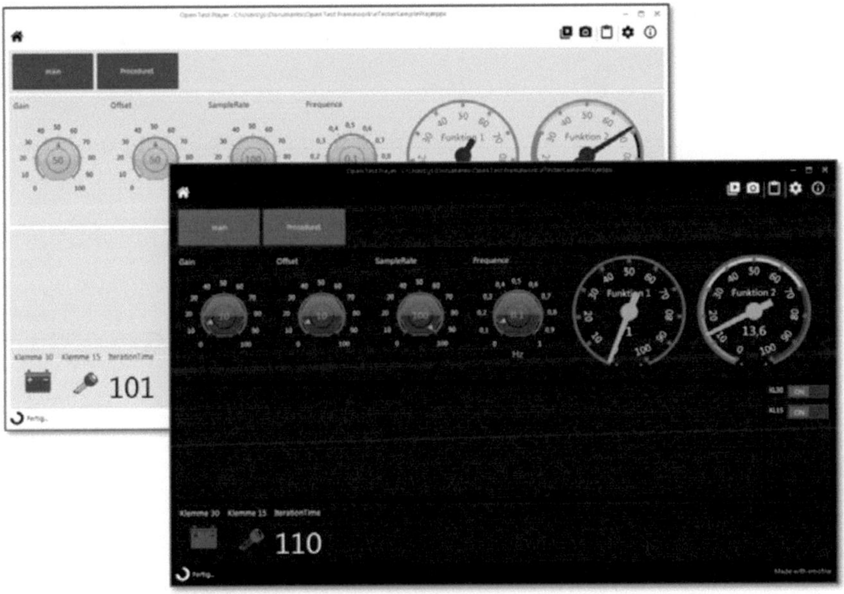

Bild 8: emotive Open Test Player mit Theme-Support

15 Diesel-Gate oder OBD-Gate?

Prof. Dr.-Ing. Hans - E. Schurk, Hochschule Augsburg
Dipl.-Ing. (FH) Philipp Schurk MSc, Hochschule München
Michael Frei B.Eng., DEKRA Augsburg

Abstract

Since September 2016, the OEMs are to be charged with software manipulations of Diesel ECMs in order to comply with the exhaust emission standards in the USA and Europe.

It is shown which role the OBD was playing in the eighties when ECMs were introduced and which role the OBD is playing today in monitoring the real exhaust gas emissions.

The only way to get real individual measurements would be an OBD which has to be newly defined in order to enable the driver to realize the exhaust gas emissions of his car and to change his driving behaviour if he wants. For this purpose, the legislation as well as the OEMs have to change their exhaust gas reduction strategy.

Kurzfassung

Seit September 2015 werden die OEMs beschuldigt, Manipulationen in der Software von Motormanagementsystemen bei Dieselfahrzeugen vorgenommen zu haben, um die Abgasnormen in USA und Europa zu erfüllen.

In dem vorliegenden Paper wird dargestellt, welche Rolle die OBD dabei in der Historie gespielt hat, welche Rolle sie heute spielt und dass sie in der derzeitigen Situation gar keine Chance hat, das reale Abgasverhalten zur überprüfen.

Der einzige Weg für eine echte individuelle Messung wäre eine OBD, die allerdings auf eine neue Basis gestellt werden muss. Damit wird auch der Fahrer selbst in die Lage versetzt, das Abgasverhalten seines Fahrzeugs zu erkennen und ggf. zu beeinflussen. Hier ist der Gesetzgeber in gleichem Maße wie der OEM gefragt.

1 Dicke Luft!

Seit circa eineinhalb Jahren herrscht dicke Luft! Richtig dicke Luft!

Nicht etwa, dass nicht bekannt gewesen wäre, dass Verbrennungsmotoren an der Luftverschmutzung einen erheblichen Anteil haben:

Laut ADAC lagen bereits in den 70er-Jahren *„ganze Regionen regelmäßig unter einer Smog-Wolke, verursacht vor allem von der Industrie. Das begann sich erst im folgenden Jahrzehnt zu ändern. Die Bundesregierung erließ Luftreinhaltungspläne, Fabriken wurden modernisiert, der Katalysator für Autos wurde vorgeschireben. Und es wirkte: Die Luft wurde besser, die Konzentration viele Schadstoffe sank.“* [1].

Dies alles ist nicht neu und allseits bekannt. Trotzdem sollen hier plakativ und stark vereinfacht wesentliche Informationen dargestellt werden, da ohne diese der Begriff „**OBD-Gate**“ nicht verständlich ist.

2003 wurden Grenzwerte für Ozon, 2005 für Schwefeldioxid, **Kohlenmonoxid**, Blei und **Feinstaub**, 2010 für **Stickstoffdioxid** (NO_2) und **Benzol** festgelegt. **Kohlendioxid** (CO_2) gilt zwar nicht als Schadstoff, ist aber als Treibhausgas an der globalen Erwärmung nicht ganz unschuldig. So bemüht man sich in den UN-Klimakonferenzen seit 1995, den Ausstoß an Treibhausgasen zu begrenzen und entsprechende Werte für den CO_2-Ausstoß mit mehr oder weniger Erfolg festzulegen.

Bekanntlich reagiert bei einer idealen Verbrennung ohne Bildung von Nebenprodukten ein 1 kg Kraftstoff mit ca. 3,4 kg Sauerstoff. Da man den Kraftstoff mit Luft mischt, und diese vor allem Stickstoff enthält, benötigt man insgesamt etwa 14 kg Luft. Dieses Verhältnis kennt man als stöchiometrisches Kraftstoffverhältnis, das üblicherweise durch das Symbol λ gekennzeichnet wird. Für die ideale Verbrennung gilt $\lambda = 1$, bei Kraftstoffüberschuss $\lambda < 1$ (fett) kann man ein Optimum an Leistung erzielen, bei Luftüberschuss ($\lambda > 1$) findet man ein Minimum für den spezifischen Kraftstoffverbrauch.

Die Rohemissionen eines Ottomotors bei $\lambda = 1$ sind nach [2] wie folgt:

> 71 % N_2, 13 % H_2O, **14 % CO_2**, 1 % Sonstiges (Edelgase, O_2, H_2); **1 % Schadstoffe (0,1 % NO_x, 0,2 % HC, 0,005 % Feststoffe, 0,7 % CO)**.

In dem sog. „Lambda-Fenster“ ($0,97 < \lambda < 1,03$) erreicht der dem Verbrennungsmotor nachgeschaltete 3-Wege-Katalysator die maximale Reinigungsleistung und kann daher vorgegebene Grenzwerte für CO, HC sowie NO_x sicherstellen. Da ein Auto ständig beschleunigt bzw. abbremst und damit der Betrieb eines Verbrennungsmotors nie in einem konstanten Betriebspunkt für Drehzahl und Drehmoment stattfindet, war die Regelung des Motors um $\lambda=1$ zunächst eine der Hauptaufgaben für das elektronische Motormanagementsystem eines Ottomotors.

Neben katalysatorischen gibt es auch zahlreiche innermotorische Maßnahmen wie z.B. die Optimierung der Brennraumgeometrien, Optimierung des Luftpfades (Aufladung, Abgasrückführung, Mehrventiltechnik), thermische Nachbehandlungssysteme, Abgasrückführung und speziell für USA auch Systeme, die die Kraftstoffverdunstung zurückhalten. Innermotorische Maßnahmen wurden zunächst verstärkt bei Dieselmotoren eingesetzt. Erst mit der Verschärfung der Abgaswerte wird auch bei Dieselmotoren die Breitband-λ-Sonde verwendet, mit deren Hilfe vor allem die Regelung zur Abgasrückführung maßgeblich gesteuert wird.

Nach [3] sind die Unterschiede bei der Abgaszusammensetzung von Otto- und Dieselmotor etwa wie folgt:

Abgaskomponente	Ottomotor	Dieselmotor
N_2	72 %	74 %
H_2O	14 %	9 %
CO_2	12 %	8 %
O_2	1 %	9 %
Schadstoffe:	1,1 %	0,2 %
CO	0,7 %	0,02 %
HC	0,1 %	0,02 %
NO_x	0,2 %	0,14 %
PM	0,02 %	0,02 %

Legt man diese Zahlen zugrunde, stellt man folgendes fest:

1. Der CO_2-Anteil ist beim Ottomotor um ca. 50 % höher als beim Dieselmotor.
2. Der gesamte Schadstoffanteil beim Ottomotor liegt bei ca. 1,1 %, beim Dieselmotor bei ca. 0,2 %; beim Ottomotor also beim **Fünffachen** des Dieselmotors.
3. Die Schadstoffzusammensetzung dagegen ist verschieden: Während beim Ottomotor CO mit etwa 70 % den Hauptanteil ausmacht, sind es beim Dieselmotor die Stickoxide mit ebenfalls etwa 70 %. Gleicht man die Zahlen ab, erkennt man, dass die Stickoxide beim Ottomotor ca. 0,2 % des gesamten Abgases ausmachen, beim Dieselmotor ca. 0,15 %. Das extrem giftige Gas CO macht beim Ottomotor ca. 0,7 %, beim Dieselmotor ca. 0,02 % aus. **Der Ottomotor stößt damit ca. 35-mal so viel CO aus wie ein Dieselmotor**. HC, CO und NO_x können beim Ottomotor und $\lambda = 1$ mit einem Dreiwegekatalysator gefiltert werden. Beim Diesel, der mit hohem Luftüberschuss arbeitet, kann nur ein Oxidationskatalysator eingesetzt werden, der allerdings den NO_x-Anteil unbehandelt lässt.
4. Feststoffe (Partikel) liegen bei Ottomotor mit Direkteinspritzung und Dieselmotor in der gleichen Größenordnung.

Zunächst ist zu bemerken, dass es nahezu unmöglich ist, im Internet exakte Zahlen für die Abgaszusammensetzungen bei Otto- und Dieselmotor zu bekommen. Auch die entsprechende Fachliteratur, z.B. [4], hilft hier nicht wirklich weiter. Dies mag daran liegen, dass die Abgaszusammensetzung extrem von den Betriebszuständen eines Verbrennungsmotors und der Funktion seines Abgasreinigungssystems abhängt. Die Vergleichbarkeit von Motorkonzepten verlangt dann, dass normierte und reproduzierbare Testverfahren zur Anwendung kommen müssen.

„**Dicke Luft**“ ist also nichts Neues, im Gegenteil. Jedoch ist es so, dass sich die Luftqualität in den deutschen Ballungsräumen im Laufe der Zeit durchaus verbessert hat.

„**Dicke Luft**“ herrscht seit September 2015 jedoch zwischen den OEM und den Überwachungsbehörden, nachdem Volkswagen in den USA zugegeben hat, eine „Schummelsoftware“ bei Dieselmotoren eingeführt zu haben. Dies hat zum Begriff „**Diesel-Gate**“ geführt.

2 Diesel-Gate

Zum Hintergrund:

„Als Abgasskandal (auch VW-Abgasskandal, VW-Abgasaffäre, Abgasaffäre, Dieselgate) wird ein seit dem 18. September 2015 aufgedeckter Vorgang bezeichnet, bei dem die Volkswagen AG eine illegale Abschalteinrichtung in der Motorsteuerung ihrer Diesel-Fahrzeuge verwendete, um die US-amerikanischen Abgasnormen zu umgehen. Die Aufdeckung wurde durch eine Notice of Violation der US-Umweltbehörde Environmental Protection Agency (EPA) angestoßen. Laut der Volkswagen AG ist die betreffende Software in weltweit etwa elf Millionen Fahrzeugen mit der Motorenreihe VW EA189 im Einsatz, in den USA ist auch die Nachfolgereihe VW EA288 betroffen.“ .... “ Betroffen sind laut dem deutschen Bundesverkehrsministerium auch in Europa zugelassene Autos sowie laut einer zweiten Notice of Violation der EPA von Anfang November 2015 auch Fahrzeuge von Audi und Porsche“ [5]

Der Volkswagen AG wird also vorgeworfen eine illegale Abschalteinrichtung („defeat device“) eingesetzt zu haben. Im Schreiben der EPA (US Environmental Protection Agency) vom 18.9.2016 ist dazu angemerkt:

„As detailed in the Notice of Violation (NOV), the EPA has determined the VW manufactured and installed defeat devices in certain model year 2009 through 2015 diesel light-duty vehicles equipped with 2.0 liter engines. These defeat devices bypass, defeat, or render inoperative elements of the vehicles' emission control system that exist to comply with CAA emission standards."[6]

Weiter heißt es dort:

„Specifically, VW manufactured and installed software in the electronic control module (ECM) of these vehicles that sensed when the vehicle was being tested for compliance with EPA emission standards. For ease of reference, the EPA is calling this the "switch". The "switch" senses whether the vehicle is being tested or not based on various inputs including the position of the steering wheel, vehicle speed, the duration of the engine's operation, and barometric pressure. These inputs precisely track the parameters of the federal test procedure used for emission testing for EPA certification purposes. During EPA emission testing, the vehicles' ECM ran software which produced compliant emission results under an ECM calibration that VW referred to as the "dyno calibration" ..... At all other times during normal

vehicle operation the "switch" was activated and the vehicle ECM software ran a separate "road calibration" which reduced the effectiveness of the emission control system (specifically the selective catalytic reduction or the lean NOx trap). As a result, emission of NOx increased by a factor of 10 to 40 times above the EPA compliant levels, depending on the type of drive cycle (e.g., city, highway)".

Dass es in den USA vor allem von der Umweltbehörde nicht sonderlich positiv zur Kenntnis genommen wurde, dass Volkswagen vorher mit den Slogan "**Clean and Green**" die Dieseltechnologie in den USA voranbringen wollte, dabei aber eine betrügerische Software eingesetzt hat, ist verständlich.

Dass in der nächsten Konsequenz auch die europäischen Behörden und das Bundesministerium für Verkehr und digitale Infrastrukur auf den Plan gerufen wurden, ist klar. Es wurde eine Untersuchungskommission „Volkswagen" eingerichtet, die ihren Bericht im April 2016 dazu vorgelegt hat. [7]. Am 4.4.2017 war dazu die Anhörung im EU-Parlament, die daraufhin einen Richtlinienentwurf für die künftige Überprüfung verabschiedet hat.

3 Abgasvorschriften in Europa

Fahrzeuge benötigen in der EU eine Typgenehmigung. Für PKW und leichte Nutzfahrzeuge ist die europäische Richtlinie **2007/46/EG** maßgeblich. Die zulässigen Abgasemissionen werden in der EG-Verordnung Nr. **715/2007** und in der Durchführungsverordnung Nr. **692/200**8 geregelt. Danach ist die Überprüfung nach dem NEFZ (Neuen Europäischen Fahrzyklus) auf dem Rollenprüfstand durchzuführen.

Der Hersteller beschreibt sein Fahrzeug in dem nach der Vorschrift vorgesehen Umfang. Die Vorschrift deklariert ein Verbot unzulässiger Abschalteinrichtungen, sie beschreibt jedoch für den Technischen Dienst kein Prüfverfahren, mit dem das Vorhandensein unzulässiger Abschalteinrichtungen ermittelt werden könnte.

Mit der erteilten Typgenehmigung darf der OEM eine unbegrenzte Zahl von Fahrzeugen herstellen, die genau mit der Typgenehmigung übereinstimmen. Er ist verpflichtet, seine Produktion auf Genehmigungskonformität zu überwachen (Conformity of Production, CoP).

Die Genehmigungsbehörde überprüft ihrerseits die Konformität der Fahrzeuge in der Produktion. Dazu lässt sie sich die Aufzeichnungen des OEM vorlegen. Sollten hier Mängel in der Dokumentation vorliegen, wird das Q-Management des OEM und ggf. das Fahrzeug nach dem vorgeschriebenen Testverfahren (hier NEFZ [8]) überprüft. Verfahren, die z.B. das reale Verhalten auf der Straße überprüfen, ***„gehören nicht zum gesetzlich vorgesehenen Instrumentarium einer Genehmigungsbehörde"***[7]. Dies soll sich nach dem Richtlinienentwurf des EU-Parlaments vom 4.4.2017 ändern.

Der OEM muss neben den Prüfungen an fabrikneuen Fahrzeugen in regelmäßigen Abständen und unter genau beschriebenen Bedingungen Fahrzeuge aus dem Feld

Messungen unterziehen, die Ergebnisse dokumentieren (In-Service Conformity, ISC) und sie der Behörde zur Prüfung vorlegen. Gemäß den geltenden Vorschriften werden bei CoP und ISC die Prüfungen **auf dem Rollenprüfstand gemäß NEFZ** durchgeführt. Zukünftig soll die EU auch selbst Tests bei bereits zugelassenen Fahrzeugtypen durchführen dürfen.

Für die Durchführung des NEFZ gibt es bestimmte Konditionierungsvorschriften, die teilweise von der realen Benutzung eines Kraftfahrzeuges weit entfernt sind. So wird z.B. der „Außerortszyklus" (NEFZ Teil 2) zunächst dreimal gefahren, danach wird das Fahrzeug für mindestens 6 und längstens 36 Stunden bei 20 bis 30 °C Umgebungstemperatur abgestellt, bevor dann auf dem Rollenprüfstand der komplette Test von einem Testfahrer gefahren wird. Mit externen Messgeräten wird der Gehalt an CO_2, CO, HC, NO_x sowie die Partikelemissionen (Masse PM und Anzahl PN) bestimmt. Für letztere gelten Grenzwerte, die nicht überschritten werden dürfen. Seit 2014 gilt z.B. EURO 6.

Die Verordnung (EG) Nr. 715/20076 über die Typgenehmigung von Kraftfahrzeugen führt für die Gründe zur Erlassung der Verordnung u.a. an:

- Die Ziele der EU für die Luftqualität erfordern ständige Bemühungen zur Senkung von Kraftfahrzeugemissionen (daher Einführung EURO 5 und EURO 6).
- Insbesondere ist eine erhebliche Minderung der Stickstoffoxidemissionen bei Dieselfahrzeugen notwendig. *„Dabei ist es notwendig, in der Euro-6-Stufe ambitionierte Grenzwerte zu erreichen, ohne die Vorteile des Dieselmotors beim Kraftstoffverbrauch und bei der Kohlenwasserstoff- und Kohlenmonoxid-Emission aufgeben zu müssen."*
- Unbeschränkter Zugang zu technischen Informationen. *„Ein großer Teil dieser Informationen betrifft **On-Board-Diagnose-Systeme (OBD-Systeme)** und ihr Zusammenwirken mit anderen Fahrzeugsystemen".*
- ***„OBD-Systeme sind für die Überwachung von Emissionen eines Fahrzeugs im Betrieb wichtig. Wegen der Bedeutung der Überwachung der Emissionen im praktischen Fahrbetrieb sollte die Kommission die Anforderungen an solche Systeme und an die Toleranzgrenzen für Messfehler dauernd überprüfen".***

In dieser Vorschrift taucht nun der Begriff „**OBD**" als Abkürzung für On-Board-Diagnose auf. Sie charakterisiert ein System, das im Auto verbaut ist, um Informationen zu Fehlern, Abweichungen und Defekten zu sammeln.

In Art. 4 der Durchführungsverordnung 692/2008 „**OBD-Vorschriften für die Typgenehmigung**" findet man Näheres zu den OBD-Systemen:

1. Der Hersteller gewährleistet, dass alle Fahrzeuge mit einem OBD-System ausgestattet sind.

2. Das OBD-System ist so ausgelegt, gebaut und im Fahrzeug installiert, dass es in der Lage ist, während der gesamten Lebensdauer des Fahrzeugs bestimmte Arten von Verschlechterungen oder Fehlfunktionen zu erkennen.
3. Das OBD-System entspricht unter normalen Betriebsbedingungen den Vorschriften dieser Verordnung.

Eine weitere Verordnung der EU 443/2009 regelt die CO_2-Emissionen:

Ab 2012 müssen **120 g CO_2 /km als Gesamtkonzept** für den Durchschnitt der Neuwagenflotte eines Herstellers erreicht werden, dabei

- **130 g CO_2 /km** durch Motorentechnik und
- **10 g CO_2 /km** durch andere technische Verbesserungen und erhöhten Einsatz von Biokraftstoffen (**E10**).

Ab 2020 gilt der Grenzwert **95 g CO_2 /km**.

Dabei gilt seit 2012 für den OEM eine gestaffelte Abgabe bei Emissionsüberschreitungen pro g CO_2 / km; für 2017 z.B. für 100 % aller neu zu gelassenen Fahrzeuge für das 1. g/km Überschreitung 5 €; für das 2. g/km 15 €; für das 3. g/km 25 €, darüber hinaus 95 € g/km.

Ab 2019 gilt für jedes überschrittene g/km 95 €.

In der folgenden Abbildung sind für die wichtigsten deutschen Hersteller die durchschnittlichen CO_2-Werte für die letzen Jahre dargestellt [9]:

	2011	**2012**	**2013**	**2014**	**2015**
Volkswagen	135,4	133,5	127,8	123,4	117,8
BMW	149,6	140,8	135,7	133,0	128,0
Audi	146,2	139,3	135,0	132,4	127,3
Mercedes	162,2	147,6	139,4	133,5	128,2
Mittelwert	148,8	140,3	134,5	130,6	125,3

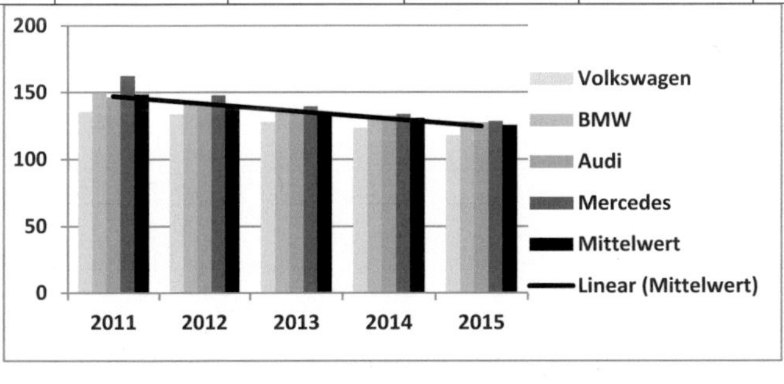

Abbildung 1: Durchschnittlicher CO2-Ausstoß von neu zugelassenen PKWs in Deutschland [9]

Aus den Daten ist zu erkennen, dass seit 2011 tatsächlich eine durchschnittliche CO_2-Reduktion von ca. 16 % erreicht werden konnte. Seit 2015 muss danach keiner der deutschen Hersteller eine Abgabe wegen Emissionsüberschreitung entrichten.

Allerdings hat das International Council on Clean Transportation (ICCT), das an der Aufdeckung des Diesel-Gates maßgeblich beteiligt war, im November 2016 eine weitere Untersuchung veröffentlicht, die es in folgendem Diagramm veranschaulicht [10]:

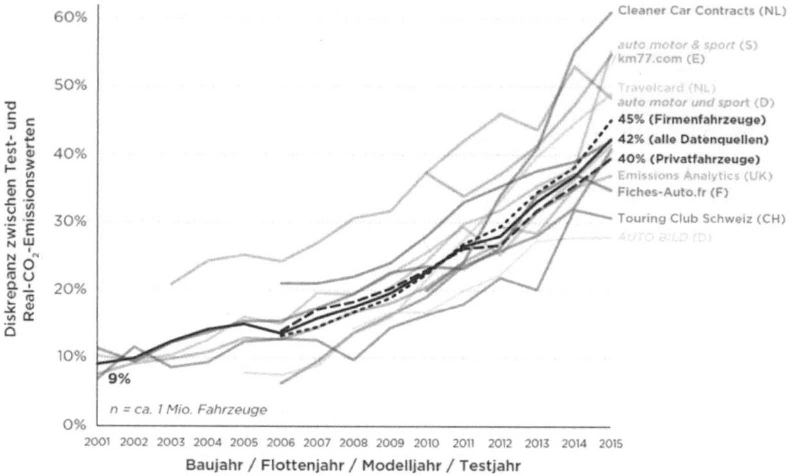

Abbildung 2: Abweichung zwischen realen und offiziellen CO_2-Emissionen für neue PKW laut mehreren Datenquellen [10]

Hier erkennt man seit über 10 Jahren eine kontinuierliche jährliche Steigerung der Abweichungen der Prüfstandsergebnisse von den real gemessenen Abgasemissionen im Durchschnitt von ca. 42 % im Jahr 2015. Nach [10] fällt hier besonders auf, dass die Abweichung *„bei Einführung einer neuen Modellgeneration in der Regel sprunghaft ansteigt.“* Rechnet man diese Erkenntnisse in die offiziellen - auf dem Prüfstand ermittelten - Abgaswerte ein, ergibt sich folgende Tabelle:

Korrigiert	**2011**	**2012**	**2013**	**2014**	**2015**
Volkswagen	169,3	170,9	168,7	167,8	167,3
BMW	187,0	180,2	179,1	180,9	181,8
Audi	182,8	178,3	178,2	180,1	180,8
Mercedes	202,75	188,9	184,0	181,6	182,0
Mittelwert	185,4	179,6	177,5	177,6	178,0

Zunächst ist zu erkennen, dass noch bis 2013 eine tatsächliche Reduzierung stattgefunden hat, danach jedoch die Werte gleich bleiben oder sogar ansteigen. Nimmt man den Mittelwert für 2015 bei 178 g CO_2/km an, hätten die deutschen Hersteller in Europa eine Emissionsabgabe von über 4.000 € pro zugelassenem Fahrzeug entrichten müssen.

Allein im Monat Dezember 2015 hätten die OEM bei ihren insgesamt 110.000 in Deutschland zugelassenen Fahrzeugen eine Abgabe von etwa 440 Mio. € für die Nichteinhaltung der gesetzlichen CO_2-Grenzwerte bezahlen müssen.

Die Kraftfahrzeugsteuer in Deutschland hat seit 2009 ebenfalls eine CO_2-Komponente, die für Otto- und Dieselmotor gleich ist. Dabei wird ein Betrag von 2 € für jedes g CO_2/km über 95 g CO_2 /km festgelegt. Im obigen Beispiel würde das bedeuten, dass die Fahrzeughalter als Steuer im Durchschnitt 166 € statt 60 € hätten bezahlen müssen. Damit ist dem Staat allein für die Fahrzeuge der o.a. OEM ein Steuerbetrag von deutlich mehr als 100 Mio. € vorenthalten worden.

Mittlerweile ist auch allgemein bekannt, dass der CO_2-Abgasgehalt direkt mit dem Verbrauch zusammenhängt. Dabei gilt als Faustformel, dass beim Ottomotor ein CO_2-Ausstoß von 130 g CO_2/km einem Verbrauch von etwa 5,6 l/100 km und beim Diesel von etwa 4,9 l/100 km entspricht.

Dass die Autos mehr Kraftstoff verbrauchen als vom Hersteller angegeben wird, und damit mehr CO_2 ausstoßen, ist auch kein Geheimnis und wurde oft genug angeprangert. Man mag über die Gründe spekulieren, die o.a. Zahlen sprechen eine deutliche Sprache.

Auf Grund dieser Diskrepanz hat man nun beschlossen:

a) Testzyklen zu definieren, die einem realen Fahrbetrieb näher als der NEFZ sind und die möglichst weltweit einheitlich sein sollten, um bei der Typgenehmigung vergleichbare Werte zu bekommen und
b) vor allem auch reale Messungen im Straßenbetrieb in die Bewertung mit aufzunehmen.

So wird ab 2017 wird ein neuer Fahrzyklus eingeführt. Statt dem NEFZ wird der WLTP (Worldwide Harmonized Light-Duty Vehicles Test Procedure) verwendet:

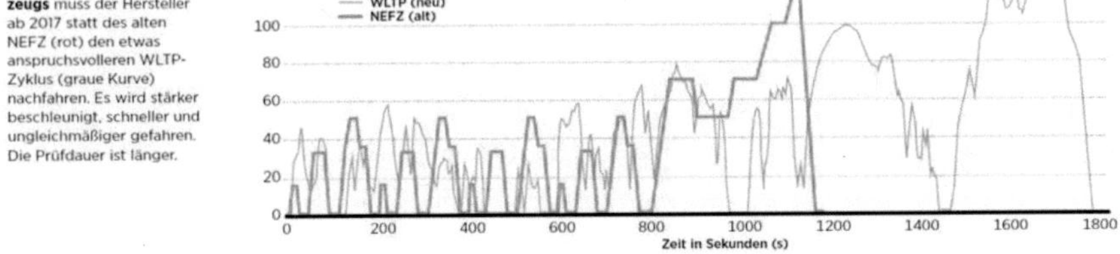

Abbildung 3: Vergleich zwischen NEFZ und WLTP [11]

Ab September 2017 sollen auch Testfahrten mit **realen** externen Messungen (Real Drive Emission Test Procedure, RDE) durchgeführt werden. Allerdings finden wir bei den Prüforganisationen bereits Hinweise, dass auch hier bestimmte enge Randbedingungen eingehalten werden sollen [12], [13]. Eigentlich fehlt darin nur noch, dass das Alter des Testfahrers über 75 Jahre liegen muss, damit die zu testeten Beschleunigungswerte nicht allzu zu hoch werden!

Doch wie passen solche Einschränkungen mit den vorgeschriebenen OBD-Systemen zusammen, die eine individuelle Analyse der Daten ermöglichen sollen?

4 On-Board-Diagnose versus OBD

Die Möglichkeiten zur Eigendiagnose elektronischer Systeme wurde mit der Einführung der Mikrocomputertechnik in die Automobilwelt Wirklichkeit.

Da in Kalifornien durch das CARB (California Air Ressources Board) strenge Abgasvorschriften erlassen wurden, mussten elektronische Motormanagement-Systeme eingeführt werden, da nur mit diesen die Anforderungen zu erfüllen waren. So war in Deutschland die Motronic von Bosch das erste deutsche Mikrocomputersystem, das 1979 als kombiniertes Zündungs- und Einspritzsystem sowie unter Einsatz der λ-Regelung als Meilenstein der Motorelektronik gelten kann.

1986 kamen zum ersten Mal beim ersten 7-er BMW (E32) in größerem Umfang elektronische Systeme in ein Serienfahrzeug. Neben neuen – nur elektronisch – realisierbaren Funktionen wurde bei diesem Fahrzeug konsequent auf Erhöhung der Zuverlässigkeit und vor allem auf die Verfügbarkeit des Automobils gesetzt. Dies erforderte den flächenmäßigen Einsatz der On-Board-Diagnose in alle Steuergeräte [14]. Daneben wurde auch schon eine Diagnose-Schnittstelle realisiert, die der Vorläufer der ISO 9141 werden sollte.

Die On-Board-Diagnose umfasste damals - wie heute - die geschickte Schaltungstechnik von Sensoren und deren Signalauswertung, den Einsatz von neuen Technologien bei Aktuatoren (z.B. Smartpower), geeignete Softwaremaßnahmen (Selbsttest der Mikrocomputer, Sensoren und Aktuatoren) und später dann durch Software getriebene Plausibilitätskontrollen im internen Computernetz des Automobils.

Ziel der On-Board-Diagnose war (und ist es heute noch):

- die Erkennung von Fehlern im Stromkreis der elektronischen Bauteile (z.B. Unterbrechung, Kurzschluss, Signalabweichungen),
- die Information des Fahrers durch eine Warnlampe oder Meldungen auf einem Display,
- die Überführung des Fahrzeugs in einen sicheren Zustand,
- die Bereitstellung von Ersatzwerten zur Erhöhung der Verfügbarkeit,
- die Bereitstellung von Informationen für die Behebung des Fehlers in der Werkstatt (Fehlerspeicher, Schnittstelle).

Auf diesem Prinzip beruht zu Beginn der Motoelektronik auch die Idee zur Sicherstellung der Abgasvorschriften.

Ein Systembild einer der ersten Motorelektronik in den 80-er Jahren sieht wie folgt aus (M-Motronic [16]):

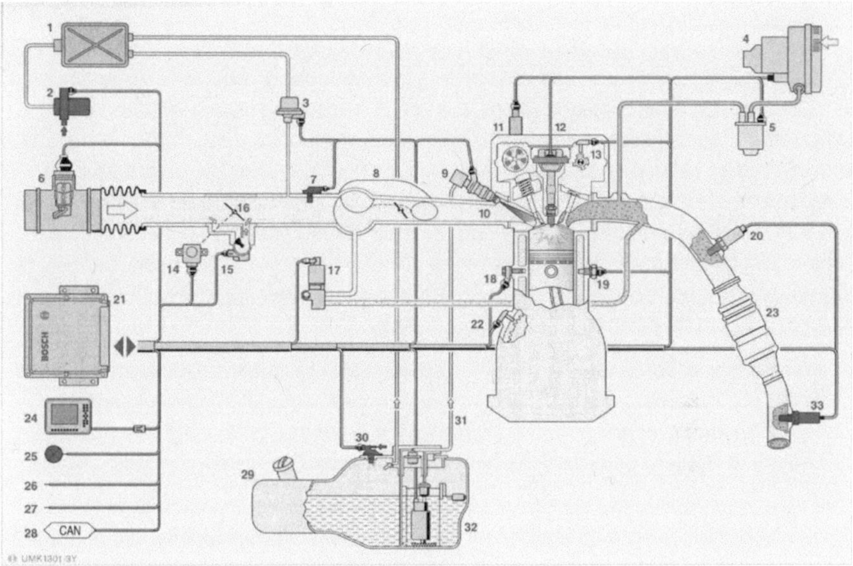

Abbildung 4: Komponenten einer M-Motronic [16]

In Abb. 4 findet man folgende Komponenten, die im Motormanagement primär für die Einhaltung der Abgasgrenzwerte zuständig sind:

2: Diagnosemodul für die Tankleckage (CARB-OBD)

3: Regenerierventil

4: Sekundärluftpumpe

5: Sekundärluftventil

17: Abgasrückführventil

20: λ-Sonde vor Katalysator

23: Dreiwegekatalysator

24: Diagnoseschnittstelle

33: λ-Sonde hinter Katalysator (CARB OBD)

Die einzigen Sensoren im Abgasstrang, die echte Informationen über die Zusammensetzung des Abgases liefern können, sind die beiden λ-Sonden, die zunächst nur als sogenannte Zweipunkt-Sonden ausgeführt werden konnten.

Eine Zweipunkt-Sonde stellt nur fest, ob im Abgas Sauerstoffmangel oder -überschuss vorherrscht, kann jedoch nicht die einzelnen Abgaskomponenten wie CO_2, CO, HC oder NO_x bestimmen. Sie sorgt dafür, dass die Motorsteuerung möglichst eng um $\lambda = 1$ regeln kann, damit der Katalysator optimal wirkt. Dieses System ist zusammen mit dem Drei-Wege-Katalysator die Basistechnologie für ein System zur Abgasreduzierung und wird so seit Ende der 70-er Jahre eingesetzt.

Da keine weiteren realen Abgassensoren in der Motorelektronik zur Verfügung stehen, beruhte (und beruht) das Konzept der CARB zur Abgasüberwachung auf folgendem Prinzip:

In einem definierten Fahrzyklus werden mit externen Sensoren alle relevanten Abgasbestandteile gemessen und auf die vorgeschriebenen Grenzwerte überprüft. Ist die OBD wie gefordert implementiert, überprüft sie dauernd - auch während des „normalen" Fahrbetriebs - alle abgasrelevanten Komponenten auf Fehler. Meldet sich die OBD dann nicht, hält das Fahrzeug auch im Normalbetrieb die geforderten Grenzwerte ein. Der Gesetzgeber fordert dabei u.a. die Überprüfung von Komponenten aus dem Bereich der Kraftstoff- und Luftzumessung (z.B. Kühlmitteltemperaturfühler, Einspritzmenge), des Zündsystems (Zündaussetzer, Klopfsensor), der Emissionsminderung (λ-Sonde incl. Heizung, Katalysator, Sekundärluftventil) sowie des Mikrocomputers (interne Fehler, Anzeigefehler).

Auf dieser Basis wurde von der CARB 1988 die OBD I eingeführt, elektronische Systeme für die Motorsteuerung wurden vorgeschrieben, eine Malfunction Indicator Lamp (MIL) für die Anzeige abgasrelevanter Fehler wurde notwendig und die Speicherung von Fehlern gefordert, die über einen Blinkcode angezeigt werden sollten.

1994 kam die OBD II, die die Überwachung aller emissionsrelevanten Bauteile und Systeme an die Einhaltung bestimmter Emissionsgrenzwerte koppelte, die genormte Fehlercodes (P-Codes) gemeinsam mit der Abspeicherung von Umgebungsbedingungen (Freeze-Frames) einführte. Dazu musste sichergestellt werden, dass Werkstätten und Behörden den Zugriff auf die international genormten Fehlercodes erhalten, die mit Hilfe eines einfachen Lesegerätes (Scan-Tool) ausgelesen werden.

Die OBD II wurde dann mit einigen Anpassungen (z.B. unterschiedliche Fahrzyklen) in Europa als E-OBD übernommen..

Damit galt die OBD als fester Bestandteil einer Motorelektronik, die für die Einhaltung der Abgasvorschriften verantwortlich war. Die OBD wurde dadurch auch zu einem Synonym für ein System zur Einhaltung bestimmter Abgasgrenzwerte.

Mittlerweile hat die OBD sogar bei der Hauptuntersuchung der deutschen Automobile die externen Messverfahren abgelöst. Seit 2009 wird der CO-Gehalt nicht mehr extern am Auspuff gemessen. Man verlässt sich auf die Systemüberprüfung der OBD, deren Möglichkeit, Fehler zu erkennen, abzuspeichern und auf Anfrage auszugeben.

Festzuhalten bleibt: Die OBD überprüft die abgasrelevanten Komponenten des Motormanagementsystems, kann aber keine Aussagen über das reale Abgasverhalten geben. Daran hat sich bis heute nichts geändert!

Die On-Board-Diagnose hat mittlerweile Einzug in alle elektronischen Systeme gehalten. Besonders zur Einhaltung der funktionalen Sicherheit hat sie heute grundlegende Bedeutung. Dabei umfasst die On-Board-Diagnose mittlerweile nicht nur die Erkennung von Komponentenfehlern, sie umfasst die Fehlererkennung bei verteilten Systemen und Funktionen; für automatisiertes Fahren müssen Fahrsituationen analysiert und auf Betriebszustände überprüft werden, die Fahrer und Fahrzeug in einen gefährlichen Zustand bringen können. Dies gilt in ganz besonderem Maß für die Fahrassistenzsysteme. Treten dort z.B. Fahrbedingungen auf, die bei einer realen Straßenfahrt nicht vorkommen, **muss** das Fahrzeug in einen sicheren Zustand versetzt werden. Entsprechende Maßnahmen (Notlaufeigenschaften etc.) müssen eingeleitet werden.

Ein solcher - für den Normalbetrieb untypischer - Zustand ist der Betrieb auf einem Rollenprüfstand: Hier erkennen die Radsensoren nur bei den angetriebenen Rädern deren Drehzahlen. Auch wenn alle vier Räder bewegt würden, müsste die Inaktivität des Lenkrades über mehr als 20 s bei den Systemen, die den Lenkradwinkel mit den Radgeschwindigkeiten verknüpfen, auf einen Defekt hinweisen. Um auf der Rolle jedoch realitätsnahe Tests durchzuführen, bleibt dem Funktionsentwickler für Assistenzsysteme eigentlich nichts anderes übrig, als den Prüfstandsmode zu erkennen. Dies ist schlicht und einfach für die sichere Funktion des Gesamtsystems „Auto“ erforderlich.

5 OBD - Gate!

Die Diagnosefunktionen in einem Automobil haben in den letzten Jahren eigentlich einen Stand erreicht, der es erlaubt, immer komplexere Funktionen auf hohem Sicherheitsintegritätslevel (z.B. ASIL E) zu realisieren. Die Erkennung von Fehlfunktionen auf der Basis reiner elektrischer Fehler wie Unterbrechung oder Kurzschluss wurde schon lange ergänzt durch softwarebasierte Verfahren wie Plausibilitätskontrollen, Fehlermodelle, Parameterschätzungen, Systemidentifikationsverfahren usw.. Die Leistungsfähigkeit der heute eingesetzten Mikrocomputer wie auch die zur Verfügung stehenden Speichergrößen erlauben hier eine stetige Erweiterung. Modellbasierte Programmierung auf der Basis von Simulationen ist heute der Standardprozess bei der Entwicklung moderner Steuergeräte.

Modelle sind immer nur eine Vereinfachung des realen Verhaltens. Sie erfüllen ihren Zweck aber umso besser, je mehr über die Rahmenbedingungen des zu modellierenden Systems bekannt ist. Und das ist bei genormten Prüfzyklen der Fall. Ein Entwicklungsingenieur hat nun die Aufgabe, das System so zu gestalten, dass die Abgasgrenzwerte gesetzeskonform auf dem Prüfstand möglichst gut eingehalten werden können. Da ihm für den Normalbetrieb jedoch keine genormten Randbedingungen zur Verfügung stehen, kann er hier auch kein optimiertes Modell zur Anwendung bringen und muss sich auf die „normalen“ Sensorwerte verlassen, **die aber nicht einmal die Schadstoffe messen!** Damit wird man im Realbetrieb immer mit Abweichungen rechnen müssen, egal mit welchen Prüfzyklus auf der Rolle gemessen wird.

Hier versagt die OBD, wie sie heute eingesetzt wird. Und dies nicht nur beim Diesel. Damit wird das **Diesel-Gate** zum **OBD-Gate**.

Die einzige Lösung für eine transparente, ehrliche und vor allem individuelle Messung wäre hier eine OBD, die die Abgase im realen Betrieb misst. Dazu braucht man jedoch geeignete Abgassensoren:

- CO_2 wird heute schon onboard gemessen: Durch Aufsummierung der von der Motorelektronik berechneten Einspritzsignale errechnet man den realen Verbrauch und damit den CO_2-Gehalt. Die Anzeige für die Reichweite, die heute jedes Auto hat, basiert genau auf diesem Verfahren.
- NO_x-Sensoren sind heute in modernen Fahrzeugen bereits Bestandteile des Abgasreinigungssystems, um z.B. die Regenerierung des Speicherkatalysators zu steuern.
- CO-Sensoren werden beispielsweise in der Klimaanlage eingesetzt.
- Allein HC-Sensoren und die Sensoren zur On-Board-Erkennung von Partikelmasse und Partikelgröße sind nach dem Kenntnisstand der Autoren noch nicht einem Fahrzeug verbaut.

6 Die Zukunft der OBD

Soll die OBD (nicht die On-Board-Diagnose allgemein) als Hilfsmittel für die Einhaltung von Abgaswerten weiter ihre einmal angedachte Aufgabe erfüllen, müssen sich eine drastische Änderung der Vorschriften und deren Umsetzung bei der Realisierung von Motormanagementsystemen ergeben.

Der Gesetzgeber weiß, dass er nur mit Abgaben und Steuern eine Verbesserung der Abgassituation erreichen kann. Erfolg verspricht dies allerdings nur, wenn der Konsument die Konsequenzen an seinem eigenen Geldbeutel merkt. Man muss ihm aber auch die Informationen zur Verfügung stellen, was er durch sein individuelles Verhalten in welcher Weise steuern kann. Seit der Ölkrise 1973 gilt dies für den Kraftstoffverbrauch. Nicht zuletzt ist dies auch die Erfolgsgeschichte des Diesels.

Allerdings muss sich die Basis für die Besteuerung oder Strafabgaben auf den **tatsächlichen individuellen** Ausstoß beziehen. Prüfzyklen sind hier wie gezeigt eher kontraproduktiv. Denn durch Vorschriften auf der technischen Basis von 1980 ist eine Situation entstanden, die den OEM dazu verleitet, das Abgasverhalten auf der Rolle zu optimieren statt sich darauf zu konzentrieren, die Schadstoffwerte in jedem Betriebszustand einzuhalten. Dass der OEM hier seine Grenzen auslotet, ist mehr als verständlich. Wo allerdings die Grenze zum Betrug liegt, ist derzeit offen.

Bleibt man bei wie auch immer gearteten standardisierten Verfahren, werden auch die vom EU-Parlament am 4.4.2017 vorgeschlagenen Geldbußen von 30.000 € pro manipuliertem Fahrzeug nichts nützen.

Den CO_2-Ausstoß versucht der Gesetzgeber heute schon über den Steueranteil beim Kraftstoff zu steuern. Andere Schadstoffe können insgesamt nur reduziert werden, wenn mehr schadstoffarme Fahrzeuge auf den Markt kommen. Der Käufer muss belohnt werden, d.h. einen finanziellen Vorteil verspüren, wenn er besonders schadstoffarm fährt. Dies könnte zum einen über die Kraftfahrzeugsteuer, zum andern aber über eine Abgassteuer (wie bei der Kraftstoffsteuer), die auf der **tatsächlichen Emission** beruht, gesteuert werden. Voraussetzung dafür ist allerdings, dass die entsprechenden Abgase real und individuell (d.h. **onboard**) gemessen und aufsummiert werden. Damit sich der Fahrer entsprechend verhalten kann, muss ihm die Information über sein individuelles Abgas-Verhalten zur Verfügung gestellt werden. Zum Beispiel durch eine Anzeige, ähnlich der heute üblichen Verbrauchsanzeige. Bei der regelmäßigen Hauptuntersuchung könnten diese Werte dann ausgelesen und mit einem entsprechenden finanziellen Ausgleich verrechnet werden. Nicht weiter ausgeführt werden soll hier, welche Möglichkeiten zu Datenerfassung sich in Zukunft bei den heute schon vorhandenen CarNets, Connected Services oder anderen Clouds ergeben könnten.

Notwendig dafür sind geeignete Sensoren und deren Integration in das Motormanagementsystem bei **Diesel- wie bei Ottomotoren**. Selbstverständlich wird auch hier die Kostendiskussion wieder aufbranden, da in das ohnehin schon komplexe Abgasbehandlungssystem neue Komponenten eingeführt werden müssen, die es heute in der dafür geeigneten Form noch nicht gibt. Möglicherweise würde ein Paradigmenwechsel zur individuellen Messung aber auch deutliche Vereinfachungen bringen, was zu untersuchen wäre.

Das Diesel-Gate hat mittlerweile dem „German Engineering“ vor allem in den USA einen Imageschaden zugefügt, dessen Auswirkungen man noch nicht richtig einschätzen kann. Hier gilt es zunächst, Vertrauen zurückzugewinnen, was nicht durch Ausreden und Ausflüchte von Managern geschehen kann, sondern durch neue ehrliche und transparente Verfahren, die zu einer vernünftigen Lösung führen.

Auf die Automobilindustrie werden in den nächsten Jahren noch ganz andere Herausforderungen zukommen. Megathemen mit denen die deutschen OEM vor allem auch punkten wollen, sind das automatisierte Fahren, „Big Data“ und Car2X. Hier werden neue technische Lösungen zu entwickeln sein, die weit komplexer als die Abgasregelung sind. Doch deren Akzeptanz wird in hohem Maße davon abhängen, wie das Vertrauen in die deutsche Automobilindustrie zurückgewonnen werden kann.

Diese Chance sollte man mit Hilfe einer „echten“ OBD nutzen und den Diesel aus seinem Gate zu führen. Seine Zukunft - aber auch die des Ottomotors - hängt daran. Auch wenn hin und wieder von der Politik das Totenglöckchen für den Diesel geläutet wird, wie es in der jüngsten Debatte im EU-Parlament geschehen ist: Das hat er nicht verdient.

Literatur

[1] Eicher et al., „Dicke Luft“, ADAC Motorwelt, April 2017

[2] Reif, "Abgastechnik für Verbrennungsmotoren", Springer Vieweg, Wiesbaden, 2015

[3] https://www.ngk.de/technik-im-detail/lambdasonden/grundlagen-abgaswissen/abgase-und-schadstoffe/; 14.3.2015, 18:00 Uhr

[4] van Basshysen, Schäfer," Handbuch Verbrennungsmotor", Springer Vieweg, Wiesbaden, 2015

[5] https://de.wikipedia.org/wiki/Abgasskandal, 13.3.2017, 10:10 Uhr

[6] https://www.epa.gov/sites/production/files/2015-10/documents/vw-nov-caa-09-18-15.pdf., 2.1.2017, 12:30 Uhr

[7] https://www.bmvi.de/SharedDocs/DE/Anlage/VerkehrUndMobilitaet/Strasse/bericht-untersuchungskommission-volkswagen.pdf?__blob=publicationFile ; 15.06.2016, 12:30 Uhr

[8] https://de.wikipedia.org/wiki/Fahrzyklus; 10.3.2017, 17:30 Uhr

[9] https://de.statista.com/statistik/daten/studie/37413/umfrage/durchschnittlicher-co2-ausstoss-von-pkw-ausgewaehlter-marken/, 23.3.2017 17:30 Uhr

[10] http://www.theicct.org/laboratory-road-2016-update, 15.3.2017, 16:00 Uhr

[11] ADAC Motorwelt, Juli 2015

[12] Frei, „Untersuchung zu Onboard-Abgassmessverfahren bei Personenkraftwagen", Bachelor-Thesis, Hochschule Augsburg, 2016

[13] http://www.dekra-solutions.com/2015/12/08/abgasmessung-der-zukunft-weltweit-einheitlich-teil-23/; 02.1.2017, 12:45 Uhr

[14] Schurk et al., „BMW-ON-BOARD-Diagnose", VDI-Verlag, Düsseldorf, 1986

[15] ISO 9141, 1989

[16] Bosch, „Ottomotor-Management", Gelbe Reihe Bosch, 2003

16 Asynchrone Remote-Diagnose und -Update im Detail: Automatisierung des Diagnoseexperten im Fahrzeug

Dipl.-Inform. Marcel Revfi, M. Eng. Gerald Zoppelt, Dr. Ing. h.c. F. Porsche AG, Weissach

Prof. Dr.-Ing. Hans-Christian Reuss, Forschungsinstitut für Kraftfahrwesen und Fahrzeugmotoren Stuttgart, Stuttgart

Abstract

The configuration of distributed software architectures for Remote Diagnosis and Remote Update of vehicle electronic control units (ECUs) depend on various attributes. The basic concept of application layer asynchronicity, for instance, enables a temporal decoupling between the transmission *to* the vehicle and the processing *within* the vehicle of diagnostic mission scripts. It provides the foundation for a generic system implementation that fulfill all kinds of common remote diagnostic use cases in a holistic way: from reading trouble codes up to flashing ECUs. The independency from the server connection and hence from cellular latencies is the basic feature to ensure process reliability and performance gain in contrast to a synchronous approach. One reasonable concept is to integrate classic diagnostic applications into the vehicle. In order to make diagnostic processes and techniques OTA-capable in a comprehensive manner, one has to integrate them in an appropriate way. For example, we have to consider further application components for the management and automation of the diagnostic mechanisms on-board. This article proposes identification and design of these components with respect to current automotive ISO-standards and state of the art concepts by focusing on modular on-board architectures.

Kurzfassung

Die Remote-Diagnose und das Remote-Update von Kraftfahrzeugen gemäß des asynchronen Konzeptansatzes erlaubt die zeitliche Entkoppelung zwischen der Übermittlung an das Fahrzeug und der Durchführung von Diagnoseaufträgen. Sie bilden die Basis für eine generische Umsetzbarkeit *aller* diagnosespezifischen Anwendungsfälle – vom Auslesen der Fehlerspeichereinträge bis hin zum Flashen und Konfigurieren von Steuergeräten. Die Unabhängigkeit von der Serververbindung und damit von mobilfunkseitigen Latenzen und Übertragungskapazitäten ist dabei das wesentliche Merkmal zur Sicherstellung der Prozesssicherheit und Performanzsteigerung im Vergleich zum synchronen Ansatz. Jedoch genügt die simple Integration eines geeigneten Diagnosetesters in das Fahrzeug nicht, um den Gesamtprozess der Remote-Diagnose vollständig abzubilden. Weitere Softwarekomponenten zur Automatisierung und Steuerung sind sowohl fahrzeug- als auch backendseitig erforderlich. Es besteht die Herausforderung in der Identifizierung, Funktionsbeschreibung und Implementierung benötigter Module, um einen vollständigen Remote-Diagnoseprozess Ende-zu-Ende zu ermöglichen. Auf Basis bereits vorgestellter Ansätze wird dieser Beitrag aktuelle Entwicklungen der Remote-Diagnose am Beispiel von ausgesuchten Anwendungsfällen behandeln und dabei Steuerungsprozesse und On-Board-Architekturen fokussieren.

1 Fahrzeugdiagose in der vernetzten Welt

Der gesellschaftliche Megatrend der Digitalisierung ist vielgestaltig. Während in den letzten zwei Dekaden überwiegend unternehmerische Prozesse oder lokal autarke, technische Einzelsysteme mit Bits und Bytes ausgestattet wurden, erwarten wir in Zukunft zunehmend neuartige Funktionen und Mehrwerte mithilfe der globalen Vernetzung dieser Systeme untereinander: *Smart Home*, *Industrie 4.0* und *Internet of Things* sind nur drei Ausprägungen aus der Robotik und Industrieautomation sowie dem Bereich der Consumer Electronics. Tragbare, vernetzte Hardware-Plattformen in Form von Endgeräten sind hier schon heute omnipräsent. Sie bieten durch Ressourcenvorhalt und App-Ökosysteme einen offenen und hinsichtlich nachladbarer Produktsubstanzen adaptiven Charakter. Vom Besitzer stets dabei und über Mobilfunk *always-on* stellen sie eine wichtige Schnittstelle zur digitalisierten Welt dar.

Die Ferndiagnose und die Fernwartung gehören zur Grundfunktion. So können Berichte über das Fehlverhalten einer Softwarekomponente auf einem Heimcomputer bedarfsgerecht direkt an den Hersteller gesendet werden. Internetrouter beziehen in der Regel ihre Konfiguration zur Inbetriebnahme automatisch vom Netzbetreiber, ohne den Kunden mit der Eingabe von Identifikationsschlüsseln zu belasten. Auch Updates und Upgrades können so im Rahmen einer Fernwartung durchgeführt werden: Zum Beispiel zum Schließen akuter Sicherheitslücken, wie kürzlich durch die Telekom durchgeführt [1].

Was auch bei *Smartphones* und *Wearables* für den Benutzer schon eine Selbstverständlichkeit ist, steht im motorisierten Individualverkehr erst in den Startlöchern. Denn das volle Potential wird gerade bei der Software-Produktpflege "over the air" (OTA) bei weitem noch nicht ausgeschöpft und von Insellösungen dominiert: Updates für Navigationskarten, neue Apps oder aktualisierte Bluetooth-Treiber fanden zum Teil schon ihren Weg von CD und USB-Stick hin zur Luftschnittstelle. Systembedingt beschränken sich diese Umfänge jedoch auf die Infotainment-Domäne im Steuergeräteverbund. Teillösungen können auch Fehlerspeichereinträge mit Umweltbedingungen für eine Fahrzeugannahme im Kundenzentrum OTA an einen Server übermitteln. Diese spezifischen Remote-Diagnose-Mechanismen sind jedoch maßgeschneidert und nicht für das Gesamtfahrzeug geeignet.

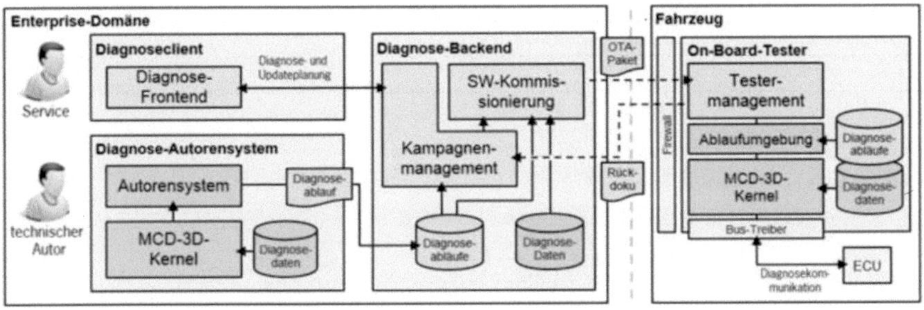

Abbildung 1: Ende-zu-Ende-Darstellung der Remote-Diagnose-Wirkkette am Beispiel eines On-Board-MCD-Kernels.

2 MCD-Server-Integration in das Fahrzeug – der asynchrone Fall

Für eine generische und erweiterbare Remote-Diagnose-Lösung wurde in [2] zunächst das terminologische Fundament auf Basis des aktuellen Stands der Forschung und der Technik herausgearbeitet. Chancen und Herausforderungen wurden aus dem Anspruch der Ganzheitlichkeit hinsichtlich der Diagnosemöglichkeiten heraus abgeleitet. Für die diagnostische Interaktion mit AUTOSAR-Steuergeräten sind einschlägige Standards wie ISO-ODX, ISO-MCD und ISO-UDS stets die Prämisse. Nach ersten Konzeptbetrachtungen haben sich insbesondere zwei Themenschwerpunkte gezeigt: Facetten der Partitionierung und Verteilung der Diagnose-Softwarekomponenten zwischen der Off-board- und der On-Board-Ebene sowie die Systemarchitektur einer Diagnoseinstanz inklusive ihrer Peripherie im Fahrzeug. Ersteres wurde in [3] tiefer betrachtet und analytisch hergeleitet. Der zweite Schwerpunkt wird nach einer kurzen Einordung in diesem Artikel weiter behandelt. Darüber hinaus verwendet dieser Artikel den „erweiterten Diagnosebegriff“ nach [4]: Die Disziplin der Kraftfahrzeugdiagnose betrachtet demnach nicht nur die lesenden Diagnoseverfahren, wie Identifikations- und Fehlerspeicherdienste, sondern auch Routinenansteuerung, Konfiguration und Flashen von Steuergeräten.

Upgrades oder Updates von Steuergerätesoftware “over the air“ durchzuführen, bietet Vorteile für Kunde und OEM. Der Fahrer kann zeitnah mit Softwareaktualisierungen versorgt werden, ohne die Werkstatt aufsuchen zu müssen. Automobilhersteller werden bei Garantie- und Kulanzkosten einsparen, wenn ihre Fahrzeuge aufgrund von Softwarefehlern nicht mehr in die Werkstatt zurückgerufen werden müssen. Die technische Realisierbarkeit vieler dieser Anwendungsfälle der Remote-Diagnose stützt sich auf ein asynchrones Systemverhalten in der Kommunikationsbeziehung zwischen Backend-Applikationen und On-Board-Diagnosetester. Wie bei PCs und Handys bedeutet dies beispielsweise: Zuerst Installationsdateien herunterladen und lokal speichern, dann die Installationsroutine durchführen. Nach [3] ergeben sich im Wesentlichen zwei Möglichkeiten:

	Off-Board-Diagnosetester	*On-Board-Diagnosetester*
Fahrzeugumgebung	• gesicherte Umgebung in Werkstatt oder Produktion • externe Spannungsversorgung möglich	• ungesicherte Umgebung im Feld • keine externe Spannungsversorgung gewährleistet
Anwender	• geschulter Experte in der Werkstatt oder beim Automobilhersteller	• Callcenter-Mitarbeiter (Live-Diagnose) • teilweise Fahrer als Laie mit Wunsch nach maximaler Mobilitätsverfügbarkeit
Fahrerinteraktion	• keine direkte Fahrereninteraktion (indirekt über Werkstattbesuch)	• Software-Update „over the air" mit Bestätigung durch den Fahrer • Live-Diagnose im Pannenfall auf Anfrage durch Fahrer
Bedienung	• über die GUI (Graphical User Interface) des Testergerätes • über Diagnoseinterface an OBD-Schnittstelle	• Fernsteuerung durch Aftersales- und Callcenter-Mitarbeiter • Bedienung durch Fahrer via Bedien- und Anzeigeeinheit des Fahrzeugs

Tabelle 1: Qualitativer Vergleich der Eigenschaften von On-Board- und Off-Board-Testern.

- **MCD-Server on-board**: Die gesamte Diagnose-Toolkette, wie sie heute auf den Werkstatttestern Verwendung findet, ist fahrzeugseitig implementiert und funktionell auch auf diesen Einsatz zugeschnitten. So müssen zum Beispiel die ISO-ODX-Dateien keine Kompatibilität zu allen Ausstattungsvarianten oder gar Baureihen herstellen. Außerdem ist keine Benutzeroberfläche für einen Werkstatttechniker notwendig. Auch Inbetriebnahmeroutinen und Stellgliedtests, welche ausschließlich im Entwicklungs-, Werkstatt- oder Produktionsfall sinnvoll sind, müssen on-board natürlich nicht vorgehalten werden. Dieses Szenario ist in Abbildung 1 dargestellt und wird in Kapitel 3 vertieft.
- **MCD-Server off-board**: Der backendseitig verortete MCD-Server sorgt für geringere Ressourcenanforderungen im Fahrzeug. Da bei Diagnoseabläufen die Diagnosedienste jedoch schon im Backend gegen die ODX-Daten interpretiert und aufgelöst werden müssen, verliert man Flexibilität. Auch steigt im Allgemeinen das Datenvolumen, welches an das Fahrzeug übertragen werden muss, da das Abstraktionsniveau der Ablaufbeschreibung eine Ebene tiefer liegt (ISO-TP- oder TCP-Pakete anstatt UDS-Dienste). Dies macht sich besonders bemerkbar, wenn der Verlauf des Diagnoseablaufes von der ODX-Bedatung abhängig ist. Eine einfache Do-While-Schleife kann hier eine beliebig lange Sequenz von Diagnose-PDUs (Protocol Data Units) zur Folge haben.

3 Architektur für adaptive und robuste OTA-Diagnose

Die Anwendungsfälle eines automatisierten On-Board-Diagnosetesters unterscheiden sich deutlich zu denen eines klassischen Off-Board-Diagnosesystems bezüglich Fahrzeugumgebung, Anwender, Fahrerinteraktion und Bedienung. Tabelle 1 listet die wichtigsten Unterschiede anhand der genannten Kriterien auf. Dabei zeigt sich die Notwen-

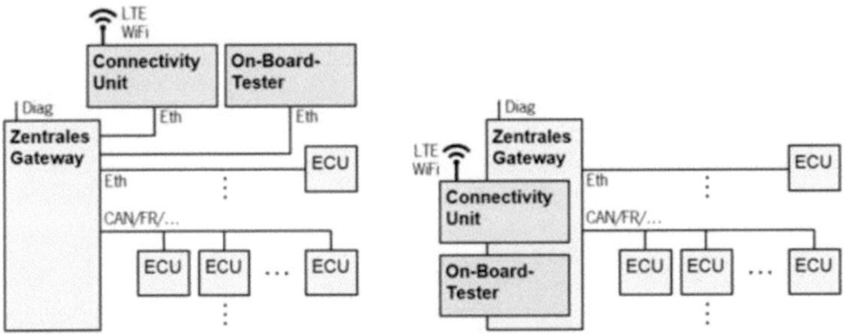

Abbildung 2: Varianten zur Verortung und Vernetzung eines On-Board-Testers in einer Fahrzeugtopologie mit zentralem Gateway (zGW).

digkeit eines "automatisierten Diagnoseexperten" in Form von *intelligenten* Automatisierungskomponenten im Fahrzeug. Im weiteren Verlauf des Kapitels wird nach einer Betrachtung der On-Board-Vernetzung des Diagnosetesters näher auf dessen Softwarearchitektur inkl. der On-Board-Diagnosetoolkette eingegangen. Beginnend mit der Strategie, standardisierte Protokolle und Schnittstellen einzusetzen, werden daraufhin weitere Module zur Automatisierung des im Fahrzeug integrierten Diagnosesystems vorgestellt. Das letzte Unterkapitel stellt anhand dieser Architektur die relevanten Systembestandteile für die Informationssicherheit heraus.

3.1 Plattform und Vernetzung

Bezüglich der Integration eines On-Board-Testers inklusive dessen Peripherie in das Fahrzeug müssen eine Reihe von Aspekten beachtet werden. Für die Kommunikationsverbindung zu einem Remote-Diagnose-Backend wird – vor allem beim Herunterladen von Flashdaten – eine Schnittstelle zur Konnektivitätseinheit mit ausreichend Bandbreite vorausgesetzt. Sofern sich die Testerapplikationen und das Mobilfunk- oder WiFi-Modem nicht auf derselben Steuergeräteplattform befinden, sollte daher eine Vernetzung mittels Ethernet anstatt CAN im Fahrzeug stattfinden. Für das direkte Erreichen aller relevanten CAN-Subsegmente sollte die Remote-Diagnose-Einheit entweder über das zentrale Gateway mit den Subsegmenten vernetzt oder in dem Gateway integriert sein. Darüber hinaus muss die Remote-Diagnose-Einheit in der Lage sein, auf die Klemmensteuerung, das Energiemanagement und unter Umständen dem Ladegerät eines Plug-In-Elektrofahrzeuges – sofern die PLC-Schnittstelle zur Kommunikation nach außen genutzt werden soll – steuernd Zugriff haben.

3.2 On-Board-Diagnosetoolkette

Die On-Board-Diagnosetoolkette besteht im Wesentlichen aus Modulen, die nach den ISO-Standards der Fahrzeugdiagnose implementiert wurden. Dem entsprechend erfüllen auch die Datenformate diese Standards.

Abbildung 3 illustriert die Software-Architektur der Diagnosetoolkette mit den angewandten Standards. Das On-Board-Tester-Management steuert die Diagnosetoolkette

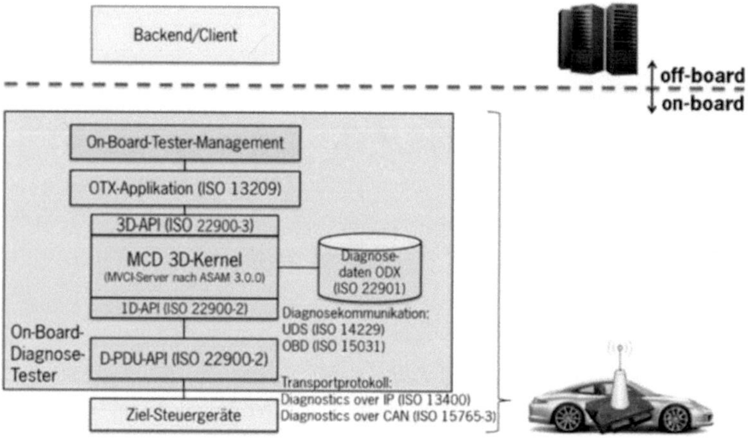

Abbildung 3: Standardisierte Softwaremodule für ein On-Board-Diagnosesystem.

und bildet die Schnittstelle zu der On-Board-Umgebung. Die standardisierten Module, Schnittstellen und Protokolle, die im Zusammenspiel die Diagnosetoolkette bilden, sind in blau dargestellt. Hellrot markiert ist die übergeordnete Steuereinheit, das sogenannte *On-Board-Testermanagement*.

Die generische OTX-Laufzeitumgebung dient zur Ausführung von OTX-Abläufen, welche standardisiert nach ISO 13209 beschrieben und in einem ausführbaren Format kompiliert sind. Über die MCD-3D-API wird der MCD-3D-Kernel angesteuert, der die Abstraktion zwischen menschen- und maschinenlesbarer Daten mittels ODX-Beschreibungsdateien (nach ISO 22901) ermöglicht. Die D-PDU-API realisiert das Diagnoseprotokollhandling gemäß ISO-Norm 22900-2 und kann durch die Ethernet-Schnittstelle DoIP gemäß ISO 13400 verwenden. Über DoIP lassen sich die Diagnosedienste mittels UDS (ISO 14229) transportieren.

3.3 Software-Architektur

Die On-Board-Diagnosetoolkette ist in einer Umgebung eingebettet, die eine automatisierte und fahrerinteraktive Nutzung der Diagnoseabläufe ermöglicht. Abbildung 4 setzt den Fokus auf die Bestandteile und Schnittstellen des On-Board-Tester-Managements in hellrot und fasst die On-Board-Diagnose-Toolkette, welche im vorherigen Unterkapitel beschrieben wurde, in hellblau zusammen.

Mittels des zentralen OTA-Funktionsmanagements lassen sich Diagnose-Aufträge steuern sowie Backend-, HMI- und Fahrzeugbusschnittstellen abbilden, die eine Verzahnung von Diagnoselogik, Kundeninteraktion und Kontextprüfung ermöglicht. Der automatisierte Diagnoseexperte wird durch das OTA-Funktionsmanagement und beiliegenden Managementmodulen implementiert, die im Einzelnen nachfolgend vorgestellt werden.

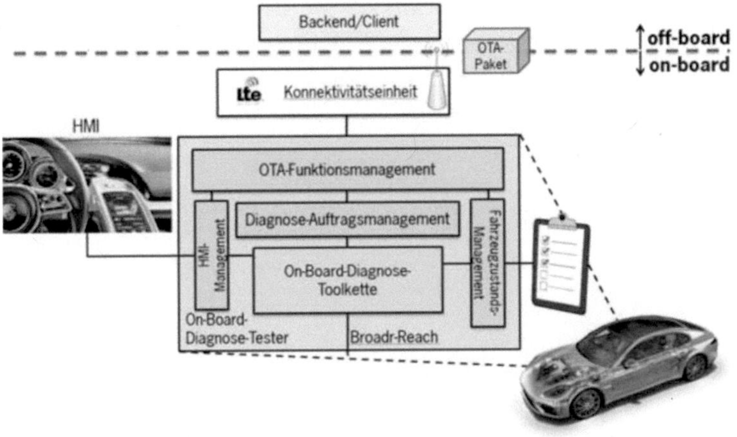

Abbildung 4: Managementmodule zur Automatisierung des On-Board-Diagnosesystems.

Diagnosebackend und Diagnoseclient: Das Backend dient einerseits zur Erstellung von over-the-air zu übertragenden Datenpaketen sowie zur Steuerung von OTA-Kampagnen (vgl. auch Abbildung 1). Zudem werden Ergebnispakete empfangen, weitergeleitet und ausgewertet. Die Aufgaben ergeben sich somit zu:

- Erstellung von OTA-Paketen (Diagnoseauftrag und Flash-/Codierdaten).
- Steuerung von OTA-Kampagnen.
- Empfang und Auswertung von OTA-Ergebnispaketen (Rückdoku).

Konnektivitätseinheit: Die Konnektivitätseinheit besteht aus einem Hardware-Modul mit Antennenperipherie zur Backend-Anbindung über die High-Speed-Luftschnittstelle LTE. Dies ermöglicht die Bereitstellung einer Online-Verbindung für den On-Board-Diagnose-Tester. Darüber hinaus können hier Security-Maßnahmen verortet werden (vgl. Kapitel 3.5).

OTA-Funktionsmanagement: Das OTA-Funktionsmanagement ist die automatisierte Komponente zur übergeordneten Steuerung der Funktionalitäten und Module des On-Board-Diagnose-Testers. Die Aufgaben sind:

- Empfang von OTA-Paketen und Installation der Paketinhalte für die Steuerung der On-Board-Diagnose-Toolkette.
- Scheduling von Diagnoseaufträgen nach Meta-Informationen wie Prioritäten und Triggerbedingungen.
- Handling der Koexistenz von externen und internen Diagnosetestern.

Diagnose-Auftragsmanagement: Das Auftragsmanagement führt Diagnose-Aufträge, welche über das Funktionsmanagement eingeplant und aufgerufen wurden, aus. Des Weiteren werden Ergebnisse des Diagnoseauftrags aufbereitet:

- Steuerung eines aufgerufenen Diagnoseauftrags.

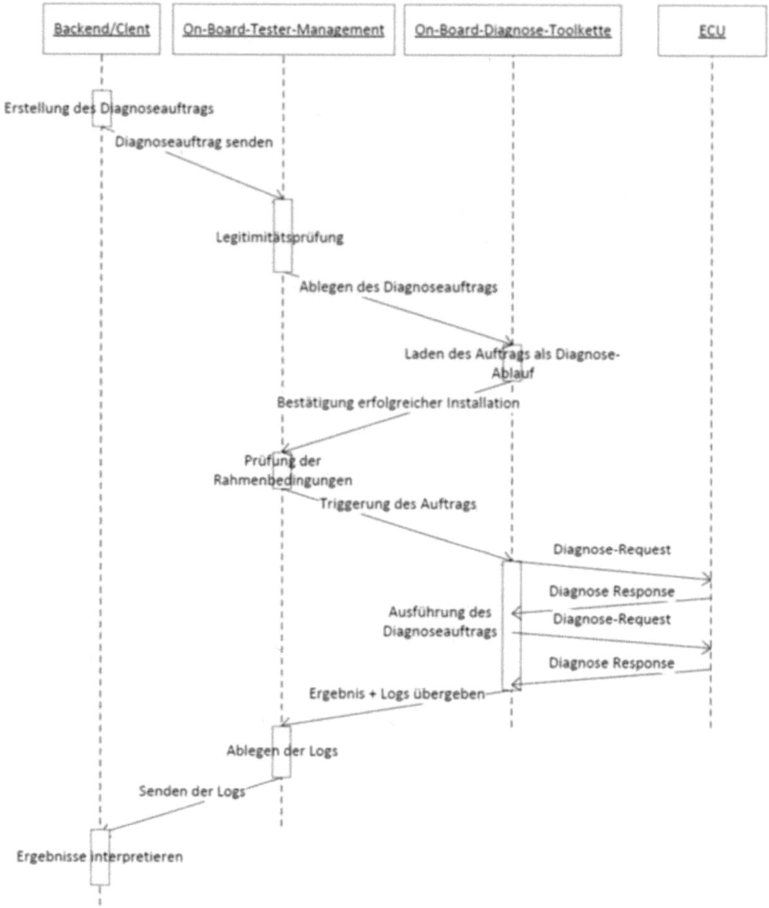

Abbildung 5: Sequenzdiagramm der Bearbeitung von Diagnoseaufträgen.

- Starten von OTX-Abläufen mit Parameterübergabe.
- Auswerten von OTX-Ablaufergebnissen.

HMI-Management: Das HMI-Management ermöglicht eine Verknüpfung zwischen der automatisierten Ablaufausführung sowie der Anzeige- und Bedieneinheiten im Fahrzeug.

- Bereitstellung einer Schnittstelle zu Anzeige- und Bedieneinheiten im Fahrzeug.
- Übergabe von Anzeige- und Bedieninformationen, wie zum Beispiel dynamischen Text-Inhalte oder Eingaben durch den Fahrer (Updateplanung).

Fahrzeugzustandsmanager: Mittels des Fahrzeugzustandsmanagers lassen sich Informationen verschiedener Datenquellen zentralisieren und zur Erzeugung von Triggern auswerten.

- Anbindung an die Bussysteme (z.B. CAN, Flexray, Ethernet) zur Einbindung in die funktionale Fahrzeugkommunikation.
- Bereitstellung von Bussignalen für die Prüfung der Rahmenbedingungen.
- Triggern von Ereignissen.

On-Board-Diagnose-Toolkette: Die On-Board-Diagnose-Toolkette wird durch das Auftragsmanagement zur Ausführung von Abläufen gesteuert.

- Standardisierte Diagnose-Toolkette mit Schnittstellen zur Ablaufsteuerung, HMI, Bussignalen sowie zur Diagnosekommunikation.
- Verwendung einer Java-VM.

3.4 Übermittlung und Abarbeitung eines Diagnoseauftrags

Auf Basis der Ende-zu-Ende-Architektur in Abbildung 1 und den On-Board-Komponenten aus Kapitel 3.3 zeigt Abbildung 5 die Abarbeitungsschritte eines Diagnoseauftrags in zeitlicher Abfolge. Nachdem der Diagnoseauftrag an das Fahrzeug gesendet wurde ist das On-Board-Tester-Management (OBTM) für dessen Legitimitätsprüfung zuständig. Der Diagnoseablauf wird entnommen, anhand von Metainformationen eingeplant und bei Bedarf durch die On-Board-Diagnose-Toolkette (OBDT) geladen. Das OBTM kann dann die Ausführung des Ablaufs auf Basis von diversen Triggerbedingungen des Fahrzeugzustandsmanagers (zum Beispiel Zeitbedingungen oder Bussignale von anderen Steuergeräten) anstoßen. Die Ergebnisse mit Rückgabeparametern und Informationen über Erfolg/Misserfolg können schließlich in Form einer Rückdokumentation an das Backend übermittelt werden.

3.5 Security-Architektur

Der On-Board-Diagnose-Tester interagiert mit der Fahrzeug- sowie mit der Connect-Domäne. Dies erfordert eine umfassende Security-Architektur, die eine vielschichtige Absicherung der Ende-zu-Ende-Kette über öffentliche Infrastruktur und globale Netze bereitstellt. Nachfolgend sind mögliche Sicherheitsmechanismen in die Software-Architektur in Abbildung 6 in grün eingebettet und in verschiedene Aspekte aufgeteilt.

Eine systembezogene Security-Infrastruktur ist elementar notwendig und sollte folgende Aspekte beinhalten:

- PKI (Public-Key-Infrastructure)
- End-2-End-Security der over-the-air übertragenen Daten.
- Verschlüsselung und Signierung von OTA-Paketen.

Bezüglich der Datenübertragung ist eine Absicherung auf allen ISO-OSI-Schichten notwendig und lässt sich unter anderem mit folgenden Mechanismen ermöglichen:

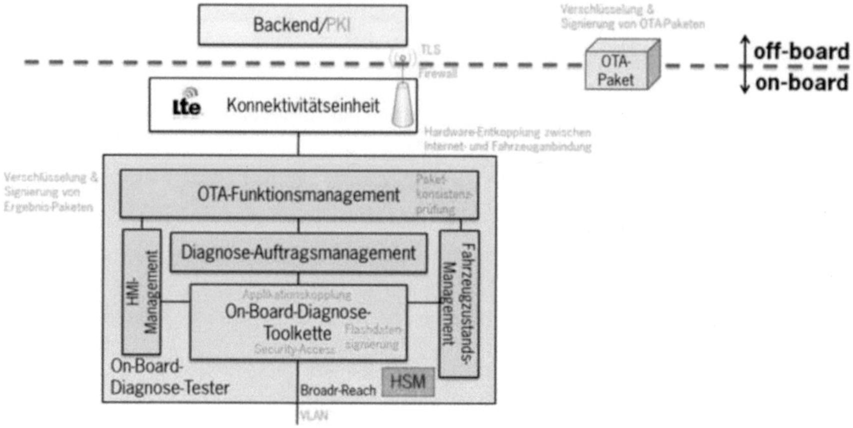

Abbildung 6: Security-Architektur zur Absicherung der OTA-Diagnose-Anwendungsfälle

- TLS/IPsec
- Firewall
- VLAN-Definition fahrzeugintern

Die Hardware-Architektur ist von großer Bedeutung zur Einschränkung von möglichen Angriffsvektoren:

- *Hardware Security Module* (HSM) zur Ablage von Schlüsselmaterial.
- Hardware-Entkopplung zwischen der Connect- und Fahrzeug-Domäne mit definierter Schnittstelle.

Das On-Board-Diagnosesystem implementiert vielfältige Security-Maßnahmen von der Absicherung des Diagnosesystems selbst bis hin zum Diagnosezugriff auf Steuergeräte:

- Applikationskopplung zur Verplombung von Standard-Schnittstellen.
- Paketkonsistenz- und Kompatibilitätsprüfung
- Security-Access mit Seed-Key-Verfahren, bei Bedarf mit Online-Verbindung zur Freischaltung von Steuergeräten.
- Flashdatensignierung zur Authentizitätsprüfung

Was beim Diagnoseexperten im einfachsten Fall der Schlüssel in das Werkstattgebäude darstellt, ist bei seinem automatisierten Pendant über eine vielschichtige Security-Architektur abzubilden.

4 Schlussbemerkung und Ausblick

Die klassische Fahrzeugdiagnose auf Basis von ISO-standardisierten Daten, Applikationen und Kommunikationsprotokollen findet lokal am Fahrzeug in einer 1:1-Beziehung zwischen Diagnosetester und zu diagnostizierendem Fahrzeug statt. DoIP erweitert diese Protokolllandschaft und erlaubt das Übermitteln von Diagnosebotschaften über TCP/IP-Netzwerke. Ein typischer Anwendungsfall ist die Kommunikation mit mehreren Fahrzeugen, die zum Beispiel in das WLAN einer Werkstatt eingebunden sind. Auch über das Internet wurden bereits Diagnosebotschaften an ein örtlich entferntes Fahrzeug gesendet. Für ein robustes und sicheres Flashen von Steuergeräten erweist sich diese *synchrone* Remote-Diagnose jedoch nicht als zielführend. Verbindungsprobleme führen unweigerlich zum außerordentlichen Abbruch des Updatevorganges und möglichen Defekten des eingebetteten Systems. Anwendungsfälle dieser Art gehören daher zu der *asynchronen* Remote-Diagnose. Im Falle des Konzeptansatzes „MCD-Server on-board" sind Komponenten im Fahrzeug nötig, die gewissermaßen den Diagnoseexperten der Werkstatt automatisieren, die Fahrzeugzustände überwachen und steuern oder Flash- und Konfigurationsprozesse absichern. Die Fahrbereitschaft des Fahrzeugs hat oberste Priorität.

Mit dem Einzug der Linux-Betriebssysteme in das Fahrzeug [5] – und zwar als zentrale und übergeordnete Plattformen und nicht nur in Teilsystemen, wie zum Beispiel der Infotainment-Domäne – ergibt sich die Chance, neuartige Diagnosetechniken auf Basis einer serviceorientierter Middleware und POSIX-konformen Betriebssystemen einzuführen. OTA-Techniken für Diagnose und Update haben sich bei IT-Endgeräten oder Serversystemen schon lange bewährt. Sie greifen gleichermaßen auf ausgereifte Protokolle und Daten zurück. Neben den Lösungen rund um *AUTOSAR adaptive* könnten für die Linux-Domäne MCD-Server, ODX-Daten und UDS-Protokolle in Zukunft bedarfsgerecht abgelöst werden. Die in diesem Artikel vorgestellten Automatisierungsmechanismen jedoch verlieren nicht an Relevanz.

Literatur

[1] Joos, Thomas: *Telekom-Hack – Das sind die Hintergründe, so schützen sich Anwender.* In: Online-Quelle „zdnet.de", 02.12.2016. Abgerufen: 21.03.2017

[2] Revfi, Marcel; Koch, Markus: *Die Diagnose(R)evolution: Remote Diagnose als Basis für Big Automotive Data und Remote Update – Chancen und Herausforderungen.* In: Bernard Bäker und Andreas Unger (Hg.): Diagnose in mechatronischen Fahrzeugsystemen IX. Dresden, Mai 2015

[3] Revfi, Marcel; Eberspächer, Michael; Zoppelt, Gerald und Reuss, H.-C.: *Ganzheitliche Modularchitektur zur remote Diagnostizierung vernetzter Kraftfahrzeuge.* In: Diagnose in mechatronischen Fahrzeugsystemen X, Dresden, Mai 2016

[4] Reif, K. (2007): *Automobilelektronik: eine Einführung für Ingenieure*; mit ... 36 Tabellen: Vieweg + Teubner (ATZ/MTZ-Fachbuch).

[5] Wille, Dr. Marcel; Kleine, Ulrich (Volkswagen AG): *Adaptive AUTOSAR as SW Framework for the new electric vehicle platform.* In: Vector Congress 2016, 30.11. 2016, Stuttgart: Folie 6, 11.

17 Diagnosekonzept verteilter Funktionen am Beispiel der Fahrerklassifizierung

Dipl.-Ing. Tom Gothan, **Dipl.-Ing. Andreas Unger**, **Prof. Dr. –Ing. Bernard Bäker**, TU Dresden, Dresden

Abstract

With the introduction of the CAN-bus in the beginning of the 1980s the digitalization of the former machine engineering shaped auto industry took place. The new communication channels and electronic components made room for till then unrealizable features like ESP, ACC or the parking assistant. With the prevalence of mobile internet and cloud technologies we are again standing on the edge of a new generation of vehicles which are part of a global network. By connecting a fleet to a backend it is possible to fuse geographically separated sensor data and gain new insights regarding the car, the driver and the environment. There are new challenges to diagnose and secure these distributed functions which will be addressed in this paper by using a real life example.

Kurzfassung

Mit der Einführung des CAN-Bus in den 1980er Jahren begann die Digitalisierung in der bis dahin durch den Maschinenbau geprägten Automobilbranche. Die neuen Kommunikationskanäle in Kombination mit Elektronikkomponenten ermöglichten die Entwicklung von bis dahin nicht realisierbaren Funktionen, z.B. ESP, ACC oder Einparkassistent. Durch den Ausbau des mobilen Internets und die Verbreitung von Cloud-Diensten steht die Automobilindustrie wieder an der Schwelle einer neuen Fahrzeuggeneration, bei der das ehemals in sich geschlossene Ökosystem „Auto“ aufgeweicht und damit selbst Teil eines Netzwerks wird. Die Anbindung einer Fahrzeugflotte an ein Backend ermöglicht die Fusion von Sensorwerten, die bis dahin geographisch unvereinbar waren. Durch die Methoden der modernen Informationsverarbeitung ist es weiterhin möglich, diese Daten zu interpretieren und neue Erkenntnisse bezüglich des Fahrzeugs, des Fahrers und der Umwelt zu gewinnen. Die Vernetzung der Fahrzeuge bringt jedoch neue Herausforderungen bezüglich der Diagnose und der Absicherung der implementierten verteilten Funktionen mit sich. In dem vorliegenden Beitrag wird ein Diagnosekonzept für eine verteilte Funktion Anhand eines realen Beispiels erläutert.

1 Einführung und Motivation

Jedes moderne Premiumfahrzeug ist vernetzt und bietet dem Kunden eine Reihe von Cloud-Diensten. Es kann der Zustand des Fahrzeugs abgefragt, der Standort bestimmt oder die Klimaanlage vorkonditioniert werden [1]. Im Hinblick auf neue Fahrfunktionen, wie das autonome Fahren, muss die Integration des Fahrzeugs in das Kommunikationsnetzwerk weiter ausgebaut werden. Aus Sicht der Diagnose entstehen dadurch neue Herausforderungen bezüglich der Absicherung der Funktionen. Ein Fahrzeug besteht schon heute aus mehreren Bussystemen mit dutzenden Steuergeräten welches die Diagnose der Teilfunktionen komplex macht. Bis dahin war das Auto ein zu großen Teilen in sich geschlossenes System was den Diagnoseumfang eingegrenzt hat. Mit der Einführung von Cloud-Diensten sind weitere Domänen dazu gekommen welche bei der Diagnose der Funktionen berücksichtigt werden müssen. Dabei gibt es zwei zusätzliche Herausforderungen die bewältigt werden müssen. Zum einen arbeiten diese neuen Funktionen teilweise auf Infrastrukturen, welche der Fahrzeughersteller nicht kontrolliert wie zum Beispiel die mobile Internetverbindung. Diese Abhängigkeiten müssen bei der Konzeption der Funktionen und deren Diagnose einbezogen werden. Des Weiteren entstehen mit dem Einzug der Informatik als unabhängige Branche in die Automobilbranche neue Prozessstrukturen und Arbeitsweisen die in bestehende Prozesse integriert werden müssen. Bei der Gestaltung von Software haben sich beispielsweise Vorgehensmodelle wie Scrum [2] bewährt, welche sich stark von dem in der Automobilbranche genutzten V-Modell [3] unterscheidet.
Diese und weitere Hürden bei der Implementierung von verteilten Funktionen werden im folgenden Artikel angesprochen. Als Anwendungsszenario wird ein bereits implementierter Cloud-Dienst zur Klassifizierung von Fahrern herangezogen. Ziel der Arbeit ist das Aufzeigen von Potenzialen bei der Verbindung der beiden Domänen Fahrzeug und Cloud durch die Nutzung der aus beiden Welten präferierten Arbeitsweisen. Dabei liegt der Fokus auf der Absicherung der jeweiligen Funktion (safety) jedoch nicht der Sicherheit vor unerwünschten Zugriff (security) [4]. Zudem wird die Diagnose von bestehenden Systemen aus der Ferne (Remote Diagnose) in diesem Artikel nicht behandelt.

2 Verteilte Funktionen im Automobil

Zunächst stellt sich die Frage: Was ist eine verteilte Funktion? Der Begriff umschreibt die Ausführung einer Aufgabe, also einer Funktion, durch ein System von mehreren Komponenten, welche untereinander Informationen austauschen. Ein Beispiel für eine verteilte Funktion innerhalb des Fahrzeugs ist die Scheibenwischerfunktion (siehe Abbildung 1). Durch das Betätigen des Scheibenwischerschalters durch den Benutzer wird der Lenksäulenelektronik die Information „Wischen“ zugetragen. Diese gibt über das Bussystem (CAN) die Information an das Bordnetz-Steuergerät welches diese wiederum über einen LIN an das Steuergerät für den Wischermotor gibt, dass den zuständigen Motor steuert. Bereits bei diesem trivialen Beispiel sind mehrere Komponenten, unter anderem Sensoren, Aktoren, Steuergeräte und Bussysteme, bei der Ausführung dieser Funktion beteiligt. Jede Komponente muss für die Ausführung der Funktion intakt sein was wiederum bedeutet das für eine aussagekräftige Diagnose jede Komponente Diagnostiziert werden muss.

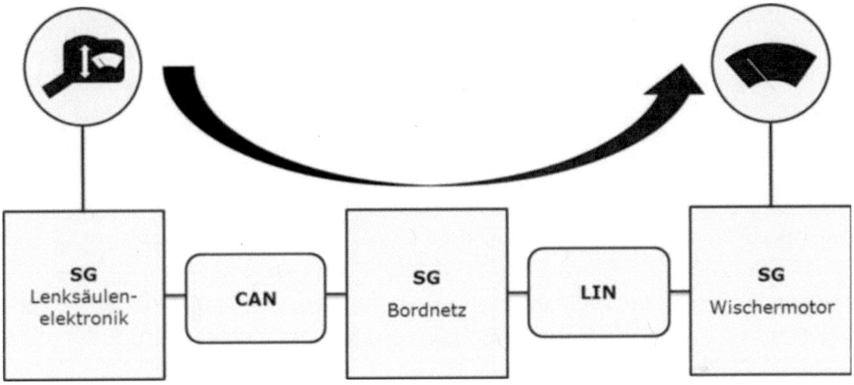

Abbildung 1: Beispiel einer verteilten Funktion im Fahrzeug – Funktion Scheibenwischer

Aus Sicht der Diagnose haben verteilte Funktionen Vor- und Nachteile. Der große Vorteil ist die Reduktion der Komponenten auf ihre Teilfunktion, ähnlich dem Prinzip des „teile und herrsche" [5]. Diese Teilfunktionen sind nicht so komplex wie die komplette Funktion. Die Diagnose, also die Fehlererkennung bei einer solchen Teilfunktion ist demnach einfacher als die Diagnose der kompletten Funktion. In der Theorie reicht es aus, die Teilkomponenten zu diagnostizieren, da durch die Absicherung der Teilfunktionen auch die gesamte Funktion abgesichert ist. In der Praxis trifft dies jedoch nicht zu, was den Nachteil der verteilten Funktionen erklärt. Die eingesetzten Komponenten erfüllen häufig nicht nur eine, sondern mehrere Teilfunktion. Dies führt zu unerwarteten Störungen oder Ausfällen verursacht durch die Kombination der verschiedenen Teilfunktionen und der damit steigenden Freiheitsgraden.

3 Vorstellung eines Cloud-Dienst zur Fahrerklassifizierung

Als Beispielanwendung für die folgenden Ausführungen wird ein bereits implementierter Cloud-Dienst verwendet, welcher eine automatisierte Klassifizierung von Fahrerdaten vornimmt. Der zugrunde liegende Algorithmus wertet dabei anonymisierte Fahrdaten, unter anderem die Geschwindigkeit, Lenkwinkel und Beschleunigung von verschiedenen Fahrten und Fahrern aus. Ergebnis des Algorithmus ist eine Klassifizierung der Fahrer. Anhand der gewonnenen Daten kann zum Beispiel genauer abgeschätzt werden wie sich ein bestimmter Fahrer in einer Situation verhalten wird da die Reaktion von ähnlich agierenden Fahrern auf der Strecke aus den Ergebnissen bekannt ist. Die Besonderheit bei dem Projekt ist, dass die Zugrunde liegende Cloud-Umgebung und die damit verbundene Datenbasis nicht auf diesen Usecase zugeschnitten ist, sondern als Basis für weitere prototypische Dienste dient. Dieser allgemeine Ansatz erhöht die Komplexität der Anwendung.

Der Dienst kann in drei Hauptkomponenten unterteilt werden (siehe Abbildung 2). Die erste Komponente ist die Fahrzeugeinheit. Diese besteht aus einem Mini-PC welcher fest im Fahrzeug verbaut ist und lesenden Zugriff auf verschiedene CAN-Busse hat. Die Fahrzeugeinheit hat die Aufgabe die anfallenden CAN-Daten zu erfassen. Diese werden anschließend gefiltert und in ein geeignetes Datenformat überführt. Anschließend werden die Daten in Paketen zusammengefasst und über das MQTT-Protokoll an den Cloud-Dienst gesendet.

Der Cloud-Dienst ist die zweite Komponente welche sich mit der Verarbeitung und der Visualisierung der Daten beschäftigt. Der Cloud-Dienst besteht wiederum aus Teilkomponenten wie zum Beispiel virtuellen Maschinen, SQL- und NoSQL-Datenbanken oder Webservern. Die Aufgabe des Cloud-Dienstes ist zunächst die Vorbereitung der Daten. Dazu werden die von den Fahrzeugen eingehenden Datenpakete analysiert, normiert, gefiltert und plausibilisiert. Anschließend werden die Daten auf die Datenbanken verteilt. Der eigentliche Klassifizierungsalgorithmus extrahiert die benötigten Signale und verarbeitet diese indem er die Zeitreihen durch die Diskrete Wavelet-Transformation [6] in den Bildbereich überführt. Die dabei entstandenen Informationen werden häufigkeitsverteilt und anschließen klassifiziert. Die Ergebnisse der Klassifizierung werden in separaten Ergebnisdatenbanken gespeichert. Ein Webserver bereitet diese für den Nutzer auf. Jede Teilkomponente wird in einer separaten virtuellen Umgebung ausgeführt und arbeitet weitestgehend unabhängig voneinander. Lediglich die Schnittstellen zwischen den Komponenten sind fest definiert und innerhalb des Projekts dokumentiert.

Die dritte Komponente ist die Datenverbindung zwischen den Fahrzeugeinheiten und dem Cloud-Dienst. Grundsätzlich basiert diese auf TCP/IP. Demnach kann diese Verbindung kabelgebunden (Ethernet) oder kabellos (WLAN, 3G/4G) erfolgen. Im Feldeinsatz wird eine mobile Datenverbindung bevorzugt. Als übergeordnetes Protokoll wird MQTT [7] verwendet da sich dieses für den Einsatz in instabilen Netzwerkverbindungen bewährt hat.

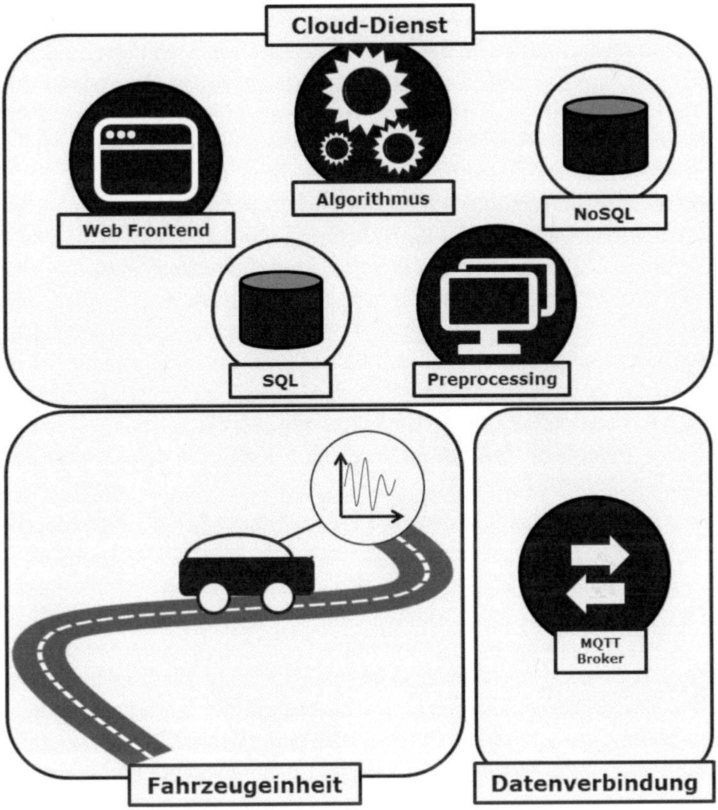

Abbildung 2: Struktur der verteilten Cloud-Funktion

4 Diagnose von verteilten Funktionen im Fahrzeug

Bevor auf die Herausforderungen bei der Diagnose von Cloud-Funktionen eingegangen wird, soll kurz die Diagnose von verteilten Funktionen im Fahrzeug erläutert werden. Zunächst muss jedoch definiert werden was ein Fehler ist, beziehungsweise welche Konsequenz ein Fehler hat. Ein Fehler ist ein Zustand, beispielsweise ein Defekt einer Komponente, welcher verhindert dass eine Funktion oder eine Teilfunktionen nicht oder nur teilweise ausgeführt werden kann. Die Vorgehensweise beim Auftreten eines Fehlers wird durch der Schwere des Fehlers definiert welche wiederum individuell festgelegt wird. Grundsätzlich werden bei der Klassifizierung der Fehler Sicherheits-, Kunden-, Qualitäts- und gesetzliche Anforderungen herangezogen.

Auf jedem im Fahrzeug verbauten Steuergerät laufen eine oder mehrere Teilfunktionen (unter anderem Sensoren auslesen, Messwerte verarbeiten, Kommunikation mit anderen Steuergeräten, Aktoren ansteuern). Bei der Auslegung der jeweiligen Teilfunktion werden gleichzeitig die möglichen Fehlerfälle definiert und in Form von Fehlercodes implementiert. Dies geschieht meist während der Konzeption des Fahrzeugs und der Festlegung des Lastenheftes (siehe V-Modell). Ein Fehlercode entspricht demnach einem spezifischen Ausfall einer Teilkomponente beziehungsweise einer Teilfunktion. Wenn ein Fehlercode ausgelöst wird, wird dieser im Steuergerät gespeichert. Die Fehlercodes werden im Laufe des Aftersales häufig für zwei Szenarien benötigt: Zum einen für die Eigendiagnose und zum anderen für die Diagnose in der Werkstatt. Die Eigendiagnose des Fahrzeugs kommt während des Betriebs, also bei der Ausführung der Funktionen und Teilfunktionen zum Tragen. Im Fehlerfall müssen die Teilfunktionen die Schwere des Fehlers einschätzen und darauf reagieren. Dies kann unterer bedeuten den Fahrer über das Kombiinstrument zu benachrichtigen oder in schwereren Fällen in den Notlauf zu wechseln. In der Werkstatt können die Fehlercodes über einen Diagnosetester ausgelesen werden. Bei der Diagnose von Fahrzeugfunktionen ist meistens das Ziel, die defekte kleinste auszutauschende Komponente zu finden.

Die Herausforderung besteht darin die Fehlercodes richtig zu interpretieren da diese lediglich ein Symptom sind. Erst die Summe aller Fehlercodes ergibt ein Fehlerbild. Durch Hinzunahme des Wissens über das Zusammenspiel der Teilkomponenten und -funktionen kann eine Diagnose stattfinden die den genauen Fehler, oder die kleinste auszutauschende Komponente, beschreibt. Dies kann genauer am zuvor erwähnten Beispiel des Scheibenwischers erläutert werden. In diesem Fall meldet das Steuergerät für die Lenksäulenelektronik, das Steuergerät für das Bordnetz und alle anderen an diesem Bus hängenden Steuergeräte einen Fehler bei der Kommunikation mit dem CAN-Bus (siehe Abbildung 3). Aus der Kombination der Fehler lässt sich schließen, dass mit höchster Wahrscheinlichkeit das Bussystem defekt ist (zum Beispiel durch einen Kabelbruch). Ein einziger Fehlercode würde den Fehler nicht genau beschreiben da bei einem Kommunikationsfehler eines Steuergeräts zum Beispiel die Steckverbindung zwischen Bussystem und Steuergerät defekt sein könnte. Dieses Beispiel lässt erahnen wie komplex die Kombination der Fehlercodes und die daraus resultierenden Fehlerbilder werden können.

Die hohe Komplexität beim Auswerten der Fehlercodes hat viele Methoden zum Diagnostizieren von Fehlercodes hervorgebracht welche versuchen das Fachwissen über die Funktionen und dazugehörigen Teilfunktionen zu vereinen. Am weitesten verbreitet ist die Fehlerbaumanalyse [8], bei der eine für die jeweilige Architektur angepasste schrittweise Anleitung durch die jeweiligen Symptome definiert ist, welche zum Fehlerbild führen. Bei dieser Methode führt eine Kombination von Fehlercodes zu einem spezifischen Fehlerbild. Der Nachteil ist dabei, dass der Fehlerbaum statisch ist und dementsprechend neue Erkenntnisse nicht implementiert werden können. Moderne Ansätze bei der Diagnose ist die wissensbasierte Diagnose, Vertreter hier ist das CBR (Case Based Reasoning) [9] oder das Bayessche-Netz [10], welche mit Fehlerwahrscheinlichkeiten arbeiten die durch ständiges Lernen angepasst werden. Diese Methoden können dynamisch wachsen, müssen jedoch über eine gewisse Zeit angelernt werden.

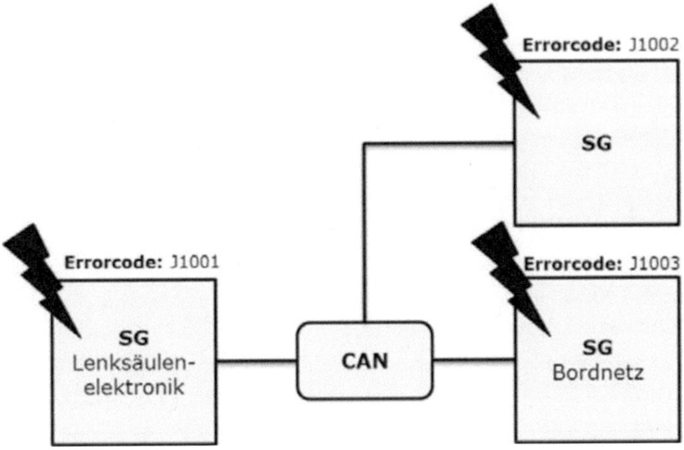

Abbildung 3: Beispiel für Fehlercodes bei verschiedenen Steuergeräten

5 Diagnose von verteilten Cloud-Funktionen

Die Diagnose von verteilten Cloud-Funktionen erweitert die klassische Fahrzeugdiagnose um zwei weitere Domänen. Wie am Beispiel der Fahrerklassifizierung gezeigt, besteht eine Cloud-Funktion aus drei Hauptkomponenten: der Fahrzeugeinheit, dem Cloud-Dienst und der Datenverbindung. Die grundsätzliche Zielstellung, einen Fehler so schnell wie möglich zu identifizieren und adäquat auf ihn zu reagieren, verändert sich dabei nicht.

Bei der Diagnose der Fahrzeugeinheit ändert sich gegenüber der klassischen Fahrzeugdiagnose nicht viel da nur weitere Teilfunktionen und Datenkanäle nach dem bereits bekannten Vorgehen im Fahrzeug hinzugefügt werden. Im Falle eines Fehlers müssen diese Komponenten je nach Fehlerschwere entscheiden ob die Funktion weiter ausgeführt werden kann oder ob weitere Maßnahmen ergriffen werden müssen.

Die Cloud-Funktionen können nicht nach den aus der Fahrzeugindustrie bekannten Schemen diagnostiziert werden. Abseits von Server-Hardware, welche in diesem Beitrag nicht betrachtet werden sollen, bestehen Cloud-Funktionen aus Software. Der Unterschied besteht in der Implementierung und der Migration der Software auf den verschiedenen Systemen. Fehler in der Software in der Cloud können leichter behoben und neue Features hinzugefügt werden können. Die Steuergeräte im Fahrzeug sollten bei Auslieferung an den Kunden einen möglichst finalen Softwarestand besitzen da ein Update kompliziert und kostenintensiv ist. Dies könnte sich mit der Einführung von Software-over-the-air Diensten in naher Zukunft ändern.

Die Vorgehensweise bei der Konzeption und Implementierung von Cloud-Funktionen wird durch die Arbeitsweise der Informatik Industrie diktiert. Auch hier werden Anforderungskataloge erarbeitet, welche den Rahmen der Software beschreiben. Bei der Implementierung wird sich jedoch selten an das V-Modell, sondern vermehrt an Vorgehensmodelle wie Scrum gehalten. Dieses aus der agilen Softwareentwicklung bekannte Modell beschreibt die Software als dynamisch wachsendes System welches sich zu jedem Zeitpunkt des Lebenszyklus verändert. Die komplexen Funktionen werden in kleine Unterfunktionen aufgeteilt und inkrementell bearbeitet. Das Endprodukt kann stark von dem anfänglichen Konzept abweichen. Der Vorteil ist, dass unvorhergesehene Probleme während der Implementierung entdeckt und gelöst werden können ohne einen großen Teil der zuvor geleisteten Arbeit zu verwerfen.

Ein weiterer Unterschied ist die intensive Nutzung von Open Source Paketen und offenen Schnittstellen für die Teilfunktionen. Diese sind durch externe Entwickler und Nutzer ausgiebig getestet worden. Ein Beispiel hierfür ist die Verwendung von MQTT als Übertragungsprotokoll für die Cloud-Funktion der Fahrererkennung oder die Nutzung von JSON als Datenformat. Beide Protokolle sind nicht für die Anwendung optimiert, bieten jedoch Vorteile bezüglich der Kompatibilität zu anderen Programmen, sind flexibel und gegenüber der Implementierung von proprietären Protokollen Kosten- und Zeitgünstig.

Die Diagnose von Softwarefehlern erfolgt nach Fehlerschwere, welche während der Konzept- und Implementierungsphase festgelegt wird. Bei schweren Fehlern wird ähnlich wie im Fahrzeug ein Notfallscript ausgelöst welches die Software in einen sicheren Zustand bringt. Ein typisches Beispiel hierfür ist der gleichzeitige Zugriff von zwei parallel ausgeführten Programmen (Threads) auf eine Datei. Wenn dieser Fehlerfall durch den Programmierer abgedeckt wurde, zieht sich jeder Thread zurück und versucht den Zugriff zu einem späteren Zeitpunkt erneut. Im schlechtesten Fall stürzt ein Thread ab oder landet in einem Deadlock. In diesem Fall muss ein übergeordneter Thread, der Observer, dies erkennen und den Thread neu aufsetzen (siehe Abbildung 4). In jedem Fall wird der Fehler mit einer eindeutigen Fehlernummer, dem Zeitpunkt des Auftretens und einem Beschreibungstext in einer Fehlerdatenbank (Error DB) registriert. Diese Fehlerdatenbank dient dem Entwickler als Grundlage für die Analyse der einzelnen Teilfunktionen. Dazu kann dieser die Datenbank manuell einsehen oder bereits aus der Fahrzeugdiagnose bekannte Diagnoseverfahren wie das CBR oder Bayessche Netze über die Datenbank laufen lassen. Ziel ist jedoch nicht der Austausch einer Softwareeinheit sondern das Auffinden von unvorhergesehenen Fehlern die meist durch die Kombination der verschiedenen parallel laufenden Threads auftreten. Die Pflege dieser Datenbank wird in den Implementierungsprozess eingegliedert und ist ein wichtiger Teil der Entwicklerarbeit.

Neben einer zentralen Fehlerdatenbank können die Entwickler über dafür eingerichtete Foren auf Nutzerbeschwerden eingehen und damit schneller auf mögliche Probleme reagieren. Der Test von Software erfolgt nicht mehr nur durch vorgefertigte Szenarien und vorkonditionierte Tester sondern zusätzlich durch reale Nutzer oder Betatester. Dadurch können bis dahin unbekannte Fehler oder Nutzungsweisen schneller entdeckt werden. Weiterhin können Nutzungsprofile erstellt und ausgewertet werden. Bei dem Fahrerklassifizierungs-Dienst gibt es einen für die Nutzer eingerichtetes GitLab in dem Fehler oder Ideen für neue Features gemeldet werden können. Das GitLab übernimmt weiterhin die Versionskontrolle und das Ausrollen der neuen Softwareversionen. Durch die Verwendung des Scrum Modells konnte bei der Fahrerklassifizierung schneller auf neue Anforderungen eingegangen werden und der Funktionsumfang erhöht (z.B. durch die Zunahme von neuen Datenkanälen oder die Implementierung neuer Klassifizierungsalgorithmen) werden.

Die Diagnose der dritten Hauptkomponente einer Cloud-Funktion, die Datenverbindung, erweist sich als eine besondere Herausforderung. Aus Entwicklersicht ist die Datenverbindung eine Blackbox da die Infrastruktur nicht durch den Entwickler sondern durch Dritte (z.B. den Netzanbieter) gestellt wird. Die Infrastrukturlieferanten können die angegebenen Bandbreiten, Netzabdeckungen und Übertragungsraten nicht garantieren. Deshalb wurden in den letzten Jahren einige Protokolle entwickelt, z.B. MQTT, um die Datenpakete mit einer hohen Sicherheit zwischen zwei Anwendungen zu transportieren. Es kann jedoch nicht vorhergesehen werden wie lange dieser Transport dauert. Besonders bei Echtzeitanforderungen, beispielsweise verteilten Regelungen zwischen dem Fahrzeug und der Cloud, müssen Maßnahmen ergriffen werden, die bei Verbindungsabbrüchen die Systeme in einen sicheren Zustand bringen. Der Umgang mit Fehlern mit der Datenverbindung muss demnach individuell innerhalb der anderen Domänen abgedeckt und während der Konzeption eingeplant werden. Im Falle der Fahrerklassifizierung existiert nur eine einseitige Verbindung vom Fahrzeug zum Cloud-Dienst. Verbindungsabbrüche werden im Fahrzeug durch das verwendete MQTT-Protokoll erkannt. Die während dieser Zeit anfallenden Daten werden lokal zwischengespeichert und nach einem erfolgreichen Verbindungsaufbau nachgesendet. Die Cloud-Funktion ist so konzipiert, dass sie unabhängig von der Reihenfolge und dem zeitlichen Abstand der eingehenden Datenpakete arbeitet.

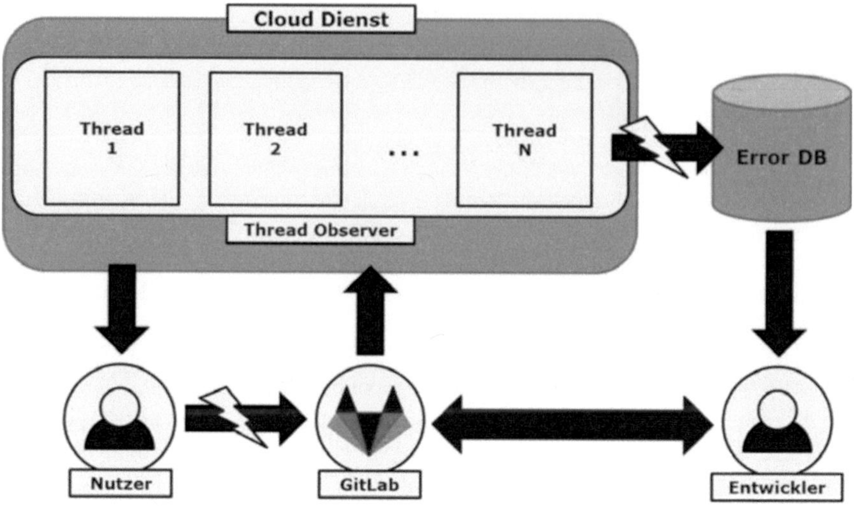

Abbildung 4: Diagnose eines Cloud Dienst

6 Zusammenfassung und Ausblick

Die Diagnose von Cloud-Funktionen bietet neue Herausforderungen da verschiedene Vorgehensmodelle und Arbeitsweisen aufeinander treffen. Auf der einen Seite der Fahrzeughersteller, der ein den höchsten Sicherheits- und Qualitätsansprüchen genügendes System produziert. Auf der anderen Seite die Informationstechnik die agil und dynamisch auf neue Anforderungen reagieren und in kürzester Zeit neue Dienste generieren kann. In den nächsten Jahren werden beide Gewerbe stärker zusammenwachsen und von den Vorteilen der verschiedenen Arbeitsweisen profitieren. Dass dies zu einem gewissen Grad funktioniert kann man bei neuen Fahrzeugherstellern wie Tesla beobachten, die sich mehr als Informatiker verstehen und die statischen Strukturen der Fahrzeugindustrie an einigen Stellen aufbrechen, jedoch zum Beispiel an der vom Kunden erwarteten Qualität bezüglich Verarbeitung und Material scheitert [11]. Die Zusammenarbeit ist jedoch abhängig von dem Ausbau der Infrastruktur, da nur durch die Garantie von stabilen Netzen die Vernetzung aller Individuen im Straßenverkehr und damit die Funktionsvielfalt erreicht werden kann.

7 Quellen

[1]Daimler AG, “Mercedes Me.” [Online]. Available: https://www.mercedes-benz.com/de/mercedes-me/konnektivitaet/.

[2]R. Dräther, H. Koschek, and C. Sahling, *Scrum: kurz & gut*, 1. Auflage. Beijing Cambridge Farnham Köln Sebastopol, Tokyo: O’Reilly, 2013.

[3]P. Alpar, H. L. Grob, P. Weimann, and R. Winter, Eds., *Anwendungsorientierte Wirtschaftsinformatik: strategische Planung, Entwicklung und Nutzung von Informations- und Kommunikationssystemen*, 5., Überarb. und aktualisierte Aufl. Wiesbaden: Vieweg, 2008.

[4]C. Eckert, *IT-Sicherheit: Konzepte - Verfahren - Protokolle*, 7., Überarb. und Aufl. München: Oldenbourg-Verl, 2012.

[5]C. Fadel, M. Bialik, and B. Trilling, *Four-dimensional education*. 2015.

[6]C. Torrence and G. P. Compo, “A Practical Guide to Wavelet Analysis,” *Bull. Am. Meteorol. Soc.*, vol. 79, no. 1, pp. 61–78, Jan. 1998.

[7]A. Stanford-Clark, “MQTT.” [Online]. Available: http://mqtt.org/.

[8]International Electrotechnical Commission, D. Technical Committee 56, and International Electrotechnical Commission, *Fault tree analysis (FTA)*. Geneva: International Electrotechnical Commission, 2006.

[9]J. Kolodner, *Case-based reasoning*, Nachdr. San Mateo, Calif: Kaufmann, 1997.

[10] E. Castillo, J. M. Gutiérrez, and A. S. Hadi, *Expert systems and probabilistic network models*. New York, NY: Springer, 1997.

[11] J. Jablonsky and J. Meiners, “Peinlich, wenn die Flügeltüren nicht funktionieren,” 31-Mar-2016. [Online]. Available: https://www.welt.de/motor/fahrberichte-tests/article153832626/Peinlich-wenn-die-Fluegeltueren-nicht-funktionieren.html.

18 Ein Beitrag zur Selbstüberwachung von automatisierten Fahrzeugsystemen

Marcus Nolte, Inga Jatzkowski, Markus Maurer, Institut für Regelungstechnik, Technische Universität Braunschweig, Braunschweig
Johannes Schlatow, Mischa Möstl, Rolf Ernst, Institut für Datentechnik und Kommunikationsnetze, Technische Universität Braunschweig, Braunschweig

Abstract

The development of advanced driver assistance systems has shifted from driver assistance (VDA/SAE Levels 1 & 2 [1],[2]) towards higher levels of automation up to driverless/fully automated systems (VDA/SAE Level 5). This implies, that the task of the driver is also shifting from operating the vehicle over system supervision (VDA/SAE Levels 1 & 2) to a scenario in which the driver is not required to monitor the system at all (Levels 4 & 5). This ultimately implies that system supervision must be performed by the system itself and that the vehicle must also remain safely operable under critical operation conditions. The vehicle must at no time expose a danger to other traffic participants or its passengers even in case of system failures [3]. The requirement to remain fail-operational demands a holistic representation of the vehicle's performance and the availability of system functions. Speaking in terms of diagnosis, this means that it is not sufficient to determine if single isolated parts of the system are available. Furthermore, it is required to estimate to which degree these functions are available and how well they perform: The system must become self-aware. For this purpose, we propose a monitoring concept at a functional level based on a decomposition of the system into its abilities, based on a concept of skill and ability graphs [4]. However, as a monitoring at the functional level alone is not sufficient, we also introduce an architecture for a run-time environment with monitoring capabilities which enables the consideration of reliability, safety and timing capabilities during an automated integration process. For this purpose, we formulate self-awareness as a cross-layer (hardware, middleware, function) issue, which shall avoid conflicts during integration.

Kurzfassung

Der Schwerpunkt in der Entwicklung automatisierter Fahrfunktionen verschiebt sich zunehmend von Fahrerassistenzsystemen (VDA Stufen 1 & 2 [1]) hin zu fahrerlosen Fahrzeugen (VDA Stufe 5). Die Fahraufgabe wird bei zunehmender Automatisierung auf das Fahrzeugführungssystem übertragen. Dabei nimmt der Fahrer eine überwachende Rolle ein, bis auch die Überwachung des Systems im Fall von Stufe 5 vollständig vom System selbst ausgeführt wird. Daher muss das Fahrzeug auch in kritischen Situationen in der Lage sein, sicher zu handeln. Im Fehlerfall muss das System grundlegend funktionsfähig bleiben ohne andere Verkehrsteilnehmer zu gefährden [3]. Um dies sicherzustellen, muss das Fahrzeug über eine holistische Repräsentation der Ausführungsqualität und Verfügbarkeit von Systemfunktionen verfügen. Im Sinne der Diagnose ist es daher nicht mehr ausreichend, lediglich festzustellen, ob einzelne Systemteile noch funktionsfähig sind. Es muss zusätzlich bestimmt werden, wie leistungsfähig diese aktuell sind. In diesem Beitrag stellen wir dafür einen fähigkeitenbasierten Ansatz zur Selbstwahrnehmung automatisierter Fahrzeuge vor. Dazu werden auf funktionaler Ebene Fähigkeiten- und Fertigkeitengraphen, basierend auf [4], zur Modellierung der Leistungsfähigkeit des automatisierten Fahrzeugs verwendet. Zusätzlich ist bereits bei der Integration der Hard- und Softwareplattform die Berücksichtigung der Selbstwahrnehmung notwendig, um Zuverlässigkeit, Sicherheit und die Einhaltung von Zykluszeiten zu jeder Zeit garantieren zu können. Daher wird bei der Betrachtung der Selbstwahrnehmung des Fahrzeugs die Notwendigkeit eines Ansatzes herausgestellt, welcher verschiedene Abstraktionsschichten (Hardware, Betriebssystem, Funktion) berücksichtigt. Dies soll widersprüchliche Systementscheidungen frühzeitig feststellbar machen, um Systemausfällen entgegenzuwirken.

1 Motivation

Das automatisierte Fahren erfährt sowohl in der öffentlichen Wahrnehmung, wie auch in der Fahrzeugentwicklung zurzeit erhöhte Aufmerksamkeit. Insbesondere jüngste Fortschritte im Bereich des maschinellen Lernens im Bereich der Umfeldwahrnehmung werden dabei als Wegbereiter für vollautomatisiert fahrende Fahrzeuge angeführt. Für die Entwicklung wirklich autonomer Fahrzeugsysteme müssen diese allerdings nicht nur in der Lage sein, ihr Umfeld wahrzunehmen, sondern auch in Form einer Repräsentation interner Systemzustände jederzeit die eigenen Fähigkeiten überwachen und beurteilen können. Nur so kann sichergestellt werden, dass das System auch im Fehlerfall grundlegend funktionsfähig bleibt und somit noch Manöver umsetzen kann, die eine Gefährdung des eigenen Fahrzeugs und anderer Verkehrsteilnehmer vermeiden. Automatisierte Fahrzeuge müssen somit über Wissen bzgl. der (formalen) Grenzen ihres Verhaltens verfügen, um katastrophalen Effekten entgegenwirken zu können. In diesem Zusammenhang wurde in der Informationstechnik unter dem Begriff *„Autonomic Computing“* ein Konzept für die Selbstwahrnehmung in Rechnernetzen entwickelt, um mit der zunehmenden Komplexität von Softwaresystemen umgehen zu können [5]. Selbstwahrnehmung bezeichnet dabei die Fähigkeit eines Systems, den eigenen Zustand, mögliche Handlungen und deren Auswirkungen auf das System selbst und seine Umgebung wahrzunehmen. Dieses Prinzip wird im Rahmen des Autonomic Computing auf unterschiedlichen Systemebenen angewandt und so z.B. auch im Kontext des *„Internet der Dinge“* eingesetzt [6]. Um jedoch die komplexen Anforderungen eines vollautomatisierten Fahrzeugs erfüllen zu können, ist eine Betrachtung der Selbstwahrnehmung auf den einzelnen isoliert erscheinenden Ebenen des Systems, wie z.B. der Hardware-/Softwareplattform, der Netzwerkkommunikation, der Sensorik oder den Fahrfunktionen nicht ausreichend. Um eine ganzheitliche Selbstwahrnehmung für das Fahrzeug zu schaffen, müssen diese Betrachtungen über die einzelnen Ebenen hinweg vernetzt werden. Nur so kann potentiell destruktives Verhalten aufgrund von widersprüchlichen Entscheidungen auf unterschiedlichen Ebenen erkannt und somit auch verhindert werden. Dieser Beitrag soll daher aufzeigen, weshalb wir es als zwingend erforderlich erachten, die Selbstwahrnehmung von Fahrzeugsystemen als ebenenübergreifende Fragestellung zu betrachten.

Die hier angeführten Betrachtungen sind Teil der DFG-geförderten Forschergruppe *Controlling Concurrent Change (CCC)*[1], bestehend aus 8 verschiedenen Arbeitsgruppen mit einer Förderdauer von 6 Jahren. Ein Themenschwerpunkt der Forschergruppe besteht darin, Änderungen der Software im Feld sicher in ein bestehendes System zu integrieren. Dabei werden sowohl Straßen- als auch Raumfahrzeuge betrachtet. Ein Ziel des Projekts ist es, einen automatisierten, modellbasierten Integrationsansatz für sicherheitskritische, eingebettete Systeme zu entwickeln. Dieser automatisierte Integrationsprozess soll dabei im Kontext des Gesamtsystems auch als Grundlage für Selbstschutzmechanismen dienen. CCC kombiniert daher die konventionelle, laborbasierte Entwicklung individueller Funktionen mit einem automatisierten Integrationsprozess. Dieser soll sicherstellen, dass Änderungen in der Software nur auf ein bereits bestehendes System angewendet werden, wenn hierdurch die Sicherheit des Systems weiterhin gegeben ist.

Abschnitt 2 gibt zunächst einen kurzen Überblick über bestehende Ansätze zur systematischen Selbstwahrnehmung auf funktionaler Ebene in automatisierten Fahrzeugen und führt das Konzept der Fähigkeiten- und Fertigkeitengraphen ein. Eine im Projekte CCC entwickelte Systemarchitektur, die eine Laufzeitüberwachung des Systems ermöglicht, wird in Abschnitt 3 vorgestellt, bevor Abschnitt 4 im Anschluss die Notwendigkeit der ebenenübergreifenden Selbstwahrnehmung erläutert. Abschließend fasst Abschnitt 5 bisherige Ergebnisse und künftige Herausforderungen zusammen.

2 Selbstwahrnehmung für das automatisierte Fahren

Wie einleitend erwähnt, verschieben jüngste Fortschritte im Bereich automatisierter Straßenfahrzeuge den Fokus in der Fahrzeugentwicklung von Fahrerassistenzsystemen (VDA Stufen 1 & 2 [1]) hin zu fahrerlosen Fahrzeugen (VDA Stufe 5 [1]). Mit zunehmender Automatisierung verschiebt sich die Aufgabe des Fahrers weg von der Ausführung der eigentlichen Fahraufgabe (Stufe 1) hin zur Überwachung des Systems (Stufe 2), bis auch diese bei vollautomatisierten oder fahrerlos fahrenden Fahrzeug (Stufen 4 & 5) ebenfalls vollständig vom System ausgeführt wird. Dies hat zur Folge,

---

[1] http://www.ccc-project.org/

dass das Fahrzeug auch in kritischen Situationen in der Lage sein muss, sicher autonom zu agieren. Das Fahrzeug muss somit im Fehlerfall mindestens so lange (eingeschränkt) funktionsfähig bleiben, bis ein sicherer Halt erreicht ist, ohne dabei ein Sicherheitsrisiko für andere Verkehrsteilnehmer oder das eigene Fahrzeug darzustellen. Selbst in einem Level 3 System, in dem der Fahrer als letzte Rückfallebene gesehen wird, muss das System für den Zeitraum bis zur Übergabe die Fahrfunktion aufrechterhalten. Um diese Funktionsfähigkeit im Fehlerfall garantieren zu können, muss das Fahrzeug auf funktionaler Ebene über eine *Selbstwahrnehmung* verfügen. Das heißt, dass jederzeit die aktuelle Leistungsfähigkeit jeder Funktion bestimmbar sein muss und Fehler isoliert werden müssen, um geeignete Gegenmaßnahmen einleiten zu können. Zusätzlich müssen potentiell redundante, funktionale Module bekannt sein, welche bei Bedarf fehlerhafte Module ersetzen können, sollte die Leistungsfähigkeit einer Funktion zu weit degradieren. Aus Sicht der funktionalen Sicherheit ermöglicht die funktionale Selbstwahrnehmung des Systems und das daraus resultierende Wissen über die aktuellen Fähigkeiten des Fahrzeugs, zu jeder Zeit einen sicheren Betriebszustand des Fahrzeugs aufrechtzuerhalten [3]. Dieses Wissen über die aktuellen Fahrzeugfähigkeiten kann zusätzlich genutzt werden, um die Fahrentscheidungen des automatisiert fahrenden Fahrzeugs zu beeinflussen und diese an die aktuelle Leistungsfähigkeit des Systems anzupassen.

Betrachtet man den aktuellen Entwicklungsstand von Serienfahrzeugen bzgl. Diagnosefähigkeiten, so beschränken sich die meisten derzeitig angewandten Strategien auf die Überwachung einer vergleichsweise geringen Anzahl von Systemzuständen, wie etwa des Reifendrucks oder der Batterieladung. Einfache Fehler einzelner Sensoren oder Aktuatoren, insbesondere innerhalb des Antriebsstrangs, können mittels On-Board-Diagnosesystemen erkannt werden. Für den Betrieb vollautomatisierter Fahrzeuge müssen diese Selbstdiagnosefähigkeiten jedoch deutlich erweitert werden. So wird z.B. eine Qualitätsbewertung von Sensordaten, wie etwa von Kamera, Lidar- und/oder Radarsensoren benötigt. Zusätzlich muss aber auch die Ausführungsqualität von Funktionen, wie etwa der Objektverfolgung bewertet werden.

Erste Ideen hin zu einer Selbstwahrnehmung autonomer Systeme auf funktionaler Ebene finden sich bereits bei Dickmanns [7] oder Passino und Antsaklis [8], ohne dass jedoch detaillierte Konzepte benannt werden. Konkretere Konzepte für die explizite interne Repräsentation der Fähigkeiten und Fertigkeiten eines automatisierten Fahrzeugs finden sich bei Maurer [9], verdeutlicht anhand der Überwachung von Regelungsalgorithmen. Diese Konzepte wurden von Siedersberger [10] und Pellkofer [11] erweitert, so dass die durch die Selbstüberwachung verfügbaren Informationen zur Unterstützung von Entscheidungsalgorithmen genutzt werden. Nach Reschka [12] bezeichnet der Begriff *Fertigkeiten* die Aktivitäten, die ein technisches System zur Erledigung seiner Aufgabe ausführen muss. Der Begriff *Fähigkeit* bezeichnet dann die Ausführungsqualität einer Aktivität, abhängig von systeminternen Eigenschaften und der aktuellen Situation, in der sich das System befindet.

Im Projekt RACE [13] wurde sowohl eine flexible Software- als auch eine teil-redundante Hardwarearchitektur vorgestellt, die die Verfügbarkeit und Zuverlässigkeit automatisierter Fahrzeuge erhöhen sollen. Die Detektion von Sensorfehlern beschränkt sich dabei jedoch auf die Plausibilisierung von Reichweitenmessungen.

Mit SAFER stellen Kim et al. [14] ein Framework vor, welches hot und cold stand-by Rechner im System nutzt, um die Verfügbarkeit der auf diesen Rechnern laufenden Teilsysteme zu erhöhen. Degradationsstrategien werden aktiviert, wenn Lebenszeichen eines Sensors ausbleiben [14]. Eine detailliertere Überwachung der Sensordatenqualität wurde von den Autoren nicht weiter betrachtet. Beide Ansätze nutzen die gesammelten Informationen nicht, um in einem umfassenderen Kontext eine detailliertere Repräsentation der Leistungsfähigkeit des Systems zu erstellen, wie es für ein Fahrzeug mit einer ganzheitlichen Selbstwahrnehmung nötig wäre.

Im Projekt *Stadtpilot* der TU Braunschweig wurde ein Regelungs- und Sicherheitssubsystem zur Überwachung des aktuellen Systemzustands eines automatisierten Fahrzeugs entwickelt [15]. Hierbei wird die Notwendigkeit der Detektion von Fehlern in Hard- und Softwaremodulen, sowie die Fähigkeit des Systems unmittelbar auf diese Fehler zu reagieren herausgestellt. Es wurden Kriterien für die Bewertung der Leistungsfähigkeit des Systems identifiziert sowie Strategien für die funktionale Degradation präsentiert, welche auf das Versuchsfahrzeug *Leonie* angewendet wurden.

Bergmiller [16] schlägt ein Fähigkeitennetzwerk zur Überwachung und Fehlerdetektion in By-Wire-Fahrzeugen vor. So werden Messwerte z.B. aus dem Batteriemanagement mit Hilfe eines auf Fuzzylogik basierenden Ansatzes in Performance-Levels abstrahiert. Eine dedizierte Überwachung funktionaler Komponenten und eine systematische Ableitung von Metriken findet dabei allerdings nicht statt.

Basierend auf diesem Ansatz und den Vorarbeiten von Maurer [9], Siedersberger [10] und Pellkofer [11], schlagen Reschka et al. [4] Fähigkeiten- und Fertigkeitengraphen als ganzheitlichen Ansatz zur Modellierung der aktuellen Leistungsfähigkeit des Fahrzeugs vor. Dabei werden Selbstwahrnehmung und Selbstrepräsentation sowohl für die Überwachung zur Laufzeit, als auch bereits als Modellierungswerkzeug im Entwicklungsprozess verstanden. Nach der oben angeführten Begriffsdefinition können Fertigkeitengraphen so im Entwicklungsprozess eines Fahrzeugführungssystems zur Modellierung der notwendigen Fähigkeiten für den jeweiligen Anwendungsbereich eingesetzt werden. Durch einen variabel anpassbaren Detailierungsgrad können die Graphen unter Anderem helfen, notwendige Redundanzen im System aufzuzeigen, um zuvor identifizierte Sicherheitsziele zu erreichen. Sie können zudem verwendet werden um Fehlerpropagation und eine Verringerung der Leistungsfähigkeit im System zu visualisieren. Im bereits implementierten System können Fähigkeitengraphen zur Laufzeit eingesetzt werden, um die aktuelle Leistungsfähigkeit des Systems zu überwachen. Das identifizierte Fähigkeitenlevel des Fahrzeugs kann anschließend genutzt werden, um konstruktiv Einfluss auf die Entscheidungsfindung und das Fahrzeugverhalten zunehmen.

2.1 Fertigkeitengraphen für die Modellierung der Fahraufgabe

Ein Fertigkeitengraph ist ein gerichteter azyklischer Graph, welcher aus Fertigkeitenknoten, Datensenken, Datenquellen und Abhängigkeitsbeziehungen zwischen den Knoten besteht. Ein Pfad in diesem Graph, beginnt an der Wurzel mit einer Hauptfertigkeit und endet an einer Datenquelle oder -senke.

Um die Konstruktion eines Fertigkeitengraphen zu illustrieren, soll ein einfaches Assistenzsystem am Beispiel der Abstandsfolgeregelung (Adaptive Cruise Control - ACC) betrachtet werden. In diesem Fall stellt *ACC fahren* die Hauptfertigkeit oder Wurzel des Graphen dar (vgl. **Abbildung 1**). Diese Hauptfertigkeit wird nun sukzessive bis zum benötigten Detaillierungsgrad verfeinert bis die Datenquellen (Sensoren) bzw. -senken (Aktuatoren) erreicht sind. Um die Hauptfertigkeit *ACC fahren (Main)* zu realisieren, benötigt das System die Fertigkeiten den *Abstand* zu *regeln (A1)* sowie die *Geschwindigkeit* zu *regeln (A2)*. Zusätzlich muss das *Fahrzeug für den Fahrer beherrschbar gehalten (A3)* werden. Zur Aufrechterhaltung der Beherrschbarkeit des Fahrzeugs durch den Fahrer ist es nötig die *Intention des Fahrers zu schätzen (A6)* (z.B. in Form eines Fahrdynamikmodells unter Einbeziehung des aktuellen Lenkradwinkels). Das Fahrzeug muss außerdem *verzögern (A8)* können. Um die Distanz zum vorausfahrenden Fahrzeug und die eigene Geschwindigkeit zu regeln, wird die Fertigkeit benötigt ein *Zielobjekt auswählen (A4)* zu können. Beide zuvor genannten Fertigkeiten sind zudem ebenfalls darauf angewiesen die *Intention des Fahrers schätzen (A6)*, sowie *beschleunigen (A7)* und *verzögern (A8)* zu können. Um ein Zielobjekt auswählen zu können, ist es notwendig, dass das System die Fertigkeit besitzt, relevante *dynamische Objekte zu erkennen und zu verfolgen (A5)*. Diese Fertigkeit ist wiederum auf die *Umfeldsensorik (Sr9)* als Datenquelle angewiesen. Um die *Intention des Fahrers* in Form einer Wunschgeschwindigkeit und eines Wunschabstandes bestimmen zu können, wird zudem eine Form einer *Mensch-Maschine-Schnittstelle (engl.* ***h****uman* ***m****achine* ***i****nterface - HMI) (Sr10)* als Datenquelle benötigt. Das Beschleunigen und Verzögern ist jeweils auf den *Antriebsstrang (Si11)* als Datensenke angewiesen (in letzterem Fall für die Nutzung der Motorbremse), während das Verzögern zusätzlich noch das *Bremssystem (Si12)* als Datensenke benötigt.

Aus der oben gezeigten Zerlegung der funktionalen Fertigkeiten des Systems lässt sich bereits erkennen, dass die Granularität der Zerlegung vom Anwendungsfall abhängig ist: In diesem Fall umfasst beispielsweise die Schätzung der Fahrerintention mehrere HMI Elemente in Form von Lenkrad und entsprechenden Wählhebeln. Da es sich außerdem um eine funktionale Modellierung handelt, ist auf dieser Ebene noch nicht festgelegt, welche Fähigkeiten bei der Implementierung des Systems durch welche Softwarekomponenten realisiert werden.

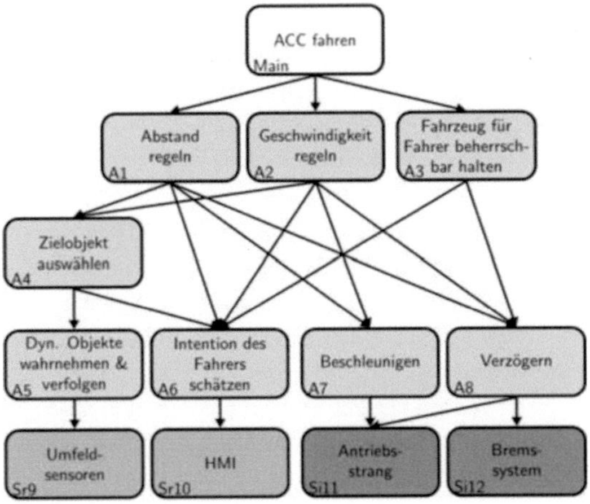

Abbildung 1: Vereinfachter Fertigkeitengraph für das ACC Fahren mit Hauptfertigkeit (weiß), untergeordneten Fertigkeiten (hellgrau), Datenquellen (dunkleres grau) und Datensenken (dunkelgrau).

2.2 Fähigkeitengraphen für die Onlineüberwachung

Um diesen Fertigkeitengraphen für die Überwachung zur Laufzeit einsetzen zu können, muss dieser, durch Wahl einer Implementierung in Form von Softwarekomponenten, in einen Fähigkeitengraphen überführt werden. Zusätzlich müssen Metriken für die Bewertung der Ausführungsqualität an den Kanten im Fähigkeitengraphen gewählt werden (vgl. [4]). Bei der Zerlegung der Fähigkeiten in Softwarekomponenten und zugehörige Schnittstellen ergeben sich aus den Abhängigkeiten in der Fertigkeitenrepräsentation, diejenigen Schnittstellen, die für die Fähigkeitenrepräsentation zur Laufzeit überwacht werden müssen.

Nach Wahl entsprechender Metriken für jede Fähigkeit (z.B. Einschwingdauer für regelungstechnische Fähigkeiten), kann der Fähigkeitengraph zur Fehlerdetektion innerhalb der Graphenhierarchie genutzt werden. Ein Gütemaß für die Ausführungsqualität einer Fähigkeit kann dabei durch Vergleich einer Metrik mit einem geforderten Leistungswert (z.B. in Form von Anforderungen aus dem Entwicklungsprozess) berechnet werden. Im Falle einer Verringerung der Ausführungsqualität einer Fähigkeit kann das System Degradierungsstrategien anwenden, in dem es etwa auf andere Softwaremodule umschaltet und das System somit rekonfiguriert. Hier bietet die Zuordnung von Softwarekomponenten zu Fähigkeiten eine Möglichkeit, diese dynamische Systemrekonfiguration zu unterstützen. Der Zusammenhang zwischen Softwarekomponente und Fähigkeit hilft dabei, ganze Gruppen von Softwarekomponenten zu identifizieren, die für die Ausführung einer spezifischen Aufgabe zuständig sind.

Eine entscheidende Herausforderung bei der Laufzeitüberwachung des Systems ist die Wahl aussagekräftiger Metriken für die Fähigkeiten, die auch bei der Kombination verschiedener Metriken ihre Aussagekraft behalten: Eine Kombination korrelationsbehafteter Metriken muss dementsprechend vermieden werden. In diesem Zusammenhang schlagen wir die Nutzung von Methoden aus dem Bereich des Autonomic Computing vor. Werden die Fähigkeiten des Systems als Service aufgefasst, die vom System bereitgestellt werden, ergeben sich dann ähnliche Fragestellungen, die im Bereich des Autonomic Computing als „Quality of Service“ bezeichnet werden. Diese ist ein Maß für die Ausführungsqualität eines Services, basierend auf Metriken wie z.B. Bandbreite, Latenz oder Verfügbarkeit [17]. Die Ausführungsqualität einer Fähigkeit lässt sich in diesem Sinne ebenso als „Quality of Service“ interpretieren. Für die Berechnung und Kombination von Metriken für diese Qualities of Service werden in der Informationstechnik häufig wissensbasierte Systeme verwendet, die in Form von Ontologien die Relationen von Metriken zueinander und deren Eigenschaften beschreiben. Durch den Einsatz dieser wissensbasierten Systeme lässt sich dann die Kombination korrelationsbehafteter Metriken vermeiden.

3 Run-Time Environment für ebenenübergreifende Selbstwahrnehmung

Fahrzeugsysteme werden heutzutage in vielen Fällen nach dem V-Modell entwickelt. Dieser Entwicklungsprozess eignet sich besonders für die Entwicklung vollständig spezifizierter, gut getesteter Produkte, entsprechend den heutigen Entwicklungsprozessen in der Automobilindustrie. Für die Entwicklung von sicherheitskritischen Systemen ist das V-Modell daher ein etablierter und effizienter Prozess. Diese Effizienz geht allerdings verloren, sobald Produktvarianten oder Produktlinien entwickelt werden sollen, die entweder zu Prozessbeginn noch nicht vollständig spezifiziert werden können, oder wenn Systeme sich während der Produktlebensdauer ändern können (z.B. durch Funktionserweiterungen oder durch Wartung). Die Ursache hierfür ist, dass Änderungen oder Updates dem Prozess entsprechend getestet werden müssen, bevor sie in einer Werkstatt angewendet oder installiert werden können. Damit sind Modifikationen des Fahrzeugsystems auf einen einzigen Eigentümer beschränkt. Im Regelfall handelt es sich hierbei um den OEM.

Die Integration von neuen Funktionen zur Laufzeit, wie sie im Projekt CCC ermöglicht werden soll, stellt eine besondere Herausforderung dar, wenn sich mehrere Funktionen unterschiedlicher Kritikalität die Zielplattform (bestehend aus einem oder mehreren Steuergeräten) teilen. Um eine sichere Integration und ein sicheres Systemverhalten zur Laufzeit garantieren zu können, müssen alle Nebeneffekte, die die Sicherheit des Systems gefährden können, antizipiert und/oder begrenzt werden. Aus diesem Grund müssen alle Anforderungen und Nebenbedingungen für die Integration in den Eingabemodellen explizit spezifiziert werden. Eine weitere Herausforderung stellt das Finden (und Spezifizieren) geeigneter Abstraktionsebenen dar, die Entscheidungen während des modellbasierten Integrationsprozesses unterstützen, da diese für gewöhnlich auf Erfahrung oder Expertenwissen basieren, welches nur implizit vorhanden ist und in der Regel nicht formalisiert vorliegt.

In CCC gliedert sich die Systemarchitektur in die Modelldomäne und die Ausführungsdomäne, wie in **Abbildung 2** dargestellt. Wie in jeder konventionellen Systemarchitektur stellt die Ausführungsdomäne die Laufzeitumgebung bereit, welche das Betriebssystem zur Ausführung der entwickelten Applikationen beinhaltet. Die Ausführungsdomäne stellt im Kontext von CCC außerdem Möglichkeiten zur Überwachung von Applikationen und Betriebssystemkomponenten zur Verfügung. Dies ist nötig, um Verletzungen von Modellannahmen, die aufgrund fehlerhafter Modelle gegenüber dem tatsächlichen Verhalten des Systems in der Ausführungsdomäne auftreten, erkennen zu können. In der Modelldomäne kommen dabei formale Methoden zum Einsatz, um Änderungen aller Plattformkomponenten, wie die Zuteilung von CPU-Zeiten oder die Netzwerkkonfiguration, zu beschreiben.

In ihrer Gesamtheit ermöglichen die entwickelten Methoden und Mechanismen die sichere Integration neuer oder veränderter Softwarekomponenten innerhalb einer CCC Plattform. In den nachfolgenden Abschnitten werden die wichtigsten Methoden und Mechanismen genauer vorgestellt.

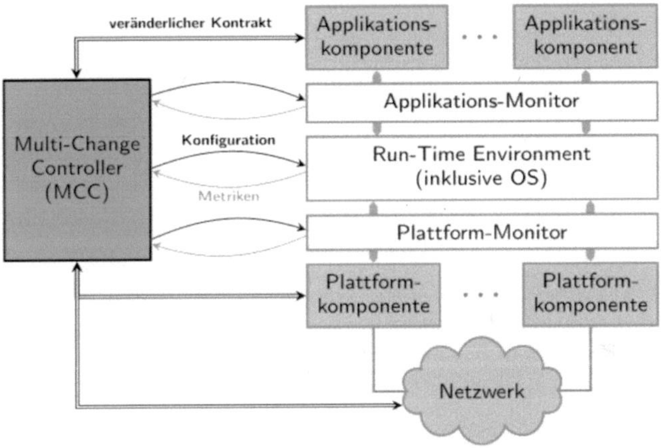

Abbildung 2: CCC Architektur bestehend aus der Modelldomäne (dunkelgrau/schwarz), der Ausführungsdomäne (weiß) sowie veränderliche Applikations- und Plattformkomponenten (grau).

3.1 Modelldomäne

Die zentrale Aufgabe der Verwaltung von System- und Pattformkonfiguration wird in der CCC Architektur vom *Multi-Change-Controller (MCC)* übernommen. Dieser wendet dabei die formalen Methoden an, die im Kontext der Modelldomäne entwickelt wurden. Der MCC führt somit den Integrationsprozess durch und stellt sicher, dass eine neue Konfiguration alle erforderlichen Akzeptanz- und Konformitätstest besteht. Ähnlich eines konventionellen Entwicklungsprozesses nach dem V-Modell verfeinert der MCC während des Integrationsprozesses graduell die Modellrepräsentation der neuen Systemkonfiguration. Weiter führt der MCC zusätzliche Darstellungsebenen ein, auf denen bestimmte Aspekte des Systems modelliert werden. So können verschiedene Sichtweisen auf eine Konfiguration, wie z.B. Sicherheit, im Sinne von Safety und Security, sowie Verfügbarkeit, abgebildet zu werden. Die Anforderungen, die aus diesen Sichtweisen an die Konfiguration bzw. an einzelne Komponenten im System gestellt werden, wie bspw. ein gefordertes Sicherheitslevel oder Echtzeitbeschränkungen, werden für jede Komponente in einer kontraktbasierten Sprache beschrieben und dienen dem MCC als Entscheidungsgrundlage. Diese sichtweisenspezifischen Analysemöglichkeiten können modular als eigenständige Einheiten im MCC implementiert werden. Dies ermöglicht beispielsweise das Auflösen von Laufzeitabhängigkeiten zwischen Softwarekomponenten [18] oder die Synthese eines Modells für Betrachtungen der Betriebssicherheit für Fahrzeugsysteme [19].

Als Beispiel für eine Änderung am bestehenden System soll im Folgenden eine Ergänzung zusätzlicher Funktionalität dienen, die plattformunabhängig in einer logischen oder funktionalen Systemarchitektur modelliert ist. Im Integrationsprozess wird diese Funktionalität nun zunächst an die Zielplattform angepasst. Diese besteht typischerweise aus mehreren Steuergeräten, die durch Netzwerke miteinander verbunden sind. Diese funktionale Repräsentation ist zunächst unabhängig von der Steuergerätearchitektur, während der Übergang zu einer technischen Architektur eine Zuweisung der funktionalen Blöcke zu einzelnen Steuergeräten beinhaltet. Im nächsten Schritt wird die technische Systemarchitektur im MCC so transformiert und auf ein Modell ihrer Implementierung abgebildet (d.h. auf ein Modell der benötigten Softwarekomponenten und deren Schnittstellen untereinander), dass unerwünschte Abhängigkeiten (z.B. durch gemeinsam genutzte Hardware) und Störungen (z.B. durch Synchronisationseffekte) vermieden werden. Dieser Prozess wird durch formale Analysemethoden gestützt, die einerseits (Zuweisungs-)Entscheidungen von Softwarekomponenten auf Steuergeräte steuern und andererseits als Akzeptanztest dienen. Eine Worst-Case Response Time Analyse kann in diesem Zusammenhang z.B. Echtzeitbedingungen basierend auf einem Timing-Modell des Systems prüfen.

3.2 Ausführungsdomäne

Um die im MCC implementierten, modellbasierten Methoden anwenden zu können, muss die Ausführungsdomäne in der Lage sein, ein reales Systemverhalten zu erzwingen, dass dem modellierten Verhalten entspricht. Im Rahmen von CCC besteht die Anwendungsdomäne aus einem Mikrokernel-basierten Betriebssystem. Dieses stellt direkt Mechanismen zur isolierten Ausführung von Anwendungskomponenten zur Verfügung und erlaubt eine fein-granulare Zugriffskontrolle, die dem Prinzip der geringsten Rechte folgt. Zudem lässt sich das System zur Laufzeit dynamisch konfigurieren. Das

Beschreibungsmodell für die Softwarekomponenten, welches in der Modelldomäne genutzt wird, basiert auf der komponentenbasierten Semantik des Mikrokernelbetriebssystems. Hierbei stellen sogenannte *Mikroserver* Services bereit, die von anderen Komponenten genutzt werden können, wobei das Betriebssystem jederzeit die Erlaubnis für die Nutzung einzelner Services durch bestimmte Softwarekomponenten entziehen kann. Es ist dabei anzumerken, dass die Methoden, die in der Modelldomäne entwickelt wurden, nicht auf die betriebssystemspezifische Semantik beschränkt sind, sondern auch auf andere Implementierungsmodelle angewandt werden können.

Wie bereits erwähnt, existieren in der Ausführungsdomäne Möglichkeiten zur Laufzeitüberwachung, die einerseits bestimmte Modellannahmen erzwingen und andererseits Laufzeitmetriken extrahieren können, die wiederum für eine Optimierung zurück in die Modelldomäne überführt werden können. Da der MCC darauf ausgelegt ist, dass das Verhalten des Systems zur Laufzeit mit dem modellierten Verhalten übereinstimmt, kann dieser, falls nötig, auch zur Laufzeit Überwachungseinheiten konfigurieren, um sicherzustellen, dass bspw. die Zugriffsrichtlinien für Netzwerkressourcen eingehalten werden [20] oder um Echtzeitverhalten garantieren zu können [21]. Die Überwachung von Laufzeiteigenschaften, wie beispielsweise der Ausführungszeit, von Zugriffsmustern oder Sensorwerten, stattet das System zusätzlich mit Selbstwahrnehmungsfähigkeiten bezüglich bestimmter Metriken zur Bewertung der Leitungsfähigkeit aus und lässt sich so implementieren, dass nur eine sehr geringe Beeinträchtigung des Gesamtsystems entsteht. Dies befähigt die Modelldomäne dazu, Abweichungen vom nominellen Verhalten zu erkennen, ihre Modelle zu verfeinern, Veränderungen zu antizipieren und aufbauend darauf die Systemkonfiguration entsprechend anzupassen.

4 Ebenenübergreifende Aspekte der Selbstwahrnehmung

Eine grundsätzliche Herausforderung für automatisierte Fahrzeuge mit Selbstwahrnehmungsfähigkeiten ist die Tatsache, dass diese in einem Einsatzgebiet betrieben werden, welches nur eine begrenzte Vorhersagbarkeit aufweist. So ist beispielsweise das Verhalten anderer Verkehrsteilnehmer im Stadtverkehr, vor allem von Fußgängern und Radfahrern, nicht eindeutig prädizierbar. Zusätzliche externe Einflüsse ergeben sich aber auch aus Umweltbedingungen, wie dem Wetter oder auch der Fahrbahnbeschaffenheit. Es können somit nicht alle Effekte, die das System beeinflussen, antizipiert werden. Dies betrifft gleichzeitig sowohl funktionale als auch nicht-funktionale Komponenten des Systems. Einige Einflussgrößen können dabei mittels probabilistischer Methoden modelliert werden und weisen zumindest eine begrenzte Vorhersagbarkeit auf. Andere Eigenschaften jedoch stehen unter dem Einfluss von Effekten, die nicht probabilistischer Natur sind. Die Ausfallsicherheit von Hardwarekomponenten im System kann so zwar z.B. in Form von Ausfallwahrscheinlichkeiten modelliert werden, auf der anderen Seite kann aber beispielsweise die Abwesenheit von Angriffen auf die Kommunikationskanäle des Systems (wie in [19] modelliert) nicht auf triviale Weise nachgewiesen werden, da hierfür Modelle für die Einflussfaktoren fehlen. Anstelle dessen muss das System in der Lage sein, solche nicht-probabilistischen Unsicherheiten unter Berücksichtigung der Selbstwahrnehmung zu bewerten und, falls notwendig, Gegenmaßnamen zu identifizieren.

Aus diesem Grund muss, wie weiter oben bereits beschrieben, bei Betrachtung von vollautomatisierten Fahrzeugen nach [1], in denen der Fahrer nicht mehr in die Fahraufgabe eingebunden ist und die Kontrolle über das Fahrzeug nicht übernehmen kann, das System Mechanismen für einen robusten Betrieb bereitstellen. Das Fahrzeug muss auch im Fehlerfall grundsätzlich operabel bleiben. Bestehende Ansätze z.B. aus der Regelungstechnik, die Fehlertoleranz auch beim Eintritt von nicht probabilistisch modellierbaren Fehlern im System garantieren sollen, sind hier nicht ausreichend. Diese Fehler beinhalten unter anderem auch konzeptionelle und implementierungsspezifische Fehler, sowie Interferenzeffekte in Funktionen und Plattform. Die Detektion und Behandlung solcher Effekte kann nicht auf einer einzigen Ebene, d.h. einer einzelnen Repräsentation des Systems, geschehen. Das Wissen über kritische, ebenenübergreifende Abhängigkeiten und deren Effekte stellt einen essentiellen Teil der Selbstwahrnehmung dar. Im traditionellen Entwicklungsprozess werden solche Abhängigkeiten mithilfe semi-formaler Methoden, wie der *Failure Mode and Effects Analysis (FMEA)*, identifiziert. In CCC wurde diese Abhängigkeitenanalyse automatisiert, um ebenenübergreifende Modelle vorhandener Abhängigkeiten abzuleiten, welche die Auswirkungen von Änderungen und Aktionen auf das Gesamtsystem beschreiben [22], [23]. Die Modellierung der Leistungsfähigkeit des Systems in Form von Fertigkeitengraphen hilft in diesem Kontext, Abhängigkeiten bis auf die funktionale Ebene abbilden zu können. In zukünftigen Fahrzeugen werden diese ebenenübergreifenden Abhängigkeiten mit steigender Komplexität der Fahrzeugsysteme zunehmen. Selbstwahrnehmung und Lernalgorithmen in Ansätzen aus der Informationstechnik können in diesem Kontext zusätzlich hilfreich sein und zur Erfassung eines detaillierteren Systemzustands beitragen [24]. Da Umgebungseinflüsse, wie Sicherheitslücken oder Komponentenausfall, und ihre Auswirkungen auf das System auf den verschiedenen Ebenen zum Entwicklungszeitpunkt nie vollständig antizipiert werden können, muss ein automatisiertes Fahrzeug zur Laufzeit in der Lage sein, Gegenmaßnahmen gegen einen vollständigen Systemausfall einzuleiten. Abhängig vom jeweiligen Umgebungseinfluss kann dessen Effekt in nur einem oder auch in mehreren Modellen, die das System beschreiben, erkennbar sein. Es kann jedoch angenommen werden, dass Umgebungsbedingungen, die einen Einfluss auf das System haben, mehr als nur eine Modellebene betreffen.

Ein möglicher Umwelteinfluss auf das System stellt etwa die Temperatur in und um das betrachtete System dar. Die Umgebungstemperatur ist häufig Quelle gemeinsam auftretender Fehler, die die Ausführung des Systems in vielen Bereichen beeinflussen können: Einerseits verändert die Temperatur physikalische Eigenschaften des Systems, so dass die erwarteten Streckenmodelle, die für den Entwurf von Regelungsalgorithmen verwendet wurden, u.U. nicht mehr zutreffend sind. Andererseits kann ein veränderter Temperaturbereich zu Degradation der Leistungsfähigkeit der (Hardware-)Plattform führen (Leistungsreduzierung um Überhitzung vorzubeugen), was in einem System mit Selbstwahrnehmung zu einer Beeinflussung der Fehlermodelle führen kann und/oder eine Anpassung z.B. von Betriebsspannungen erfordert, um dauerhafte Schäden am System zu verhindern. Dies allein führt jedoch noch nicht dazu, dass der aufgetretene Fehler vollständig kontrollierbar ist, da eine reduzierte Prozessorleistung wiederum zur Verletzung von Timing-Anforderungen oder anderen funktionalen Fehlern führen kann.

Aus der Betrachtung von Einflussfaktoren auf den verschiedenen Systemebenen ergibt sich daher eine Vielzahl weiterer Herausforderungen. Diese reichen, wie im obigen Beispiel beschrieben, von Kopplungen auf der Hardware bzw. Prozessorebene über versteckte Einflüsse auf die Betriebssicherheit und die Sicherheit von Kommunikationskanälen bis hin zu möglichen Beeinträchtigungen der Angriffssicherheit des Systems durch die verwendete Hardware. All diese Faktoren haben jedoch gemeinsam, dass eine Abweichung vom erwarteten Verhalten vom System feststellbar sein muss, um eine Selbstwahrnehmung realisieren zu können. Dies kann durch Überwachungsmechanismen erreicht werden, welche den aktuellen Systemzustand messen und diesen mit dem erwarteten Zustand oder einer Sequenz von erwarteten Zuständen vergleichen. Allgemein betrachtet kann eine Überwachung der Leistungsfähigkeit auch mittels Modellen und Metriken durchgeführt werden, die aus den einzelnen Ebenen extrahiert wurden. Um jedoch eine aussagekräftige Form der Selbstwahrnehmung zu erhalten, muss durch das übergreifende Überwachungskonzept sichergestellt werden, dass Metriken unterschiedlicher Ebenen zu einer konsistenten Selbstrepräsentation des Systems zusammengeführt werden können.

Ein System muss zudem die Fähigkeit besitzen, auftretenden Fehlern auf jeder Ebene entgegenzuwirken, um auf diese reagieren zu können. Dies bedeutet allerdings nicht, dass jede Auswirkung auf das System, die von einem auftretenden Ereignis herrührt, auch lokal auf der betroffenen Schicht behandelt werden muss oder kann. Vielmehr ist die Auflösung solcher Situationen ein hervorragendes Beispiel für die Notwendigkeit einer ebenübergreifenden Lösung.

Im Rahmen eines Entwicklungsprozesses ist es ohnehin gängige Praxis, dass ein zu entwickelndes System auf unterschiedlichen Abstraktionsebenen (z.B. funktional, technisch, Software) oder unterschiedlichen Ebenen modelliert wird, um so jeweils bestimmte Aspekte des Systems herauszustellen und zu beschreiben. Um das geforderte Maß an Resilienz zu erfüllen, schlagen wir eine Kombination aus einer Middleware (siehe Abschnitt **Fehler! Verweisquelle konnte nicht gefunden werden.**), die mit Selbstwahrnehmungsfähigkeiten ausgestattet ist und einer auf funktionaler Ebene integrierten Selbstwahrnehmung (siehe Abschnitt 2) vor. Auf diese Weise wird das System mit multiplen Strategien zur Problemlösung ausgestattet, was am Beispiel eines Cyberangriffs auf sicherheitskritische Systemteile nachfolgend illustriert werden soll.

Indem das Kommunikationsverhalten überwacht wird, ist das System in der Lage selbstständig zu erkennen, ob eine Komponente oder ein Subsystem von einem Sicherheitsleck betroffen ist [20]. In diesem Beispiel nehmen wir an, dass eine Softwarekomponente, welche die Regelung des Bremssystems der Hinterachse betrifft, eine Schwachstelle bezüglich der (Daten-)Sicherheit aufweist. Die einzige praktikable Option ist häufig, die betroffene Komponente abzuschalten, um schadhafte Auswirkungen auf das übrige System zu verhindern. Um das System trotzdem lauffähig zu halten, können beim Abschalten von Komponenten verschiedene Strategien genutzt werden: Einerseits können die Effekte einer plötzlich abgeschalteten Komponente als Komponentenausfall auf der Safety-Ebene behandelt werden. Auf dieser Ebene sollten daraus resultierende Auswirkungen bereits während der Designphase antizipiert worden sein. Eine Sicherheitsmaßnahme, wie etwa ein Redundanzkonzept wäre damit vorhanden und erlaubt es, den fortlaufenden Betrieb auch ohne die fehlerhafte oder abgeschaltete Komponente zu garantieren. Zusätzlich kann ein Wiederherstellungsmechanismus, wie etwa das Neustarten einer Komponente mit einem veränderten Softwaresetup, eine Gegenmaßnahme auf der Safety-Ebene darstellen.

Andererseits kann der Verlust der Fähigkeit des Abbremsens der Hinterachse innerhalb der funktionalen Ebene an die Fähigkeitenebene weitergegeben werden, um die noch zur Verfügung stehenden Fähigkeiten neu zu beurteilen. In dieser Ebene kann nun nach einer Lösung gesucht werden, um die gewünschten Funktionalitäten, welche auf das Bremssystem der Hinterachse angewiesen sind, weiterhin aufrecht zu erhalten. Eine Lösung hierbei könnte eine Reduktion der Geschwindigkeit aufgrund der eingeschränkten Bremsleistung darstellen, um so die Fahrfunktion generell, wenn auch mit verminderter Qualität, aufrechtzuerhalten. Ergänzend kann in dieser Situation über den Antriebsstrang zusätzliches Bremsmoment aufgebracht werden, um so weiterhin einen sicheren Betrieb des Fahrzeugs sicherzustellen. Konträr dazu kann die Fähigkeitenebene die Suche nach einer Lösung an die Entscheidungsinstanz weitergeben und so die Zielvorgabe an die aktuellen Systemfähigkeiten anpassen. Eine Option stellt dabei die Überführung des Systems in einen sicheren Zustand, bspw. den sicheren Halt am Straßenrand oder auf dem Seitenstreifen, dar, um erst im Anschluss daran die betroffene Komponente und das betroffene Subsystem zu deaktivieren oder neu zu starten. Es lässt sich somit festhalten, dass es der ebenenübergreifende Ansatz erlaubt, sehr unterschiedliche Lösungsräume für erkannte Probleme während der Laufzeit des Systems zu finden und so ein „Bewusstsein" für die Auswirkungen der gewählten Lösung im System zu schaffen. Propagiert das System erkannte Probleme durch die verschiedenen Ebenen, so muss dieses dafür Sorge tragen, dass die Ebenen untereinander kooperieren und Situationen vermieden werden, in denen das Problem endlos zwischen den Ebenen iteriert wird.

Wie oben erwähnt, besteht die Fahrzeugumgebung jedoch nicht ausschließlich aus physikalischen Effekten auf das System, sondern auch aus anderen Verkehrsteilnehmern sowie Teilnehmern in Netzwerken, mit denen das System verbunden ist. Dies setzt das Bewusstsein im System voraus, dass jede Aktion des Systems unter Umständen die Kooperation anderer Teilnehmer erfordert oder eine Delegation (von Aufgaben) an andere Teilnehmer beinhaltet. Dies wirft wiederum die Problematik von Vertrauen und Selbstschutz gegenüber anderen, möglicherweise bösartigen Nachbarn, auf. Zukünftige Fahrzeuge mit Selbstwahrnehmung könnten etwa kooperieren, um Informationen auszutauschen oder sich gar auf ein kollektives Verhalten, wie etwa das Kolonne fahren, einigen. Eine Kolonne mit anderen Fahrzeugen zu bilden, kann so beispielsweise von Vorteil sein, wenn die Fahrzeuge innerhalb der Kolonne unterschiedliche Ausstattungsvarianten und damit unterschiedliche Fähigkeiten besitzen. Ein Fahren in dichtem Nebel ist so beispielsweise für ein einzelnes automatisiertes Fahrzeug mit beschädigter oder defekter Sensorik nicht möglich. Eine Kolonne mit besser ausgestatteten Fahrzeugen zu bilden, kann jedoch eine praktikable Option sein, um das Fahrzeug weiter operabel zu halten, die allerdings die Problematik von Vertrauenswürdigkeit und Unsicherheit gegenüber anderen Teilnehmern bedingt. In diesem Fall stellt die Abstimmung einer gemeinsamen Geschwindigkeit oder eines minimalen Abstands zwischen den Fahrzeugen ein essentielles aber nicht-triviales Problem dar, da die Kommunikation zu oder die Plattform eines anderen Fahrzeugs nicht gänzlich vertrauenswürdig oder sogar kompromittiert sein kann. Während dies in einem kooperativen Szenario durch Abstimmungs- oder Konsensprotokolle adressiert werden kann, so existieren immer auch Informationen, die von sich aus unsicherheitsbehaftet sind, wie etwa Messwerte der Fahrzeugsensorik oder Zusatzinformationen in Form von Wettervorhersagen. Typischerweise beeinflusst letzteres den sicheren Betrieb eines Fahrzeugs nicht maßgeblich. Ist dem System jedoch bewusst, dass es bei der Wahl einer bestimmten Route zu einer Degradation der Leistungsfähigkeit des Systems aufgrund von Witterungseinflüssen kommen kann, so könnte es eine alternative Route planen, welche eine wetterbedingte Degradation verhindert. In diesem Fall könnte das Fahrzeug bestimmen, ob es eine möglicherweise kürzere Route über einen Gebirgspass im Winter plant oder ob es vorteilhafter ist, eine längere Route zu wählen, die ein geringes Risiko einer Degradation der Systemleistung birgt (vgl. auch den Begriff der „Navigationssicherheit“ bei Hock [25], S. 74). Um eine solche Strategie basierend auf der expliziten Repräsentation der eigenen Fähigkeiten realisieren zu können, ist jedoch ein hochentwickeltes Urteilsvermögen auf funktionaler Ebene erforderlich.

5 Fazit

Der Betrieb (zukünftiger) autonomer Fahrzeugsysteme in einem sehr heterogenen und dynamischen Einsatzgebiet, dessen Gestalt zum Entwicklungszeitpunkt nie vollständig berücksichtigt werden kann, wird die Systeme vor neue Herausforderungen stellen. Vollautomatisierte Systeme müssen daher auf unterschiedlichen Ebenen unerwartete Situationen, wie degradierte Hardwarekomponenten, funktionale Defizite oder ein verändertes Umgebungsumfeld, autonom erkennen und auf diese reagieren können. In diesem Beitrag haben wir die Selbstwahrnehmung als eine Schlüsseleigenschaft solcher Fahrzeugsysteme herausgestellt. Damit das Fahrzeug in der Lage ist, unvorhergesehene Effekte zu erkennen und auf diese zu reagieren, ist es sinnvoll und notwendig, die Selbstwahrnehmung auf jeder Systemebene einzuführen. In diesem Sinne haben wir den von uns entwickelten Ansatz für die Hardware- bzw. Softwareplattform in Form einer Middleware und in Bezug auf die automatisierte Fahrfunktion in Form einer entsprechenden funktionalen Modellierung (Fähigkeiten / Fertigkeiten) vorgestellt. Wir haben außerdem aufgezeigt, dass es sich bei der Selbstwahrnehmung um eine ebenenübergreifende Eigenschaft handeln muss, besonders, wenn man diese im Kontext komplexer und sicherheitskritischer Fahrzeugsysteme betrachtet. Anderenfalls können in Konflikt stehende Entscheidungen verschiedener Ebenen unter Umständen zu katastrophalen Effekten führen. Für die Entwicklung von automatisierten Fahrzeugsystemen, die zur Selbstwahrnehmung fähig sind, bedarf es daher der Entwicklung und Anwendung neuartiger Methoden, wie der in [22] und [23] vorgestellten Abhängigkeitsanalyse oder einer hier vorgestellten ebenenübergreifenden Modellierung für die Integration zur Laufzeit.

6 Danksagung

Diese Arbeit entstand innerhalb der DFG-geförderten Forschungsgruppe Controlling Concurrent Change (FOR 1800).

Literatur

[1] VDA, „Automatisierung - Von Fahrerassistenzsystemen Zum Automatisierten Fahren“, VDA, Berlin, 2015.
[2] SAE, „Taxonomy and Definitions for Terms Related to On-Road Motor Vehicle Automated Driving Systems“. SAE International, 2014.
[3] A. Reschka und M. Maurer, „Conditions for a safe state of automated road vehicles“, it - Information Technology, Bd. 57, Nr. 4, Jan. 2015.
[4] A. Reschka, G. Bagschik, S. Ulbrich, M. Nolte, und M. Maurer, „Ability and skill graphs for system modeling, online monitoring, and decision support for vehicle guidance systems“, in IEEE Intelligent Vehicles Symposium, 2015, S. 933–939.
[5] J. O. Kephart und D. M. Chess, „The vision of autonomic computing“, Computer, Bd. 36, Nr. 1, S. 41–50, 2003.
[6] M. Möstl, J. Schlatow, R. Ernst, H. Hoffmann, A. Merchant, und A. Shraer, „Self-aware systems for the internet-of-things“, In: International Conference on Hardware/Software Codesign and System Synthesis, 2016.
[7] E. D. Dickmanns, „IMS-Lehrgang 1987: Multisensorielle Fahrzeugführung“. [Online]. Link: http://www.dyna-vision.de/main/AbstractGroups/AbstractsUpTo 1987/IMS-Lehrgang%201987%20Multisensorielle%20Fahrzeugfuehrung.htm. [Zugegriffen: 28. Nov 2016].
[8] K. Antsaklis, P. Passino, und K. Passino, „Modeling and analysis of artificially intelligent planning systems“, in An Introduction to Intelligent and Autonomous Control, 1993, S. 191–214.
[9] M. Maurer, „Flexible Automatisierung von Straßenfahrzeugen mit Rechnersehen“, Dissertation, Universität der Bundeswehr München, 2000.

[10] K.-H. Siedersberger, „Komponenten zur automatischen Fahrzeugführung in sehenden (semi-)autonomen Fahrzeugen", Dissertation, Universität der Bundeswehr München, 2003.
[11] M. Pellkofer, „Verhaltensentscheidung für autonome Fahrzeuge mit Blickrichtungssteuerung", Universität der Bundeswehr München, 2003.
[12] A. Reschka, „Fertigkeiten- und Fähigkeitengraphen als Grundlage des sicheren Betriebs von automatisierten Fahrzeugen im öffentlichen Straßenverkehr in städtischer Umgebung", Dissertation, Technische Universität Braunschweig, 2017.
[13] A. Scholz, S. Sommer, A. Kemper, A. Knoll, C. Buckl, G. Kainz, J. Heuer, und A. Schmitt, „Towards an adaptive execution of applications in heterogeneous embedded networks", in Proceedings of the 2010 ICSE Workshop on Software Engineering for Sensor Network Applications, 2010, S. 26–31.
[14] J. Kim, G. Bhatia, R. Rajkumar, und M. Jochim, „SAFER: System-level architecture for failure evasion in real-time applications", in Real-Time Systems Symposium (RTSS), 2012 IEEE 33rd, 2012, S. 227–236.
[15] A. Reschka, J. R. Böhmer, T. Nothdurft, P. Hecker, B. Lichte, und M. Maurer, „A surveillance and safety system based on performance criteria and functional degradation for an autonomous vehicle", in 2012 15th International IEEE Conference on Intelligent Transportation Systems, 2012, S. 237–242.
[16] P. J. Bergmiller, „Towards Functional Safety in Drive-by-Wire Vehicles", Springer International Publishing, Cham, 2015.
[17] H.-L. Truong, T. Fahringer, F. Nerieri, und S. Dustdar, „Performance metrics and ontology for describing performance data of grid workflows", in IEEE International Symposium on Cluster Computing and the Grid, 2005, Bd. 1, S. 301–308 Vol. 1.
[18] J. Schlatow, M. Moestl, und R. Ernst, „An Extensible Autonomous Reconfiguration Framework for Complex Component-Based Embedded Systems", in 2015 IEEE International Conference on Autonomic Computing, 2015, S. 239–242.
[19] M. Hamad, M. Nolte, und V. Prevelakis, „Towards Comprehensive Threat Modeling for Vehicles", in the 1st Workshop on Security and Dependability of Critical Embedded Real-Time Systems, 2016, S. 31.
[20] M. Hamad, J. Schlatow, V. Prevelakis, und R. Ernst, „A communication framework for distributed access control in microkernel-based systems", in 12th Annual Workshop on Operating Systems Platforms for Embedded Real-Time Applications (OSPERT16), 2016, S. 11–16.
[21] M. Neukirchner, K. Lampka, S. Quinton, und R. Ernst, „Multi-mode monitoring for mixed-criticality real-time systems", in Proceedings of the Ninth International Conference on Hardware/Software Codesign and System Synthesis, 2013, S. 34.
[22] M. Moestl und R. Ernst, „Handling complex dependencies in system design", in Proceedings of the 2016 Conference on Design, Automation & Test in Europe, 2016, S. 1120–1123.
[23] M. Moestl und R. Ernst, „Cross-layer dependency analysis for safety-critical systems design", in Architecture of Computing Systems. Proceedings, ARCS 2015-The 28th International Conference on, 2015, S. 1–7.
[24] N. Dutt, F. J. Kurdahi, R. Ernst, und A. Herkersdorf, „Conquering MPSoC complexity with principles of a self-aware information processing factory", in Hardware/Software Codesign and System Synthesis (CODES+ ISSS), 2016 International Conference on, 2016, S. 1–4.
[25] C. Hock, „Wissensbasierte Fahrzeugführung mit Landmarken für autonome Roboter", Dissertation, Universität der Bundeswehr München, 2003.

19 Diagnose in vernetzten Fahrzeugsystemen – Eine Technologieanalyse

M.Sc. Peter Wolf, Dipl.-Ing. (FH) Robert Rohr, Dipl.-Ing. Karsten Schwericke, BMW AG, München

Dipl.-Ing. Jens Richter, Dipl.-Ing. Andreas Unger, Prof. Dr.-Ing. Bernard Bäker, TU Dresden, Dresden

Abstract

The trend of increasing digitalization and interconnection of different devices does not stop at vehicle industry. Vehicles are more and more connected to the infrastructure as well as include increasingly complex and interconnected functions. Furthermore, autonomous driving, car sharing and a growing diversity of variants exceed the capability of guided troubleshooting in vehicle diagnosis. Thus, the demand arises for novel diagnosis concepts in connected vehicles.

The aim of this paper is to assess the potential of possible diagnosis methods as a solid foundation for a diagnosis model and complete concept. Therefore, a possible vision of diagnosis in connected vehicles has been developed. Based on that, criteria for a first analysis were defined. As a potential solution space for a diagnosis model, machine learning methods were selected. These methods were implemented and assessed against the analysis criteria using several UCI Repository datasets. Recommendations for the most potential methods for diagnosis in connected vehicles could be derived.

Kurzfassung

Die zunehmende Digitalisierung und Vernetzung verschiedenster Geräte macht vor der Fahrzeugindustrie keinen Halt. Fahrzeuge werden zunehmend mit der Infrastruktur vernetzt und beinhalten immer komplexere und stärker vernetzte Funktionen. Ferner verlangen das autonome Fahren, Carsharing und eine steigende Variantenvielfalt ein Diagnosekonzept, das das Leistungsvermögen der geführten Fehlersuche übersteigt.

Das Ziel dieses Beitrags ist eine erste Abschätzung des Potentials möglicher Diagnosemethoden als solide Basis für ein solches Diagnosekonzept. Dafür wurde ein mögliches Zukunftsbild der Diagnose in vernetzten Fahrzeugsystemen aufgebaut, aus dem Analysekriterien abgeleitet wurden. Als potentieller Lösungsraum wurden Methoden des maschinellen Lernens ausgewählt. Diese sind in einer Softwareumgebung implementiert und unter Verwendung mehrerer UCI Repository Datensätze anhand der Kriterien analysiert worden. Aus den Erkenntnissen sind Empfehlungen für am besten geeignete Methoden zur Diagnose in vernetzen Fahrzeugsystemen abgeleitet worden.

1 Einführung

Mit Anfang des neuen Jahrtausends ist das digitale Zeitalter angebrochen [1]. Viele innovative, technische Entwicklungen fußen im Zuge dessen auf der Vernetzung von sogenannten Smart Devices. Ein Trend, der laut einer aktuellen IDC-Studie zu einer Verdopplung von aktuell etwa 14,9 Milliarden vernetzter Geräte bis zum Jahre 2020 führen wird [2]. Diese als Internet of Things (IoT) bezeichnete Entwicklung macht keinen Halt vor der Fahrzeugindustrie. Schon heute lassen sich fahrzeugspezifische Informationen per Smartphone abrufen und ausgewählte Fahrzeugfunktionen steuern. Damit Ziele wie das autonome Fahren Realität werden, wird die Fahrzeugvernetzung unter dem Begriff Car2X weiter voranschreiten.

Zwangsläufig wird die Fahrzeugdiagnose diesem Umstand Rechnung tragen müssen. Außer der externen Fahrzeugvernetzung stellt die interne Vernetzung, in Form von verteilten Funktionen, Ansprüche, die eine gesamtheitliche Systembetrachtung der Fahrzeugdiagnose verlangen. Die damit einhergehende hohe Variantenvielfalt übersteigt das Leistungsvermögen der klassischen Diagnose, die auf Fehlersuchbäumen (Geführte Fehlersuche) basiert.

Hinzu kommen mit Carsharing und On-Demand-Dienstleistungen Fahrzeugnutzungskonzepte, die der zukünftigen Diagnose mehr Selbstständigkeit und Flexibilität abverlangen. Der Schlüssel zur Bewerkstelligung der Herausforderungen liegt in der Auswahl einer geeigneten Diagnosemethode.

Dieser Beitrag diskutiert wissenschaftliche mögliche technologische Ansätze eine leistungsgesteigerte Fahrzeugdiagnose der Zukunft zu entwerfen. Die Basis dafür ist eine vernetzte und Backend-gestützte Fahrzeugdatenerhebung. Es existiert kein Anspruch auf Vollständigkeit, eine integrierte Potenzialanalyse soll aber konkrete Abschätzungen zur Leistungsfähigkeit und der benötigten Berechnungsressourcen neuartiger Algorithmen in diesem Kontext ermöglichen.

Im nachfolgenden Kapitel werden die oben erwähnten Herausforderungen detaillierter erläutert und ein Zukunftsbild der Diagnose in vernetzten Fahrzeugen abgeleitet. In Kapitel 3 werden gängige Methoden/ Algorithmen des maschinellen Lernens vorgestellt, welche das Potential haben diesem Bild zu entsprechen. Um deren Potential abzuschätzen, wird eine Analyse dieser Methoden/ Algorithmen in Kapitel 4 vorgestellt, durchgeführt und deren Ergebnisse diskutiert. Kapitel 5 fasst das Vorgehen zusammen und gibt einen Ausblick auf zukünftige Anwendungen und Forschungsfelder.

2 Diagnose in vernetzten Fahrzeugen

Die Diagnose im Fahrzeug ist im Wandel. Eine treibende Kraft ist der zunehmende Grad der Vernetzung des Fahrzeuges mit der Umwelt. Dies erfordert ein Umdenken in der Auslegung von Diagnosekonzepten. Der Diagnosehorizont früherer Konzepte war dabei auf das einzelne, individuelle Fahrzeug als abgeschlossene Einheit abgestimmt. Heutige und zukünftige Konzepte müssen unter dem Gesichtspunkt der Vernetzung auf sämtliche, an der Funktion beteiligte, Systemkomponenten erweitert werden [3]. Somit stoßen herkömmliche Konzepte basierend auf der GFS (Geführte Fehlersuche) aufgrund der Vielzahl möglicher Variationen, u.a. in Bezug auf die End-to-End-Diagnose, an Ihre Leistungsgrenze. Alle denkbaren Variationen über Fehlerbäume der GFS manuell abzudecken erfordert einen erheblichen Aufwand und ist mit fortschreitender Vernetzung stetig schwieriger umzusetzen.

Auch innerhalb des Fahrzeuges schreitet die Vernetzung voran. Im Bereich E/E-Architektur ist es Stand der Technik, einzelne Fahrzeugfunktion durch das Zusammenspiel mehrerer Steuergeräte umzusetzen. Dies hat komplexere Fehlerbilder zur Folge, die es zu berücksichtigen gilt.

Der folgende Abschnitt geht im Einzelnen auf besagte Formen der Vernetzung ein und nennt Herausforderungen sowie Potenziale.

2.1 Überblick Fahrzeugvernetzung

Die externe Vernetzung des Fahrzeuges umfasst hier den Informationsaustausch zu allen Netzwerkteilnehmern, die einen Kommunikationskanal über Funkverbindung, wie 5G, zum Fahrzeug aufgebaut haben. Schlagwörter, die häufig in dem Zusammenhang fallen, lauten Car2X und IoT und stehen für die externe Vernetzung des Fahrzeuges (Car2X) sowie für die Vernetzung mit der Umgebung (IoT). Diese Entwicklung ermöglicht die Realisierung von Fahrzeugfunktionen im Bereich Komfort und Sicherheit wie z.B. automatische Notrufe bei Unfällen, intelligente Navigationsführung, Kreuzungsassistent und Remotediagnose. Prominente Plattformen im Feld sind BMW ConnectedDrive, General Motors OnStar oder auch Mercedes Benz mBrace. Die Herausforderung für die Diagnose liegt in der zunehmenden Komplexität und Variantenvielfalt. Die Anzahl der an einer Funktionalität beteiligten Komponenten steigt dabei mit Zunahme der Vernetzung. Andererseits birgt dies ein großes Potenzial für die Diagnose. Insbesondere die Anbindung des Fahrzeuges an ein Backend bietet neue Chancen. Das Backend kann alle diagnoserelevanten Daten aus Infrastruktur, Fahrzeugflotte und individuellen Fahrzeugdaten zentral bündeln. Mithilfe rechenintensiver Algorithmen können diese im Fehlerfall zu präziseren Diagnosehypothesen verarbeitet werden. Die Flottendaten eignen sich dabei zur Fehlersuche auf Grundlage von Ähnlichkeitsbetrachtungen oder einfachen Plausibilitätstests. Sendet beispielsweise ein Fahrzeug keine Information über ein Verkehrshindernis, obwohl dies zeitlich vorangegangene und nachfolgende Fahrzeuge übermittelten, ist ein vorliegender Fehlerfall sehr wahrscheinlich. Voraussetzung für die Handhabung der dabei anfallenden Datenmenge ist eine geeignete Selektion der Daten, die einen signifikanten Einfluss auf die Ausprägung der Fehlerbilder haben.

Die interne Vernetzung im Fahrzeug meint die verteilte Umsetzung einer Funktionalität des Fahrzeuges auf mehrere Steuergeräte (vgl. [4], S.12). Dadurch werden vorhandene Ressourcen im Fahrzeug bestmöglich ausgeschöpft. Nachteilig für die Diagnose ist die daraus resultierende erschwerte Lokalisierung der Fehlerursache.

Im Gegensatz zu aktuellen E/E-Architekturen konnte die Diagnose einer fehlerhaften Applikation in älteren Fahrzeugmodellen meist auf das ausführende Steuergerät und dessen umliegende Peripherie (Aktoren, Sensoren) eingegrenzt werden. Die Implementierung der Applikation war nur auf dieses Wirkungsfeld beschränkt. Ähnlich der externen Vernetzung muss daher auch hier ein gesamtheitliches Diagnosekonzept gefunden werden, welches der verteilten Funktionalität bzw. internen Vernetzung gerecht wird.

2.2 Weitere Herausforderungen und Möglichkeiten

Das autonome Fahren bedeutet weitere Herausforderungen für die Diagnose. So wird die Eigendiagnose des Fahrzeuges umfangreicher ausfallen, da der Fahrer als überwachende Instanz zunehmend entfällt. Dementsprechend muss die Eigendiagnose mehr Steuereingriffe im Fahrzeug besitzen, um kritische Situationen zu vermeiden oder den Fahrer rechtzeitig auf die Übernahme der Fahrzeugkontrolle vorzubereiten. Vermeiden impliziert, dass zukünftige Diagnosekonzepte in der Lage sein sollten, hinreichend präzise Prädiktionen bezüglich des Fahrzeugzustandes anzustellen. Ist dies der Fall, können zusätzlich langwierige Ausfälle von kostspieligen Bauteilen prognostiziert und aktiv durch frühzeitige Wartungs- oder Tauschmaßnahmen umgangen werden (Predictive Maintenance). Für derartige Maßnahmen könnten umliegende Werkstätten direkt benachrichtigt werden, um benötigte Ersatzteile zu bestellen und einen geeigneten Termin zu finden.

Das veränderte Nutzverhalten des Fahrzeugs wird sich ebenfalls auf die Diagnose auswirken. Der Trend signalisiert eine Zunahme der geteilten Fahrzeugnutzung [5]. Damit verbunden ist eine sinkende Bereitschaft der Nutzer den Instandhaltungsprozess mitzutragen. Außerdem ist das vom Fahrer mündlich übermittelte Symptombild im Fehlerfall unvollständig, da er nur einen kleinen Ausschnitt der Vorgeschichte des Fahrzeuges kennen kann. In Bezug auf diesen Aspekt gilt es folglich, den Diagnoseprozess möglichst unabhängig vom Fahrer zu gestalten.

Aus Softwarelizensierung, Fernsehen und anderen Dienstleistungssektoren bekannte On-Demand-Dienste werden im Fahrzeug ebenfalls verstärkt Einzug halten. Das hat eine ausgeprägte Individualität der Fahrzeuge zur Folge, die je nach gewünschter Laufzeit der gebuchten Funktionen rasch variieren kann. Entsprechend flexibel und schnell muss sich die Fahrzeugdiagnose den neuen Gegebenheiten anpassen können.

2.3 Zukunftsbild der Diagnose in vernetzten Fahrzeugen

Aus der internen und externen Vernetzung sowie den zusätzlichen neuen technologischen Möglichkeiten und Herausforderungen kann ein erstes Zukunftsbild der zukünftigen Diagnose in vernetzten Fahrzeugen abgeleitet werden. Dies spiegelt den aktuellen Stand der Voruntersuchung wider und bietet eine erste Grundlage für eine Technologieanalyse. Dabei wird zwischen dem ganzheitlichen Diagnosekonzept sowie dem darin eingesetzten Diagnosemodell unterschieden. Das Konzept beinhaltet dabei sämtliche on- und offboard Komponenten, welche zur Diagnose verwendet werden können. Das Modell basiert wiederrum auf einer Methode, wie zum Beispiel der geführten Fehlersuche, welche für den Einsatz zur Diagnose parametrisiert wird.

2.3.1 Gesamtheitliches Diagnosekonzept – Zukünftige Herausforderungen

Vor dem Hinblick der oben ausgeführten Vernetzung liegt sowohl innerhalb als auch außerhalb des Fahrzeuges eine große Menge an Daten vor. Aus diesem Grund sollte ein zukünftiges Diagnosekonzept in der Lage sein, das gesamtheitliche Fehlerbild zu berücksichtigen. Hierzu zählen in diesem Beitrag Informationen, die über die Grenze des betrachteten (Teil-)Systems im Fahrzeug hinausgehen. Beispiele dafür sind, neben Diagnostic Trouble Codes (DTC), Verläufe relevanter Komponenten (z.B. Sensoren, Strom- bzw. Spannungsverläufe), fahrzeugspezifische (z.B. Derivat, Ausstattung), umgebungsrelevante (z.B. Position, Region, Temperatur, etc.) sowie strukturrelevante Informationen (z.B. Schaltpläne). Damit könnten eventuell auch untereinander abhängige bzw. Mehrfachfehler schneller identifiziert werden.

Des Weiteren müssen hier auch Informationen und Erkenntnisse aus der Flotte und Infrastruktur erwähnt werden. So kann zum Beispiel das Wissen über gleiche oder ähnliche Ausfälle und Muster in einer Fahrzeugflotte zu einer Verbesserung der Aussagequalität bezüglich eines anliegenden oder nicht anliegenden Defektes führen. Zusätzlich können frühzeitig erkannte bzw. aus anderen Fahrzeugen bekannte Muster auch dazu beitragen, einen aufkommenden Defekt zu prädizieren.

Das Lernen und Erweitern der Diagnose spielt in diesem Kontext ebenfalls eine wichtige Rolle. Dies trägt dazu bei, eine kontinuierliche Adaption des Diagnosemodells im gesamten Konzept aus neuen Erkenntnissen auch nach dem SOP zu ermöglichen. Eine solche Adaption erfordert jedoch wiederum die Erweiterung der Wissensbasis, welche möglichst automatisiert ablaufen sollte. Das neue Wissen könnte an das Diagnosekonzept weitergegeben werden und die Zeit reduzieren, in der Experten aktiv an der Wissensgenerierung mitwirken müssen.

Um neue Erkenntnisse zu gewinnen, könnte eine Detektion von unbekannten Mustern oder Anomalien hilfreich sein. Dabei meint dieser Punkt die Unterscheidung von normalen und fehlerhaften Zuständen ohne vorher explizit auf genau diese fehlerhaften Zustände angelernt worden zu sein. Auch eine Robustheit gegenüber Störungen oder einer Minderung der Datenqualität ist wünschenswert. Beispielsweise kann ein Eingangswert durch das Ausbleiben einer Nachricht auf dem Bus verloren gehen.

Ein solches zukünftiges Diagnosekonzept sollte jedoch im gesamten Diagnose- bzw. Instandhaltungsprozess auch geringere Zeit- bzw. Kostenaufwände als bisherige Ansätze aufweisen. Dazu zählen das zeitnahe Eingrenzen bzw. Finden von Defekten, die Vermeidung von Trial-and-Error Reparaturen und eine daraus resultierende Reduktion der Gewährleistungs- und Kulanzkosten. Bei dem Eingrenzen bzw. Finden eines Defektes sollte eine ausreichende Tiefe erlangt und ebenfalls eine Protokollierung der Erkenntnisse ermöglicht werden. Des Weiteren sollte auch eine Integrationsfähigkeit in bestehende Infrastrukturen und Prozesse eines Fahrzeugherstellers berücksichtigt werden.

2.3.2 Ziele für zukünftige Diagnosemethoden

Eine erfolgreiche Umsetzung eines solchen zukünftigen Diagnosekonzeptes hängt offensichtlich von vielen fahrzeuginternen und -externen Faktoren ab. Dieser Beitrag widmet sich der Diagnosemethode, aus der ein Diagnosemodell als Kern des Konzeptes erstellt wird. Dabei stellt sich die Frage, wie eine Methode dazu beitragen kann, das oben beschriebene Gesamtkonzept zu ermöglichen.

In diesem Beitrag ist die Fähigkeit, eine große Menge an Daten zu verwerten, einer der wichtigsten Punkte. Eine Methode muss zum einen in der Lage sein, anhand der Analyse von relevanten Daten selbstständig Schlüsse zu ziehen, also Diagnosehypothesen ableiten zu können. Zum anderen muss ein Modell zuvor aus einer Datenbasis angelernt werden, um dieses zu befähigen richtige Schlüsse zu ziehen. Dies ist die Grundlage, um geringere Zeit- und Kostenaufwände als klassische Diagnosemethoden zu erzielen. Dabei spielt die Verfügbarkeit von Datensätzen, die ein Diagnosemodell zum Anlernen verwenden kann, eine wichtige Rolle. Dies umfasst die generelle Verfügbarkeit von Daten aus dem Fahrzeug, die einen Fehler beschreiben. Der Umfang der Daten kann dabei erheblich schwanken. So kann es im Fall von sporadischen Fehlern oder dem frühen Einsatz des Modells nach SOP an aussagekräftigen Datensätzen mangeln. Folglich kann die Größe eines Datensatzes eventuell nicht zum Anlernen ausreichen und ein Modell nur geringe Treffergenauigkeiten erreichen. Die Methode muss jedoch auch eine große Menge an Daten verarbeiten können, die sich durch häufig auftretende Fehler oder mit der längeren Einsatzdauer ansammeln.

Dabei darf der Ressourcenbedarf, also der Bedarf an Arbeitsspeicher, Prozessorleistung und nichtflüchtigem Speicher nicht vernachlässigt werden; sowohl um angelernt zu werden als auch um eine Diagnosehypothese ableiten zu können. Dieser Bedarf muss der ausführenden Recheneinheit angepasst werden und variiert dementsprechend. Die Fähigkeit der Verteilung der Rechenoperationen des Modells auf verschiedene Rechner bietet hier eine Möglichkeit, die Anlerndauer weiter zu verringern. Der benötigte Umfang einer Datenbasis zum Anlernen eines Modells ist ebenfalls von Bedeutung. Wie oben erwähnt, gibt es Fälle, in denen nur eine geringfügige Wissensbasis zum Anlernen verfügbar ist. Wenn eine weniger umfangreiche Datenbasis ausreicht, um eine bestimmte Genauigkeit bei dem Ableiten korrekter Hypothesen zu erreichen, könnte dies von entscheidendem Vorteil sein.

Ein weiterer Aspekt könnte die Kombination von unterschiedlichen Diagnosemethoden sein. Dies kann zum Beispiel im Hinblick auf die oben genannte Anomaliedetektion für ein Diagnosekonzept hilfreich sein. Es sollte ebenfalls ein gewisser Grad an Robustheit der Methode gegenüber Variationen der Eingangswerte oder Störgrößen gegeben sein.

Die Nachvollziehbarkeit spielt im Servicebereich eine große Rolle. Dabei ist es hilfreich, wenn die Möglichkeit besteht, eine Entscheidung der Methode nachvollziehen zu können, um so eine höhere Akzeptanz zu schaffen. Im Service ist es ebenfalls von Vorteil, wenn eine Methode unsicheres Wissen verarbeiten kann, wie einen ohne Fachvokabular formulierten Kunden-O-Ton.

2.4 Einordnung der Technologieanalyse

Ausgehend von den bisherigen Erläuterungen zur Fahrzeugvernetzung und Herausforderungen für die zukünftige Fahrzeugdiagnose wurde ein erstes Zukunftsbild abgeleitet. Wie bereits erwähnt, repräsentiert dies den aktuellen Stand und wird im Rahmen der Forschung detaillierter ausformuliert. In diesem Beitrag soll es eine Basis für die Kriterien einer ersten Analyse schaffen, mit der das Potential von verfügbaren Methoden schon früh im Projekt abgeschätzt werden kann. Damit wird eine vielversprechende Teilmenge bestimmt, welche im weiteren Verlauf des Projektes genauer betrachtet und bewertet wird. Eine ausführlichere Beschreibung folgt in Kapitel 4.

2.5 Methodischer Lösungsraum

Eine erste grobe Eingrenzung des Lösungsraumes befasst sich mit der Frage, welche Methoden oder Verfahren heute in der Lage sind, Diagnose unter den oben aufgeführten Herausforderungen und technischen Möglichkeiten zu betreiben. Hier wurden die Verfahren des maschinellen Lernens identifiziert, da sie eine vielversprechende Möglichkeit darstellen, die oben aufgeführten Aufgaben zu erfüllen. Sie werden schon heute vermehrt in der Forschung sowie in vielen Industriezweigen eingesetzt und haben sich als sehr breit anwendbar erwiesen [6, S.29]. Dadurch ist eine große Menge an Wissen, vorgefertigten Algorithmen und Beispieldaten verfügbar, welche auch hier in einer ersten Analyse verwendet werden sollen. Eine Einordnung des maschinellen Lernens, eine kurze Erläuterung einiger bekannter Verfahren sowie bisheriger Anwendungen in der Fahrzeugdiagnose finden im nachfolgenden Kapitel statt.

3 Maschinelles Lernen bei Diagnoseanwendungen

Maschinelles Lernen (ML) und künstliche Intelligenz (KI) haben in den letzten Jahren in nahezu allen Industriezweigen an Prominenz gewonnen und werden in unterschiedlichsten Anwendungen eingesetzt. Grund dafür sind neben den Erkenntnissen aus der KI Forschung vor allem die Nutzung von leistungsfähigeren, verteilten Rechnern sowie die immer weiter ansteigende Verfügbarkeit von großen Mengen an Daten. [6, S.27f]

Dies hat für jüngste Erfolge der KI gegenüber dem Menschen gesorgt, wie zum Beispiel im Fall von IBM Watson, einem Computerprogramm, das 2011 zum ersten Mal einen Menschen in Jeopardy besiegte [7]. Ein weiteres Beispiel ist Google's DeepMind, dem es 2016 zum ersten Mal gelang, einen Menschen in dem schachähnlichen, jedoch komplexeren Spiel Go zu schlagen [8].

In jeder dieser Anwendungen wurden Verfahren des ML verwendet, um aus dem Wissen in strukturierten bzw. unstrukturierten Daten zu lernen und das Gelernte für die Entscheidungsfindung zu verwenden. Maschinelles Lernen stellt einen Teilbereich der künstlichen Intelligenz dar und wird im folgenden Abschnitt einführend erläutert.

3.1 Maschinelle Lerntypen

Ein essentieller Bestandteil der künstlichen Intelligenz bzw. von künstlich intelligenten Agenten (ausführende Einheit) ist die Fähigkeit zu lernen. Das Feld des maschinellen Lernens umfasst die Methoden, die einen Computer bzw. Agenten zum Lernen befähigen. Dabei gibt es mehrere Typen des Lernens, wobei die am meisten verwendeten das überwachte, unüberwachte und bestärkende Lernen sind (engl. *supervised, unsupervised, reinforcement Learning*) [6, S.694ff][9][12, S.16f]:

Überwachtes Lernen wird dabei für eine der einfachsten ML-Aufgaben herangezogen, die Klassifikation. Ein Beispiel dafür ist ein Programm, das anhand eines Bildes einer Person feststellen kann, ob diese Person männlich oder weiblich ist. Es wird also einem Objekt (Person) eine Klasse (männlich, weiblich) zugewiesen. Das Ziel ist es hier, einen Klassifikator zu konstruieren, der auf einem gegebenen Satz an klassifizierten Trainingsdaten basiert. In dem obigen Beispiel wäre dies eine Menge an Beispielbildern kombiniert mit den jeweiligen zugehörigen Klassen.

Bei dem unüberwachten Lernen werden Datensätze analysiert, welchen keine konkrete Klasse zugeordnet ist. Dabei können mehrere Aufgaben gelöst werden, wobei die bekannteste das Clustering ist. Beim Clustering werden ähnliche Objekte anhand ihrer Merkmale zu gemeinsamen Klassen zusammengefasst.

Bestärkendes Lernen hat die Aufgabe, eine Handlungsstrategie zu erlernen. Jede ausgeführte Aktion des Modells bzw. des Agenten wird dabei entweder positiv (gute Aktion) oder negativ (schlechte Aktion) belohnt. Basierend darauf kann eine optimale Verhaltensweise abgeleitet werden.

Das Diagnostizieren in vernetzten Fahrzeugen wird hier in Anlehnung an Puppe [10] und Mueller [11, S.11] als eine Klassifikationsaufgabe definiert. Der Lerntyp für diese Aufgabe ist, wie erwähnt, das überwachte Lernen, durch welches Klassifikatoren trainiert werden können. Aus diesem Grund werden die Eingangsgrößen für das überwachte Lernen sowie einige weit verbreitete Klassifikationsverfahren in den folgenden Abschnitten kurz vorgestellt.

3.2 Eingangsgrößen des überwachten Lernens

Um einen Klassifikator zu erstellen bzw. anzulernen, benötigt man einen Datensatz als Ausgangspunkt. Dieser Datensatz besteht aus mehreren Instanzen (auch Beispiele oder Fälle), die wiederrum aus mehreren Merkmalen (engl. *features*) und einem zu lernenden Zielwert bzw. einer Klasse (engl. *label*) bestehen. Alle Merkmale einer Instanz enthalten in Kombination typische Muster, welchen beim Anlernen eine bestimmte Klasse oder ein bestimmter Zielwert zugewiesen wird. [9][12, S.16ff]

Merkmale können dabei in unterschiedlicher Ausprägung vorliegen. Die einfachsten Eingangsgrößen sind einzelne skalare Werte bzw. Attribute, welche in skalare Werte umgewandelt werden können (wahr/ falsch, grün/ gelb/ rot, Temperatur, Druck, etc.). In diesem Fall kann eine Merkmalsmatrix zusammengefasst werden. Jede Zeile der Matrix beschreibt eine Instanz mit den jeweiligen Merkmalen in den Spalten. Zusammen mit dem zugehörigen Label-Vektor, welche jeder Instanz eine Klasse zuordnet, kann ein Klassifikator angelernt werden. [9]

Des Weiteren können auch Sequenzen oder Zeitserien als Merkmale verwendet werden [9]. Diese erste Analyse bezieht sich jedoch auf Eingangsgrößen, welche hier nur einen skalaren Wert pro Merkmal einer Instanz aufweisen. Deshalb soll hier nicht näher auf Sequenzen und Zeitserien eingegangen werden.

3.3 Verfahren des maschinellen Lernens für die Klassifikation

Um die Aufgabe der Klassifikation zu lösen, bietet der Bereich des maschinellen Lernens eine Vielzahl an unterschiedlichen Verfahren und Algorithmen. In diesem Beitrag sind eine Hand voll Verfahren ausgewählt worden. Diese sollen im Folgenden kurz erläutert und illustriert werden. Für detailliertere Ausführungen der einzelnen Verfahren wird auf weiterführende Literatur in den jeweiligen Absätzen hingewiesen.

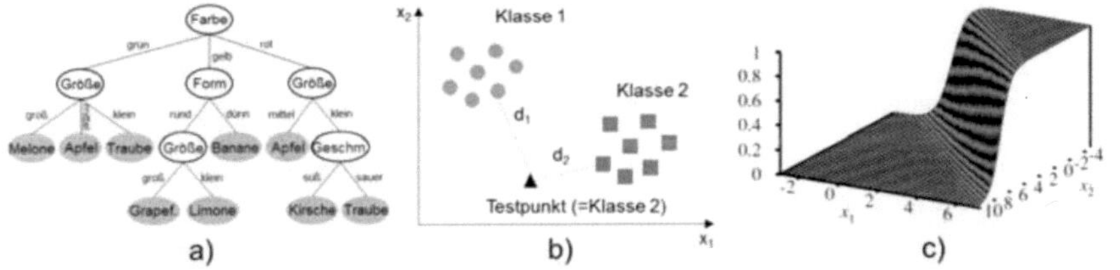

Abbildung 1: a) Beispielhafter Entscheidungsbaum zur Klassifikation von Obst anhand der Farbe, Größe, Form und des Geschmacks (in Anlehnung an [12, S.396]). b) kNN Klassifikation (k=1) eines neuen Testpunktes mit den Distanzen d_1 und d_2 von Klasse 1 und 2 anhand der Merkmale x_1 und x_2. c) Geplottete logistische Funktion, welche einem Tupel von Merkmalen (x1, x2) eine Wahrscheinlichkeit der Zugehörigkeit einer Klasse zuordnet [6, S.726].

Entscheidungsbäume. Ein natürliches und intuitives Vorgehen zur Klassifikation ist die Abfolge von Fragen, bei der jede nächste Frage von der Antwort der aktuellen Frage abhängt. Dieses Vorgehen beschreibt den Aufbau eines Entscheidungsbaums. Ausgehend von einem Wurzelknoten wird ein Baum mit Folgeknoten aufgespannt, welche durch Äste verbunden sind. An jedem Knoten wird ein Attribut bzw. Merkmal abgefragt und abhängig davon über die Äste bis zu den Blättern vorangegangen. Die Blätter schließen den Baum ab, stellen keine neuen Fragen und beschreiben die jeweilige Klasse einer Instanz (vgl. Abb. 1a). [12, S.395f]

Random Forests. Werden mehrere Klassifikatoren gemeinsam verwendet, um einen neuen Klassifikator zu bilden, spricht man von einer Ensemble-Methode. Zu diesen gehören auch die Random Forests. Dabei werden mehrere Entscheidungsbäume zu einem Wald (engl. *forest*) aufgebaut. Um die Aufteilung an jedem Knoten bei der Erstellung eines einzelnen Baumes zu bestimmen, wird eine beliebige (engl. *random*) Teilmenge aller Merkmale verwendet. Zur Klassifikation wird einem neuen Datensatz eine Klasse von jedem einzelnen Baum in dem Wald zugewiesen. Die resultierende Klasse ergibt sich aus der Mehrheit aller einzelnen Entscheidungen. [13]

k-Nearest Neighbor (kNN). Für eine Klassifikation mit kNN werden zunächst alle Trainings- oder Beispieldaten anhand ihrer Merkmale in einem Raum positioniert. Die Dimension des Raumes wird dabei durch die Anzahl der Merkmale und die Position eines Datenpunktes anhand der Ausprägung seiner Merkmale bestimmt. Soll eine neue Instanz klassifiziert werden, wird diese ebenfalls in dem Raum positioniert. Diejenige Klasse, die die Mehrheit der k nächsten Nachbarn besitzt, wird der neuen Instanz zugeordnet. Die Anzahl der Nachbarn (*k*) kann frei gewählt werden, wobei eine ungerade Zahl aufgrund der Mehrheitswahl bevorzugt werden sollte (vgl. Abb. 1b). [6, S.738f]

Logistische Regression. Die logistische Funktion kann ebenfalls verwendet werden, um einen Klassifikator zu erstellen. Die Funktion übernimmt dabei die Aufgabe einer stetigen Entscheidungsgrenze. Das Ergebnis der Funktion kann als Wahrscheinlichkeit einer Klassenzugehörigkeit interpretiert werden (vgl. Abb. 1c). Die Eingangswerte der Funktion bestehen hier aus den Feature-Werten sowie einer zugehörigen Gewichtung, welche aus den Trainingsdaten gewonnen wird. [6, S.735ff]

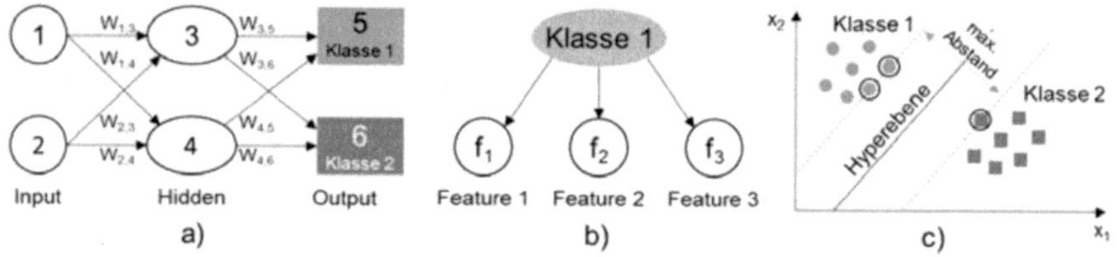

Abbildung 2: a) Feed-Forward Netzwerk mit jeweils zwei Input-, Hidden- und Output-Neuronen (1-6) sowie den jeweiligen Kanten und Gewichten ($w_{x,y}$). b) Naive Bayes Klassifikator als einfaches Bayes Netz dargestellt mit einer Klasse und drei Features. c) Trennung zweier Klassen anhand einer Support Vector Machine durch das Erstellen einer Hyperebene mit einem maximalen Abstand zu den Stützvektoren (markiert durch schwarze Kreise).

Künstliches Neuronales Netze (NN). In Anlehnung an das menschliche Gehirn besteht ein künstliches neuronales Netz aus vielen künstlichen Neuronen. Diese sind mit gerichteten Kanten untereinander verbunden und stellen die kleinste Einheit des Netzes dar. Die Neuronen können ein oder mehrere gewichtete Ein- und Ausgansverbindungen besitzen. Durch das Anwenden einer Aktivierungsfunktion auf die Summe aller gewichteten Eingänge wird ein Ausgangssignal generiert. Es gibt eine Vielzahl unterschiedlicher Strukturen von NNs, wobei die einfachste Struktur das Feed-Forward Netzwerk ist. Jede Einheit bzw. Knoten empfängt hier nur Eingangssignale von davor liegenden Knoten und liefert seinen Ausgang ohne Schleifen an dahinter liegende Einheiten. Die Knoten sind hier in Schichten (engl. *input layer, hidden layer, output layer*) eingeteilt, sodass eine Einheit nur Input von der vorherigen Schicht erhält und an die nächste weitergibt (vgl. Abb. 2a). [12, 283ff]

Naive Bayes. Die einfachste und sehr weit verbreitete Ausführung von bayesschen Netzwerken (BN) ist der Naive Bayes (NB) Klassifikator. BNs sind gerichtete azyklische Graphen, bestehend aus Knoten und Kanten ohne Zyklus. Im Fall von NB beginnt dieser Graph mit einem Wurzelknoten, der eigentlichen Klasse. Diese sind nur mit einer darunterliegenden Schicht an Knoten durch eine Kante verbunden. Diese Schicht stellen die Merkmale dar, welche bei diesem Klassifikator als bedingt unabhängig voneinander angenommen werden (deshalb naiv). Somit existieren keine Verbindungen zwischen den Merkmalsknoten. Es kann nur der kausale Zusammenhang dargestellt werden, dass fehlende Verbindungen eine Unabhängigkeit ausdrücken (vgl. Abb. 2b). Die Grundlage der Klassifikation ist das Bayes Theorem. [14, S.205ff]

Support Vector Machine. Die Zuordnung in Klassen geschieht bei der Support Vector Machine (SVM) anhand von Trennebenen. Dabei werden alle Trainingsdaten als Vektoren in einem Vektorraum repräsentiert. Mit dem Wissen über deren jeweilige Klasse, bestimmt die SVM eine Hyperebene zur Trennung der Klassen. Das Ziel ist es dabei, eine lineare Trennebene anhand von Stützvektoren (engl. *support vector*) zu generieren, die den maximalen Abstand zu den Klassen besitzt. Dies wird in den meisten Fällen durch ein Überführen der Vektoren in einen höherdimensionalen Raum gefunden. Dabei werden nur diejenigen Vektoren als Stützvektoren herangezogen, welche am nächsten zu der Hyperebene liegen (vgl. Abb. 2c). [12, S.259f]

3.4 Anwendung künstlicher Intelligenz auf die Diagnose

Bisher wurde eine Vielzahl von Verfahren der KI bzw. ML für Diagnosezwecke eingesetzt. Ein prominentes Beispiel ist das Expertensystem MYCIN [15]. Dieses von Shortliffe et al. (1976) entwickelte Expertensystem basierte auf circa 450 Regeln und wurde für die Diagnose von Blutinfektionen herangezogen.

In der Fahrzeugdiagnose wurden die oben aufgeführten ML-Verfahren bisher vorwiegend für Offboard-Systeme eingesetzt. Beispiele dafür sind Krieger et al. (2007) [16], die Bayes Netze verwendeten, um Fehlerkandidaten und erforderliche Prüfschritte ohne dafür hinterlegtes Expertenwissen zu ermitteln. Müller (2012) [11] entwickelte eine neue Konstruktions- und Trainingsmethode für künstliche neuronale Netze für die Offboard-Diagnostik in komplexen Fahrzeugsystemen. Schlegel und Sick (2016) [17] wendeten zuerst unterschiedliche Filterkriterien (*Korrelation, Chi-Squared, Gini-Koeffizient, Information Gain und Relief*) an, um den Merkmalsraum anschließend mittels kNN, Random Forests und logistischer Regression weiter zu reduzieren. Diese wurden daraufhin verwendet, um ein Modell für die Fehleridentifikation anzulernen und Werkstattmitarbeiter bei der Diagnose zu unterstützen.

Zusätzlich existieren kommerzielle Diagnoseumgebungen wie zum Beispiel die Raptor Diagnostic Suite von Semantis [18]. Diese ist unter anderem durch bayessches Lernen in der Lage, Informationen aus dem Feld und neue Erkenntnisse während des aktuellen Diagnoseprozesses für die Identifikation von fehlerhaften Bauteilen zu verwenden.

Für eine zukünftige Diagnose in vernetzen Fahrzeugen wurden die oben aufgeführten Methoden jedoch bisher nicht vergleichend analysiert. Eine solche erste Analyse wird in dem folgenden Kapital durchgeführt und die Ergebnisse anschließend diskutiert.

4 Technologieanalyse – Eingrenzung des diagnostischen Lösungsraumes?

In diesem Kapitel soll die Technologieanalyse detaillierter beschrieben werden. Dafür wird als erstes ein Überblick über den Aufbau der Analyse gegeben. Basierend darauf werden die Kriterien für die Umsetzung der Analyse ausgewählt und erläutert. Dies beinhaltet auch die Herkunft der Erkenntnisse sowie die verwendete Softwareumgebung. Abschließend werden die Ergebnisse vorgestellt und diskutiert sowie deren Einfluss auf die zukünftige Arbeit in diesem Forschungsprojekt dargestellt.

4.1 Aufbau der Analyse

Wie schon angedeutet, dient diese Analyse einer ersten Bewertung und Eingrenzung des Lösungsraumes für potentielle Diagnosemethoden. Aus diesem Grund liegt der Fokus der Analyse auf den oben ausgeführten Zielen für Diagnosemethoden.

4.1.1 Prämissen

Die Methoden sollen gegenüber mehreren Kriterien analysiert werden, welche an das Zukunftsbild der Diagnose in Kapitel 2.3 anlehnen. Erkenntnisse werden dabei sowohl aus eigener Anwendung als auch aus der Literatur herangezogen. Die Analyse dient der Erleichterung der finalen Entscheidung und soll einfach interpretierbare Ergebnisse liefern. Deshalb wird in diesem Beitrag auf eine Aggregation der Analyseergebnisse zu einem finalen Endwert sowie auf eine Gewichtung der Kriterien verzichtet. Die Ergebnisse werden für einen einfachen Vergleich illustrativ dargestellt.

4.1.2 Analysekriterien

Die Analyse wird anhand von drei Schritten durchgeführt. Im ersten Schritt werden einige oben aufgeführten Fähigkeiten der Methoden geprüft, die gewünscht oder notwendig sind, um diese auch in dem Kontext der Vernetzung anzuwenden. Dazu zählen die **Fähigkeit große Mengen an Daten zu verwerten.** Zum einen wird hier abgefragt, ob eine Methode in der Lage ist, aus einer großen Menge an Daten zu lernen. Zum anderen wird überprüft, ob die Fähigkeit besteht, unterschiedlichste Quellen für das logische Schließen heranzuziehen. Die **Fähigkeit zur Verarbeitung unsicheren Wissens** sowie zur **Parallelisierung** konnten aufgrund des frühen Projektstadiums noch nicht in der eigenen Umsetzung geprüft und bestätigt werden. Deshalb wird hier auf Erkenntnisse aus der Literatur zurückgegriffen.

Im zweiten Schritt werden die Methoden anhand von Metriken des maschinellen Lernens verglichen. Dies beinhaltet die Untersuchung der Treffergenauigkeit, welche auch den **Ressourcenbedarf** sowie die **effektive Nutzung einer Datenbasis** mitberücksichtigt. Als Basis für diese Betrachtung werden acht verschiedene Datensätze aus dem UC Irvine Machine Learning Repository [19] verwendet. Es handelt sich dabei um eine Sammlung an Datensätzen, welche in der ML-Forschung sehr breit angewendet wird und frei zur Verfügung steht. Mit diesen Datensätzen werden die oben aufgeführten Methoden angelernt und getestet. Dabei werden die Anlern- und Klassifikationsdauer sowie die Treffergenauigkeit in Abhängigkeit des Datensatzumfangs (Instanzen, Merkmale, Klassen) aufgezeichnet und vergleichend veranschaulicht. Zusätzlich wird eine gemittelte Treffergenauigkeit bestimmt, indem jeder Datensätze in mehreren Durchgängen in Trainings- und Testdaten aufgeteilt wird (engl. *cross validation accuracy*). Sowohl die Methoden als auch die Analyse werden in der Programmiersprache *Python 3.5* unter Verwendung des *Scikit-learn* Paketes [20] umgesetzt.

Die **Robustheit** einer Methode wird im Bereich des maschinellen Lernens als geringe Anfälligkeit gegenüber Überanpassung (engl. *overfitting*) beschrieben. Im Anlernvorgang eines Modells passt sich dieses zu stark an die Trainingsdaten an und verliert die Fähigkeit der Verallgemeinerung. Dieses Phänomen wird hier durch die oben beschriebene Untersuchung der Cross Validation abgedeckt.

Im dritten Schritt werden die Erkenntnisse der ML-Methoden mit der Fahrzeugdiagnose kombiniert. Dabei soll herausgestellt werden, was ein Diagnosemodell mitbringen muss und welche Methoden sich dafür eigenen können.

4.2 Ergebnisse der Technologieanalyse

Die Fähigkeit, eine große Menge an Daten zu verwerten, wird als eine der Grundvoraussetzungen von ML-Methoden gesehen und ist durchgehend erfüllt worden. Dies wurde schon in Abschnitt 3.2 erläutert und konnte durch eine erste Umsetzung in Python bestätigt werden. Dafür wurden acht Datensätze des UCI Repository verwendet, welche teilweise über 50.000 Instanzen und über 40 Features aufweisen. Aus diesen konnte sowohl gelernt, als auch geschlossen werden. Beispielhafte Lernkurven in Abb. 3 veranschaulichen dies anhand des Dermatology Datensatzes [19]. Dabei wird die Cross Validation Accuracy aller betrachteten Methoden über eine steigende Anzahl an Instanzen des Datensatzes gezeigt.

Sowohl die Parallelisierung als auch der Umgang mit unsicherem Wissen ist bei den Methoden teils mit mehr, teils mit weniger Aufwand umzusetzen. Nichtsdestotrotz konnte anhand einer Literaturrecherche bestätigt werden, dass beide Kriterien für jede der aufgeführten Methoden schon erfolgreich untersucht und bestätigt wurden. Damit wird der Fokus auf die Treffergenauigkeit, den Ressourcenbedarf und die effektive Ausnutzung der Datenbasis gelegt.

4.2.1 Treffergenauigkeit

Über alle verwendeten Datensätze erreicht keine der Methoden durchgehend Bestwerte für die Treffergenauigkeit und ist anderen ausnahmslos überlegen. Es gibt generell einfach anzuwendende Methoden, welche gute Ergebnisse erzielen jedoch von anderen, teils auch spezifischen, Lösungen geschlagen werden können (vgl. No Free Lunch Theorem [21]). Zum Beispiel existiert in dem verwendeten Toolkit eine Vielzahl von methodenspezifischen Parametern, durch die man jeden der Algorithmen auf ein bestimmtes Problem anpassen und somit die Treffergenauigkeit erhöhen kann[1].

Nichtsdestotrotz haben sich die Werte für die hier angewendeten Random Forests (RF), Entscheidungsbäume (DT), Naive Bayes (NB), Neuronalen Netze (NN) und Logistische Regression (LR) als vorwiegend hoch herausgestellt. Dabei zeigen diese nicht immer die besten Werte auf, unterliegen jedoch weniger Schwankungen über die Datensätze im Vergleich zu den implementierten k Nearest Neighbor (kNN) und Support Vector Maschinen (SVM).

RF, DT und NB weisen die wenigsten Schwankungen der Genauigkeit auf und sind über alle Datensätze am stabilsten. Zusätzlich konnte beobachtet werden, dass die Kombination mehrerer zufällig generierter DTs zu einem Ensemble in RF zu einer höheren Genauigkeit führt. DTs sind in dieser Analyse den RF in nahezu allen Fällen unterlegen.

LR und NN erreichen teils sehr ähnliche Genauigkeiten, was darauf zurückzuführen sein könnte, dass die logistische Funktion als Aktivierung der Neuronen für die implementierten NNs verwendet wurde. Bei einer sehr hohen Anzahl an Instanzen in einem Datensatz (>30.000) konnte das NN bessere Werte erzielen. Hier sollte jedoch nicht vernachlässigt werden, dass NN in diesem Fall zu Overfitting neigt und an Robustheit verliert. Durch eine geeignete Parametrisierung kann dem entgegengewirkt werden.

Die Treffergenauigkeit der SVM lag bis auf eine Ausnahme im Vergleich durchgehend in der unteren Hälfte. Bei dieser Ausnahme haben jedoch sämtliche Methoden mit über 90% Genauigkeit abgeschnitten. kNN hat im Vergleich ebenfalls schwächere Genauigkeitswerte aufgewiesen, vor allem mit steigender Dimension der Eingangs- und Ausgangsdaten.

Ein Unterschied im Anstieg der Lernkurve zwischen den einzelnen Methoden konnte über alle Datensätze hinweg nicht eindeutig identifiziert werden. Somit hat keine der Methoden einen klaren Vorteil in der effektiven Ausnutzung der Datensätze.

1) Hier angewendete Algorithmen inkl. Parameter:
   a) GaussianNB: default
   b) DecisionTree: max_depth=5
   c) RandomForestClassifier: max_depth=5, n_estimator=10
   d) LogisticRegression: default
   e) MLPClassifier: hidden_layer_sizes=(25,), max_iter=10000, activation='logistic'
   f) SVC: default
   g) KNeighborsClassifier: n_neighbors=7

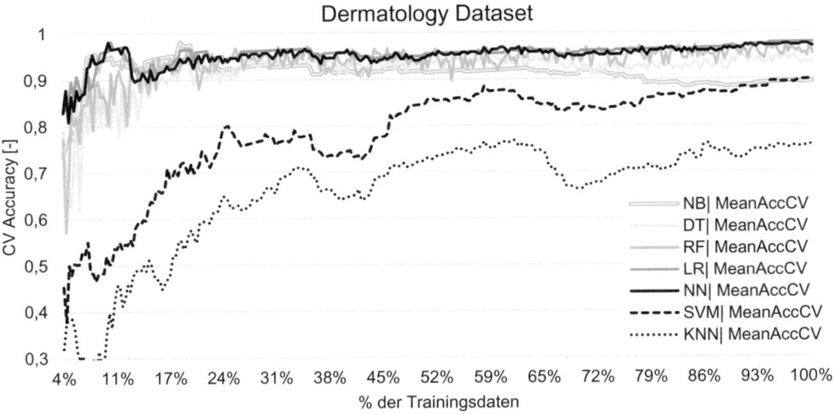

Abbildung 3: Cross Validation Accuracy aller betrachteten ML-Methoden über steigende Anteile der Instanzen des Dermatology Datensatzes [19].

4.2.2 Ressourcenbedarf

Durch eine Zeitmessung des Anlernvorgangs bei ansteigender Größe eines Datensatzes über alle Datensätze hinweg konnten Tendenzen über den Ressourcenbedarf abgeleitet werden. Eine beispielhafte Kurve der Anlerndauer über eine steigende Anzahl der Instanzen wird in Abbildung 4 illustriert.

Dabei weisen NNs in allen Fällen eine höhere Anlernzeit als die übrigen Methoden auf. Vor allem mit größer werdenden Datensätzen kristallisiert sich diese Tendenz weiter heraus. Die Trainingszeiten unterliegen jedoch Schwankungen, da die Zeit bzw. die Wiederholungsschritte, bis ein globales Minimum der Fehlerfunktion gefunden wurde, stark variieren.

RF und SVM reihen sich in der Anlerndauer nach den NNs ein, wobei sich in dieser Umsetzung keine eindeutige Reihenfolge untereinander herausstellen lässt. Bei nur einem Datensatz mit einer Anzahl von über 30.000 Instanzen konnte festgestellt werden, dass LR höhere Trainingszeiten als RF und SVM benötigt.

NB, kNN und DT wiesen durchgehend die niedrigsten Trainingsdauern auf. Über alle Datensätze hinweg erreichten diese Methoden Anlerndauern von weniger als einem Zehntel der Dauer von Neuronalen Netzen.

Zu erwähnen ist hierbei, dass eine längere Anlerndauer nicht unbedingt eine höhere Treffergenauigkeit zur Folge hat. In nur einem von acht Fällen erreichte ein NN mit einer über 15-fachen längeren Anlerndauer eine 2% höhere Genauigkeit gegenüber der darunterliegenden Methode (RF).

Die Dauer der Klassifikation war über alle Datensätze so gering, dass diese für keine Methode positiv oder negativ gewertet wird.

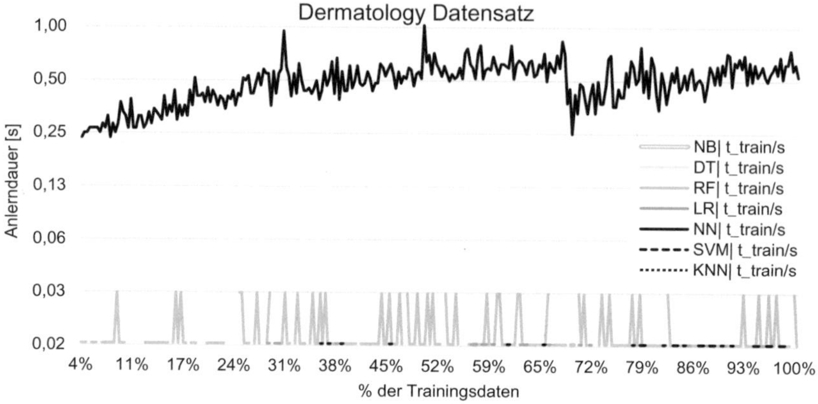

Abbildung 4: Anlderndauer[2] in Sekunden aller betrachteten ML-Methoden über steigende Anteile der Instanzen des Dermatology Datensatzes [19].

4.3 Schlussfolgerung – Auslegung der Diagnosemodelle

Für die Auswahl und Verwendung der betrachteten Methoden sind neben den oben aufgeführten Punkten noch weitere Aspekte zu berücksichtigen. Um die zukünftige Auswahl für eine Methode als Basis eines Diagnosemodells zu erleichtern, werden die Erkenntnisse aus Abschnitt 4.2 mit dem Zukunftsbild der Diagnose aus Abschnitt 2.3 im Folgenden zusammengeführt. Dabei wurde vorwiegend auf die Verfügbarkeit und Verwendung der Daten, die Treffergenauigkeit, den Ressourcenbedarf sowie der Robustheit eingegangen.

Einer der wichtigsten Aspekte ist die Verfügbarkeit und die Verwendung von Daten zum Anlernen und Ableiten von Diagnosehypothesen. Dabei muss sowohl mit einer großen als auch mit einer geringen Menge an beschreibenden Daten umgegangen werden können. Im Vergleich weist keine der analysierten Methoden über alle Datensätze einen durchgehend überlegen starken Anstieg der Lernkurve auf. Ebenso konnte kein Abfallen bei einer zu großen Menge an zu lernenden Daten festgestellt werden.

Durch eine Betrachtung des gesamten Fehlerbildes sowie dem Hinzuziehen von Flottendaten kann die Komplexität eines Modells und somit auch die Anlerndauer stark steigen. Bei komplexeren Fahrzeugsystemen bzw. -funktionen und somit höherdimensionalen Eingangsdaten kann es durchaus vorkommen, dass kNN im Vergleich niedrigere Treffergenauigkeiten aufweist, die Trainingszeit jedoch gering hält. NN können durch spezifische Lösungen genau die gegenteiligen Eigenschaften aufweisen. Zusätzlich bieten NN durch viele vorherrschende Netztypen eine Vielzahl an Möglichkeiten, unterschiedlich Datentypen zu verarbeiten. LR, NB, RF bieten hier gute Kompromisse, können jedoch Probleme mit Zeitserien/ Sequenzen nicht ohne weiteres lösen.

2) Ausgeführt auf einem HP EliteBook 840G2 64Bit mit Intel® Core™ i5-5300U, 4GB Arbeitsspeicher, Microsoft Windows 7 Enterprise SP1

Um eine gute Basis zu schaffen, die eine Verringerung der Zeit- und Kostenaufwände gegenüber der klassischen Diagnose erreichen, steht die Treffergenauigkeit des Modells im Vordergrund. kNN sowie SVM haben dabei in den meisten Fällen geringere Werte als die restlichen Methoden erreicht. NB, LR, NN, DT und RF haben hier deutlich bessere Ergebnisse erzielt. Unter Berücksichtigung der Überlegenheit von RF und NN gegenüber DT und LR weisen folglich NB, NN und RF das größte Potential auf.

Für eine kontinuierliche Erweiterung der Diagnose im Feld muss ein Diagnosemodell ständig hinzulernen. Dafür muss die Möglichkeit zum nachträglichen Anlernen gegeben sein. Soll dies im Fahrzeug stattfinden, ist die verfügbare Rechenleistung im Vergleich zu einer Backendlösung weitaus geringer. Unter Berücksichtigung der Treffergenauigkeit bieten sich hier NB, LR und RF als potentielle Methoden an. Neuronale Netze könnten ebenfalls angewendet werden, jedoch kann ein großer Umfang eines Datensatzes oder eine komplexe Netzstruktur zu hohen Anlernzeiten führen.

Die Robustheit der Methoden konnte durch die Cross Validation getestet werden. Lediglich NNs neigten bei einem Datensatz zu Overfitting und somit zu einer Reduktion der Robustheit. Diesem Effekt zum Beispiel mit einer geeigneten Wahl der Parameter und Freiheitsgrade entgegengewirkt werden.

5 Zusammenfassung und Ausblick

In diesem Beitrag wurde eine erste Potentialabschätzung von ML-Methoden für die Diagnose in vernetzten Fahrzeugen durchgeführt. Dafür wurde ein Zukunftsbild der Diagnose anhand neuer Herausforderungen und technologischer Möglichkeiten abgeleitet. Um dieser zukünftigen Diagnose in vernetzten Fahrzeugen gerecht zu werden, wurden gängige ML-Methoden identifiziert und einleitend vorgestellt. Basierend auf dem Zukunftsbild wurde eine Analyse dieser Methoden durchgeführt. Dabei lagen der Fokus auf der Treffergenauigkeit (*Cross Validation Accuracy*), dem Ressourcenbedarf sowie der Verwendung von unterschiedlich großen und komplexen Datensätzen mit vorwiegend diagnostischem Hintergrund. Als potentiell am besten geeignete Methoden für ein Diagnosemodell wurden der Naive Bayes Klassifikator, Random Forests und Neuronale Netze identifiziert. Spezifisch angepasste Lösungen sowie weitere Methoden, die auf diesen Klassifikatoren basieren, können für eine detailliertere Bewertung ebenfalls in Betracht gezogen werden.

Im weiteren Verlauf der Forschung wird sowohl der Umfang als auch die Tiefe der Analyse erweitert. Eine Erweiterung des Umfangs beinhaltet dabei die Berücksichtigung weiterer Klassifikatoren sowie weiterer Aspekte der Diagnose.

Wie schon angedeutet, können weitere Methoden, die auf den hier identifizierten Klassifikatoren aufbauen, hinzugezogen werden. Vor allem die Art und Abhängigkeit der Eingangsdaten untereinander erfordern diesen Schritt. Hier ist zu beachten, dass diejenigen (am besten unabhängigen) Features gewählt werden, deren Einfluss auf die Fehlfunktion eines betrachteten Systems am stärksten ist. Falls eine große Anzahl an Eingangsgrößen zu berücksichtigen ist, könnten Methoden, die große und komplexe

Datensätze verwerten können, bevorzugt werden. Zusätzlich ist zu berücksichtigen, um welche Art von Daten es sich handelt. Im Falle von Zeitserien können zum Beispiel dynamische Bayes Netze oder rekurrente Neuronale Netze untersucht werden. Eine geeignete Datenvorverarbeitung kann hier ebenfalls Abhilfe schaffen. Dies hängt stark von dem Einsatzgebiet bzw. der betrachteten Funktion im Fahrzeug und den daraus generierten Daten ab. Dies kann zur Folge haben, dass ein Algorithmus über die Parameter des SciKit-learn Toolkits hinaus spezifisch für ein Problem angepasst bzw. erweitert werden muss. Eine Kombination mehrerer Modelle basierend auf unterschiedlichen Methoden könnte ebenfalls eine mögliche Lösung darstellen.

Des Weiteren ist es nötig, den Einsatzort des Modells zu definieren. Dazu zählen sowohl die Recheneinheit, auf der das Modell diagnostiziert und angelernt wird als auch der Bereich, in dem die Ergebnisse verwendet werden. Dies beeinflusst die Kombinationsmöglichkeiten sowie die Anforderungen an die auszuwählende Methode.

Recheneinheiten können zum Beispiel das Fahrzeug und näher ein Steuergerät sowie Diagnosetester oder ein angebundenes Backend sein. Dies hängt unter anderem von der EE-Architektur, den verfügbaren Ressourcen, Schnittstellen und der gewünschten Aufgabe des Diagnosesystems ab.

Der Bereich, in dem die Ergebnisse verwendet werden, könnte sowohl die Entwicklung als auch Absicherung, Produktion und der Service sein. Dabei hat jeder Bereich unterschiedliche Anwendungsfelder sowie Anforderungen an deren Tiefe. Eine breite Anwendungsfähigkeit des Modells muss also gewährleistet sein, um die Allgemeingültigkeit des Konzeptes sicherzustellen. Nichtsdestotrotz können daraus spezifische Lösungen für die jeweiligen Bereiche abgeleitet werden.

Letztendlich muss sich ein neues Diagnosekonzept gerade bei OEMs behaupten können. Dazu zählt auch, dass sich ein solches Konzept in die bestehende Infrastruktur, Prozesse und Lebenszyklen integrieren lässt. Damit kann der Integrationsaufwand gering gehalten und die Vorteile eines solchen Konzeptes maximal ausgeschöpft werden.

Literatur

[1] C. Lemke; W. Brenner, ”Einführung in die Wirtschaftsinformatik“, S.16-17, Springer-Verlag Berlin Heidelberg, Berlin, 2015

[2] International Data Corporation (IDC), “Deutsche Unternehmen verkennen das Potential, sich durch IoT vom Wettbewerb zu differenzieren“, Pressemeldung, Frankfurt a.M., 2016

[3] Unger et al., ‘‘Backendbasierte Diagnosekonzepte – Herausforderungen und Potenziale“, S.61-80, Diagnose in mechatronischen Fahrzeugsystemen IX, Dresden, 2015

[4] A. Fischer, “Verteilte Diagnose von Komponenten und Funktionen im Kfz“, S.12, expert verlag, Renningen, 2010

[5] Bundesverband CarSharing e.V. (bcs), "Anzahl CarSharing-Fahrzeuge und CarSharing-Kunden", online unter URL: https://carsharing.de/presse/fotos/zahlen-daten/anzahl-carsharing-fahrzeuge-carsharing-kunden, 2017 [Stand 27.03.2017]

[6] S. Russel; P. Norvig, "Artificial Intelligence: A modern approach", Prentice-Hall, Englewood Cliffs, 2009

[7] The New York Times, "Computer Wins on 'Jeopardy!': Trivial, It's Not", online unter URL: http://www.nytimes.com/2011/02/17/science/17jeopardy-watson.html?pagewanted=all&_r=0, 2011 [Stand 13.03.2017]

[8] Silver et al., "Mastering the Game of Go with Deep Neural Networks and Tree Search", Google DeepMind, London, 2016

[9] T.G. Dietterich, "Machine Learning", In: Nature Encyclopedia of Cognitive Science, MacMillan, London, 2003

[10] O. Dressler; F. Puppe, "Knowledge-Based Diagnosis - Survey and Future Directions", In: XPS-99: Knowledge-Based Systems, Bd. 1570/1999, S.24-46, Springer-Verlag Berlin Heidelberg, Würzburg, 1999

[11] T.C. Müller, "Neuronale Modelle zur Offboard-Diagnostik in komplexen Fahrzeugsystemen", unv. Dissertation, Technische Universität Braunschweig, 2011

[12] Duda et al., "Pattern Classification", Wiley-Interscience, Ney York, 2000

[13] L. Breiman, "Random Forests", Machine Learning, 45(1), S.5-32, Kluwer Academic Publishers, Hingham, 2001

[14] K.B. Korb; A.E. Nicholson, "Bayesian Artificial Intelligence", CRC Press, Boca Raton, 2011

[15] E.H. Shortliffe, "Computer-Based Medical Consultations: MYCIN", Elsevier, New York, 1976

[16] Krieger et al., " Wahrscheinlichkeitsbasierte Fahrzeugdiagnose auf Basis individuell generierter Prüfabläufe", In: Mechatronik 2007 - Innovative Produktentwicklung, VDI Verlag, Düsseldorf, 2007

[17] B. Schlegel; B. Sick, "Design and optimization of an autonomous feature selection pipeline for high dimensional, heterogeneous feature spaces", IEEE Symposium Series on Computational Intelligence (SSCI), Athen, 2016

[18] Waleschkowsky et al., "Was genau meint der Begriff 'Intelligente Diagnose'?", S.207-226, Diagnose in mechatronischen Fahrzeugsystemen X, Dresden, 2016

[19] M. Lichman, "UCI Machine Learning Repository [http://archive.ics.uci.edu/ml]", Irvine, CA: University of California, School of Information and Computer Science, 2013

[20] Pedregosa et al., "Scikit-learn: Machine Learning in Python", JMLR 12, pp. 2825-2830, 2011

[21] D.H. Wolpert; W.G. Macready, "No Free Lunch Theorems for Optimization", San Jose, CA: IBM Almaden Research Center, 1996

20 Konzepte zur ganzheitlichen Interpretation und Absicherung der Fahrzeugdiagnose in der frühen Entwicklungsphase

Dipl. Phys. Barbara Krausz, Dipl. -Ing. Markus Breuning,
Daimler AG, Sindelfingen
M.Sc. Kordian Komarek, Prof. Dr.-Ing Hans-Christian Reuss,
Dr.-Ing. Michael Grimm, Universität Stuttgart, Stuttgart

Abstract

In today's development processes of motor vehicles, the dynamic to pass the necessary iterative loops of the software and hardware process is growing exponentially. One of the reasons is the constantly increasing variety of vehicle variants and the individually selectable and modular special equipment. Another influencing factor is the increasing networking of the control units over different bus systems. This increased networking causes greater cross-ECU interdependencies between functionalities to be taken into account by the involved developers. As a result, there are significantly more interfaces to which the changes or modifications have to be matched. This causes a strong increase in the iteration loops and therefore requires a powerful variant management. During the development process, there are frequent hardware and software changes. The combination of these changes causes complex fault patterns, which cannot be unambiguously identified or analyzed with the current methods and can thus not be reliably corrected. The large variety of variants also makes the reproducibility of occurring errors more difficult.

Kurzfassung

In heutigen Entwicklungsprozessen von Kraftfahrzeugen, steigt die Dynamik, mit welcher der Software- und Hardwarereifeprozess die notwendigen Iterationsschleifen durchläuft, exponentiell an. Besonders durch die Kombination aus steigender Vernetzung und zunehmender Variantenvielfalt ist der Einfluss auf die Zuverlässigkeit der Fahrzeugdiagnose groß. Die daraus resultierenden komplexen Fehlerbilder werden sowohl in der On-Board-Diagnose als auch in der Off-Board-Diagnose erfasst. Die Fehleridentifizierung bzw. – analyse ist mit den heutigen Methoden aufgrund von z.B. prototypischer Implementierungen oder fehlender Fehlererfahrungen in der Entwicklung nicht eindeutig und nicht zuverlässig durchführbar. Dieser Beitrag stellt zwei neue, sich ergänzende Konzepte für die Analyse, Interpretation und Abstellung von diagnostizierbaren Fehlern des Powertrains in der frühen Entwicklungsphase vor. Hierbei umfasst das erste Konzept die Absicherung von komplexer und generischer skriptbasierter Off-Board-Diagnose. Dazu wird ein adaptives Framework, auf Grundlage der standardisierten Skriptsprache OTX (Open Test Sequenz Exchange) nach ISO 13209, verwendet. Das zweite Konzept beinhaltet verschiedene Methoden zur Mustererkennung, die das Gerüst für eine heuristische Wissensbasis für DTC (Diagnostic Trouble Code) Fehler bildet. Die Kombination beider Konzepte ermöglicht eine ganzheitliche Interpretation und Absicherung der Off-Board-Diagnose, sowie die Analyse der Fehlerspeichereinträge in der On-Board-Diagnose.

1 Einleitung

In den kommenden Jahren nehmen die notwendigen Iterationsschleifen im Hard- und Softwarereifeprozess der Kraftfahrzeugentwicklung exponentiell zu. Dies ist unter anderem der Tatsache geschuldet, dass zum einen die Vielfalt der Fahrzeugvarianten und die individuell wählbaren, modularen Sonderausstattungen immer weiter zunehmen. Ein anderer Einflussfaktor ist die steigende Vernetzung der Steuergeräte über verschiedene Bussysteme hinweg. Diese erhöhte Vernetzung verursacht größere steuergeräteübergreifende Abhängigkeiten zwischen Funktionalitäten, die von den beteiligten Entwicklern zu berücksichtigen sind. Folglich gibt es deutlich mehr Schnittstellen, an welchen die Veränderungen bzw. Modifikationen abzustimmen sind. Dies verursacht eine starke Erhöhung der Iterationsschleifen und setzt daher ein leistungsfähiges Variantenmanagement voraus. Während des Entwicklungsprozesses gibt es sowohl häufige Hardware- als auch Software-Änderungen. Die Kombination dieser Änderungen verursacht komplexe Fehlerbilder, die mit den heutigen Methoden nicht eindeutig identifizierbar bzw. analysierbar und damit zuverlässig abstellbar sind. Die große Variantenvielfalt erschwert zudem die Reproduzierbarkeit auftretender Fehler.

In diesem Beitrag werden bzgl. der Fehleranalyse folgende Bereiche der Diagnose behandelt:

1. Absicherung Off-Board-Diagnose (Kapitel 2)
2. Analyse der Fehlerspeichereinträge der On-Board-Diagnose (Kapitel 3)

2 Absicherungskonzept standardisierter Off-Board-Diagnose in der Entwicklung

Mit OTX (Open Test sequence eXchange) nach ISO 13209 wurde eine standardisierte Skriptsprache (XML) für Off-Board-Fahrzeugdiagnose geschaffen. Dieses Werkzeug ermöglicht es Diagnosesequenzen auf unterschiedlichen Ebenen zu spezifizieren und auszuführen. Die Unterstützung des Variantenmanagements und die steigende Anzahl von OTX-Entwicklungsumgebungen begünstigt die Akzeptanz dieses Standards in der Industrie [1]. OTX in Kombination mit ODX (Open Diagnostic Data eXchange) und dem modularen VCI (Vehicle Communication Interface) Runtime Systems (MVCI, ISO 22900), sowie den zugehörigen Applikation Interfaces (ISO 22900-2/-3, ISO 22901-1) bilden hier die Basis für eine standardisierte Off-Board-Diagnose. OTX umfasst umfangreiche Bibliotheken mit „Actions & Terms“, sowie die bekanntesten Kontrollstrukturen aus der Informatik. In erster Linie hat die diagnostische Ablaufsprache (OTX) keine direkte Verbindung zu dem diagnostischen Datenaustauschformat ODX. Erst durch die Bedatung der Skripte auf Basis von „ODX-Shortnames“ oder direkt klassisch per definierte „HEX-Anfragen“ wird in Kombination mit dem Laufzeitsystem eine Off-Board-Diagnose-Kommunikation möglich. In dem wissenschaftlichen Beitrag „Methoden zur Fehlerinterpretation bei der Inbetriebnahme von Entwicklungsfahrzeugen“ wurde eine erste vereinfachte datenorientierte Ablaufstruktur eines generischen OTX-Skript eingeführt [3]. Die Diagnosedaten sind in **Skript-Bedatung-**, **ODX-** und **Steuergeräte-Containern** unterteilt.

Die nachfolgenden Kapitel stellen auf Grundlage der vereinfachten datenorientierten Darstellung Herausforderungen in der standardisierten Off-Board-Diagnose vor und führen eine neue Systemarchitektur mit Absicherungsmethoden auf OTX-XML-Basis ein.

2.1 Diagnosedatenaktualität im Entwicklungsprozess

Eine Voraussetzung für die Sicherstellung einer fehlerfreien Off-Board Diagnose ist die Gewährleistung der Aktualität der Diagnosedaten zwischen Skript, Steuergerät und ODX. ODX fungiert als Softwareschnittstelle zwischen dem Diagnose-Tester und den Steuergeräten im Fahrzeug.

Im dynamischen Entwicklungsumfeld ändert sich die Diagnose-Bedatung von Steuergeräten und infolge dessen der Datencontainer ODX -D häufig. Der Datenfokus liegt auf dem „Diag-Layer-Container" der ODX-Struktur [4]. Abbildung 2 stellt die Anzahl der Datenstandupdates (ODX –D) von fünf Steuergeräten eines Powertrains bezogen auf ein Quartal, im Zeitraum von Q1/2013 bis Q2/2016, quantitativ dar. Ein Datenstandsupdate pro Steuergerät umfasst mehrere Änderungen in der Diagnose-Bedatung, sowie Erweiterungen und Fehlerkorrekturen der Datenstruktur auf ODX-Basis. Im Durchschnitt wurden pro Quartal ca. 34 Updates (ODX –D) durchgeführt. Im Jahresschnitt werden pro Woche mindestens ein bis zwei Updates des Datenstands vorgenommen.

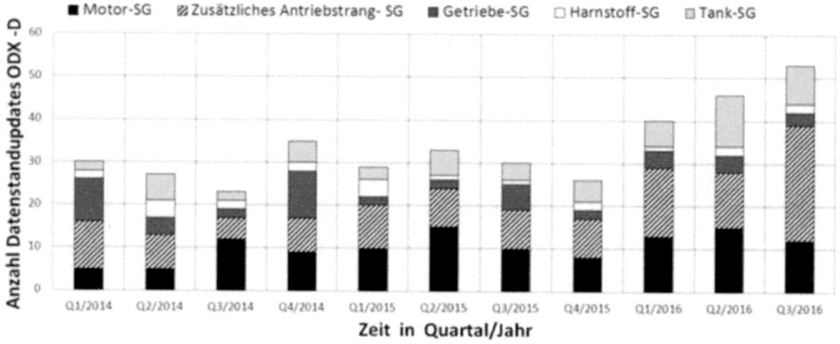

Abbildung 1: Anzahl Updates (ODX –D) der Antriebstrang-Steuergeräte [Daimler AG, 2016]

Diese hohe Dynamik der Datenstands-Änderungen stellt unter zunehmender Variantenvielfalt eine große Herausforderung für eine fehlerfreie, plausible und robuste Ausführung von Diagnoseskripten dar. Generische OTX-Skripte ermöglichen den Entwicklern und Anwendern durch Trennung von Daten und Logik Diagnose-Abläufe wiederzuverwenden. Jedoch steigt mit zunehmenden Grad der Austauschbarkeit und Modularität auch die Komplexität der Skripte. Die Folge sind Fehler innerhalb der Skripts und es treten unplausible Strukturen auf.

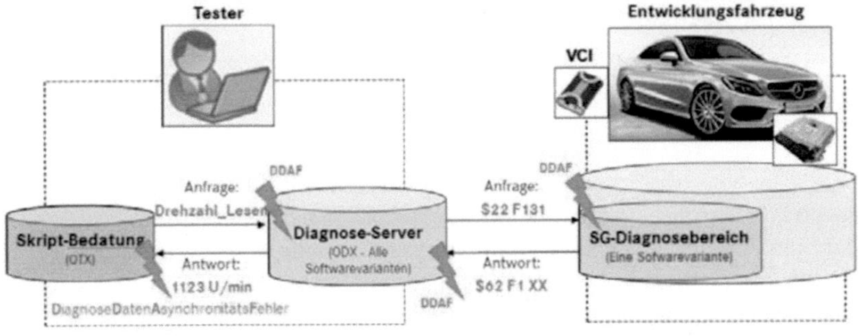

Abbildung 2: Datenorientiertes Modeldarstellung für die standardisierte Off-Board-Diagnose

Abbildung 2 zeigt die Herausforderung der Datenaktualität in der Entwicklung eingeteilt in Tester- und Fahrzeug-seite mit abstrahierten Diagnosedaten-Containern [3]. Bei Asynchronität von Diagnosedaten (ODX -D) zwischen Skript-Bedatung, Diagnose-Server und Diagnose-Softwarestand im Fahrzeug können vielfältige Fehlerkombinationen entstehen. Das Schaubild veranschaulicht die „Diagnosedatenfehler“ (Blitze) anhand eines Beispiels für ein simples diagnostisches auslesen der Motordrehzahl. Abhängig davon, wo und in welchem Umfang die Datenasynchronität in dem Off-Board-Diagnose-Ablauf auftritt, ergeben sich verschiedene Fehlerbilder, welche unterschiedliche Fehlerabstellprozesse erfordern. Eine häufige Fehlerursache in der Entwicklung entsteht durch veraltete Softwarestände in den zu diagnostizierenden Steuergeräten (Diagnose-Server und Diagnose-Softwarestand). Die Anfrage, welche vom Tester über den Diagnose-Server ans Steuergerät im Fahrzeug gesendet wird (Abbildung 3: $22 F131), ist im Softwarestand des Steuergeräts als veraltete Variante oder gänzlich nicht vorhanden.

Eine weitere Fehlerquelle ist die ISO-Konformität der verwendeten diagnostischen Laufzeitumgebungen. Die unterschiedlichen ISO-Standards (ODX, OTX, MVCI, D-Server APIs) lassen Spielräume in der Implementierung der Daten und Funktionen offen.

Mit der zunehmenden Komplexität der technischen Anforderungen in der Entwicklung steigt in gleichem Maß die Komplexität der diagnostischen Skripte. Trotz OTX-seitiger Validierung auf Grundlage des Standards kommt es immer häufiger zu Fehlern in der Ablauflogik.

Auf Basis dieser Fehlertypen zeigt das nachfolgende Unterkapitel einen ganzheitlichen Lösungsansatz zur Verwaltung und Absicherung von generischen skriptbasierten Off-Board-Diagnose.

2.2 Neue Systemarchitektur für generischer skriptbasierter Off-Bord-Diagnose mit Absicherungsmethoden in der dynamischen Entwicklung

Die folgenden Absicherungsmethoden auf OTX-XML-Basis ermöglichen, ohne Systemwissen über den vorangegangen Software-Änderungsprozess, Off-Board-Diagnosefehler automatisiert prädiktiv und reaktiv zu identifizieren, protokollieren und wahrscheinlichkeitsbasiert zur Laufzeit abzustellen. Abbildung 4 zeigt die dazugehörende prototypische Systemarchitektur zur webbasierten Erzeugung und Verwaltung von komplexen generischen OTX-Diagnoseskripten. Dieses System ermöglicht so das Beherrschen hoher Steuergerätedatenvarianz und Dynamik bereits in der Fahrzeugentwicklung. Das Schema ist grob in zwei Bereiche aufgeteilt: **Synchron** für den Echtzeit-Off-Board-Diagnose-Prozess und **Asynchron** für ein System zur Haltung, Verwaltung und Analyse von standardisierten Diagnoseskripten.

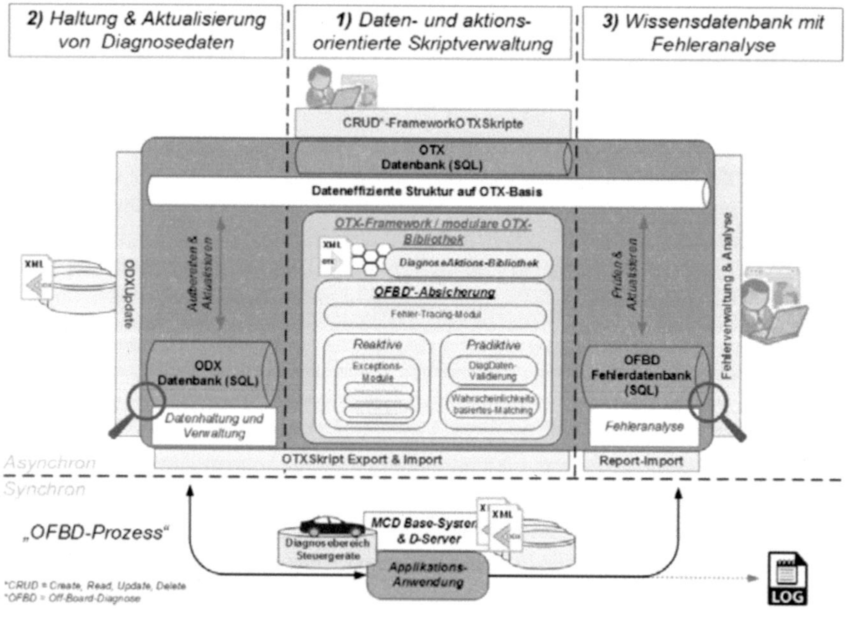

Abbildung 4: Prototypische Systemarchitektur zur Verwaltung und Absicherung der skriptbasierten Off-Board-Diagnose unter hoher Varianz

Der asynchrone Bereich teilt sich in drei modulare Systeme. Das Modul **„1) Daten- und aktionsorientierte Skriptverwaltung"** stellt eine umfangreiche Diagnose-Aktions-Bibliothek samt prädiktiven und reaktiven Absicherungsverfahren, eine spezifische rationale Datenbank (Structured Query Language, SQL) für OTX-Bedatung und einer CRUD-Schnittstelle (Create, Read, Update & Delete) für webbasierte Skriptverwaltung zur Verfügung. Die Kombination dieser Module ermöglicht es auf hoher Abstraktionsebene einfach und schnell robuste OTX-Skripte zu verwalten, erstellen und auszutauschen. Der grundlegende Ansatz der vorgestellten Systemarchitektur ist die Trennung von OTX-Bedatung und OTX-Ablauflogik. Erfahrungen mit OTX in der Entwicklung zeigen, dass Ablaufstrukturen sich oft wiederholen und die Menge der Daten, aufgrund der hohen Varianz und steigenden Komplexität, stetig zunimmt. Für die strukturierte Datenhaltung von großen Datenmengen ist OTX, das aus schemadefinierten XML aufgebaut ist, bedingt geeignet. Insbesondere in der Industrie werden oft proprietäre Datenschnittstellen für generische Skripte verwendet, in Folge dessen die Austauschbarkeit in der Entwicklung negativ beeinflusst wird. Das Modul **„2) Haltung und Aktualisierung von Diagnosedaten"** besitzt eine entwickelte rationale ODX-Datenbank, welche über eine „ODX-Update"-Schnittstelle an entsprechende standardisierte PDX (Packed Open Diagnostic Data Exchange) gekoppelt ist. Über das OTX-Daten-Modul, das eine dateneffiziente Struktur auf OTX-Basis darstellt, wird es möglich große Bedatungsmengen standardisiert für alle Diagnoseaktionen des OTX-Framework zur Verfügung zu stellen. Eine Datenreduktion um einen Faktor von 40 konnte im Vergleich zu Standard-XMLs-Schemas erreicht werden, was dieses Verfahren für mögliche Diagnose-Over-The-Air Prozesse attraktiv macht. Im weiteren Kontext der Absicherung der OFBD besitzt die vorgestellte Systemarchitektur das Modul **„3) Wissensdatenbank mit Fehleranalysen"**. Zur Laufzeit der Skriptausführung („OFBD-Prozess") gewährleisten die Absicherungsmodule des OTX-Framework eine durchgängige Protokollierung der Diagnoseaktivität („Tracing-Modul"). Aufgrund der Heuristik des Systems im synchronen Bereich der Diagnoseausführung stellt die rationale Wissensdatenbank (SQL) einen Grundbaustein zur asynchronen Fehleranalyse dar. Eine webbasierte Schnittstelle ermöglicht es weitere detaillierte Fehleranalysen durchzuführen. Fehler welche ein tieferes Eingreifen in das Diagnosesystem verlangen, z.B. ODX-Spezifizierungsfehler, Laufzeitfehler des Diagnosesystems. In kommenden wissenschaftlichen Beiträgen wird detailliert auf die Absicherungsverfahren eingegangen und es werden Resultate zur Absicherungsqualität dieses Konzeptes vorgestellt.

Die in Kapitel 2 betrachteten Fehlerbilder und die vorgestellte Systemarchitektur umfassen insbesondere die softwareseitige Absicherung der Off-Board-Diagnose. Ein weiterer Indikator bzgl. der Fehlerinterpretation sind DTCs (Diagnostic Trouble Code). DTCs werden on-board-seitig erzeugt und ermöglichen so eine tiefere und detailliertere Betrachtung von Fehlerbildern in der Fahrzeugdiagnose. Das nachfolgende Kapitel stellt bekannte Ansätze zur DTC-Fehlerinterpretation vor und zeigt einen neuen

Ansatz für die Anwendung in der frühen Entwicklungsphase bei Erprobungsfahrzeugen.

3 Analyse der Fehlerspeichereinträge

Die On-Board-Diagnose überwacht Steuergerät-interne Funktionen. Bei einer Störung oder bei Abweichungen von festgelegten Grenzwerten werden diese im Steuergerät als Fehlerspeichereinträge, sogenannte Diagnostic Trouble Codes, gespeichert. In Abbildung 5 zeigt die Funktionsweise der On-Board-Diagnose.

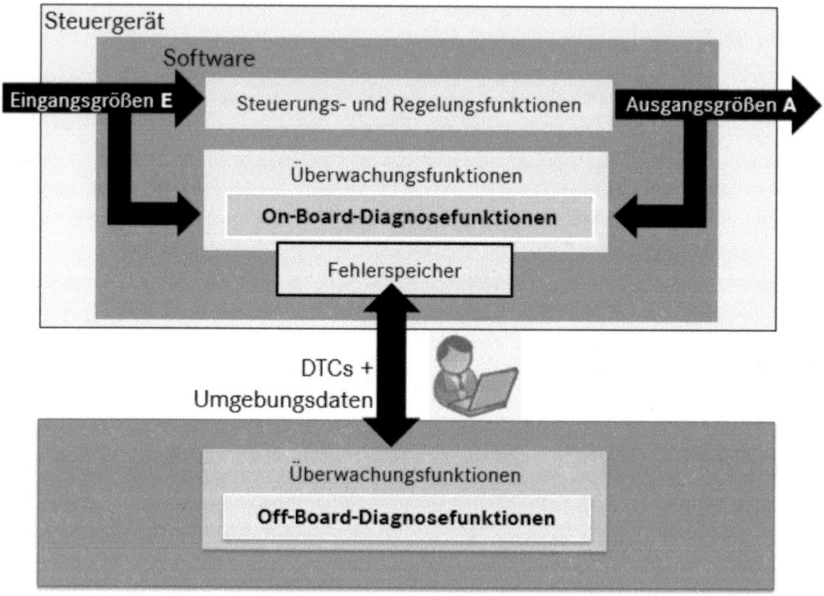

Abbildung 5: Funktionsweise On-Board Diagnose

Typischerweise werden DTCs gespeichert, wenn entweder ein Hardware- oder ein Softwarefehler vorliegt. Ursache für einen Hardwarefehler ist z.B. ein defektes Bauteil. Handelt es sich um einen Softwarefehler, ist die Ursache häufig eine fehlerhafte Diagnose-Bedatung (siehe Kapitel 2) bzw. fehlerhafte Softwarefunktionen.

3.1 Bisherige Diagnosesysteme

Um die Ursache eines DTCs möglichst effizient zu lokalisieren und zu identifizieren, werden vor allem im Servicebereich unterschiedliche Diagnosesysteme eingesetzt. Sowohl die steigende Komplexität der Fehlerbilder als auch die wachsende Variantenvielfalt lassen die Menge an zu testenden Daten eines Steuergeräts stark ansteigen. So wurden Diagnosesysteme, die ein Abbild der Systemfunktionalität in großen Teilen darstellen, aufgrund des hohen Aktualisierungsaufwands für den großflächigen Einsatz unattraktiv.

Ansätze für Diagnosesysteme sind aus [5], [6] und [7] entnommen:

- Fallbasiertes Schließen
- Entscheidungsbäume
- Modellbasierte Diagnose
- Bayessche Netze
- Neuronale Netze

Zusammenfassend lässt sich feststellen, dass für die bisher eingesetzten Diagnosesysteme entweder ein detailliertes Systemwissen vorhanden sein muss oder eine sehr große Datenbasis mit gelösten Falldaten benötigt wird. Während der Entwicklung ist das System noch nicht vollständig implementiert bzw. unterliegt im Entstehungsprozess häufigen Änderungen und kann daher nicht in einem Diagnosesystem abgebildet werden. Zudem liegen bei neuen Projekten anfangs nur wenige verwertbare und gesicherte Falldaten vor. Die typischen Diagnoseansätze sind in der Entwicklung nicht zielführend, daher bedarf neuer Ansätze.

3.2 Herausforderungen in der frühen Entwicklungsphase

In der frühen Entwicklungsphase sind die Systeme (Fahrzeuge sowie Komponenten) in einem prototypischen Zustand. Aufgrund des in dieser Phase ebenfalls geringen Reifegrads der Diagnose und Software-Datenstände, ist die Fehlerinformation zu den DTCs nicht eindeutig interpretierbar. Jedoch müssen diese Fehler im Entwicklungsprozess bewertet werden, damit sowohl die Software als auch die Hardware eine Freigabe erhalten können. Ein System wird benötigt, welches die Unterscheidung von Fehlerursachen, die vermehrt oder ausschließlich in der Entwicklungsphase auftreten, und freigaberelevanten Fehlern (Software-Bedatung, Diagnose-Bedatung, Bauteilfehler, etc.) unterstützt und erleichtert. Dies bedeutet, dass die in Kapitel 3 anfangs dargestellte Vereinfachung der Fehlerkategorisierung in Hardware-Fehler und Software-

Fehler in der Entwicklung nicht ausreichend ist. Der Grund hierfür ist, wie bereits beschrieben die Dynamik grundlegender Strukturen. Entwicklungsspezifische Fehlerbilder werden beispielsweise hervorgerufen durch:

- unvollständige Diagnosefunktionen bzw. Überwachungen
- häufige Umbauten von Entwicklungsfahrzeugen aufgrund
    - Modernisierung bei verschiedenen Evolutionsstufen
    - Erprobung verschiedener Bauteilvarianten
- Erprobung unterschiedlicher Softwarestände
- unvollständige Applikation (fehlende Bedatung)
- Aufbau mehrerer unterschiedlicher Test-Varianten
- deutlich höhere mechanische Belastung der Bauteile z.B.: defekte Steckverbindungen als Folge häufiger Umbauten.

Wie schon in Abbildung 1 zu sehen ist, spiegelt sich auch in der Anzahl der Softwareupdates von Steuergeräte-Datenständen die große Dynamik während der Entwicklung wieder. In Abbildung 6 ist die Anzahl der Updates von Steuergeräte-Datenständen eines Powertrains vom ersten Quartal 2015 bis einschließlich zweites Quartal 2016 dargestellt. Die Zahl der Software-Änderungen pro Quartal nimmt in diesem Beispiel mit Ausnahme des Tank-Steuergeräts bis Q4/2015 kontinuierlich zu.

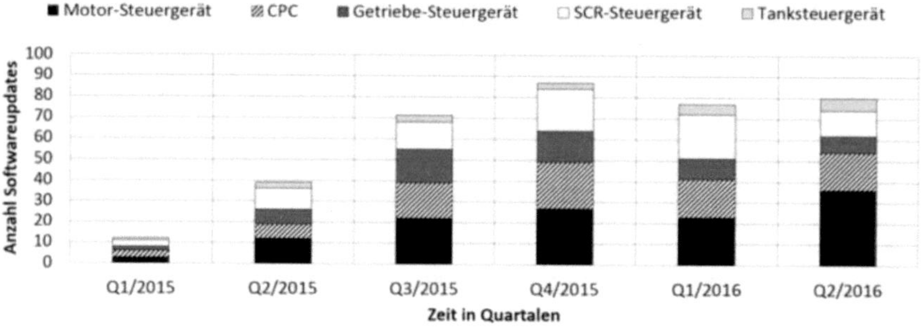

Abbildung 6: Darstellung der Anzahl von Datenstandupdates pro Quartal und Steuergerät [Daimler AG, 2016]

In der frühen Entwicklungsphase werden Prototypen mit Mischvernetzungen betrieben. Bei diesen Fahrzeugen ist beispielsweise die Vernetzung der Karosserie und des Powertrain unterschiedlich. Die Übersetzung zwischen den zwei verschiedenen Architekturen wird von einem Vernetzungs-Gateway übernommen. Hierdurch ergeben sich funktionale Einschränkungen durch welche auch die Analyse der Fehlerspeichereinträge um ein vielfaches komplexer wird.

3.3 Konzept einer Wissensbasis für Fehlerspeichereinträge in der frühen Entwicklungsphase

Um einen Ansatz zu finden, welcher den Anforderungen im Entwicklungsprozess gerecht wird, müssen zunächst alle vorhandenen Informationen hinsichtlich ihrer Verwertbarkeit untersucht und gefiltert werden. Die Definition der Fehlerursachen muss ebenso erweitert werden. Aufbauend auf diesen neuen Definitionen wird ein Konzept für eine Wissensbasis entwickelt, das den zahlreichen dynamischen Änderungen Rechnung trägt. Abbildung 7 stellt das Konzept einer solchen Wissensbasis für die Fehleranalyse dar. In diesem wird die Absicherung der Off-Board-Diagnose aus Kapitel 2.2. erweitert. Die Eingangsdaten sind die gesammelten und gelösten Fehlerfälle von unterschiedlichen Steuergeräten aus verschiedenen Entwicklungsprojekten. Diese beinhalten die ausgelesenen Fehlerspeichereinträge mit Beschreibung, die Umgebungsdaten aus dem Freeze-Frame sowie Ursachenkommentare der Entwickler in Prosa. Zunächst findet im DTC-Analysemodul ein Preprocessing statt. Dabei werden die Daten plausibilisiert, die Umgebungsdaten aus der ODX-Datenbank abgeglichen und die textuellen Kommentare mit Textmining-Methoden analysiert.

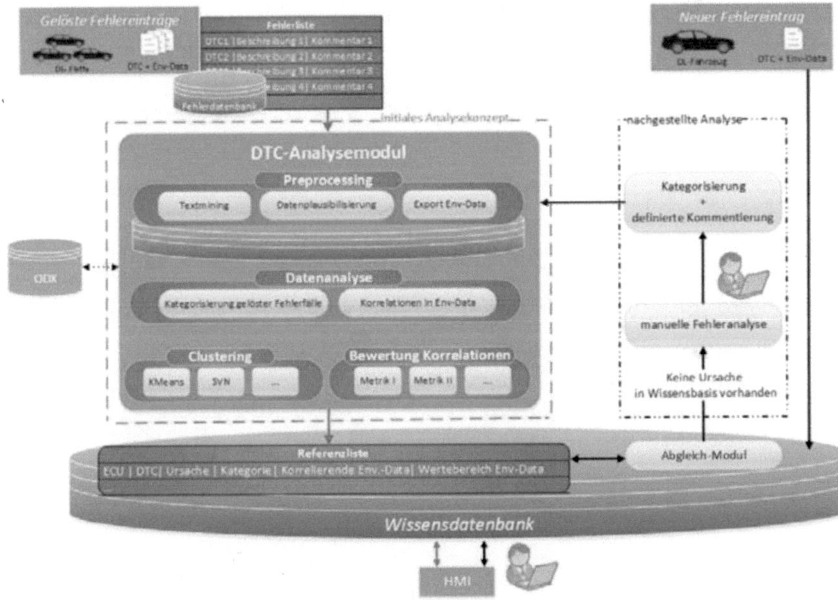

Abbildung 7: Konzept einer Wissensbasis zur Fehleranalyse

Anschließend werden die aufbereiteten Daten in einer Datenbank zwischengespeichert. Im Folgenden werden die gelösten Fehlerfälle kategorisiert und entwicklungsspezifische Fehler erkannt und separat behandelt. Die Umgebungsdaten werden hinsichtlich möglicher Korrelationen untersucht.

Durch Clustering und Bewertung der Korrelationen wird die initiale Analyse abgeschlossen. Daraus kann in Kombination mit den übrigen Informationen eine Referenzliste für die Wissensdatenbank generiert werden. Wird ein neuer Fehlereintrag in die Wissensdatenbank eingelesen, wird zunächst ein Abgleich mit der Referenzliste durchgeführt. Der Abgleich erfolgt zunächst mit Einträgen desselben Steuergerätes. Wird kein Eintrag gefunden, der Hinweise auf die Ursache des Fehlereintrags gibt, wird nach ähnlichen Fehlern in anderen Steuergeräten gesucht. Auf diese Weise werden Steuergeräte-übergreifende Fehlerzusammenhänge berücksichtigt, welche bei der bisherigen isolierten Analyse einzelner Steuergeräte nicht identifiziert wurden. Liefert die Referenzliste nicht die Fehlerursache, beginnt die nachgestellte Analyse. Hierbei muss eine manuelle Fehleranalyse durch den Entwickler stattfinden. Dieser kommentiert die Ursache in Form einer definierten vereinheitlichen Texteingabe und weist die entsprechende Ursachenkategorie zu. Durch die Rückkopplung der nachgestellten Analyse mit dem DTC-Analysemodul erhält die Wissensbasis einen lernenden Charakter. Somit wird es möglich bei zukünftigen Entwicklungsprojekten schon zu Beginn die bereits gewonnen Erkenntnisse aus anderen Projekten zur Fehleranalyse effektiv zu nutzen.

Das Konzept für die Absicherung der Off-Board-Diagnose aus Kapitel 2 stellt die korrekte Diagnostizierbarkeit der Fahrzeuge bereits in der frühen Entwicklungsphase sicher. Dadurch können die Entwickler auf alle verfügbaren Diagnosedaten, welche sie zur Validierung sowohl von Hard- als auch von Software benötigen, zugreifen.

Koppelt man beide Konzepte, wie in Abbildung 8 dargestellt, über die gemeinsame Wissensdatenbank, erhält man ein ganzheitliches Konzept für die Interpretation und Absicherung der Fahrzeugdiagnose in der frühen Entwicklung. Dadurch wird einerseits der Reifegrad von On-Board und Off-Board Diagnose bereits während der Entwicklungsphase erhöht. Die Nutzung mehrerer unterschiedlicher Informationsquellen und deren Auswertung, sowie die Plausibilisierung der Softwaredaten ermöglicht es zudem Dateninkonsistenzen schneller aufzudecken und zu korrigieren. Dies erleichtert es dem Entwickler sich auf seine Kernkompetenz, die Implementierung und Applikation von Funktionen in der Software sowie die Freigabe von Hard- und Software, zu konzentrieren. Die Diagnose wird auf diese Weise zu einem mächtigen und effizienten Tool in der Entwicklung.

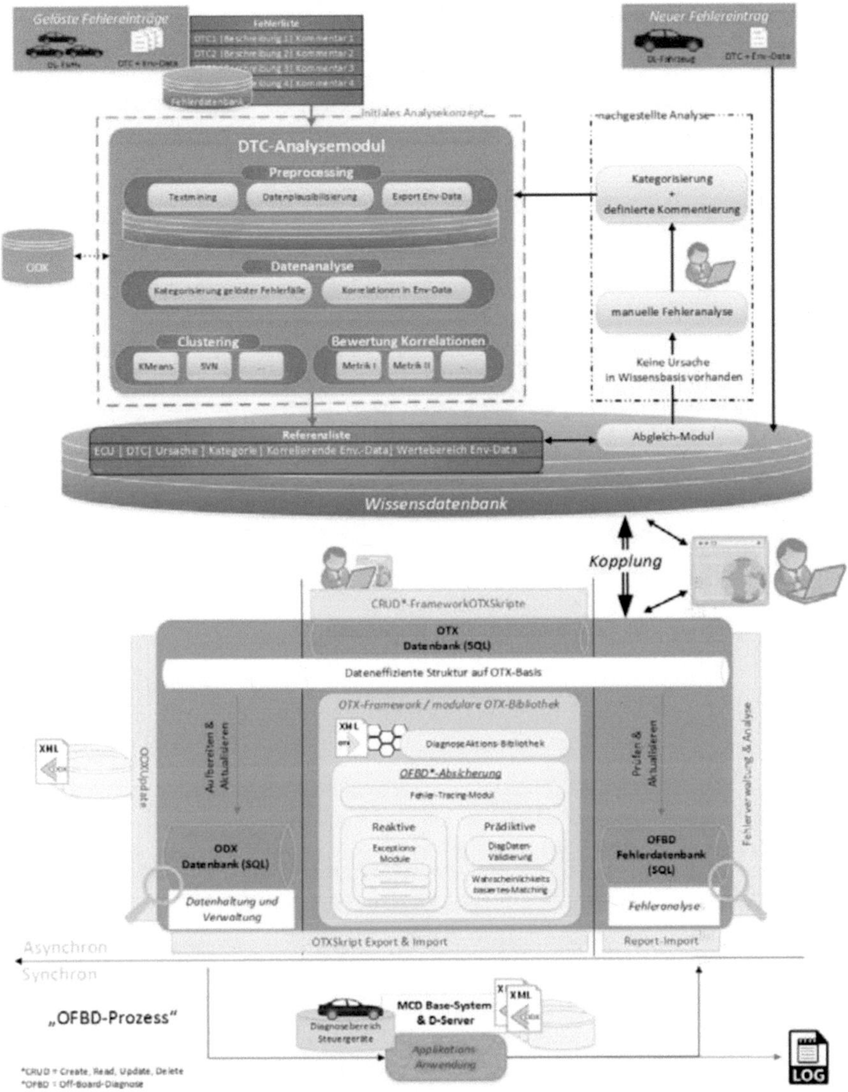

Abbildung 8: Kombination beider Konzepte

4 Zusammenfassung

Die Diagnose ist in der frühen Entwicklungsphase ein ungeliebtes jedoch nicht zu unterschätzendes Werkzeug. Sie bedarf einer Anpassung bezüglich des schnellen Erkenntnisgewinns aufgrund der zu diesem frühen Zeitpunkt in geringer Anzahl vorhandenen, verwertbaren Diagnosedaten. Diese Anpassungen zielen auf das schnelle Lernen aus verschiedenen Varianten und auf die Einhaltung der formalen Richtigkeit und Konsistenz der aktuellen Softwaredaten. Dieser Beitrag skizziert zwei neue und sich ergänzende Konzepte für die Analyse und Interpretation von diagnosebezogenen Fehlern in der frühen Entwicklungsphase. Aus der Kombination der Absicherung komplexer skriptbasierter Off-Board-Diagnose mit einer heuristischen Wissensbasis zur Analyse von Fehlerspeichereinträgen resultiert ein ganzheitliches Diagnose-Konzept. Dieses unterstützt die Entwickler bei der Entscheidung zur Freigabe der Hard- und Softwarekomponenten des Powertrains und trägt zudem zur Erhöhung des Reifegrades sowohl der On- Board als auch der Off-Board Diagnose bereits vor SOP (Start of Production) bei. Das Systemwissen rückt aufgrund des heuristischen Charakters der Wissensbasis in den Hintergrund. Dadurch wird der Einfluss der dynamischen Änderungen auf die Güte des Diagnosesystems reduziert.

Literatur

[1] R. Schmidgall, Werner Zimmermann. Bussysteme in der Fahrzeugtechnik: Protokolle, 5. Auflage, Springer Vieweg, 2014.

[2] Dr. –Ing. J. Supke. Emotive: Training and Consulting. https://www.emotive.de/index.php/de/doc/car-diagnostic-systems/applications/asam-mcd, 2011

[3] B. Krausz; K. Komarek, Methoden zur Fehlerinterpretation bei der Inbetriebnahme von Entwicklungsfahrzeugen, 6. Autotest Fachkonferenz Stuttgart, 2016

[4] ISO 22901-1:2008-11, Road vehicles – Open diagnostic data exchange (ODX) – Part1: Data model specification, Kapitel 7 - ODX data model, 2008

[5] A. Azarian. A new modular framework for automatic diagnosis of fault, symp-toms and causes applied to the automotive industry, Dissertation, Arts et M´etiers ParisTech, 2009.

[6] Olaf Krieger. Wahrscheinlichkeitsbasierte Fahrzeugdiagnose mit individueller Prüfstrategie, Dissertation TU Braunschweig, 2011.

[7] Tobias Carsten Müller, Neuronale Modelle zur Offboard-Diagnostik in komplexen Fahrzeugsystemen, Dissertation TU Braunschweig, 2011.

21 Closed-Loop Simulation von Dynamik-Diagnosen einer Breitband-Lambdasonde

Dipl.-Ing. Daniel Brückner, M. Sc. Klemens Schürholz, BMW AG, München
Prof. Dr.-Ing. Dirk Abel, RWTH Aachen, Aachen

Abstract

As emission legislation worldwide get stricter and development cycles in the car industry get shorter, new tools for calibration and testing on-board-diagnostic-functions (OBD) are necessary. This paper presents a model-in-the-loop system for exhaust tracts, which gives the ability to test dynamic monitors of a wide band lambda probe. The requirements and implementation of the controlled system and control modes will be discussed. Thereby the focus was on recurrent neural networks to carry out high model accuracy without loss of computational efficiency.

Kurzfassung

Kürzere Zyklen in der Fahrzeugentwicklung sowie strengere Emissionsgesetzgebungen weltweit erfordern neue Werkzeuge für die Applikation und Absicherung von On-Board-Diagnose-Funktionen (OBD). Am Beispiel des Abgassystems wird ein Model-in-the-Loop System für die Dynamikdiagnosen einer Breitbandlambdasonde vorgestellt. Die Anforderungen an die Strecken- und Funktionsmodelle werden diskutiert sowie die Realisierung der Simulationsumgebung mit verschiedenen Modellierungsarten. Dabei kommen verstärkt rekurrente neuronale Netze zum Einsatz, die eine hohe Modellgenauigkeit mit schnellen Rechenzeiten kombinieren.

1 Herausforderungen bei der Entwicklung von OBD-Funktionen

Mit strenger werdenden Emissionsgesetzgebungen weltweit und der stark wachsenden Variantenvielfalt kommen klassische Methoden zur Entwicklung, Parametrierung und Absicherung von On-Board-Diagnose-Funktionen an ihre Grenzen.

Bei der Einführung von neuen Bauteilen oder Konzepten im Motor oder Fahrzeug muss zunächst der Emissionseinfluss im Fehlerfall bewertet werden. Dies kann in der Regel erst spät im Serienentwicklungsprozess mit hohem Prototypen- und Prüfstandsbedarf durchgeführt werden. Die im Entwicklungsprozess relativ späte Umsetzung von On-Board-Diagnose Konzepten kann dadurch zu hohen Kosten durch Iterationsschleifen bei der Funktionsentwicklung führen. Gleichzeitig entstehen bei der Absicherung und Integration der neuen Funktionalitäten weitere Bedarfe an Prüfständen und Fahrzeugen, was mit einem hohen zeitlichen Aufwand einhergeht. Kommt es bei der Funktions-Inbetriebnahme zu Querwirkungen auf andere Softwarekomponenten oder gar zu Zielkonflikten können diese erst sehr spät im Prozess und nur mit enormen Aufwand behoben werden.

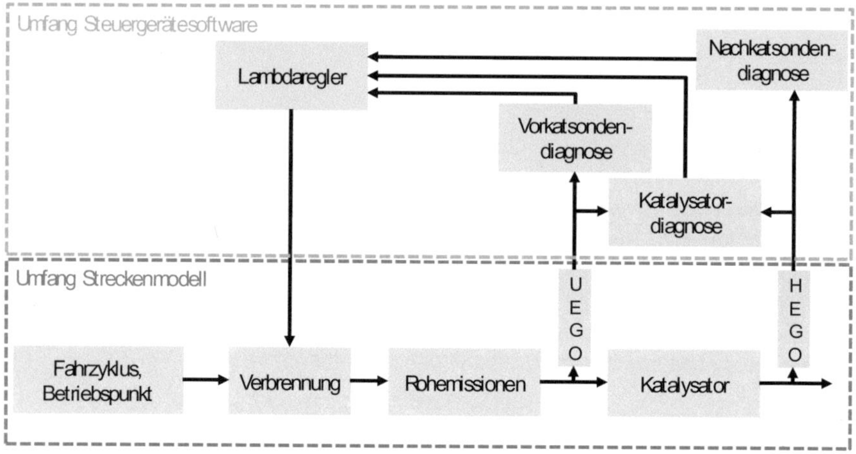

Abbildung 1: Model-in-the-Loop Umgebung für Abgassystemdiagnosen.

Durch den Einsatz einer modellbasierten Entwicklungsumgebung kann die Fahrzeugnutzungsdauer sowohl in einer frühen Phase des Entwicklungsprozesses als auch während der Funktionsintegration reduziert werden. Dies führt im Idealfall zu einer Reduktion von Versuchsträgern und somit zu einer Kostenersparnis. Ein optimierter modellbasierter Funktionsentwicklungsprozess reduziert späte und damit aufwändige sowie teure Änderungen in der Software und verbessert dadurch die Softwarequalität.

Eine Model-in-the-Loop Simulation (siehe Abbildung 1 als Beispiel anhand des Abgassystems), bei der Funktionen in einem geschlossenem Regelkreis entwickelt, parametriert und getestet werden können ist ein wesentlicher Bestandteil eines optimierten OBD Entwicklungsprozesses.

2 Das Abgasnachbehandlungssystem

Das Abgasnachbehandlungssystem besteht zum einen aus Hardwarekomponenten und zum anderen aus Softwarefunktionen. Die Hardwarekomponenten sind in der Regel zwei Lambdasonden und ein Katalysator (Abbildung 2), wobei eine Sonde vor dem Katalysator und eine danach angebracht sind. In der Regel ist die Vorkatsonde als Breitbandsonde (UEGO, Abbildung 1 und Abbildung 4), zur Messung eines breiten Lambdabereichs ausgeführt und die Nachkatsonde als Binärsonde (HEGO, Abbildung 1 und Abbildung 3) mit einer hohen Auflösung um Lambda=1.

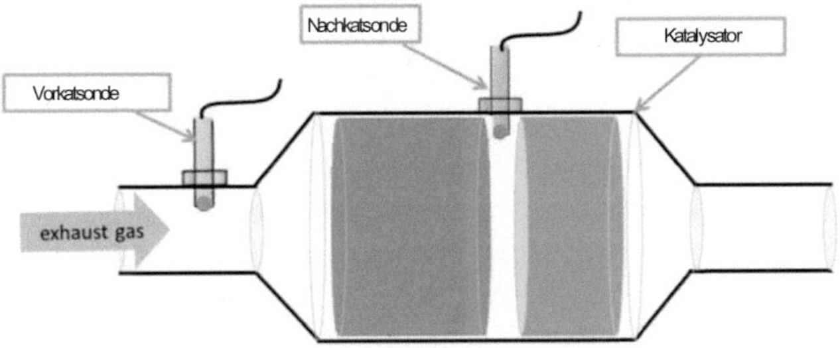

Abbildung 2: Hardwarekomponenten eines Abgassystems

Der Katalysator ist das wesentliche Bauteil zur Abgasreinigung, wobei die Konvertierungsleistung bei einem stöchiometrischen Luft- / Kraftstoffverhältnis maximal ist (Abbildung 5). Die Kombination aus Vorkatsonde, zur Bestimmung des Sauerstoffgehalts der Rohemissionen (HC, CO, NOx, H2, O2) und dem Lambdaregler sorgt für ein möglichst konstantes Gemisch um Lambda=1.

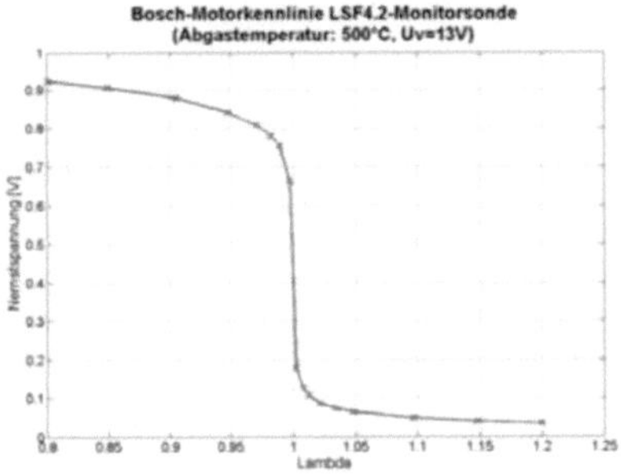

Abbildung 3: Spannungsverlauf der Binärsonde (HEGO).

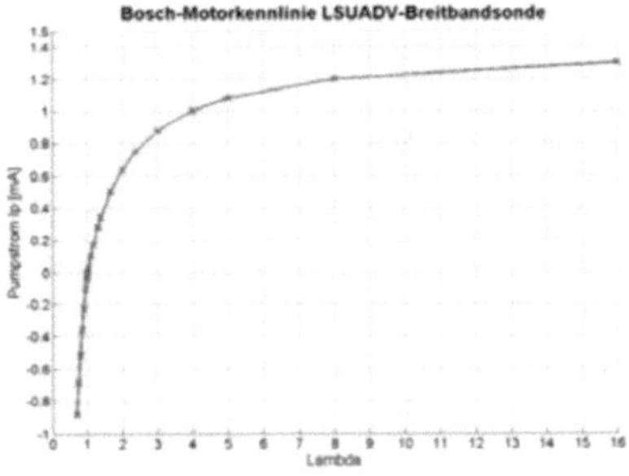

Abbildung 4: Pumpstromverlauf der Breitbandlambdasonde (UEGO).

Um eine Abweichungen des Gemisches oder die Messtoleranz der Vorkatsonde zu korrigieren, liefert die Trimmregelung, basierend auf dem von der Nachkatsonde gemessenen Sauerstoffgehalt des Abgases die Anpassung der Führungsgröße des Lambdareglers.

Bei einem defekten Katalysator oder einer defekten Sonde kann es zu einer gravierenden Verschlechterung der Emissionen kommen. Daher müssen diese Bauteile bezüglich Signalgüte und Funktionalität überwacht werden. Zur Konvertierung der Rohemissionen speichert der Katalysator Sauerstoff. Da die Menge an speicherbaren Sauerstoff vom Zustand des Katalysators abhängt, ist die Sauerstoffspeicherfähigkeit (oxygen storage capacity, OSC) ein Maß zur Charakterisierung des Katzustands. Gealterte oder beschädigte Katalysatoren können nur einen Bruchteil des Sauerstoffs eines Neuen aufnehmen.

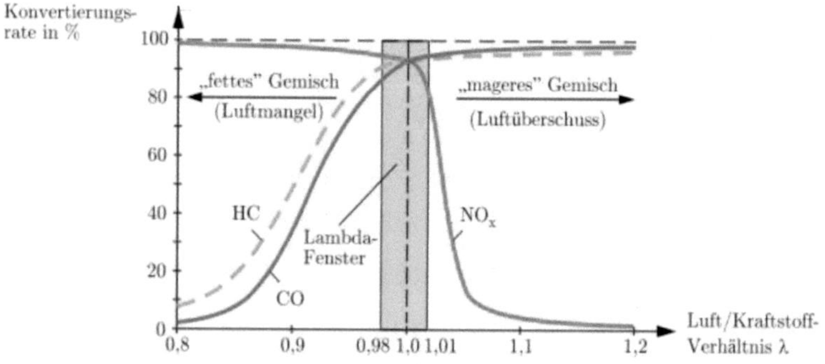

Abbildung 5: Konvertierungsleistung eines Katalysators [1].

Die Messung des OSC-Werts erfolgt mittels Gemischvariation, bzw. Lambdasprüngen und Integration des Sauerstoffmassenstromes ($\dot{m}_{O_2}$, Formel 1), der in den Katalysator hinein fließt [2].

$$\dot{m}_{O_2} = \dot{m}_{O_2,in} - \dot{m}_{O_2,st} = \dot{m}_{O_2,in} - \frac{1}{\lambda} \cdot \dot{m}_{O_2,in} = \left(1 - \frac{1}{\lambda}\right) \cdot 23.135\% \cdot \dot{m}_{air} \qquad (1)$$

Der berechnete Sauerstoffmassenstrom ist im Fall eines mageren Kraftstoff-Luft-Verhältnisses positiv, für ein fettes Gemisch negativ. Vereinfacht entspricht die Menge an Sauerstoff im Abgas der Menge an Sauerstoff in der Ansaugluft ($23.135\% \cdot \dot{m}_{air}$) ohne den im Brennraum stöchiometrisch verbrannten Anteil.

$$OSC = 23.135\% \cdot \int_{t_{start}}^{t_{end}} \left(1 - \frac{1}{\lambda}\right) \cdot \dot{m}_{air} \cdot dt \qquad (2)$$

Die Integration (Formel 2) wird gestartet wenn die Vorkatsonde mageres Gemisch erkennt (t_{start}) und ist beendet, wenn die Nachkatsonde in Richtung mager „durchbricht" (t_{end}) (Katalysator kann keinen Sauerstoff mehr aufnehmen), wie in Abbildung 6 und Abbildung 7 dargestellt.

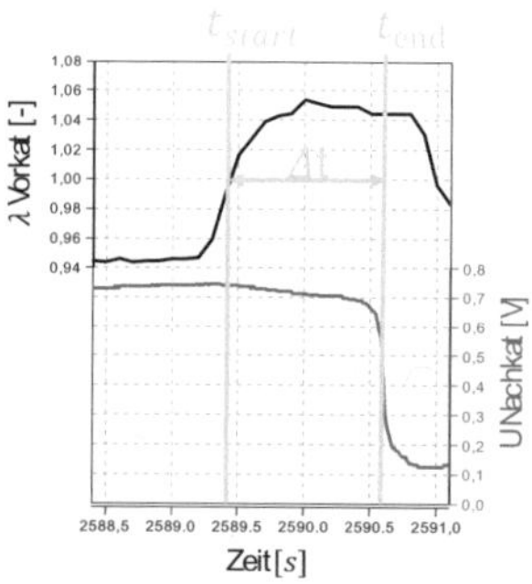

Abbildung 6: OSC-Integration.

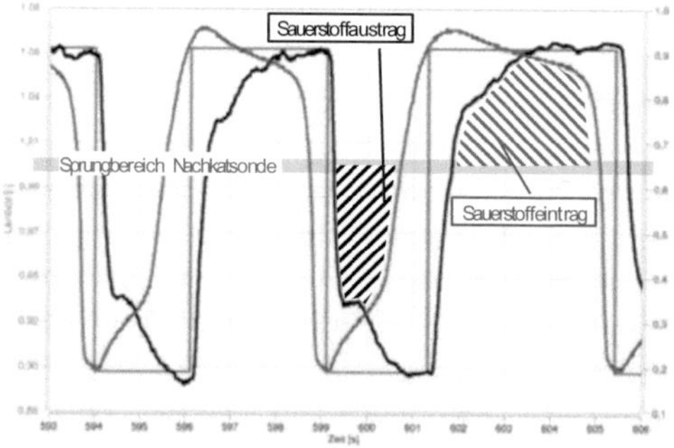

Abbildung 7: Verlauf Lambdasprünge.

Durch ein träges (delay) oder verzögertes (transition) Lambdasignal, verursacht durch Verrußung oder Beschädigung kann es zum einen zu Falscherkennungen des Katalysators kommen und zum andern die Regelung des Gemisches gestört werden. Gesetzlich ist es daher gefordert die in Abbildung 8 dargestellten und fehlerbehafteten Signalverläufe zu erkennen.

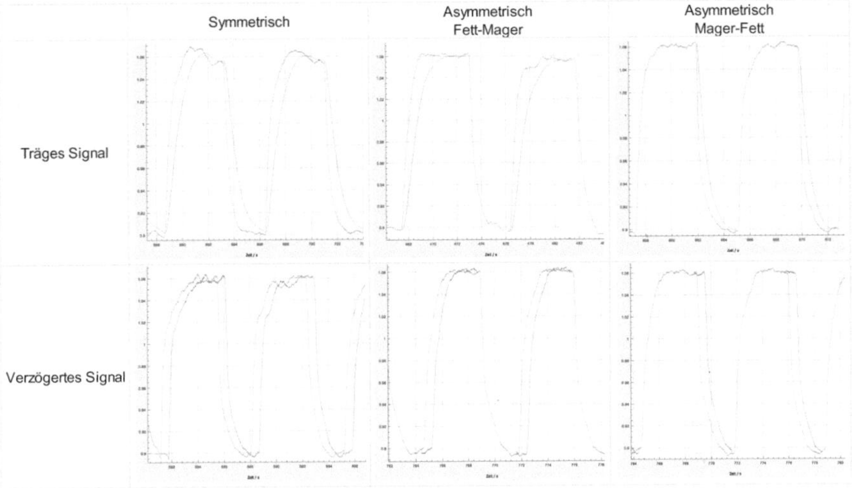

Abbildung 8: Fehlerbilder einer Breitbandlambdasonde (rot IO, blau NIO)

Um ein träges (transition) oder verzögertes (delay) Sondensignal (siehe Abbildung 8) zu diagnostizieren gibt es unterschiedliche Ansätze. Das in [3] beschriebene Verfahren basiert auf einer Systemidentifikation mittels Sprungantwort. Dabei wird davon ausgegangen, dass die Strecke von der Verbrennung bis zur Lambdasonde als PT1-Übertragungsfunktion mit Totzeit (Abbildung 9) dargestellt werden kann. Die Fehlerbilder werden analog als PT1-Filter mit Totzeit abgebildet. Mit Hilfe des Wendetangentenverfahrens ([4], Abbildung 10) kann sowohl die Gesamttotzeit als auch das Verhältnis der Zeitkonstanten (Strecke zu Fehler) ermittelt werden. Da sowohl die Streckentotzeit- als auch -filterkonstante im Steuergerät bekannt sind können die unbekannten Größen eines Fehlers ermittelt werden.
Mit Hilfe der Zusammenhänge der Kenngrößen der Wendetangente ($Tu = tw - Tg \cdot \frac{xa(tw)}{K}$) und den Größen der Übertragungsfunktion, die als Tabellen und Nomogramme für konkrete Modelle verfügbar sind ist es möglich auf die unbekannte Totzeit und Zeitkonstante des Fehler-Gliedes zu schließen [3], [5].

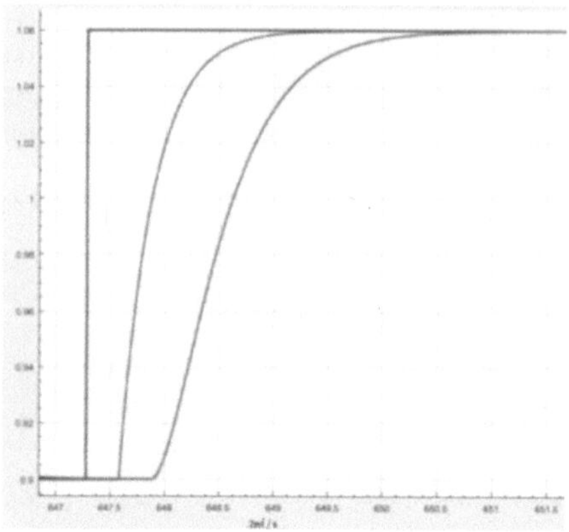

Abbildung 9: Sprungantwort von zwei PT1-Gliedern mit Totzeit.

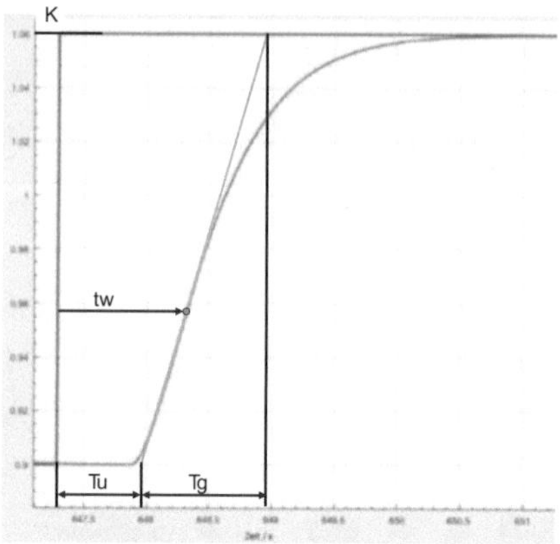

Abbildung 10: Wendetangentenverfahren.

Zum Testen dieser Diagnosefunktionen im Abgassystem-Model können verschiedene Modellierungsansätze gewählt werden. Aus Rechenzeitgründen sollten jedoch weder das komplette Steuergerät noch komplexe Verbrennungsmodelle oder ein komplexes Katalysatormodell realisiert werden. Die Nutzung Neuronaler Netze macht es möglich, ohne Rechenzeitprobleme komplexe Verbrennungs- und Steuerungsprozesse abzubilden. Da die Architektur solcher Netze an den jeweiligen Anwendungsfall angepasst werden kann, werden die Möglichkeiten dieser Modellierungsart nachfolgend dargestellt.

3 Neuronale Netze

Künstliche Neuronal Netze (KNNs) lassen sich als stark vereinfachte Modelle des Nervensystems interpretieren. KNNs sind als universelle Approximatoren (Universal Approximator, [6], [7]) sehr mächtige Machine Learning Methoden, die hauptsächlich für Klassifizierung eingesetzt werden aber auch darüber hinaus erfolgreich angewandt werden.

3.1 Grundlagen

Ein KNN besteht aus beliebig vielen Schichten von Neuronen. Ein Neuron ist eine Verkettung einer affin-linearen Funktion auf den Eingangsgrößen mit einer (meist) nichtlinearen Aktivierungsfunktion [8]. Für die $N \in \mathbb{N}$ Eingangsgrößen $x_1, \dots, x_N \in \mathbb{R}$, Gewichte $w_1, \dots, w_N \in \mathbb{R}$ und die Aktivierungsfunktion $f: \mathbb{R} \to \mathbb{R}$ ist der Ausgang des Neurons gegeben durch $f(w_0 + \sum_{n=1}^{N} w_n x_n)$.

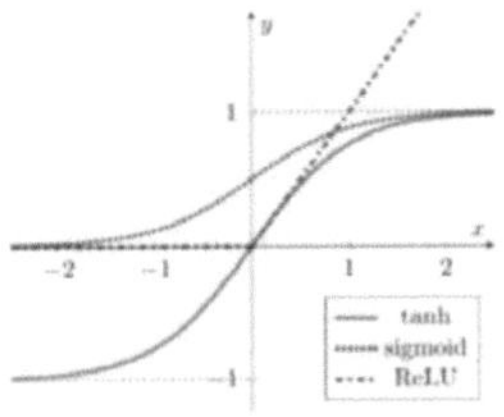

Abbildung 11: Verschiedene Aktivierungsfunktionen.

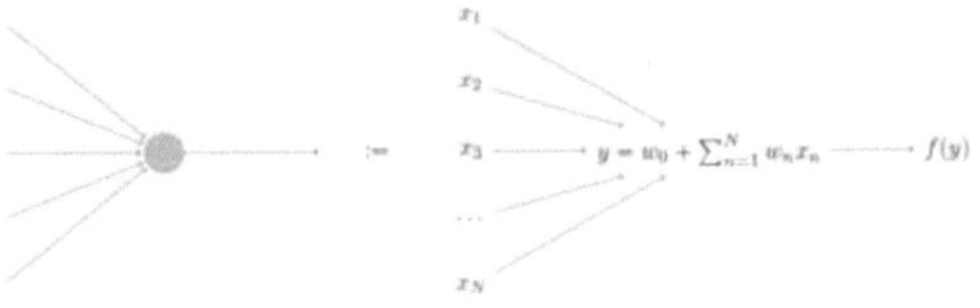

Abbildung 12: Ein Neuron mit N Eingängen und der Aktivierungsfunktion f.

Standard Aktivierungsfunktionen sind zum Beispiel die Sigmoid Funktion [8], der ähnliche aber zu bevorzugende hyperbolische Tangens [9] oder auch nicht stetig differenzierbare Funktionen wie so genannten Rectified Linear Units [10], [11]. Verschiedene Aktivierungsfunktionen sind in Abbildung 11 gezeigt, ein Neuron ist in Abbildung 12 dargestellt.

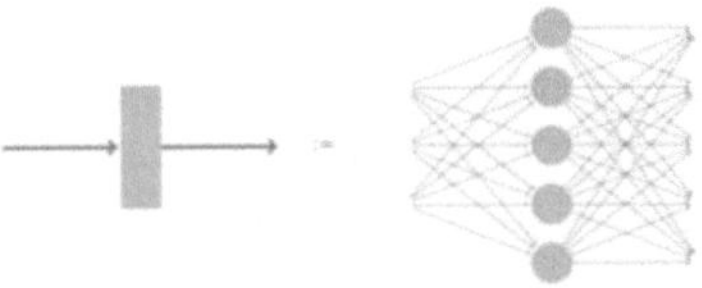

Abbildung 13: Mehrere Neuronen bilden eine Schicht (layer) des KNNs.

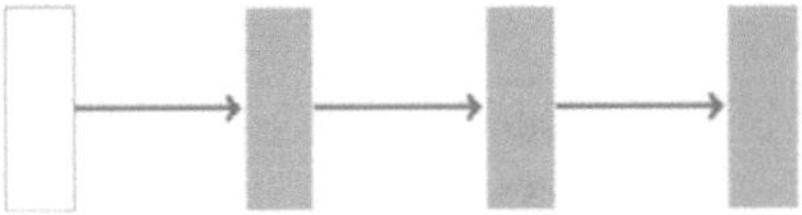

Abbildung 14: MLP (Multi Layer Perceptron) Netzwerk aus verbundenen Schichten.

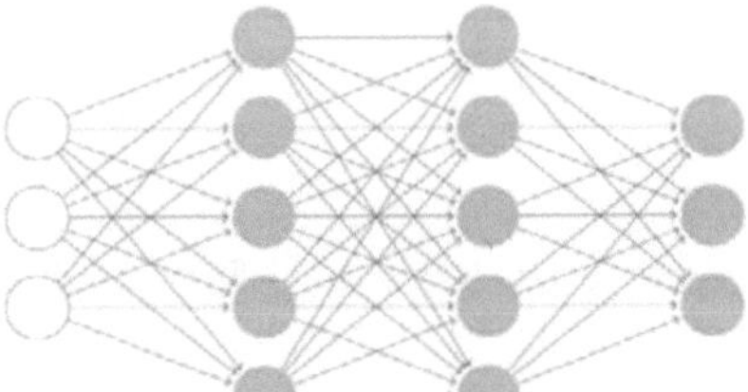

Abbildung 15: Standard MLP Netzwerk mit drei Eingängen, zwei versteckten Schichten (hidden layer) à fünf Neuronen und einer Ausgangsschicht mit drei Neuronen.

In einer so genannten Multi-Layer Perceptron (MLP) Architektur werden je mehrere Neuronen in einer Schicht zusammengefasst. Mehrere nacheinander geschaltete Schichten ergeben dann das finale KNN. Eine Visualisierung dieses Aufbaus ist in den Abbildungen 13, 14 und 15 dargestellt.

Eine Skalierung der Ein- und Ausgangsgrößen der Neuronalen Netze auf ein festes Intervall wie $[0,1]$ oder $[-1,1]$ ist zum einen bei der Wahl von beschränkten Aktivierungsfunktionen strikt notwendig, zum anderen auch hilfreich für das Training.

3.2 Training

Im Allgemeinen werden KNNs trainiert indem eine Kostenfunktion mittels Wahl von optimalen Gewichten für alle Neuronen minimiert wird.

Im Fall von überwachtem Lernen wird der Fehler des KNNs auf einer Menge von Trainingsdaten minimiert. Eine häufig genutzte Fehler Metrik ist der mittlere quadratische Fehler (mean squared error, mse), der oft durch einen Regularisierungsterm ergänzt wird. Letzterer verhindert ein Overfitting (Überanpassung). Ein häufig eingesetzter Regularisierungsterm ist die Summe der quadrierten Gewichte, der so genannte weight decay [8].

Mit Hilfe des Backpropagation Algorithmus lässt sich der Gradient der Kostenfunktion bezüglich der Gewichte durch einen forward und einen backward pass durch das Netzwerk berechnen. Aufgrund der Effizienz dieser Berechnung bezüglich Speicherplatz und Rechenzeit bietet sich der Einsatz von Gradienten-basierten Optimierungsverfahren an.

Außer Optimierungsverfahren erster Ordnung existieren auch Optimierungsverfahren wie die Hessian free Optimization [12], die auf Approximationen der zweiten Ableitung (also der Hesse-Matrix) beruhen, dadurch aber für die Optimierung mehr Arbeitsspeicher benötigen.

Eine weitere Strategie neben dem oben erwähntem weight decay um Overfitting beim Training zu vermeiden ist early stopping [8], [13]. Hierbei wird das vorhandene Datenset in ein Trainings-Datenset und ein Validierungs-Datenset aufgeteilt. Wenn während dem Training, das nur auf dem Trainings-Datenset basiert, die Kostenfunktion ausgewertet auf dem Validierungs-Datenset ansteigt, wird das Training an dieser Stelle abgebrochen um eine Überanpassung auf das Trainings-Datenset zu vermeiden.

3.3 Rekurrente Neuronale Netze

Mit der Tiefe eines Netzwerkes wird die Anzahl der hintereinander liegenden Schichten bezeichnet. Gerade im Bereich der Bild-Klassifizierung sind besonders tiefe neuronale Netze (Deep Learning) sehr erfolgreich. Die tiefsten Neuronalen Netze sind gewissermaßen Rekurrente Neuronale Netze (RNNs) [14].

Der Output y_k eines RNNs zum Zeitpunkt k hängt nicht nur von dem aktuellen Input u_k ab, sondern auch von dem inneren Zustand des neuronalen Netzes x_{k-1} und damit von jedem vorhergegangenem Input.

Ein Zeitschritt lässt sich also wie folgt beschreiben:

$$y_{k+1} = g(x_k, u_{k+1}),$$

$$x_{k+1} = h(x_k, u_{k+1}),$$

wobei x_0 der Anfangszustand des RNNs ist und g und h Übergangsfunktionen, die das RNN beschreiben. RNNs sind fähig jedes dynamische System zu modellieren [15]–[17]. In der Theorie ist es sogar möglich eine Turing Maschine mit ihnen darzustellen [18]–[20].

RNNs werden unter anderem in der Spracherkennung eingesetzt, eignen sich aber auch für die Systemidentifikation von nichtlinearen, dynamischen Systemen.

Aufgrund der Eigenschaft von RNNs sich immer wieder selbst aufzurufen kann es bei der Optimierung mit gradientenbasierten Methoden zu exponentiell explodierenden oder verschwindenden Gradienten kommen (vanishing gradient problem [21], [22]). Um diesen zu entgehen kommen spezielle Architekturen wie Gated Recurrent Units (GRU) [23], [24] und Long Short-Term Memory (LSTM) [17], [25] zum Einsatz, die sich auch besonders gut für die Darstellung von Langzeitabhängigkeiten eignen.

Außerdem ermöglicht der Einsatz von Optimierungsverfahren zweiter Ordnung (siehe oben) die Optimierung auch von einfacheren RNN Architekturen [26]. In der Neural Networks Toolbox von Matlab [27] wird hierzu der Levenberg-Marquardt Algorithmus zur Verfügung gestellt [28], [29].

4 Modellierung des Abgasnachbehandlungssystems

Eine Übersicht über verschiedene Teilmodelle für die virtuelle Applikation von Basis-Funktionen eines Otto-Motors wurde zum Beispiel in [30] gegeben, eine Modell-basierte Methodik zur Applikation von On-Board Diagnosen des Thermal-Systems in [31].

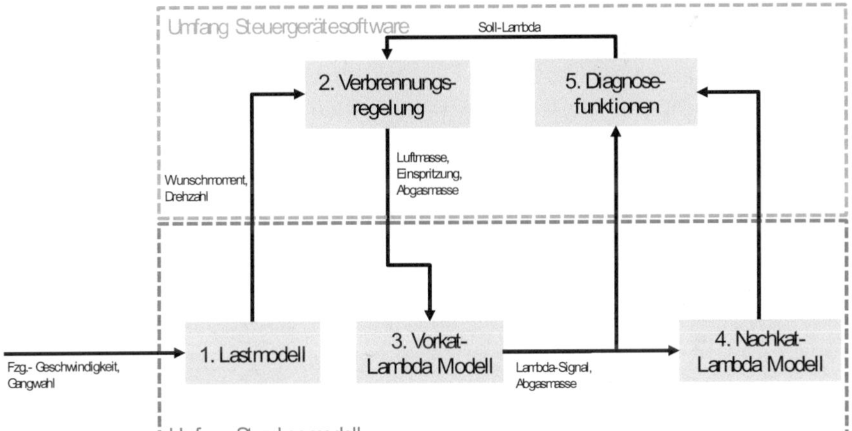

Abbildung 16: Verbindung der Teilmodelle zu einem Gesamtmodell.

Für die Funktion der Diagnose des UEGO (Universal Exhaust Gas Oxygen) Sensors lassen sich die benötigten Streckenmodelle nun wie in Abbildung 1 dargestellt identifizieren. Um die Diagnosefunktionen in gegebenen Fahrsituationen und in Fahrzyklen testen zu können, soll das Modell hauptsächlich die Fahrzeuggeschwindigkeit und den Gang als Eingangsgröße nutzen. Basierend darauf muss das Streckenmodell den Luftmassenstrom und in Verbindung mit der eingespritzten Kraftstoffmenge den Abgasmassenstrom zur Verfügung stellen. Außerdem muss das Kraftstoff-Luft Verhältnis an den Lambdasonden und deren Messwerte dargestellt werden.

Angenommen wird ein betriebswarmer, turboaufgeladener Otto-Motor mit einem Hubraum von zwei Litern verteilt auf vier Zylinder. Als Datenbasis für das Trainieren neuronaler Netze dienen Daten, die bei Versuchen am Motorprüfstand entstanden sind. Dabei wurden die Diagnosefunktionen des Abgasstranges in verschiedenen Motorbetriebspunkten durchgeführt.

Insgesamt wurden fünf Teilmodelle erstellt (siehe Abbildung 16):

1. Lastmodell

Aus vorgegebenem Geschwindigkeitsprofil und dem Gang werden mittels Fahrwiderständen, Reibwerten und Getriebeübersetzung die Motordrehzahl und das geforderte Motormoment berechnet. Unter der Annahme, dass der Motor betriebswarm ist und sich die Reibwerte im simulierten Bereich nicht stark verändern, wird die physikalische Modellierung hier vereinfacht.

2. Verbrennungsregelung

Aus Motordrehzahl, gefordertem Motormoment und angefordertem Lambda wird die Luft- und Kraftstoffmenge bestimmt. Da der Fokus auf den Diagnosefunktionen des Abgasstranges liegen soll, werden die Regelfunktionen und Aktoren (Ventiltrieb, Einspritzung, Turbolader-Wastegate und Zündung), die Ladungswechsel, Aufladung und Einspritzung bestimmen, nicht physikalisch im einzelnen nachmodelliert, sondern mittels einem Künstlichem Neuronalem Netz abgebildet. Während der Diagnose ist nur eine geringe Dynamik der relativen Zylinderfüllung zugelassen. Da die Steuerung der Einspritzung dagegen nahezu instantan möglich ist, wird hier insgesamt ein KNN in einer MLP Architektur einem RNN vorgezogen.

3. Vorkat-Lambda Modell

Für die Signale der Breitbandsonde vor dem Katalysator wurden zwei Ansätze verfolgt.

3.1. RNN-basiert

Einerseits wurde ein RNN trainiert, das auf Basis verschiedener Kombinationen von Eingangsgrößen den entsprechenden Messwert liefern soll. Um hier nicht implizit eine Regelung vorweg zu nehmen wurde statt auf die Regelsonde auf die Werte einer parallel verbauten Messsonde trainiert. Da zwischen Auslassventilen und der Messsonde noch Betriebspunktabhängige Totzeiten auftreten, war die Verwendung eines RNN im Gegensatz zu einer MLP Architektur an dieser Stelle notwendig. Als Eingangsgrößen wurden zunächst die im vorherigen Schritt gebildeten Größen Luftmasse, Einspritzung, Abgasmassenstrom und relative Füllung verwendet. Außerdem kamen zusätzlich die Eingangsgrößen des oben beschriebenen MLP Netzes zum Einsatz.

3.2. PT1-basiert

Für einfache Funktionstests auch in Betriebspunkten, die nicht über die Messdaten abgedeckt wurden, wird der Messwert der Lambda-Sonde über einen verzögerten und gefilterten Soll-Lambda-Wert modelliert. Diese einfache Modellierungsart beinhaltet Betriebspunkt-abhängige Totzeiten und Filterkonstanten der Abgasstrecke.

3.3. Fehlersimulation

Um eine defekte Lambdasonde im Modell möglichst realitätsnah zu abzubilden wäre eine Modellbildung mittels KNNs basierend auf Messungen eines defekten Bauteils wünschenswert. Da jedoch keine Fehlbauteile vorlagen, wurde der Fehler analog des theoretischen Signalverhaltens simuliert, d.h. auf das von dem Streckenmodell gelieferte Sondensignal werden eine Verzögerung und eine PT1-Filterung angewandt. Zur Validierung des korrekten Diagnosedurchlaufs wurden zunächst ausschließlich symmetrische Fehler dargestellt.

4. Nachkat-Lambda Modell

Aus dem Lambda-Wert vor dem Katalysator und dem Luftmassenstrom wird die Regelspannung der Sprungsonde nach dem Katalysator simuliert. Der Sauerstoffspeicher (OSC) des Katalysators wird analog zur Berechnung im Steuergerät (siehe Sektion 2) über einen Integrator definiert. Integriert wird der Sauerstoffmassenstrom ($\dot{m}_{O_2}$) der in den Katalysator hinein geht, wobei der Integrator durch 0 und einen maximalen, vorgegebenen Sauerstoffspeicherwert beschränkt ist.

Um das Sondensignal nach dem Katalysator plausibel zu modellieren werden vier Fälle unterschieden, für die je eine Sondenspannung vorgegeben wird. Die Fälle werden mittels einem PT1 Filterglied zu einem stetigen Signal verbunden.

Die Fälle sind wie folgt:

1. OSC ist voll und $\dot{m}_{O_2} > 0$.
2. OSC wird geleert.
3. OSC ist leer und $\dot{m}_{O_2} < 0$.
4. OSC wird gefüllt.

Die Parametrierung der Spannungen und des maximalen Sauerstoffspeicherwertes erfolgt händisch.

5. Diagnosefunktionen

Die eigentlich zu testenden Diagnosefunktionen liegen in Form eins Funktionsmodelles oder von kompilierter Software vor. Sie erhalten die Größen aus dem Streckenmodell als Eingang, fordern einen Lambda-Wert an und werten dann die entstehende Systemreaktion in Form eines Diagnose-Ergebnisses aus. Die genaue Funktionsweise der Diagnosen der Vorkatsonde ist in Sektion 2 beschrieben.

5 Modellvalidierung

Zunächst erfolgt die Validierung der Streckenmodelle auf Basis einer Motorprüfstandsmessung. Als Eingang werden Drehzahl, Wunschmoment und Soll-Lambda aus der Messung übernommen.

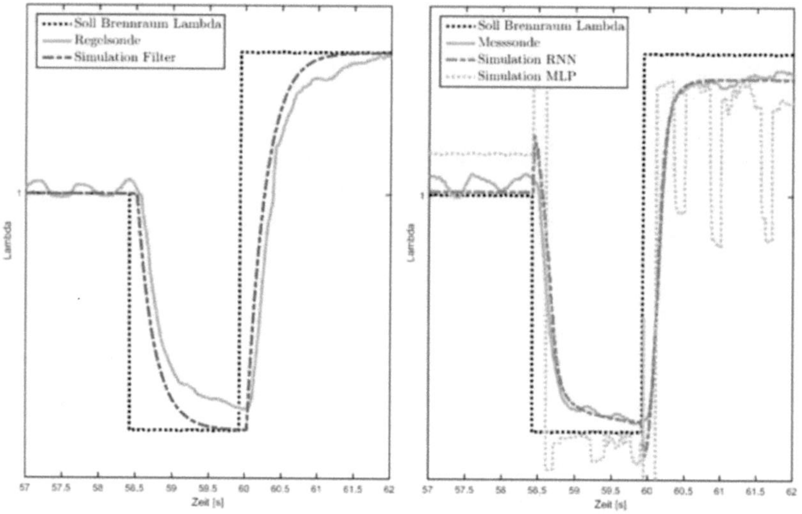

Abbildung 17: Open-Loop Simulation der Sonde vor Katalysator.

In Abbildung 17 sind normierte Verläufe von Lambdasonden Sollwert, den Messwerten der Regelsonde und Messsonde und den zwei Simulationsansätzen über Filter und Neuronale Netze zu sehen. Im rechten Plot ist erkennbar, dass eine MLP Architektur der RNN Architektur bei der Darstellung der Dynamik klar unterlegen ist. Im Weiteren wird nur die RNN Architektur und die Simulation via Filter betrachtet.

Beide Simulationen zeigen sehr synthetisches, rauschfreies Verhalten, wobei die RNN Simulation im Mittel die Messsonde trifft, auf die das Netz trainiert wurde. Eine Auffälligkeit im Verlauf der RNN Simulation sind Signal Spitzen beim Wechsel des Soll-Lambdawertes, wobei die folgende Kante sehr gut mit dem Messsignal übereinstimmt.

Die Simulation mittels Filter und Totzeit auf Basis des Soll Signals ist eindeutig reproduzierbar, aber sehr stark idealisiert.

Nachfolgend werden für die Validierung der Closed-Loop Simulation als Eingangsgrößen lediglich Fahrzeuggeschwindigkeit und Gangwahl verwendet.

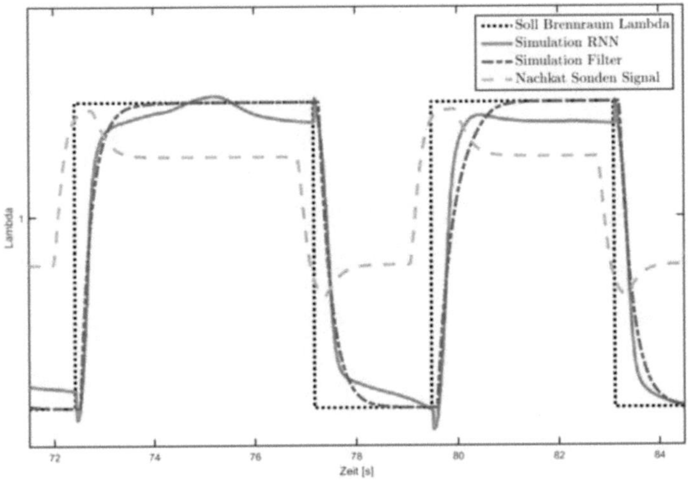

Abbildung 18: Closed-Loop Simulation der Sonden in nicht konstantem Betriebspunkt. Auf einer gemeinsamen Skala liegen das Soll-Brennraum-Lambda und die zwei simulierten Signale der Lambdasonde vor dem Katalysator. Im selben Plot aber auf einer anderen Skala ist das simulierte Nachkat-Sonden Signal zu sehen.

Abbildung 18 zeigt die dabei simulierten Vorkat- und Nachkatsondensignale. Im Verlauf der Spannung der Sprungsonde nach dem Katalysator sind die vier unterschiedenen Fälle und die verzögernde Wirkung der Sauerstoffspeicherfähigkeit klar erkennbar.

Das Verhalten der Simulation der Breitbandsonde via Filter ist analog zur obigen Beschreibung. Die RNN Simulation zeigt wieder die Signalspitzen. In Bereichen in denen die Simulation via Filter konstanten Signalverlauf aufweist, zeigt das RNN leichte Dynamik, die unter anderem auf den Verlauf von Drehzahl und Wunschmoment zurückzuführen ist. Ein Signalrauschen oder eine natürliche Lambda-Amplitude wie sie in den Messungen zu sehen ist, können beide Simulationsmethoden nicht darstellen.

Zur Validierung der Diagnosefunktion wurden symmetrische Fehler aufgeschaltet. Abbildung 19 zeigt sowohl den Verlauf des fehlerfreien als auch des fehlerbehafteten Signals für beide Simulationsmethoden und beide Fehlerarten. Die Diagnoseergebnisse sind in Tabelle 1 eingetragen und zeigen das jeweilige Ergebnis für die in Abbildung 19 dargestellten Simulationen und Fehleraufschaltungen.

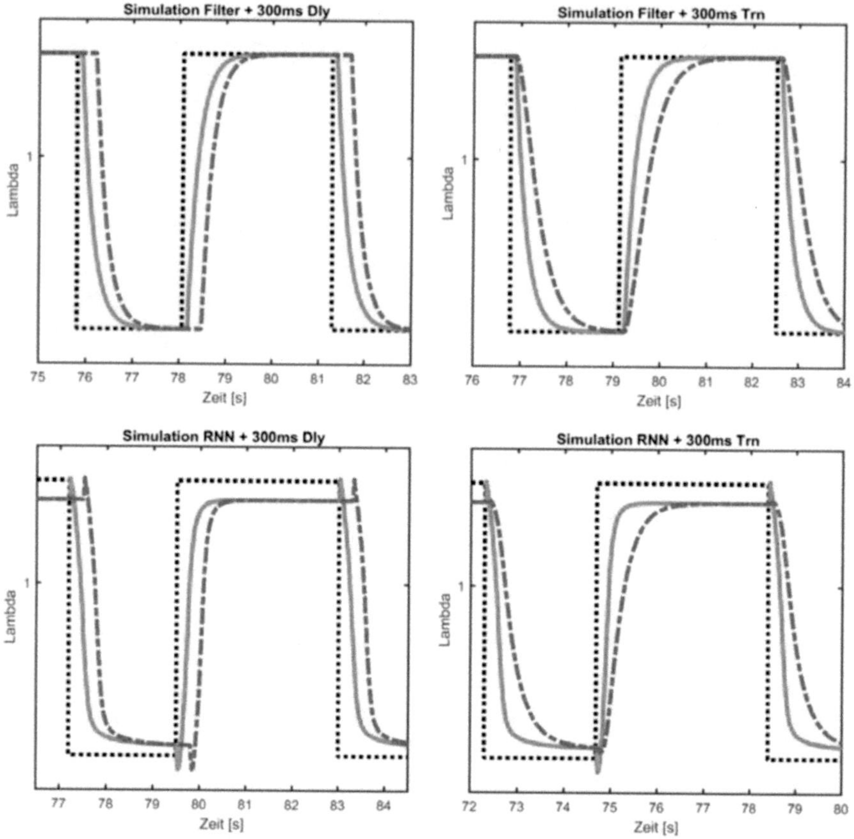

Abbildung 19: Closed-Loop Simulation mit Fehleraufschaltung in konstantem Betriebspunkt. Oben Simulation des Signals vor Fehler via Filter, unten via RNN. Links wurde jeweils ein Delay von 300ms aufgeschaltet, rechts ein Transition Fehler von 300ms.

Aufschaltung	300ms Delay Fehler				300ms Transition Fehler			
Erkennung	LtR Dly	RtL Dly	LtR Trn	RtL Trn	LtR Dly	RtL Dly	LtR Trn	RtL Trn
Filter Sim	245ms	239ms	27ms	-2ms	5ms	-4ms	299ms	227ms
RNN Sim	317ms	311ms	-10ms	-88ms	63ms	27ms	249ms	135ms

Tabelle 1: Diagnoseergebnisse für verschiedene Simulationsmethoden und Fehleraufschaltungen. LtR: Lean to Rich (Mager → Fett), RtL: Richt to Lean (Fett → Mager), Dly: Delay (Verzögerung), Trn: Transition (Filter).

Es zeigt sich, dass eine Closed-Loop Simulation der Dynamikdiagnosen im Fehlerfall sowohl mit einem einfachen Filtermodell (ideale Sonde) als auch mit einem RNN-Modell (realitätsnahe Sonde) möglich ist. Die Diagnoseergebnisse in Tabelle 1 zeigen, dass selbst bei einem idealen Signal der simulierte Fehler nicht perfekt erkannt wird und leichte Querwirkungen zwischen den Fehlerbildern auftreten. Obwohl in allen Fällen ein symmetrischer Fehler simuliert wurde unterscheiden sich insbesondere beim Transition-Fehler die ermittelten Zeitkonstanten zwischen den Sprungrichtungen signifikant. Bei Verwendung des RNN-Modells ist die Erkennung des Delay-Fehlers exakter als beim Filtermodell, wohingegen die Erkennung des Transition-Fehlers stark von der Realität abweicht. Dieses Verhalten hängt zum einen mit den bereits diskutierten Signalspitzen des RNN-Modells zusammen und zum anderen zeigt es Sensibilität des Diagnoseverfahrens. Es ist daher sinnvoll die Querwirkungen von Streckenmodell (Signalgüte) und der Funktionsparametern auf das Diagnoseverfahren im Detail zu untersuchen. Hierfür ist die die Closed-Loop Simulationsumgebung ideal eignet, da prozessbedingte Schwankungen der Signale entweder unbeachtet bleiben oder nachgebildet werden können.

6 Zusammenfassung und Ausblick

Am Beispiel des Abgassystems wurde das Konzept der Model-in-the-Loop Simulation zur Funktionsabsicherung von Dynamikdiagnosen der Vorkatlambdasonde untersucht. Es konnte gezeigt werden, dass sowohl Funktionsablauftests sowie Sensitivitätsanalysen im Closed-Loop Betrieb durchgeführt werden können.

In weiteren Schritten können zum einen die Querwirkungen anderer Funktionen (Lambdaregelung, etc.) auf die Diagnose und zum anderen die Querwirkungen von Diagnosefunktionen (Nachkatsondendiagnose, Katalysatordiagnose) untereinander analysiert werden. Um hierfür die Aussagekraft zu steigern sollten einzelne Teile des Streckenmodells durch genauere Modelle ersetzt werden (Katalysator, Nachkatsonde). Insbesondere muss auch das komplexe Kaltstartverhaltens für das Abgasnachbehandlungssystem modelliert werden. Die Modellierung des Aufwärm-Verhaltens des Otto-Motors im Allgemeinen wird zum Beispiel in [32] beschrieben. Für eine detaillierte Betrachtung wäre zum Beispiel auch eine erheblich aufwändigere Modellierung über die Gaszusammensetzung im Abgasstrang wie in [33] möglich.

Außerdem hat sich gezeigt, dass Neuronale Netze sehr gut dazu geeignet sind komplexe Strecken schnell und ohne tieferes physikalisches Wissen abzubilden. Somit sollten auch komplexe oder unbekannte Phänomene mit geringem Modellierungsaufwand darstellbar sein. Um ein dynamisches System darzustellen kamen dabei Rekurrente Neuronale Netze im Gegensatz zu MLP Architekturen zum Einsatz. Durch den Einsatz von Neuronalen Netzen lassen sich außerdem komplexe Regelfunktionen ohne vorliegende Software oder Funktionsmodelle relativ einfach aus Messungen heraus als Black Box Modelle darstellen.

Es muss untersucht werden inwieweit das festgestellte Verhalten der RNNs (Überschwinger vor Signal-Wechseln) ein Problem der Netzarchitektur, des Trainings oder der ausgewählten Messungen darstellt.

Die Methodik zum Erstellen von Teilstreckenmodellen ist auf andere Teile des Motors übertragbar und könnte am Ende ein komplettes Motor- und Verbrennungsregelungsmodell darstellen.

Literatur

[1] D. K. Feßler, “Modellbasierte On-Board-Diagnoseverfahren für Drei-Wege-Katalysatoren,” Dissertation, Karlsruher Institut für Technologie, 2010.

[2] B. Odendall, “Method for determining the oxygen storage capacity of a catalytic converter for a motor vehicle as well as an associated measuring device,” US Patent 7,926,333 B2, 2011.

[3] R. Zimmerschied und R. Holberg, “Verfahren und Vorrichtung zur Dynamik-Diagnose von Sensoren,” DE 10 2012 200 032 A1, 2012.

[4] B.-M. Pfeiffer, “Verfahren zur Regelung eines verzögerungsbehafteten Prozesses mit Ausgleich sowie Regeleinrichtung zur Durchführung des Verfahrens,” DE 100 60 125 A1, 2000.

[5] O. Nelles, “Nonlinear System Identification: From Classical Approaches to Neural Networks and Fuzzy Models,” Springer Science & Business Media, 2001.

[6] K. Hornik, M. Stinchcombe, und H. White, “Multilayer feedforward networks are universal approximators,” Neural networks, vol. 2, no. 5, pp. 359–366, 1989.

[7] K. Hornik, “Approximation capabilities of multilayer feedforward networks,” Neural Networks, vol. 4, no. 2, pp. 251–257, 1991.

[8] C. M. Bishop, “Pattern Recognition and Machine Learning,” 2006.

[9] B. Karlik und A. Olgac, “Performance analysis of various activation functions in generalized MLP architectures of neural networks,” Int. J. Artif. Intell. Expert Syst., vol. 1, no. 4, pp. 111–122, 2010.

[10] V. Nair und G. E. Hinton, “Rectified Linear Units Improve Restricted Boltzmann Machines,” Proc. 27th Int. Conf. Mach. Learn., no. 3, pp. 807–814, 2010.

[11] A. Krizhevsky, I. Sutskever, und G. E. Hinton, “ImageNet Classification with Deep Convolutional Neural Networks,” Adv. Neural Inf. Process. Syst., pp. 1–9, 2012.

[12] J. Martens und I. Sutskever, “Training Deep and Recurrent Networks with Hessian-free Optimization,” pp. 1–58, 2012.

[13] Y. Yao, L. Rosasco, und A. Caponnetto, “On Early Stopping in Gradient Descent Learning,” pp. 1–26, 2005.

[14] J. Schmidhuber, “Deep Learning in neural networks: An overview,” Neural Networks, vol. 61, pp. 85–117, 2015.

[15] S. Udluft und A. M. Schäfer, “Solving partially observable reinforcement learning problems with recurrent neural networks,” Work. Proc. Eur. Conf. Mach. Learn., pp. 71–81, 2005.

[16] K. Funahashi und Y. Nakamura, “Approximation of dynamical systems by continuous time recurrent neural networks,” Neural Networks, vol. 6, no. 6, pp. 801–806, 1993.

[17] F. A. Gers, J. Schmidhuber, und F. Cummins, “Learning to forget: continual prediction with LSTM.,” Neural Comput., vol. 12, no. 10, pp. 2451–2471, 2000.

[18] H. T. Siegelmann und E. D. Sontag, “Turing computability with neural nets,” Appl.

Math. Lett., vol. 4, no. 6, pp. 77–80, 1991.

[19] H. T. Siegelmann und E. D. Sontag, “On the computational power of neural nets,” J. Comput. Syst. Sci., 1995, pp. 132–150.

[20] A. Graves, G. Wayne, und I. Danihelka, “Neural Turing Machines,” arXiv preprint arXiv:1410.5401, pp. 1–26, 2014.

[21] Y. Bengio, P. Frasconi, und P. Simard, “The problem of learning long-term dependencies in recurrent networks,” in IEEE International Conference on Neural Networks, 1993, pp. 1183–1188.

[22] R. Pascanu, T. Mikolov, und Y. Bengio, “On the difficulty of training Recurrent Neural Networks,” Int. Conf. Mach. Learn., vol. 28, no. 3, pp. 1310–1318, 2013.

[23] K. Cho, B. van Merrienboer, C. Gulcehre, D. Bahdanau, F. Bougares, H. Schwenk, und Y. Bengio, “Learning Phrase Representations using RNN Encoder-Decoder for Statistical Machine Translation,” arXiv preprint arXiv:1406.1078, 2014.

[24] K. Cho, B. van Merrienboer, D. Bahdanau, und Y. Bengio, “On the Properties of Neural Machine Translation: Encoder–Decoder Approaches,” arXiv preprint arXiv:1409.1259, pp. 103–111, 2014.

[25] S. Hochreiter und J. Schmidhuber, “Long Short-Term Memory,” Neural Comput., vol. 9, no. 8, pp. 1735–1780, 1997.

[26] S. Spieckermann, “Multi-Task and Transfer Learning with Recurrent Neural Networks,” Dissertation, Technische Universität München, 2015.

[27] The Mathworks Inc., “Matlab 2015b and NN Toolbox.” Natick, Massachusetts, United States, 2015.

[28] D. W. Marquardt, “An Algorithm for Least-Squares Estimation of Nonlinear Parameters,” Journal of the Society for Industrial and Applied Mathematics, vol. 11, no. 2. pp. 431–441, 1963.

[29] M. T. Hagan und M. B. Menhaj, “Training Feedforward Networks with the Marquardt Algorithm,” IEEE Trans. Neural Networks, vol. 5, no. 6, pp. 989–993, 1994.

[30] M. Kratzsch, S. Zwahr, M. Günther, N. Elsner, “Modellansätze für die virtuelle Applikation von Motorsteuergeräten,” MTZ - Mot. Zeitschrift, vol. 70, no. 9, pp. 664–670, 2009.

[31] M. Hoppe, F.-J. Heßeler, D. Brückner, und D. Abel, “Design of a model-based calibration method for thermal on-board diagnostic functions,” in 24th Mediterranean Conference on Control and Automation (MED), 2016, pp. 1–6.

[32] M. Hoppe, F.-J. Heßeler, D. Brückner, S. Missy, und D. Abel, “Modeling of the thermal behavior and the diagnostic systems of a SI engine,” no. 2007, pp. 602–607, 2013.

[33] T. S. Auckenthaler, “Modelling and control of three-way catalytic converters,” Dissertation, ETH Zürich, 2005.

22 Vom Datenspeicher zur kritischen Geschäftsanwendung: Diagnose der Bahnsicherungstechnik im Wandel

Dipl.-Ing. Andreas Molberg, **Dipl.-Inf. Gábor Müller**, Institut für Bahntechnik GmbH, Dresden

Abstract

Diagnostic systems for railway interlocking are in a big change today. This article describes this development, starting from simple, unconnected data storages up to global diagnostic systems. The main objective is to show systems architectures for extracting diagnostic data from the target systems and for a network-wide diagnostic system. It can be shown that an approach based on microservices fits very well to new emerging functional and non-functional requirements, e.g. IT-Security and reliability.

Kurzfassung

Diagnosesysteme für Zugsicherungssysteme unterliegen aktuell einem technologischen Wandel. Dieser Artikel beschreibt ausgehend von der Zielstellung der Diagnose für die Bahnsicherungstechnik die Entwicklung vom Datenspeicher hin zu globalen Diagnosesystemen. Der Schwerpunkt liegt dabei auf der Beschreibung und Diskussion von Architekturansätzen, um zum einen Daten von den Zielsystemen zu extrahieren und zum anderen ein übergreifendes Diagnosesystem aufzubauen. Es kann gezeigt werden, dass mit einem auf Microservices aufbauendem Gesamtsystem neue funktionale und nicht-funktionale Anforderungen, wie z.B. IT-Sicherheit und Verfügbarkeit, sehr gut umgesetzt werden können.

1 Einleitung

Diagnosesysteme für Zugsicherungssysteme unterliegen aktuell einem technologischen Wandel. Wurden zunächst nur Systemdaten aufgezeichnet, um im Fehlerfall das Systemverhalten anhand Binärdaten nachvollziehen zu können, entstanden Diagnosearbeitsplätze, die den aktuellen Systemstatus übersichtlich und in Echtzeit darstellen. Heute wird erwartet, dass sich Diagnosesysteme nahtlos in das bestehende Firmennetz integrieren lassen und ein Zugriff von überall – auch über mobile Endgeräte – jederzeit möglich ist. Neuartige Dienste verknüpfen Diagnosedaten mit bestehenden Datenbeständen und generieren so neue Informationen, die den Betriebsablauf und das Management der Infrastrukturelemente weiter verbessern.

Dieser Artikel möchte eine Übersicht über diese Entwicklungen geben. Dazu wird zum besseren Verständnis das Zielsystem, die Bahnsicherungstechnik und ihre Umsysteme, kurz vorgestellt. Anschließend wird auf den Beitrag der Diagnose zur Sicherheit des Gesamtsystems eingegangen. Auf Basis der funktionalen und nicht-funktionalen Anforderungen und Randbedingungen werden verschiedene Systemarchitekturen vorgestellt, die es ermöglichen, Diagnosedaten von den Zielsystemen zu extrahieren. Aufbauend auf diesen Erkenntnissen wird die Struktur eines globalen Diagnosesystems entworfen und analysiert. Der Ansatz bildet die Grundlage, um die Herausforderungen einiger aktuellen technologischer Entwicklungen abzuleiten.

2 Bahnsicherungstechnik

Bahnsicherungstechnik hat die Aufgabe, einen sicheren Bahnbetrieb zu gewährleisten und Unfälle zu vermeiden. Die Sicherheitsverantwortung wird dabei von Systemen im Zug und entlang der Strecke übernommen. Stellwerke stellen die Fahrstraßen ein und signalisieren die gesicherte Fahrstraße über ein Signal an das Fahrzeug. Jedes Stellwerk nutzt dabei eine Logik, um das Stellen konkurrierender Fahrstraßen zu verhindern. Mit der Einführung der Eisenbahn Mitte des 19. Jahrhunderts wurde diese Logik zunächst mechanisch, später elektro-mechanisch (Relaisstellewerke) und heutzutage durch Software oder programmierbare Bausteine (SPS) umgesetzt. Insbesondere die letztgenannten elektronischen Stellwerke (ESTW) bieten den Vorteil, den Eisenbahnbetrieb weiter zu automatisieren und zu zentralisieren.

In modernen Sicherungssystemen, wie dem europäischen Zugsicherungssystem ETCS[1], werden der Fahrbefehl und die zulässige Höchstgeschwindigkeit dem Triebfahrzeugführer auf einem Display im Cockpit angezeigt. Dies ist notwendig, da bei hohen Geschwindigkeiten die Stellung eines Signals nicht mehr sicher und rechtzeitig durch das menschliche Auge erfasst werden kann. Dies bedeutet aber auch, dass über ein Kommunikationssystem die Signalstellung dem Zug mitgeteilt werden muss.

Bedient und überwacht werden die Systeme von Fahrdienstleitern aus entfernten Betriebsleitzentralen mithilfe eines Bediensystems. In Abbildung 1 ist ein prinzipieller Aufbau des Systems dargestellt.

---

[1] European Train Control System

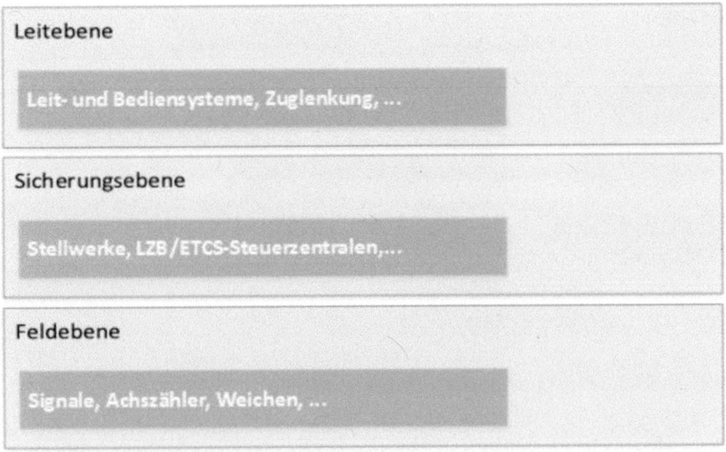

Abbildung 1: Schematische Einteilung der streckenseitigen Bahntechnik

Im Gegensatz zu Relaisstellwerken, deren Sicherheit man anhand der Verbindungspläne ermitteln konnte, muss der Sicherheitsnachweis von Software anders geführt werden. So wird das Gesamtsystem und dessen Komponenten bezüglich ihrem Beitrag zur Gesamtsicherheit in sogenannte „Safety Integration Level“ (SIL) eingeteilt. Diese reichen von Systemen ohne besondere Sicherheitsverantwortung („non SIL“) bis zu Systemen der Stufe SIL 4. Je hoher das Level, desto größer sind die Anforderungen an den Prozess der Softwareerstellung. Diese ergeben sich aus den Normen DIN EN 50128 und DIN EN 50129 und betreffen vor allem die personelle und organisatorische Unabhängigkeit von Entwicklung, Test und Begutachtung. Die Entwicklung folgt somit meist dem sogenannten V-Modell, wie es in Abbildung 2 dargestellt ist. Der Aufwand für die Erstellung einer Komponente mit Sicherheitsverantwortung ist, wie man vermuten kann, nicht unerheblich und zeitintensiv. Im Betrieb selbst wird durch Redundanzen eine hohe Verfügbarkeit und Zuverlässigkeit und somit die Sicherheit des Gesamtsystems sichergestellt.

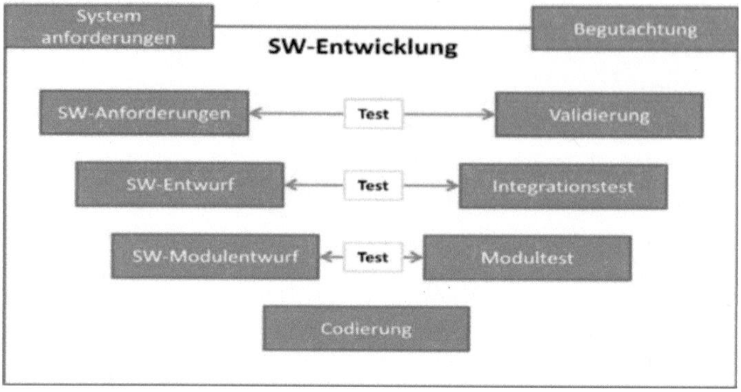

Abbildung 2: V-Modell als Vorgehensmodell für sicherheitskritische Systeme [1]

3 Wartung und Diagnose

Trotz der hohen geforderten Verfügbarkeit und Redundanz der Komponenten können jederzeit unvorhergesehene Störungen und Ausfälle auftreten. Auch gibt es bestimmte Komponenten, wie z.B. Weichen, deren mechanische Bestandteile nur schwer redundant auszuführen sind.

Die Verfügbarkeit eines Systems kann vereinfacht als durchschnittliche Betriebszeit einer Komponente zwischen zwei Ausfällen betrachtet werden (MTBF: Mean Time Between Failure).

$$MTBF = \frac{\sum_{i=0}^{n} \Delta t_{up,i}}{n} \tag{1}$$

Die Folgen von Ausfällen und Störungen sind mehr oder weniger große Beeinträchtigungen des Betriebsablaufs und möglicherweise des Sicherheitsniveaus. Um diese Beeinträchtigungen zu reduzieren ist eine geringe Ausfallzeit anzustreben. Die Ausfallzeit ist definiert als die Zeitspanne zwischen dem Eintreten und der Beseitigung der Störung. Sie setzt sich aus der Fehleroffenbarungszeit und der Reparaturzeit zusammen.

$$\Delta t_{down} = \Delta t_{Offenbarung} + \Delta t_{Reparatur} \tag{2}$$

Die durchschnittliche Ausfallzeit (MTTR: Mean Time To Repair) ergibt sich dann zu:

$$MTTR = \frac{\sum_{i=0}^{n} \Delta t_{down,i}}{n} \tag{3}$$

Ein Diagnosesystem kann also helfen, die Ausfallzeiten zu reduzieren, indem es Störungen und Ausfälle detektiert und umgehend meldet. Gegenmaßnahmen können so schnell eingeleitet werden und das defekte Gerät wieder Instand gesetzt werden. Sie trägt somit zu einer Verbesserung der Wartbarkeit des Systems bei. Dies führt wiederum zu einer höheren Verfügbarkeit des Gesamtsystems, einer niedrigeren Ausfallrate und somit letztendlich zu einer höheren Sicherheit. In Abbildung 3 ist der Zusammenhang zwischen diesen Eigenschaften anschaulich dargestellt.

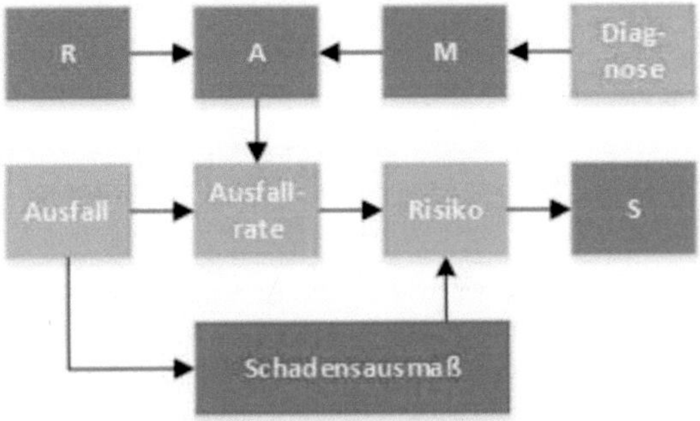

Abbildung 3: Einfluss der RAMS-Eigenschaften und der Diagnose auf die Sicherheit des Systems. (R: Zuverlässigkeit, A: Verfügbarkeit, M: Wartbarkeit, S: Sicherheit). Abbildung basierend auf [2].

4 Datengewinnung

Nachdem die Bedeutung der Diagnose für das Zielsystem vorgestellt wurde, sollen nun Möglichkeiten aufgezeigt werden, wie ein Diagnosesystem geeignet mit dem Zielsystem verbunden werden kann.

Entscheidend für den Systementwurf sind neben den funktionalen insbesondere die nicht-funktionalen Anforderungen. Aus der Norm ISO 9126 können verschiedene, relevante nicht-funktionale Qualitätsmerkmale für Softwareprodukte herangezogen werden, die auch allgemeine Gültigkeit für den Systementwurf besitzen (vgl. Abbildung 4).

Diagnosesysteme haben im Bahnbereich zunächst keine direkte Sicherheitsrelevanz und können daher der Sicherheitsstufe „non SIL“ zugeordnet werden. Dies ermöglicht eine kostengünstige Entwicklung ohne besondere Auflagen bezüglich der Trennung von Entwicklung und Test. Allerdings ist die sogenannte Rückwirkungsfreiheit sicherzustellen, d.h. der Betrieb von nicht-sicheren Komponenten, wie dem Diagnosesystem, darf keinen Einfluss in irgendeiner Weise auf die Zielsysteme haben, da diese zumeist Sicherheitsverantwortung tragen.

Neben der Sicherheit (Safety) sind insbesondere die Merkmale Zuverlässigkeit und Effizienz (CPU-Last und Speicherverbrauch) von besonderer Bedeutung. Alle eingehenden Daten müssen in nahezu Echtzeit verarbeitet werden. Zusätzlich muss das System eine hohe Verfügbarkeit aufweisen, damit Störungen und Ausfälle auch jederzeit detektiert werden können. Um dies zu erreichen, bieten sich zwei unterschiedliche Systemansätze an.

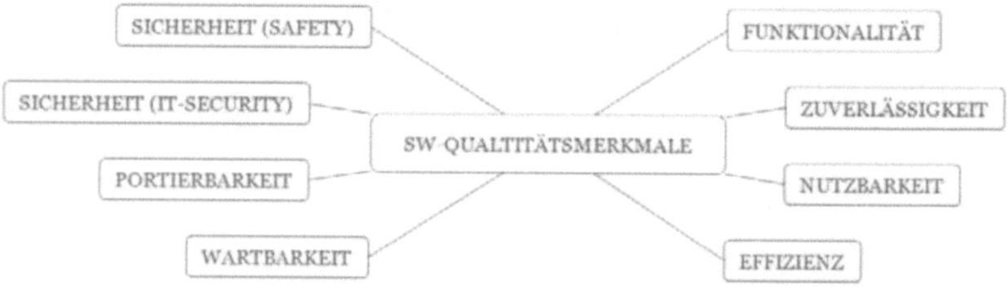

Abbildung 4: Qualitätsmerkmale nach ISO 9126 und ihre Bedeutung für Diagnosesysteme

Die erste Variante erhält die Informationen von den Zielsystemen über eine Diagnoseschnittstelle, welche häufig ihren Ursprung im Systemtest oder in der Entwicklung hat. Eine Datenschnittstelle wird geschaffen, über die das System konfiguriert und Zustandsinformationen abgefragt werden können. Dies wird dann auch für die Produktivsysteme genutzt, um gemeldete Störungen oder Fehlverhalten des Systems analysieren zu können.

Die Verbindung zu den jeweiligen Zielsystemen erfolgt über Datenlogger, die in regelmäßigen Abständen die Diagnosedaten erhalten und aufzeichnen. Treten im Betrieb Störungen auf, können die aufgezeichneten Daten dem Hersteller des Zielsystems zur Verfügung gestellt werden, um die Fehlerursache zu finden. Dazu ist meist Expertenwissen notwendig, um in den Daten auffällige Sequenzen und damit die mögliche Fehlerursache zu identifizieren. Dies erfolgt im Betrieb automatisch durch einen zentralen Diagnoseserver, der mit den Dataloggern verbunden ist. Dieser dekodiert und fusioniert die Daten, speichert sie für spätere Analysen in einer Datenbank und zeigt diese dem Bediener auf einer Oberfläche an. Das Diagnosesystem gibt so einen aktuellen Überblick über alle angeschlossenen Zielsysteme. Über die Diagnoseschnittstellen sind zudem Konfigurations- und Softwareupdates auf den Zielsystemen prinzipiell möglich.

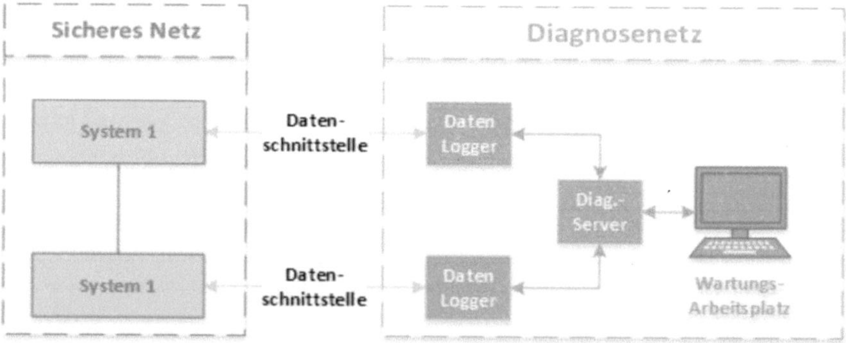

Abbildung 5: Variante 1: Abgriff der Diagnose über eine systemspezifische Datenschnittstelle

Der zweite Ansatz wertet statt den Daten einer oder mehreren Diagnoseschnittstellen den Datenverkehr zu und von den einzelnen Komponenten aus. Dazu werden spezielle Netzwerkbausteine verwendet, die den Datenverkehr rückwirkungsfrei aus dem sicheren Netz ausleiten. Da im Allgemeinen die Komponenten eines Zielsystems redundant verbunden sind, hat der Einbau der Netzwerkbausteine in den Übertragungskanal nur geringe Auswirkungen auf die Verfügbarkeit der Verbindung. Das Abspeichern der Rohdaten übernimmt wieder ein Datenlogger, die Auswertung und Anzeige der Daten übernimmt der Diagnoseserver. Der Diagnoseserver dekodiert alle Datentelegramme und bestimmt aus ihnen den aktuellen Zustand der Komponenten. Zusätzlich ist eine Netzwerkdiagnose basierend auf Lebenszeichenauswertung direkt möglich.

Diese Variante bietet den Vorteil, dass die Rückwirkungsfreiheit physikalisch realisiert werden kann. Der Eingriff in das Zielsystem beschränkt sich lediglich auf den Einbau der neuen Netzwerkelemente. Bei Variante 1 muss die Rückwirkungsfreiheit softwaretechnisch realisiert werden. Der Nachweis muss dabei für jedes einzelne Zielsystem erbracht werden, was erhöhten Entwicklungsaufwand bedeutet.

Betrachtet man die Varianten hinsichtlich ihrer Verfügbarkeit, sind ebenfalls Unterschiede zu erkennen. Fällt eine Datenschnittstelle zu einem Zielsystem aus, so können trotzdem die Diagnosedaten der anderen Systeme weiter empfangen und ausgewertet werden. Bei Variante 2 hängt dies vom Redundanzverfahren innerhalb des sicheren Netzes ab. Bei einer sogenannten „heißen“ Redundanz werden die Daten parallel auf beiden Kanälen einer Verbindung übertragen. Bei Ausfall der Verbindung zwischen einem Netzwerkbaustein und dem Diagnosenetz erhält der Diagnoseserver nun die Daten vom zweiten Kanal. Die Diagnose kann lückenlos fortgesetzt werden. Bei einer „warmen“ Redundanz werden die Daten nur über einen Kanal übertragen. Hier kann der Ausfall eines Netzwerkbausteins dazu führen, dass das Diagnosesystem keine Daten mehr erhält.

Ein letzter Punkt betrifft Umfang und Güte der Diagnosedaten. Nutzt man eine Datenschnittstelle, so können nur die Daten genutzt werden, die diese auch bereit stellt. Eine Erweiterung der Schnittstelle um zusätzliche Attribute ist meistens nur im Zuge einer Weiterentwicklung des Zielsystems möglich. Durch die langen Entwicklungszyklen und hohen Kosten, werden Erweiterungen eher selten erfolgen.

Demgegenüber liegen bei Variante 2 die Daten unaufbereitet in Form von Telegrammen vor. Diese müssen zunächst dekodiert und auf die entsprechenden Objekte abgebildet werden. Mit Kenntniss des internen Verhaltens der einzelnen Zielsysteme sowie deren Interaktion, können deren Zustände detailiert ermittelt werden.

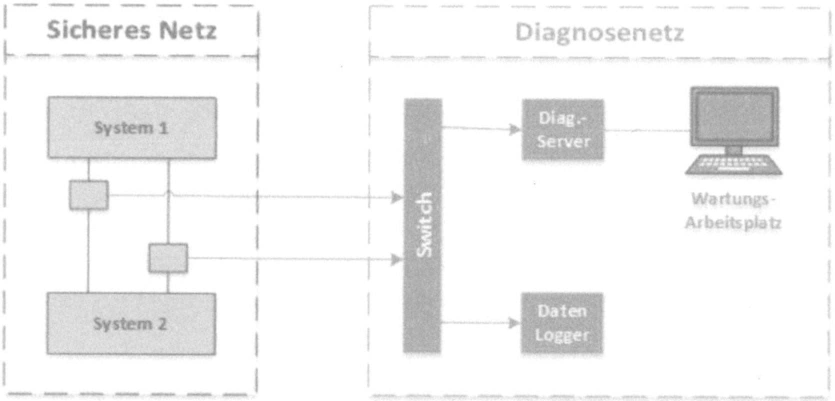

Abbildung 6: Variante 2: Rückwirkungsfreier Abgriff der Kommunikationsdate über rückwirkungsfreie Netzwerkbausteine.

Zusammenfassend kann man sagen, dass beide Varianten den gestellten Anforderungen entsprechen. Ist man an einer Anbindung an weiterverarbeitende Systeme, wie einem globalen Diagnosesystem, interessiert, auf das eine Vielzahl von Nutzern über ein Intranet oder gar dem Internet zugreifen sollen, erscheint Variante 2 durch ihre klar ausgeführte Rückwirkungsfreiheit besser geeignet.

5 Globales Diagnosesystem

Hat man nun mehrere Diagnosesysteme mit den Zielsystemen verbunden, kann als nächster Schritt ein globales, Hersteller übergreifendes Diagnosesystem für das gesamte Streckennetz aufgebaut werden. Bei der Deutschen Bahn wird aktuell mit dem Projekt DIANA (**Di**agnose- und **Ana**lyseplattform) ein netzweites Diagnosesystem entwickelt. Aber auch bei anderen europäischen Bahnnetzbetreibern werden aktuell solche Systeme umgesetzt oder sollen in naher Zukunft umgesetzt werden.

Es stellt sich die Frage, welche Eigenschaften ein solches System haben muss und wie eine Architektur aussieht, die diesen Anforderungen genügt. In Abbildung 7 ist der prinzipielle Aufbau eines globalen Diagnosesystems (GDS) skizziert, wie sie durch die Autoren erarbeitet wurde.

Ziel war es, die Funktionalität in Form von unabhängigen Diensten umzusetzen. Dieser Architekturansatz ist aktuell in der SW-Entwicklung unter dem Stichwort „Microservices“ sehr populär, bietet er doch gegenüber anderen Ansätzen durchaus interessante Vorteile.

Für den Bahnnetzbetreiber bietet dieser Ansatz die Möglichkeit, dass verschiedene Dienste von unterschiedlichen Herstellern bereitgestellt werden können. Die Bindung an einen Hersteller entfällt. Im Betrieb können einzelne Dienste durch neue Versionen oder Produkte anderer Hersteller ersetzt werden, ohne dass dies Auswirkungen auf andere Dienste und das Gesamtsystem hat. Durch Virtualisierung oder durch Nutzung von SW-Containern werden bei Lastspitzen oder Ausfällen automatisch neue Instanzen eines Dienstes auf Servern mit freien Kapazitäten gestartet. Die Verfügbarkeit und Zuverlässigkeit der einzelnen Dienste und des Gesamtsystems kann so deutlich gesteigert werden.

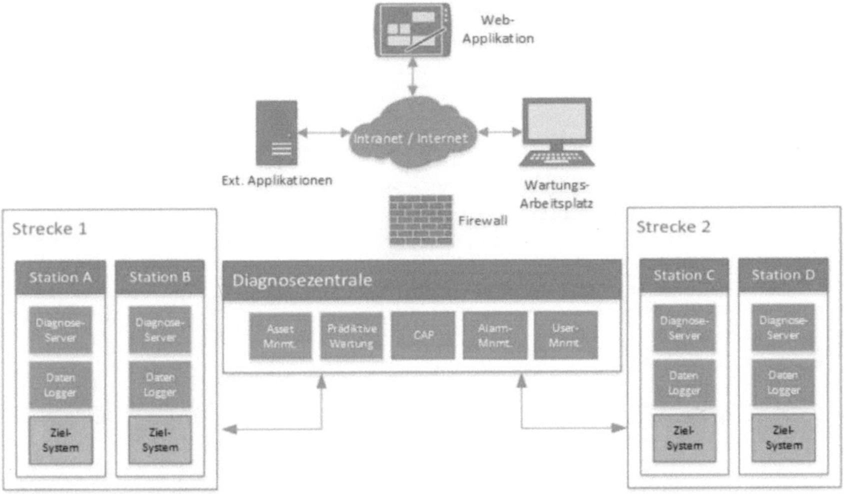

Abbildung 7: Globales Diagnosesystem (GDS)

Für die Inbetriebsetzung bietet dieser Ansatz den Vorteil, die einzelnen Dienste sequentiell integrieren zu können. Eine sog. „Big-Bang“-Integration, also die gleichzeitige Integration vieler Funktionen, kann so vermieden und die allfällige Fehlersuche reduziert werden. Die Integration neuer Dienste am Live-System ist so ebenfalls möglich und wird so auch häufig erfolgen.

Für die SW-Entwicklung bietet dieser Ansatz ebenfalls Vorteile. Durch die Zerschneidung der Funktionalität, können die einzelnen Bausteine auch von kleineren, spezialisierten Unternehmen und Teams geliefert werden. Das Know-How von Unternehmen aus anderen Industriezweigen kann so für die Bahntechnik nutzbar gemacht werden.

Alle Dienste arbeiten in einem GDS nicht losgelöst voneinander, sondern kommunizieren über eine Vielzahl von Schnittstellen (Rest, OPCUA, ...) oder Bussystemen (MQTT, AMQP, ...) miteinander.

Im Folgenden wird die Funktionsweise des GDS anhand des integrierten Diagnosearbeitsplatzes und der Prädiktiven Wartung gezeigt.

5.1 Integrierter Diagnosearbeitsplatz

Aktuell sind Diagnosearbeitsplätze in den Betriebsleitzentralen angesiedelt und stellen den Fahrdienstleitern den aktuellen Systemzustand sowohl grafisch als auch textuell dar. Aufgrund der fortschreitenden Zentralisierung der Zugüberwachung in wenigen Betriebszentralen werden auch zunehmend mehr Zielsysteme von einem Diagnosearbeitsplatz aus überwacht. Die Entwicklung leistungsfähiger mobiler Endgeräte und Übertragungsnetze ermöglicht es den Wartungsmitarbeitern „im Feld" jederzeit und überall auf Diagnosedaten zugreifen zu können. Verschiedene Funktionen, wie die Verknüpfung der Störungsmeldung mit den entsprechenden digitalen Wartungshandbüchern, das manuelle Zurücksetzen von Fehlalarmen oder die Kommentierung, unterstützen das Wartungspersonal zusätzlich.

Dabei reicht es nicht aus, den Zugriff auf die einzelnen Dienste von einem Arbeitsplatz aus zu ermöglichen. Die Informationen sollten möglichst in einer Oberfläche integriert sein. Dies ist insbesondere bei der Nutzung mobiler Endgeräte notwendig, da diese über kleinere Displays verfügen.

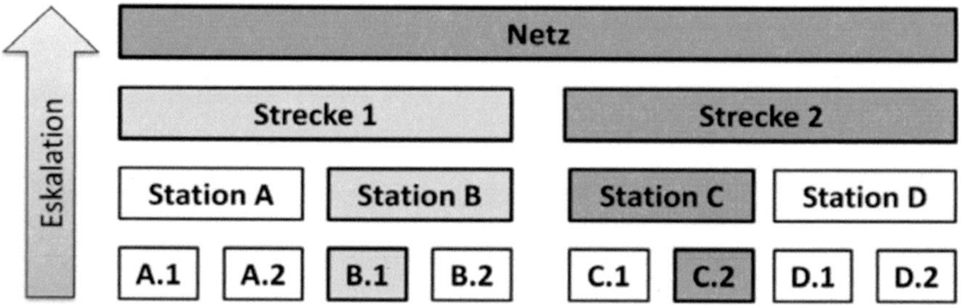

Abbildung 8: Beispielhafte Eskalationskette: Die Elemente B.1 der Station B ist nur eingeschränkt verfügbar, das Element C.1 der Station C hat einen Ausfall gemeldet. Dies führt zu einem Sammelalarm der Kategorie „Warnung" für die Strecke 1 und „Ausfall" für die Strecke 2. Der Sammelalarm für das gesamte überwachte Bahnnetz besitzt die höchste Priorität aller Meldungen, hier „Ausfall".

Die Integration kann dabei auf zwei Wegen erfolgen:

- Integration der Daten durch einen speziellen Dienst
- Integration der Oberflächenelemente, die durch die einzelnen Dienste bereitgestellt werden

Im Folgenden soll auf beide Möglichkeiten eingegangen werden.

Diagnosedaten verschiedener Systeme können zu sog. Sammelalarmen zusammengefasst werden. Diese Aufgabe übernimmt das zentrale Alarm-Management. Es erhält die aktuellen Diagnosemeldungen von den Diagnoseservern und generiert auf Basis der hinterlegten Regeln Alarmmeldungen. Dies kann zum Beispiel für alle Meldungen einer bestimmten Elementart (z.B. Weiche) und/oder einer bestimmten Region (Bahnhof, Strecke, Netz) erfolgen. Abbildung 8 zeigt eine solche mehrstufige Eskalationskette, über die Diagnosedaten räumlich zusammengefasst werden. Dadurch kann das Wartungspersonal über eine einzige Oberfläche über vorliegende Störungen und Fehler aller Systeme seines Wartungsbereichs umgehend informiert werden und direkt zu den gestörten Bereichen navigieren.

Um ein flüssiges Arbeiten zu ermöglichen ist es häufig sinnvoll, Grafikelemente verschiedener Dienste in einer Oberfläche zu kombinieren. So liefert ein Dienst das Gleisbild, ein anderer liefert eine Alarmübersicht. Neben dem Vorteil, die Oberfläche aus einzelnen Bausteinen zusammensetzen zu können, vermeidet man auch doppelte Implementierungen derselben Funktionalität durch verschiedene Dienste.

Da die Kommunikation auch über öffentliche Netzwerke stattfindet und die Anzahl der Nutzer zunimmt, steigt auch die Bedeutung der IT-Sicherheit für das Gesamtsystem. Der unberechtigte Abgriff und Verlust von Diagnosedaten sollte vermieden werden. Trotzdem soll der Nutzer sich nur einmal für alle Dienste anmelden müssen. Eine Möglichkeit den Ansprüchen aus Nutzbarkeit und IT-Sicherheit zu realisieren ist ein gemeinsamer Zugangspunkt (CAP: Common Access Point), der den Zugriff auf das GDS kapselt und absichert. In Abbildung 9 ist dessen Funktionsweise skizziert.

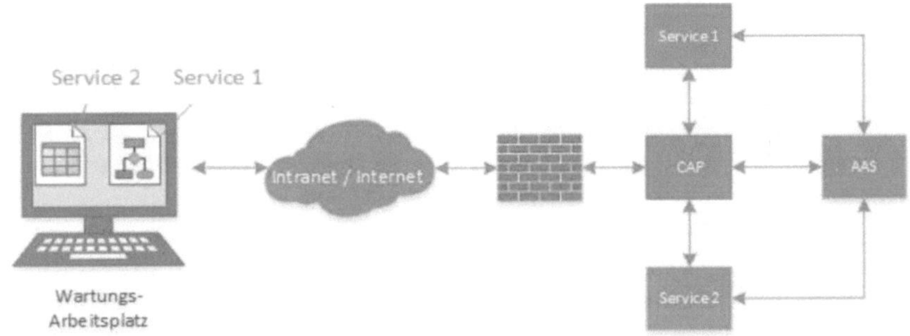

Abbildung 9: Integration zweier Dienste in einer Oberfläche. (CAP: Common Access Point, AAS: Authentication & Authorisation-Server)

Der Nutzer ruft die Hauptseite auf und gibt seinen Nutzernamen und Passwort ein. Der zentrale Authentication & Authorisation –Server (AAS) prüft die Eingaben und erzeugt nach erfolgreicher Authentifizierung einen Nutzer- und Session bezogenen Token. Dieser wird im AAS gespeichert und mit den Berechtigungen des Nutzers verknüpft. Über den CAP erfolgen nun Abfragen an die einzelnen Dienste des GDS. Bei jeder Anfrage schickt der CAP den Token des Nutzers mit. Der Service fragt die zu diesem Token gespeicherten Berechtigungen auf dem AAS ab und autorisiert den Nutzer, die angefragte Funktion seines Dienstes zu nutzen oder bestimmte Daten einzusehen.

Diese Vorgehensweise hat den Charme, dass so jeder Dienst den Zugriff auf seine Daten oder Funktionen steuern kann, ohne dass dieser die Nutzer oder Nutzergruppen kennt. Außerdem wird so auch eine klare Zonierung nach IEC 62443 erreicht. Die Erweiterung um eine zentrale 2-Faktor Autorisierung ist ebenfalls leicht möglich.

5.2 Prädiktive Wartung

Prinzipiell existieren zwei Wartungsregime: das proaktive und das reaktive. Diese Regime stehen in einem gewissen Spannungsfeld zueinander. Man kann davon ausgehen, dass kleinere Wartungsintervalle zu einer Verlängerung der MTBF führen und zufällige Ausfälle dieser Komponente weniger wahrscheinlich sind. Kleinere Wartungsintervalle führen allerdings zu insgesamt höheren Wartungskosten. Auch nimmt der Nutzen kleinerer Intervalle ab. Bei zu großen Intervallen steigt hingegen die Wahrscheinlichkeit eines Ausfalls der Komponente.

Prädiktive Wartung versucht nun das Wartungsregime zu optimieren, indem es die verbleibende Lebensdauer bzw. die Ausfallwahrscheinlichkeit jeder Komponente bestimmt und den optimalen Zeitpunkt für eine Wartung oder Austausch berechnet. Optimal bedeutet hier, dass die Wartungsintervalle maximiert werden und trotzdem die Wahrscheinlichkeit eines Ausfalls minimal ist.

Die Wartungsmaßnahmen können so besser geplant und in nachfrageschwache Zeiten, z.B. in die Nacht oder ans Wochenende, gelegt werden, um die Störungen des Bahnbetriebs zu minimieren.

Als erster Schritt müssen die Diagnosedaten mit den Informationen aus dem Asset Management verknüpft werden. Im Datenmodell des Sicherungs- und Diagnosesystems besitzt jedes Element eine eindeutige Identifizierung. Diese sagt aber nichts über den Hersteller der Weiche und ihrer Bestandteile aus. Diese Informationen sind in einem Asset-Management-Tool hinterlegt. Ergänzt werden diese Daten idealerweise mit Informationen zu Art und Zeitpunkt aufgelaufener Störungsereignisse sowie vorgenommener Wartungsaktivitäten. Zusammen mit Fahrplan-, Wetter- und weiteren Daten wird ein Prädiktionsmodel erstellt, anhand dessen die Ausfallwahrscheinlichkeit für jedes Element berechnet werden kann.

6 Zusammenfassung

Das Bewusstsein, dass Diagnose ein wichtiger Baustein für einen wirtschaftlichen Bahnbetrieb ist, ist in den letzten Jahren deutlich gestiegen. Dieser Beitrag stellte Diagnosesysteme im Kontext der streckenseitigen Bahnsicherungstechnik vor. Ausgehend von den Anfängen der Diagnosesysteme in Form einer Herstellerdiagnose wurde die Entwicklung hin zu einem modernen und bedeutendem Managementsystem gezeigt. Durch globale Systeme können Abläufe effektiver gestaltet und die Kosten für den Unterhalt der Infrastruktur gesenkt werden. Daher sind Diagnosesysteme heute ein wichtiger, und somit auch ein geschäftskritischer Bestandteil, der von einer Vielzahl von unterschiedlichen Nutzern eingesetzt wird.

Es ist aber auch klar, dass an ein wichtiges, kritisches System besondere Ansprüche bezüglich Verfügbarkeit und IT-Sicherheit zu legen sind, die so in der Vergangenheit für isolierte Diagnosesysteme nicht galten. Diesen Ansprüchen wird das vorgestellte GDS insbesondere durch zwei Eigenschaften gerecht:

1. Zerlegung der Funktionen in unabhängige, skalierbare Dienste
2. Autorisierter Zugriff vom Intranet/Internet auf das GDS über einen gemeinsamen Zugangspunkt

Wie wird es mit der Diagnose im Bahnbereich weitergehen? Es ist anzunehmen, dass die ständig fortschreitende technische Entwicklung immer neue Möglichkeiten für die Bahnsicherungstechnik als auch Diagnose bieten wird.

Das neue Konzept der verteilten Stellwerkstechnik sieht vor, den Stellbefehl über ein IP-basiertes Kommunikationsnetz an die einzelnen Feldelemente (Weiche, Signal) zu senden, anstatt den Stellstrom bereits im Stellwerksgebäude zu schalten. Dies ermöglicht eine nahezu unbegrenzte Stellentfernung, die vorher aufgrund des elektrischen Widerstands des Stellkabels limitiert war. Hier ergeben sich aber auch neue Fragen bzgl. der IT-Security („Intrusion Detection“) und der Netzwerküberwachung, die in Zukunft durch Diagnosesysteme abgebildet werden sollen.

Daneben erscheint den Autoren die Einbindung

- von fahrzeugseitigen Diagnosedaten für Gleis- und Oberleitung aus Regelzügen wie auch Inspektionsfahrten,
- der Diagnose für die Bahnenergieversorgung und
- von sonstigen Daten, wie z.B. Kameradaten aus Drohnen.

Das Ziel ist ein globales, allumfassendes Diagnosesystem. Das vorgestellte Konzept bietet durch die Einteilung in die Zonen

- sicheres Netz
- Diagnosenetz
- öffentliches Netz

ein hohes Maß an Sicherheit, sowohl im Sinne von IT-Security als auch Safety. Zusammen mit seiner Erweiterbarkeit bildet das vorgestellte GDS den geeigneten Rahmen, um langfristig den Erfolg auch in einem sich veränderten technologischen Umfeld sicherzustellen.

Literatur

[1] J. Braband,B.-E. Brehmke, S.Griebel, H.Peters, K.-H. Suwe: Die Cenelec-Normen zur Funktionalen Sicherheit, Eurailpress Tetzlaff-Hestra, Hamburg, 2006

[2] U. Maschek: Skript zur Vorlesung „Systeme der Bahnsicherungstechnik“, Dresden, 2002

23 Einsatz eines Universellen Programmiersystem (UPS) zur Diagnose in der Kleinserienfertigung als Business Case

Dipl.-Ing. (FH) Markus Sommer, **Dipl.-Ing. (FH) Bastian Waldherr**, MVI PROPLANT Nord GmbH, Wolfsburg

Kurzfassung

Die automobile Hochtechnologie ist bei den Kleinserien angekommen. Die Automobilbranche verlangt Steuergeräte, die immer mehr Assistenzsysteme einschließen, auch in den Kleinserien. 35 Tools sind keine Seltenheit. Die Inbetriebnahme dieser multiplen Steuergeräte gestaltet sich schwierig. Die Lösung heißt Universelles Programmiersystem (UPS). Trotzdem wird das System aufgrund der hohen Investitionskosten nicht in Betracht gezogen. Die Forderung des Gesetzgebers nach weiterführender Dokumentation ist ein weiteres Kriterium, das für den Einsatz eines UPS spricht. In diesem Vortrag definieren wir ein UPS, stellen Ihnen die Facetten des UPS in der Kleinserie vor und zeigen wie ein Business Case für ein UPS gerechnet werden kann.

Die MVI PROPLANT ist ein umsetzungsorientiertes Ingenieur- und Beratungsunternehmen, das Komplettleistungen für Produktion und Logistik, von der Fabrikplanung über die Konstruktion und Lieferung von Betriebsmitteln bis zur Entwicklung von fertigungsnahen Software-Lösungen, erbringt. Informationssysteme von MVI PROPLANT steuern den Materialfluss und den Fertigungsablauf, sie visualisieren den Produktionsprozess und ermöglichen ein durchgängiges, transparentes und konsistentes Informationsmanagement über alle Produktionsstufen hinweg.

Mit dem Einsatz solcher Softwarelösungen sind unsere Kunden in der Lage, Fertigungen mit hohen Stückzahlen und gleichzeitig großer Variantenvielfalt prozesssicher zu betreiben.

1 Problemstellung

In Kleinserienfertigungen mit geringem Automatisierungsgrad werden oft die End Of Line Tests nicht automatisiert. Bei Stückzahlen von ca. 200 Fahrzeugen pro Jahr, werden oft einzelne Mitarbeiter zu Inbetriebnahmespezialisten. Ein Steuergerät benötigt einen Datensatz und bekommt diesen über ein Tool des Steuergerätelieferanten. Ein weiteres Steuergerät (z.B. MotorSG) muss die OBD II Anforderungen erfüllen und kann mit Hilfe eines Werkstatttesters ausgelesen werden. Weitere Steuergeräte wie z.B. für Fahrerassistenssysteme werden auf hierfür ausgelegten Prüfständen getestet. Dazu wird das Fahrzeug mit der Steuerung des Prüfstandes verbunden. Somit sind es bei 3 Steuergeräten bereits drei verschiedenen Tools die der Mitarbeiter bedienen können muss.

Diese drei Tools muss er nicht nur bedienen können, sondern gegebenenfalls auch verschiedene Varianten berücksichtigen. So wird z.B. zwischen verschiedenen Ländervarianten, Ausstattungsvarianten oder Leistungsklassen unterschieden. Im Worst Case braucht er für jede Variante z.B. einen anderen Datensatz für das Fahrzeug. Des Weiteren muss er für jeden Schritt eine Dokumentation führen, um bei Nacharbeit, Garantiefällen und Gesetzesanforderungen aussagefähig zu sein. Hierzu wird er in einer Wagenbegleitkarte handschriftliche Vermerke machen und/oder verschiedene Ausdrucke aus den einzelnen Tools oder Protokolldruckern abheften.

Dieses „manuelle Vorgehen" birgt ein enormes Fehlerpotenzial. Falsch zugewiesene Datensätze könne zu einem Abbruch der Inbetriebnahme führen. Fehlerhafte Diagnosen bei individueller Fahrzeugausstattung oder nicht korrekt eingestellte Fahrerassistenssysteme, führen zu einem enormen Nacharbeitsaufwand in der Fertigung. So werden Fehler übersehen und fehlerhafte Fahrzeuge an Kunden ausgeliefert. Im Servicefall wird die Nachvollziehbarkeit des Fahrzeugzustandes durch die Fachwerkstatt erschwert und erhöht die Gesamtkosten im Fahrzeuglebenszyklus.

In der Produktion, wo die Kosten zu einem überwiegenden Teil aus Personalkosten bestehen, lässt die Lösung mit einzelnen Tools zudem wenig Spielraum für Automatisierung. Gerade in modernen Fertigungen ist es unablässig die eHPV (engineered Hours Per Vehicle) durch geeignete Automatisierung zu verkürzen. Aber nur durch einen hohen Automatisierungsgrad, können Hersteller konkurrenzfähig bleiben.

Wenn man dieses Szenario mit lediglich 3 Steuergeräten auf moderne Fahrzeuge mit oft über 20 Steuergeräten und weit über 100 Funktionen überträgt, wird schnell klar, dass dieses Vorgehen selbst in einer Kleinserienfertigung nicht effizient ist. Ebenso ist die Nachhaltigkeit für zukünftige Fahrzeugprojekte nicht gegeben. Wenn der Hersteller sich entscheidet ein neues Modell zu entwickeln, wird es wahrscheinlich in der Fertigung zu Änderungen an der Toollandschaft kommen. Für neue Systeme wird dann eventuell eine neue Software eingeführt und/oder eine bestehende erweitert.

Entschließt sich der Hersteller das alte Modell parallel zum neuen Modell zu fertigen, steigen Schulungsaufwand, Verwaltung der Datenbereitstellung und die Fehlerquellen weiter an.

Des Weiteren ist der Hersteller auf den Support der Softwarehersteller angewiesen. Er muss zahlreiche Serviceverträge mit unterschiedlichen Lieferanten pflegen und bei auftretenden Problemen jeden Lieferanten einzeln ansprechen. Gerade bei Problemen, die sich nicht eindeutig eingrenzen lassen und evtl. auch Schnittstellen zwischen einzelnen Systemen betreffen, wird dies schnell zu einem aussichtlosen Unterfangen.

2 Lösungsweg

Durch den Einsatz eines Universellen Programmiersystems, wie es von verschiedenen Herstellern angeboten wird, lassen sich die im Kapitel 1 genannten Probleme lösen.

Bei diesen Produkten werden durch den Einsatz einer zentralen Steuer-Komponente für Prüfung und Diagnose in der Produktion (Server) sämtliche Schritte gebündelt und können einheitlich bearbeitet und automatisiert werden.

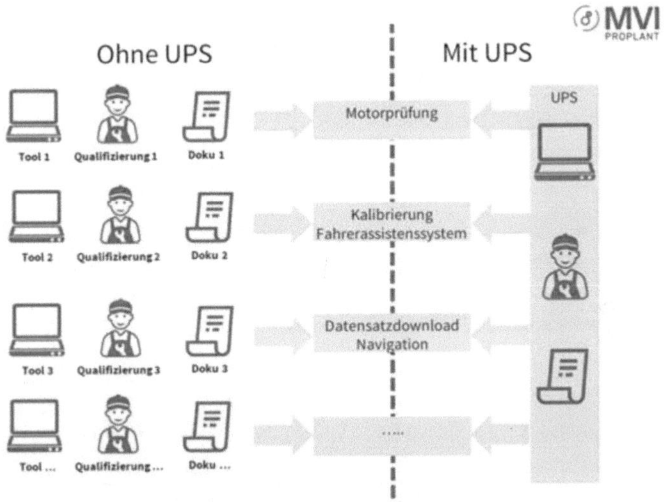

Abbildung 1: Diagnose mit und ohne UPS

Bei Herstellern von Kleinserien besteht häufig eine Limitierung der Investitionskosten bei Ausstattung und Automatisierung der Fertigung. Aus diesem Grund werden Universelle Programmiersysteme selten eingesetzt, da die Anschaffungskosten im Vergleich zu den Stückzahlen auf den ersten Blick zu hoch erscheinen. Bei genauerer Auswertung durch die MVI-Proplant ergibt sich jedoch oft ein anderes Bild.

2.1 Universelles Programmiersystem

Universelle Programmiersysteme werden von verschiedenen Herstellern angeboten. Gemein haben diese Systeme immer verschiedene Module, um ein Inbetriebnahme- und Prüfprogramm zu erstellen, dieses an die Prüforte zu verteilen, Hardware und Software zur Durchführung der Inbetriebnahme und Module für die revisionssichere Dokumentation. Mit Hilfe dieser Tools lassen sich hochautomatisierte Inbetriebnahmen durchführen, die in der Fertigung die Fahrzeuge codieren, testen, flashen und dieses dann dokumentieren. Im Folgenden sind die grundlegenden Module kurz beschrieben.

Autorentool:

Softwaremodul, meist mit grafischer Benutzerschnittstelle, für die Erstellung von Prüf- und Inbetriebnahmeabläufen. Prüfabläufe können zentral erstellt und angepasst werden.

Zentraler Server:

Über einen Server werden die fertigen Prüfprogramme an die verschiedenen Prüforte verteilt. Der Server übernimmt auch die Aufgabe der Datenhaltung von Datensätzen, Flashdateien etc. Die Dokumentation wird hier abgelegt und an übergeordnete Systeme oder Archive weitergegeben.

Diagnosekernel:

Der Diagnosekernel, oder auch Laufzeitsystem, kann die mit dem Autorentool erstellten Prüfabläufe verarbeiten und ausführen. Moderne Laufzeitsysteme sind meist kompatibel zu Standards wie ISO 22900-2, ODX etc. Eine Anbindung an Anlagentechnik und Prüfstände erfolgt mittels ASAM GDI.

Modul zur Dokumentation / Auswertung:

Modul zur Ablage der Prüfergebnisse, Messwerte, Dokumentation und der Aufgespielten Softwarestände. Meistens in Verbindung mit einem Modul zur Auswertung und Erstellung von Statistiken wie z.B. Fehlerhäufigkeiten.

Verschiedene Hardware:

Die meisten Lieferanten bieten neben den Softwaremodulen auch eigene Hardware in Form von VCIs, industrietauglichen Handgeräten und Anlagenbedieneinheiten an.

2.2 Randbedingungen / Vorteile

Für den Einsatz eines UPS müssen im Vorfeld die für eine bestimmte Fertigung geltenden Randbedingungen erfasst werden. Hierzu zählen eine Analyse und Bewertung der vorhandenen Anlagentechnik, der vorhandenen Mitarbeiterqualifikation sowie das Erfassen der einzelnen Prozessschritte. Daneben muss die vorhandene IT-Infrastruktur und evtl. Fertigungssteuerungssysteme berücksichtigt werden. Mithilfe dieser Ergebnisse können dann Empfehlungen für ein UPS ausgesprochen werden. Durch den Einsatz des Universellen Programmiersystems ergeben sich folgende Vorteile für den Hersteller.

- Reduzierung der TOC
- Erhöhung der Nachhaltigkeit
- Bessere Erweiterungsmöglichkeiten
- Fehlerreduzierung
- Höhere Transparenz im Prozess
- Höhere Kundenzufriedenheit durch Steigerung der Qualität und Verbesserung des After-Sales-Service

3 Business Case

Damit sich die hohen Investitionskosten eines Universellen Programmiersystems rentieren, müssen die gesamten Kosten ermittelt werden und nicht, wie so oft, nur die Anschaffungskosten. Dazu zählen wie schon erwähnt Kosten für Supportverträge, Qualifizierungskosten, Instandhaltungskosten ebenso wie die Lizenzkosten. Des Weiteren richten wir den Fokus auf positive Faktoren, wie die Einsparung von eHPV und die dadurch entstandene Reduzierung der Fertigungskosten pro Fahrzeug sowie Einsparungen durch Verringerung der Nacharbeit. Weitere Vorteile des Einsatzes eines Universellen Programmiersystems sind eine bessere Prozess- und Zukunftssicherheit.

3.1 Kostenvergleich (Beispiel)

Im Folgenden vergleichen wir die Gesamtkosten aus einem durchgeführten Projekt. Ausgangssituation bei diesem Hersteller war eine Jährliche Produktion von 200 Fahrzeugen. Für die Inbetriebnahme wären 10 verschiedene Plattformen und entsprechende Lizenzen notwendig gewesen. In diesem Fall betrug der Stundensatz 80 € für Programmierung und Wartung. Der Stundensatz in der Produktion betrug 40 €. Produziert wurde im Zweischichtsystem, somit wurden 2 Mitarbeiter für die Inbetriebnahme vorgesehen. Zusätzlich wurde ein dritter Mitarbeiter als Ersatz geschult. Der Produktionszeitraum des Fahrzeugs wurde mit 6 Jahren angegeben.

MVI PROPLANT

Einmalkosten	Kategorie	Anzahl	Preis/Anzahl	Kosten
Laptop	Hardware	3 Stück	2.000,00 €	6.000,00 €
Server	Hardware	1 Stück	5.000,00 €	5.000,00 €
Lizenzen	Software	10 Stück	2.000,00 €	20.000,00 €
Inbetriebnahme	Software	400 Stunden	80,00 €	32.000,00 €
Schulung (1 Mitarbeiter pro Schicht + 1 Mitarber Ersatz) (1 Schulung pro Lizenz und Mitarbeiter)	Software	30 Stück	1.000,00 €	30.000,00 €
Summe				63.000,00 €

Jährliche Kosten	Kategorie	Anzahl	Preis/Anzahl	Kosten
Laptop (5h Wartung pro Laptop)	Wartung	15 Stunden	80,00 €	1.200,00 €
Validierung Update Lizenzen (30h pro Lizenz)	Wartung	300 Stunden	80,00 €	24.000,00 €
Kosten Lizenzen Jahresgebühr (10% Updatekosten pro Lizenz)	Wartung	10 Stück	200,00 €	2.000,00 €
Anpassungen (10 Programme)	Wartung	200 Stunden	80,00 €	16.000,00 €
Summe				43.200,00 €

Kosten für die Erstinbetriebnahme	Kategorie	Anzahl	Preis/Anzahl	Kosten
Erstellung Ablaufprogramme (30 Progamme) (20h Entwicklung pro Programm)	Erstinbetriebnahme	600 Stunden	80,00 €	48.000,00 €
Erstellung Arbeitsanweisung (30 Programme) (10h pro Arbeitsanweisung)	Erstinbetriebnahme	300 Stunden	80,00 €	24.000,00 €
Summe				72.000,00 €

Jährliche Kosten Produktion	Kategorie	Anzahl	Preis/Anzahl	Kosten
Starten der Programme (Ausführung pro Programm 0,25h)	Inbetriebnahme	1500 Stunden	40,00 €	60.000,00 €
Händische Eingaben (Auswahl von Dateien 1h/Fzg.)	Inbetriebnahme	200 Stunden	40,00 €	8.000,00 €
Fehlerhafte Inbetriebnahme 10% (10% Nacharbeit a 8h)	Nacharbeit	160 Stunden	80,00 €	12.800,00 €
Summe				80.800,00 €

Summe Einmalkosten	135.000,00 €
Summe jährliche Kosten	124.000,00 €

Abbildung 2: Beispielhafte Aufstellung Gesamtkosten für Tools

Die reinen Investitionskosten betragen in diesem Beispiel 135.000 €. Wobei die jährlichen Kosten 92 % der Investitionskosten betragen. In der folgenden Aufstellung sind die gleichen Kostengruppen für ein UPS aufgeführt.

MVI PROPLANT

Einmalkosten	Kategorie	Anzahl	Preis/Anzahl	Kosten
Laptop (Handgerät des UPS Systemlieferanten)	Hardware	3 Stück	10.000,00 €	30.000,00 €
Server	Hardware	1 Stück	50.000,00 €	50.000,00 €
Lizenzen	Software	1 Stück	160.000,00 €	160.000,00 €
Inbetriebnahme	Software	80 Stunden	80,00 €	6.400,00 €
Schulung (1 Mitarbeiter pro Schicht + 1 Mitarber Ersatz) (1 Schulung pro Lizenz und Mitarbeiter)	Software	3 Stück	1.000,00 €	3.000,00 €
Summe				**246.400,00 €**

Jährliche Kosten	Kategorie	Anzahl	Preis/Anzahl	Kosten
Laptop (5h Wartung pro Laptop)	Wartung	15 Stunden	80,00 €	1.200,00 €
Validierung Update Lizenzen (30h pro Lizenz)	Wartung	30 Stunden	80,00 €	2.400,00 €
Kosten Lizenzen Jahresgebühr (10% Updatekosten pro Lizenz)	Wartung	1 Stück	16.000,00 €	16.000,00 €
Anpassungen (10 Programme) (20h pro Anpassung)	Wartung	200 Stunden	80,00 €	16.000,00 €
Summe				**35.600,00 €**

Kosten für die Erstinbetriebnahme	Kategorie	Anzahl	Preis/Anzahl	Kosten
Erstellung Ablaufprogramme (30 Progamme) (30h Entwicklung pro Programm)	Erstinbetriebnahme	900 Stunden	80,00 €	72.000,00 €
Erstellung Arbeitsanweisung (30 Programme) (5h pro Arbeitsanweisung)	Erstinbetriebnahme	150 Stunden	80,00 €	12.000,00 €
Summe				**84.000,00 €**

Jährliche Kosten Produktion	Kategorie	Anzahl	Preis/Anzahl	Kosten
Starten der Programme (Ausführung pro Programm 0,05h)	Inbetriebnahme	300 Stunden	40,00 €	12.000,00 €
Händische Eingaben (Auswahl von Dateien)	Inbetriebnahme	0 Stunden	40,00 €	0,00 €
Fehlerhafte Inbetriebnahme 5% (5% Nacharbeit a 4h)	Nacharbeit	40 Stunden	80,00 €	3.200,00 €
Summe				**15.200,00 €**

Summe Einmalkosten	**330.400,00 €**
Summe jährliche Kosten	**50.800,00 €**

Abbildung 2: Beispielhafte Aufstellung Gesamtkosten für ein UPS

Die Ersparnis nach 6 Jahren Laufzeit beträgt 236.200 €. In erster Linie lassen sich durch einen hohen Automatisierungsgrad der Systeme geringere Zeiten bei Fertigungsdurchlauf erzielen. Da die Werker-Interaktion auf ein geringes Maß reduziert wurde, können sich gerade im Bereich der Inbetriebnahme Einsparungen von bis zu 6 Stunden pro Fahrzeug aufsummieren. Bei Hochrechnung auf die geplante Gesamtstückzahl entstanden hier Einsparungen in Höhe 48.000 € pro Jahr. Durch die geringere Werker-Interaktion reduziert sich die Fehlerwahrscheinlichkeit durch Falschbedienung und -eingabe drastisch. In unserem Beispiel um 5 % was eine weitere Einsparung von jährlich 9.600 € entsprach.

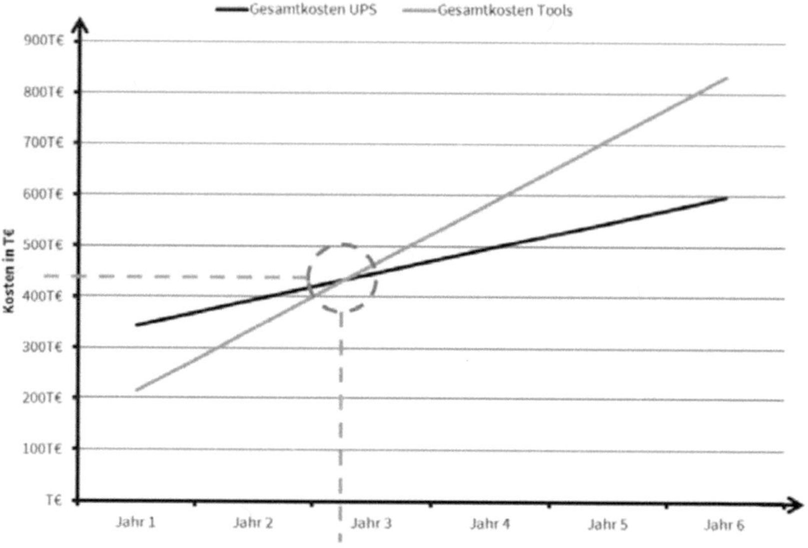

Abbildung 3: Gesamtkostenverlauf über 6 Jahre

Durch die Einsparungen rentieren sich die höheren Kosten für das UPS nach 2,5 Jahren. Im dritten Jahr kann bereits ein ROI (Return on Investment) von 16.600 € erreicht werden.

Weiterhin können sich Einsparungen an der Anlagentechnik ergeben. Bei der Neuerstellung einer Fabrik kann es ein Kostenvorteil sein, dass der Anlagenlieferant „nur“ eine passende Schnittstelle implementieren muss anstelle eines Prüfprogramms. Durch die Weitergabe der Inbetriebnahmedaten an Vertragswerkstätten können diese zielgerichteter und schneller Fehler analysieren und beheben. Die Verteilung von Softwareupdates lässt sich besser steuern, da jede Werkstatt genaue Informationen über den Softwarestand des Fahrzeuges hat. Für zukünftige Themen wie Remote Diagnose und Over-the-Air Updates sind eine zentrale Datenhaltung ohnehin unabdingbar. Durch die Auswertung, der bei der Inbetriebnahme anfallenden Daten, kann mit Hilfe von Big Data Methoden frühzeitig Fehlerschwerpunkten entgegengewirkt werden.

3.2 Mehrwert

Der Mehrwert eines Universellen Programmiersystems, stellt sich insbesondere nach einer längeren Laufzeit dar. Modellwechsel lassen sich leichter in die bestehende Fertigung einbringen. So können bereits erste Prototypen den Produktionsprozess durchlaufen ohne die bestehende Fertigung auszusetzen oder gar einzustellen. Änderungen aufgrund eines Lieferantenwechsels eines Steuergerätes oder die Einführung einer neuen Version, könnten zentral gesteuert und in die Prüfsysteme eingespielt werden. Eventuelle Variantenerhöhungen können so leichter von der Belegschaft aufgefangen werden. Ein weiterer wichtiger Punkt ist die Skalierbarkeit der Systeme. Hersteller können ihre Produktionskapazitäten bei höherer Nachfrage ausbauen ohne Eingriffe in die Inbetriebnahme und Diagnose vornehmen zu müssen, da diese Systeme auch in Großserien eingesetzt werden. Hierdurch ergibt sich ein weiterer Vorteil. Durch die Erfahrung aus der Großserie sind die meisten UPS-Lieferanten in der Lage die Verfügbarkeit ihrer Systeme nach industriellen Maßstäben zu garantieren.

MVI PROPLANT

Abbildung 4: Mehrwert

Die Autoren – the Authors

Prof. Dr.-Ing. Bernard Bäker
Lehrstuhl Fahrzeugmechatronik
Technische Universität Dresden
Institut für Automobiltechnik Dresden -
IAD, Dresden

Dipl.-Ing. Andreas Unger
Lehrstuhl Fahrzeugmechatronik
Technische Universität Dresden
IAM GmbH, Dresden

Prof. Dr. Dirk Abel
IRT RWTH Aachen
Aachen

Daniel Brückner
BMW Group
München

Markus Breuning
Daimler AG
Sindelfingen

Dr. Roman Cunis
ServiceXpert GmbH
Hamburg

Martin Dippel
BMW Group
München

Rolf Ernst
TU Braunschweig
Braunschweig

Michael Frei
Hochschule Augsburg

Sebastian Fräßdorf
Electrobit GmbH
Braunschweig

Dr. Matthias Fruth
TraceTronic GmbH
Dresden

Prof. Dr. rer. nat. Frank Gauterin
Institut für Fahrzeugsystemtechnik (FAST)
– KIT
Karlsruhe

Andreas Gellrich
Technische Universität Dresden
Dresden

Ronny Giera
Semantis Information Builders GmbH
Oberursel

Tom Gothan
Technische Universität Dresden
Dresden

Bernd Gottschalk
Daimler AG
Stuttgart
München

Dr.-Ing. Michael Grimm
Forschungsinstitut für Kraftfahrwesen
und Fahrzeugmotoren (FKFS)
Stuttgart

André Hacke
Elektrobit GmbH
Braunschweig

Roland Herbeth
F. Porsche AG, Weissach
Weissachr

Manuel Henle
Daimler AG
Böblingen

Inga Jatzowski
Institut für Regelungstechnik (IfR)
Braunschweig

Dr. Ing. h.c. Markus Koch
F. Porsche AG, Weissach
Weissach

Kordian Komarek
Forschungsinstitut für Kraftfahrwesen
und Fahrzeugmotoren Stuttgart - FKFS
Stuttgart

Barbara Krausz
Daimler AG
Sindelfingen

Roman Ließner
Technische Universität Dresden
Dresden

Dr. Ing. h.c Oliver Manicke
F. Porsche AG, Weissach
Weissach

Markus Maurer
TU Braunschweig
Braunschweig

Matthias Mecky
Semantis Information Builders GmbH
Oberursel

Menzel Menzel
tracetronic GmbH
Dresden

Sven Mohnke
ServiceXpert GmbH
Hamburg

Andreas Molberg
Institut für Bahntechnik GmbH
Dresden

Mischa Möstl
TU Braunschweig
Braunschweig

Gabor Müller
Institut für Bahntechnik
GmbH Dresden

Simon Müller
Vector Informatik GmbH
Stuttgart

Markus Nolte
TU Braunschweig
Braunschweig

Dr. Oliver Pajonk
Elektrobit GmbH
Braunschweig

Michael Poschmann
Volkswagen AG
Wolfsburg

Christoph Rätz
Vector Informatik GmbH
Stuttgart

Prof. Dr.-Ing. Hans-Christian Reuss
Forschungsinstitut für Kraftfahrwesen und
Fahrzeugmotoren (FKFS)
Stuttgart

Dr. Ing. h.c Marcel Revfi
F. Porsche AG, Weissach
Weissach

Andreas Richter
Technische Universität Dresden
Dresden

Jens Richter
Technische Universität Dresden/IAM
GmbH
Dresden

Robert Rohr
BMW Group
München

Johannes Schlatow
TU Braunschweig
Braunschweig

Carsten Schnier
Volkswagen AG
Wolfsburg

Dr. Thorsten Schröder
IAV GmbH
Gifhorn

Klemens Schürholz
BMW Group
München

Prof.-Dr.-Ing. Hans-E. Schurk
Hochschule Augsburg
Augsburg

Philipp Schurk
Hochschule Augsburg
Augsburg

Karsten Schwericke
BMW Group
München

Kai Sieckmann
IAV GmbH
Gifhorn

Martin Sirch
Softing Automotive Electronics GmbH
Haar

Markus Sommer
MVI Proplant Nord GmbH
Wolfsburg

Markus Steffelbauer
Softing Automotive Electronics GmbH
Haar

Dr. Jörg Supke
emotive GmbH & Co. KG, Automotive
Software Solutions
Ostfildern-Stuttgart

Bastian Waldherr
MVI Proplant Nord GmbH
Wolfsburg

Dr. Norbert Waleschkowski
Semantis Information Builders GmbH
Oberursel

Peter Wolf
BMW Group
München

Manuel Zabelt
tracetronic GmbH
Dresden

Dr. Ing. h.c. Rolf Zöller
F. Porsche AG, Weissach
Weissach

Dr. Ing. h.c. Gerald Zoppelt
F. Porsche AG
Weissach